임베디드 시스템 개발을 위한

임베디드소프트웨어

상명대학교 컴퓨터소프트웨어공학과

김수홍 著

21세기사

　　정보 시스템은 1970년대의 MIS에서 SIS, 그리고 최근의 BPR, ERP 등을 기초로 한 정보 기술(IT :Information Technology)과 빅데이터(Big Data)의 활용 등으로 발전되고 있다. 그 변화의 밑바탕에는 경이적인 IT 기술 혁신이 있으며, 이 결과, 보다 발전된 하이테크시스템을 과거에는 상상조차 못할 저렴한 비용으로 구축할 수 있게 되었다. 이에 지난 몇 년 동안 정보통신 분야는 "21세기 정보화 사회"라는 전제 하에 급속한 발전을 하게 되었고, 정보화 사회에 발맞추어 최근 임베디드 시스템의 근간이 되는 MPU 및 개방형 소프트웨어 기술의 발전으로 많은 임베디드 소프트웨어에 대한 연구개발이 이루어지고 있으며 각종 운영체제들이 내장되어 산업 전반에 근간을 이루고 있다. 최근 산업통상자원부 등에서도 IT SOC 와 임베디드 시스템의 중요성과 활용성이 널리 인식하고 있으며, 관련 산업의 발전을 다양하게 지원하고 있다.

　　이러한 정보통신 기술의 발전과 사회적 변화에 대응하여, 대학에서 IT관련 전공 학부생을 위한 임베디드 시스템을 근간으로 하는 강의와, 실험실습을 효과적으로 수행하기 위한 교재가 부족한 실정이다. 이러한 어려움을 극복하고자 짧은 기간 동안에 현장의 이론과 실무를 익힐 수 있는 기회를 제공하고, 운영체제와 하드웨어 등에 익숙하지 않은 학생들에게 적합한 교재를 준비하게 되었다. 특히, 이 교재는 임베디드 시스템과 소프트웨어 개발 관련하여 일본취업을 희망하는 학부생/졸업생들에게 도움을 줄 수 있도록 용어 선택에 특별히 노력하였다. 소프트웨어공학의 개발방법론의 현실적인 입문서가 되고, 소프트웨어 엔지니어가 개발 현장에서 난관에 봉착하였을 때 찾아서 참고할 수 있는 기본 지침서로서 사용할 수 있도록 구성하였으며, 임베디드 시스템에 익숙하지 않은 학생들이 쉽게 따라 할 수 있도록 편성하였다.

　　마지막으로 본서의 집필에 많은 조언과 협력을 하여주신 일본 FULLCAST사의 가유즈카 사장님, 그리고 일본 DCI사의 오따니 사장님, 그리고 수정판의 출판 및 편집에 도움을 주신 21세기사의 이범만 사장님과 상명대학교 산학협력단 김금자 연구원에게 뜨거운 감사를 드리는 바이다.

2013년 8월

저 자/ 김 수 홍(金 秀 洪)

Chapter | 5   디바이스 드라이버   183

Chapter | 6   임베디드 시스템과 미들웨어   219

Chapter 7 임베디드 어플리케이션   255

Chapter 8 임베디드 시스템의 품질   303

01

임베디드 소프트웨어의 특징

이 장에서 설명하는 기술적인 내용 들은 순차적으로 뒷장에서 상세하게 설명할 것이다. 이 장은 뒷장의 개요나 의미를 부여하여 배경을 설명하는 것이 목적이다. 임베디드 소프트웨어(Embedded Software)뿐만 아니라, 기술을 특징짓는 성질에는 그것을 필요로 하는 배경이 있기 마련이다. 기술은 사용되는 환경에 크게 의존하는 특징을 갖고 있다.

우선, 임베디드 소프트웨어의 다양성의 배경을 설명하는 것에서 시작하기로 한다. 다음에 임베디드 소프트웨어의 큰 특징인 리얼타임(Real Time)성과 그 실현 방법의 개요를 설명한다. 또한 하드웨어(Hardware)의 품질 수준과 같은 품질이 요구되는 임베디드 소프트웨어의 품질을 보증·향상하기 위한 방법, 임베디드 소프트웨어 개발에 사용되는 독특한 툴(tool)의 개요도 소개한다. 마지막으로, 전체를 이해하기 위하여 다른 시각에서 임베디드 소프트웨어를 계층으로 한 레이어모델(Layer Model)을 소개한다.

1. 1 임베디드 소프트웨어란

임베디드 소프트웨어는 어떠한 것인가, 그 다양성은 어째서 발생하는지, 그러한 개발자 혹은 사용자는 어떠한 그룹인가 등의 기본적인 지식을 설명한다. 또한 임베디드 기기를 개발하는 세트 메이커가 하드웨어 개발이나 소프트웨어 개발을 어떠한 순서로 실행할까 등의 개요를 설명한다.

1. 2 임베디드 소프트웨어의 기술상의 특징과 리얼타임 성

임베디드 소프트웨어의 개발자에게 있어 필수 지식인 ROM 화의 개요, 전력절약 대응, 리얼타임성에 관하여서 설명한다. 특히, 리얼타임성에 관해서는 의미, 처리시스템, 그것들을 실현하는 리얼타임 OS의 개요를 설명한다.

1. 3 임베디드 소프트웨어의 품질보증

품질보증의 구조로서 엔지니어의 스킬 향상과 개발프로세스의 시스템화가 필요한 이유를 설명한다. 또한, 임베디드 특유의 프로그램 개발 툴(Tool)의 개요도 설명한다.

1. 4 임베디드 소프트웨어의 레이어모델

임베디드 소프트웨어의 전체모습을 이해하기 위한 레이어모델을 소개한다.

1.1 임베디드 소프트웨어란

여기에서는 임베디드 소프트웨어를 이해하기 위한 배경이 되는 지식을 설명한다. 구체적으로는 임베디드 소프트웨어는 어떤 것이며, 누가 필요로 하는지, 개발은 어떻게 진행하는지 등에 관한 개요를 설명한다.

1.1.1 임베디드 소프트웨어를 적재하는 컴퓨터시스템

인공위성, 비행기, 혹성탐사기와 같이 큰 기기에서 자동차 내비게이션, 휴대폰, 디지털카메라, 오디오등이 같은 소비자(Consumer) 기기에 이르기까지의, 다양한 장치에 내장되어져 장치의 기능을 실현하는 컴퓨터시스템을 임베디드 시스템(Embedded System)이라고 부른다. 임베디드 시스템을 내장한, 위에서 설명한 장치 등을 본서에서는 임베디드 기기

(Embedded Product)라고 부르기로 한다. 따라서 임베디드 시스템도 컴퓨터시스템과 같이 [그림 1.1.1]과 같이 하드웨어와 소프트웨어로 구성된다. 임베디드 시스템에 내장되어 하드웨어를 제어하는 것으로써 임베디드 기기의 다양한 기능을 실현하는 프로그램을 임베디드 소프트웨어(Embedded Software)라고 부른다.

임베디드 시스템은 [그림 1.1.2]와 같이 PC 등(이하, 범용계라고 한다)의 컴퓨터와 MPU(Micro Processing Unit), 메모리(Memory), 입출력 장치를 버스로 인터페이스하고 있다.

그러나 임베디드 시스템에는 다음과 같은 특징이 있다. MPU 에는 고기능 명령어 세트를 제공하는 CISC 만이 아니고, 단순 명령어 세트만을 제공하는 RISC 타입이 사용되는 일도 많다. 전력절약 효과 등을 중시하는 경우는 RISC 의 하드웨어상의 특성이 선호되고 있다. 메모리에는 프로그램(Program)을 상주하게 하는 대용량의 ROM이 사용된다. 하드디스크 (Hard Disk) 등의 외부 기억장치를 갖지 않는 것도 있다. 외부 시스템의 아날로그(Analog) 상태를 읽어 들이는 센서(Sensor)나 외부 시스템을 제어할 수 있는 액츄에이터(Actuator)가 인터페이스되는 일도 많다. 센서나 액츄에이터는 A/D (Analog to Digital) 변환기나 D/A (Digital to Analog) 변환기를 개입시켜 컴퓨터에 인터페이스된다. 또한 통신기기나 네트워크 인터페이스기기, 특수용도용의 디바이스(Device)가 이용되는 것이 많다. 물론, 그중에는 다른 하부의 기억장치를 갖거나, 소량의 ROM, 센서, 액츄에이터 등을 갖지 않는 것도 있다.

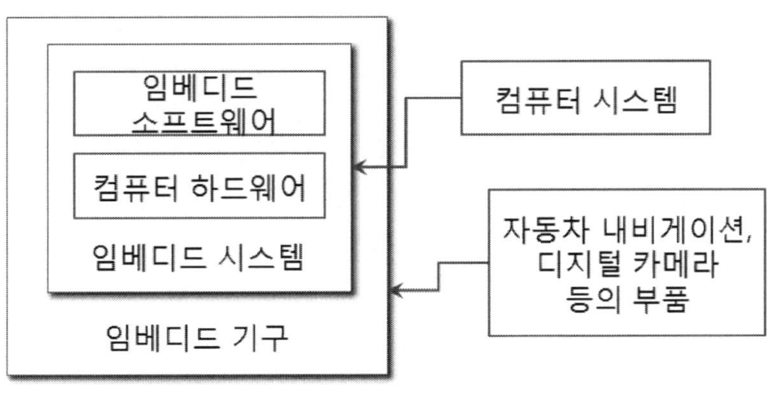

[그림 1.1.1] 임베디드 기구

그러나 임베디드 시스템의 상당수는 앞에서 언급한 특징을 갖고 있다. 이와 같이 다종다양한 하드웨어 플랫폼(Platform) 상에서 가동하는 임베디드 소프트웨어는 범용계의 소프트웨어와는 다른 특징을 가지게 된다.

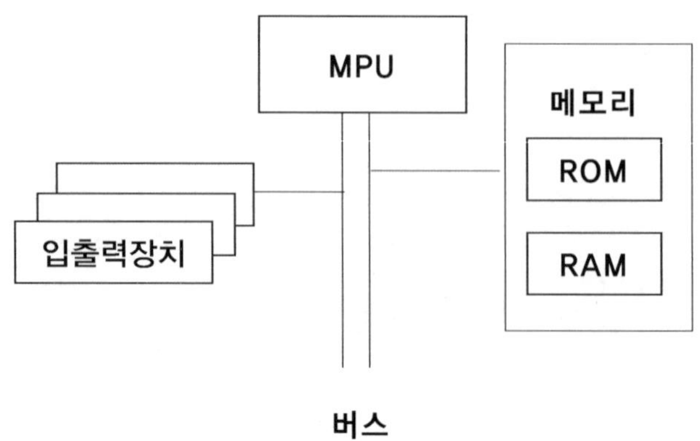

[그림 1.1.2] 임베디드 시스템의 기본 하드웨어 구성

1.1.2 임베디드 시스템의 다양성

임베디드 기기의 종류는 리모콘, 세탁기, 전기밥솥 등의 가정용품에서 통신기기, 자동차, 로보트, 혹성탐사기에 이르기까지 다종다양하다. 그 용도는 다양하고, 대부분의 공업제품이 컴퓨터를 이용하는 임베디드 기기 시대가 오고 있다. 이것은 임베디드 기술이 유비쿼터스 컴퓨팅이라는 용어가 상징하는 것처럼 컴퓨터의 존재를 의식하지 않고, 언제 어디서나 컴퓨터 기능이 가능한 환경을 실현하는 기술이기 때문이다.

이와 같이 임베디드 기기가 다양하고, 임베디드 시스템 마다 각각의 기능요구가 존재하는 것은 쉽게 상상할 수 있을 것이다. 어느 기기는 가정용 220V 전원에 접속되지만, 어느 기기는 건전지로 가동하여야 한다. 또한, 어느 기기는 도저히 손으로 운반할 수 없지만, 어느 기기는 포켓에 넣어 가지고 다닐 수 없으면 안 되기도 한다.. 어느 기기는 밝기에 맞추어 조리개의 모터를 회전시키지 않으면 안 되지만, 다른 기기에서는 인터넷에 접속하여 브라우저 기능을 통하여야만 한다. 또한, 어느 기기에서는 핸들 조작에 맞추어, 차바퀴의 방향을 바꾸거나 날개를 기울이거나 하여야 한다.

이러한 천차만별의 요구를 임베디드 시스템은 실현하지 않으면 안 되는 것이다. 이러한 요구에는 전원의 공급 방법, 크기, 특수한 입출력 장치와의 인터페이스 같이 하드웨어가 아니면 해결할 수 없는 것도 있다. 또는 복잡한 연산 결과를 필요로 하는 경우와 같이 소프트웨어가 아니면 해결할 수 없는 요구도 있다. 반면에, 하드웨어, 소프트웨어의 어디서도 해결할 수 있지만, 비용(cost) 등의 기술 이외의 요구에 따라, 어디에서 해결할까를 결정하지 않으면 안 되는 것도 있다. 또한, 하드웨어의 변화를 소프트웨어로 만회(Recovery) 하려는 요구도 있다. 이와 같이 임베디드 시스템에 대한 요구는 다종다양하고, 그것을 해결하려면,

하드웨어와 소프트웨어가 협력하여야 한다고 하는 점이, 임베디드 시스템을 특징짓는 본질적인 배경이다.

1.1.3 임베디드 시스템 기술의 사용자

이 절에서는 조금 관점을 바꾸어, 임베디드 시스템이나 임베디드 소프트웨어의 기술에 관한 이해관계자(Sstake Holder))에 대하여 설명한다. 지금까지의 임베디드 시스템 특징의 설명에서 어느 정도의 상상을 할 수 있듯이 임베디드 시스템 분야의 주요한 사용자는 [그림 1.1.3]과 같이 세트 메이커, 반도체 메이커, 소프트웨어·툴 메이커 등이다. 이 3자는 각각의 입장에서 임베디드 시스템과 임베디드 소프트웨어의 기술을 이용한다. 최종 사용자는 임베디드의 기술 분야의 문외한일 수 있고, 세트 메이커의 제품만을 사용한다.

1) 세트 메이커(Set Maker)

임베디드 기기를 개발·제조하는 업자를 세트 메이커라고 한다. 대표적인 세트 메이커는 가전 메이커, 자동차 메이커, 전화기 메이커, 조선 메이커 등 우리나라를 대표하는 메이커이다. 물론, 시장용의 기기를 만드는 세트 메이커도 다수 존재하지만, 시장에 큰 영향력을 가지는 생활용품을 제조하는 세트 메이커의 대부분은 대기업 메이커로 한정된다.

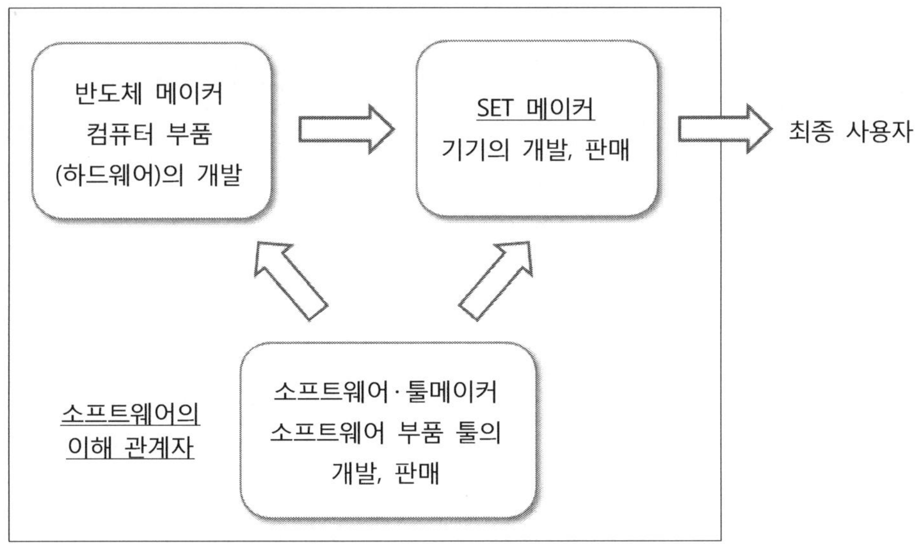

[그림 1.1.3] 임베디드 소프트웨어의 사용자

세트 메이커는 [그림 1.1.3]에 나타낸 것처럼 임베디드 시스템의 컴퓨터 부품을 반도체 메이커에서 조달하고, 소프트 메이커에서 OS 등의 소프트웨어 부품을 조달하고, 그것들로 임베디드 시스템의 플랫폼을 만들어낸다. 그 플랫폼 상에 독자적인 어플리케이션 소프트웨어를 만들어 임베디드 시스템을 플랫폼에 내장하여 판매한다.

세트 메이커가 제품의 부품이나 모듈을 하드웨어 부품 메이커나 모듈 메이커에서 조달하는 경우도 있다. 하드웨어 부품이나 모듈이 임베디드 시스템을 내장하고 있는 경우도 있지만, 여기에서는 그러한 메이커도 세트 메이커의 일종이라고 생각하기로 한다. 임베디드 기기의 시장경쟁에서 이기기 위해서는 어플리케이션 소프트웨어에 세트 메이커 독자적인 기능이나 성능을 만들 필요가 있다. 따라서 어플리케이션 소프트웨어만은 세트 메이커의 노하우로서 세트 메이커가 독자적으로 개발하는 것이 기본이 되고 있다.

2) 반도체 메이커

MPU, 메모리, 입출력 디바이스 등의 반도체 디바이스(컴퓨터 부품)를 제조하는 메이커를 반도체 메이커라고 부른다. 반도체 메이커는 세트 메이커에 컴퓨터 부품을 판매하게 된다. 반도체 메이커도 세트 메이커 같이 국가를 대표하는 대기업 메이커가 대부분이다. 종래는 각 메이커 고유의 MPU 를 개발·제조·판매하는 것이 주류였다. 그러나 최근에는 [그림 1.1.4]와 같이 MPU 의 회로도 등의 IP(Intellectual Property, 지적 재산)를 외부의 MPU 개발 메이커에서 구입하고 또한 독자적인 기능을 부가한 MPU 를 제조·판매하는 일도 많아지고 있다.

MPU 개발 메이커가 개발한 대표적인 MPU 의 IP 에는 ARM(영국), MIPS(미국) 등이 있다. 이러한 IP 는 국내 및 해외의 반도체 메이커에 의하여 제조·판매되고 있다. 그렇다면, 세트 메이커는 반도체 메이커 A 의 MPU 에서도 메이커 B 의 것에서도 원래의 MPU 가 같으면, 같은 명령 세트의 MPU 를 사용하게 된다. 이것들과 병행하고 반도체 메이커 독자적인 MPU 도 개발·제조·판매되고 있다. 이전에는 반도체 메이커 독자적인 MPU 만이 유통하고 있었다. 독자적인 MPU 를 판매하려면 그 MPU 를 지원하는 OS, 개발 툴이 필요하게 된다. 따라서 반도체 메이커는 하드웨어뿐만 아니라, 그러한 임베디드 용 소프트웨어도 모두 자기 부담으로 준비하고 있었다.

그러나 MPU 개발을 전문으로 하는 메이커가 등장하기에 이르러, 그 IP 를 이용하면, 반도체 메이커는 MPU 개발 메이커가 제공하는 소프트웨어나, 그것을 지원하는 독립공급자(Vendor)의 소프트웨어를 이용하는 것이 가능하여졌다.

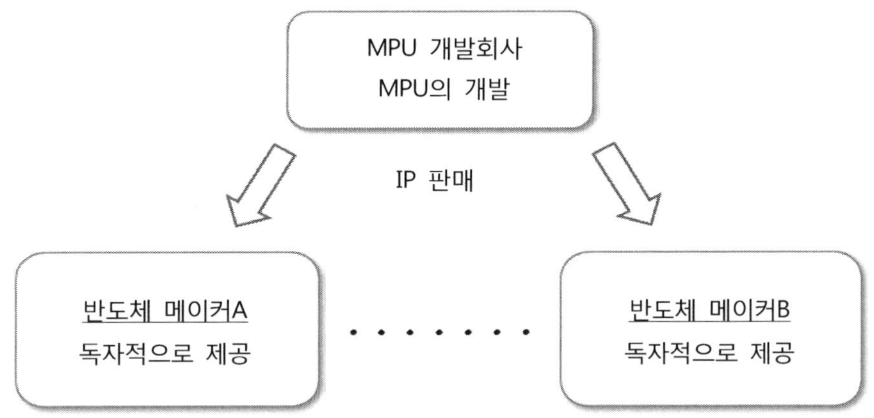

[그림 1.1.4]   IP(Intellectual Property: 지적 재산권)의 판매

3) 소프트웨어 부품 · 개발 툴의 메이커

컴퓨터를 작동시키려면 하드웨어 능력을 능숙하게 꺼내기 위한 프로그램이나, 응용 프로그램을 개발하기 위한 컴파일러 등의 개발 툴이 필요 불가결하다. 반도체 메이커나 MPU 개발 메이커와는 별도로, 독자적인 소프트웨어 부품이나 개발 툴을 제공하는 메이커가 존재한다. 그것들을 소프트웨어 부품 메이커, 개발 툴 메이커, 독립공급자(Individual Vendor) 등이라고 부른다. 소프트웨어를 크게 나누면, 일반적으로 OS 와 어플리케이션으로 분류할 수 있다. 임베디드 소프트웨어도 상당히 단순한 기능이 아닌 한, 다음 1. 4 절에서 설명하듯이 OS 와 어플리케이션으로 분류할 수 있다. 세트 메이커의 항에서 설명한 것처럼 어플리케이션에는 세트 메이커의 노하우가 담긴다. 따라서 브라우저(Brouser) 등과 같이 극히 일반적인 기능이 아닌 한, 어플리케이션이 패키지(Package)화 되어 판매되는 것은 없다. 임베디드 소프트웨어의 패키지로서 유통하고 있는 것은 임베디드용의 OS 와 미들웨어 등의 소프트웨어의 플랫폼 제품이다. 개발 툴에는 ICE 로 대표되는 임베디드 소프트웨어의 디버그 툴(Debug Tool), 성능해석 툴, 설계 툴 등, 하드웨어용 제품이나 소프트웨어용 제품 등 다양하다. 프로그램의 자동 생성 툴 등도 일부에서는 사용되고 있다.

1.1.4 하드웨어의 선정 · 개발

세트 메이커에 의한 임베디드 시스템의 개발은 하드웨어와 소프트웨어의 대체적인 역할 분담을 결정하는 것에서 시작 된다. 그것이 정해지면 하드웨어 선정으로 진행된다. 시스템에 대한 요구를 만족하는 하드웨어 부품의 선정이 시작된다. 특별한 대형 프로젝트도 아닌 한, 기존의 MPU, 메모리, 입출력 장치에서 요구를 만족하는 부품을 찾아내게 된다.

1) MPU 의 선정

하드웨어 부품의 선정에 대해서는 MPU 의 선정이 다른 부품의 선정에 결정적인 영향을 미친다. MPU 가 정해지면, 그 외의 하드웨어 부품, 이용할 수 있는 소프트웨어, 개발 툴의 구조가 정해지는 것이다. 사용하는 MPU 는 단체 성능으로서 소비전력, 연산 속도 내구성 등에 의하여 결정되지만, 그 이상으로 소프트웨어까지 포함한 임베디드 시스템의 개발의 구조를 결정하게 되어 버리는 점이 중요하다. 또한 개발의 구조가 정해지는 것에 의하여 그래서 이용할 수 있는 자원이 정해지고, 그 결과, 최종의 시스템 성능까지도 결정된다. 예를 들면, 선정한 MPU 가 특수한 것인 경우는 그것을 지원하는 개발 툴이 없는 경우마저 예상할 수 있다. MPU 의 선정에는 하드웨어의 성능뿐만이 아니라 다음과 같은 면에서의 검토도 행해진다.

① 프로그램 개발로 사용하는 프로그램 언어에는 어떠한 언어가 지원되고 있을지?

② 디버그로 사용하는 툴로서 ICE 의 지원은 있는지, 혹은 JTAG 는 가능한가?

③ 어플리케이션 개발의 플랫폼이 되는 실행용의 리얼타임 OS 는 어떠한 것이 준비되어 있는지?

④ 미들웨어나 디바이스 드라이버의 다양한 상품은 충분한가?

⑤ 그 외, 개발환경이나 실행용의 소프트웨어에 문제는 없는지? 또한, 이러한 기술적 검토뿐만이 아니라, 그것을 사용한 개발 경험의 유/무, 사용 실적, 원가 요인도 선정에는 크게 영향을 준다.

2) 메모리나 입출력의 설계

MPU가 정해지면, 메모리의 용량이나 그 종류 등을 결정한다. 또한, 입출력 디바이스의 선정을 실행한다. 특별한 경우에는 디바이스의 개발까지 고려하지 않으면 안 되는 경우도 있다. 메모리를 선정하는 경우, 기능요구를 만족시키기 위하여 ROM 과 RAM 의 적절한 용량 분배를 결정하여야만 한다. 또한 ROM 에도 마스크(Mask) ROM, EPROM, EEPROM 등의 종류가 있다. RAM 에도 DRAM, SRAM 등이 있다. 또한, 플래시(Flash) ROM 과 같은 명령어(Command)에 의하여 갱신 가능한 ROM 도 존재한다. 어느 메모리를 얼마나 장착할까를 결정하지 않으면 안 되지만, 때에 따라서는 소프트웨어가 필요로 하는 용량이나 사용 방법을 어느 정도 추측하여 둘 필요가 있다. 최근의 임베디드 시스템에는 ROM 으로서 플래시 ROM 을 사용하고 대용량의 DRAM 과 소량의 SRAM 을 가지는 것이 많다. 부품이 결정되면, [그림 1.1.5]와 같이 그것들을 장착한 컴퓨터의 하드웨어 시스템인 보드(Board :기판)의 설계가 개시된다. 보드는 최종적으로는 임베디드 기기에 조립되어야만 한다. 따라서 기기에 허용된 공간에 적재할 수 있는 모양·사이즈로 제조되어야만 한다. 일반적으로는 모양이나 사이즈를 고려하지 않고, 기능만을 만족하는 브레드보드(Breadboard : 시작보드)를 제작하고, 하드웨어 제조상의 문제를 해결하고 최종 단계에서 제조용의 보드를 설계하게 된다. 임베디드 소프트웨어는 이 브레드보드를 이용하고 개발되는 경우가 많다.

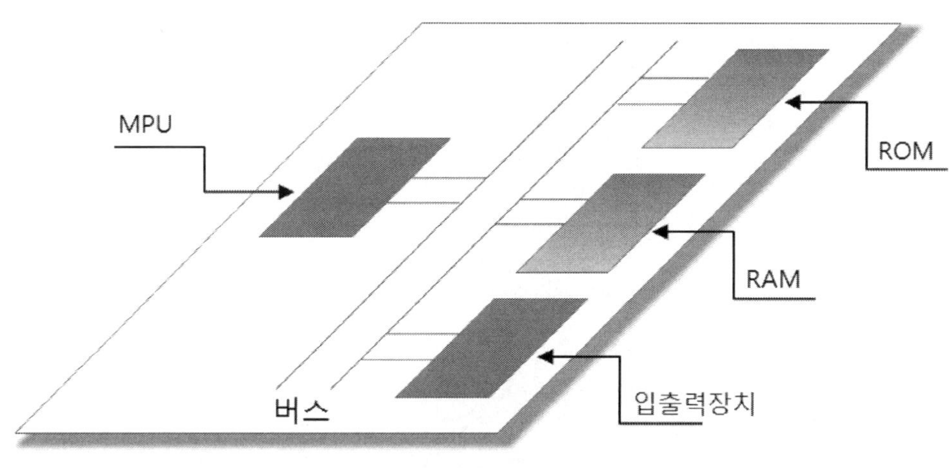

[그림 1.1.5] 브레드보드

3) MCU

[그림 1.1.6]과 같이 MPU, 일정량의 ROM/RAM, 타이머 등의 필수 디바이스를, 하나의 칩(Chip)으로 하여서 실현된 지극히 간소한 컴퓨터의 원형(原形)이라고 할 수 있는 부품이 반도체 메이커에서 판매되고 있다. 그것을 MCU(Micro Controller Unit)라고 부른다.

마이크로컴퓨터라고 하는 용어는 단독의 MPU 를 가리키는 경우도 있지만, MCU 를 가리키는 경우도 있다. MPU 를 싱글칩 마이크로컴퓨터(Single Chip Micro)라고 부르는 경우도 있다. MCU 를 사용하면, [그림 1.1.7]과 같이 하드웨어 설계에서는 MCU 만으로는 부족한 ROM/RAM, 입출력 장치를 증설하고 전원 등을 적재한 보드설계만으로 끝나게 된다. 이렇게 하는 것이 보드의 설계·제조의 수고를 줄일 수 있고 작은 부품이기 때문에 보드로 실현되는데 비교적 많은 장점이 있다. MCU 안에 포함되는 디바이스를 내장 디바이스, MCU의 버스에 증설되는 디바이스를 외장 디바이스라고 부르는 일도 있다. MCU 는 종류도 많고 여러 가지 다양한 상품이 있다.

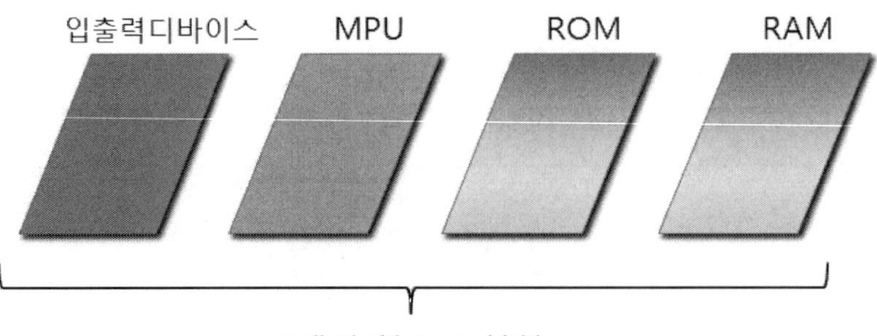

[그림 1.1.6] MCU

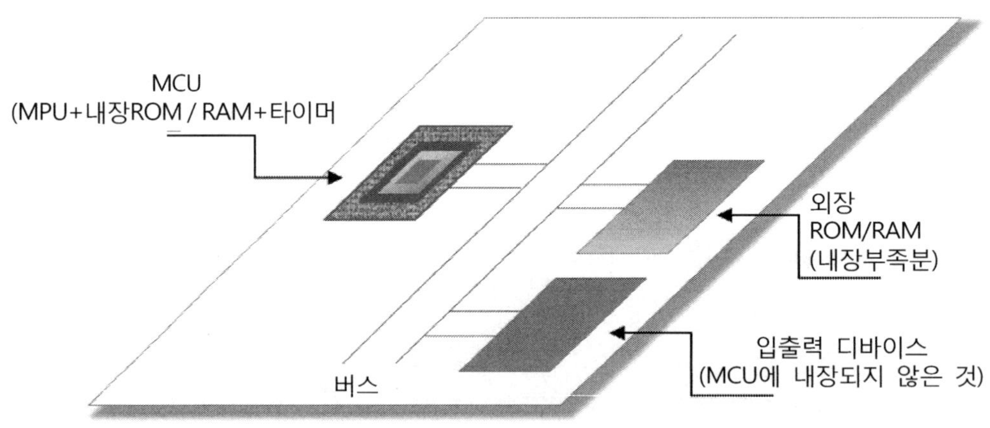

[그림 1.1.7] MCU와 외장 디바이스

4) 평가보드

　MCU가 제조 단계의 임베디드 시스템으로 사용할 수 있도록 시스템 설계 단계에서, 부품의 평가 등을 실행하기 위하여 반도체 메이커가 개발·판매하고 있는 레이디 메이드 보드(Ready Made Board)도 있다. 이 보드를 평가보드(Evaluation Board)라고 부른다. 이것을 사용하면, MPU의 성능 평가는 물론, 여기서 가동하는 소프트웨어의 평가 등도 즉시 실행하는 것이 가능하다.

MCU 는 기기 제조로 대량으로 사용되는 것을 전제로 하고 있기 때문에 장착되는 디바이스에 불량이 나오지 않게, 최소 디바이스로 구성되어 있는데 비하여 평가보드에는 여러 가지 디바이스의 평가가 가능하게, 많은 종류의 디바이스가 장착되고 있다. 또한 장착되어 있지 않은 디바이스도 간단하게 증설 가능하도록 하는 연구가 집중되고 있다.

1.1.5 소프트웨어의 선정·개발

하드웨어가 정해지면, 혹은 그것과 병행하는 플랫폼으로서 사용하는 소프트웨어 부품과 어플리케이션 개발에 사용하는 툴의 선정을 실행하게 된다.

1) 소프트웨어 부품의 도입

플랫폼에 사용하는 임베디드 OS 는 패키지로서 판매되고 있는 것에서 선택하는 것이 많다. 드물게는 스스로 개발하거나 공개되고 있는 OS 를 도입하는 경우도 있다. 또한, 기능의 작은 시스템에서는 OS 를 사용하지 않는 경우도 있다. 일반적으로는 판매되고 있는 임베디드 OS 를 선정하고 스스로의 하드웨어를 지원하도록 이식하는 것이 많다. 특수한 입출력 디바이스를 사용하는 경우에는 그 때문에 디바이스 드라이버를 별도로 선정하여야 하는 경우도 있다. 인터넷 프로토콜(Interne Protocol, TCP/IP), 파일시스템, GUI 등의 범용계에서는 OS 를 구성하는 일부의 기능은 임베디드 소프트웨어의 경우, 미들웨어로서 별매 되고 있는 경우도 많다. 그러한 경우는 필요한 기능을 지원하는 패키지를 구입하고 플랫폼이 되는 소프트웨어를 스스로 통합하여야 하는 경우도 있다.

2) 개발 툴의 선정

어플리케이션을 개발하기 위한 컴파일러(Compiler), 디버거(Debugger), ICE 와 같은 개발 툴의 선정도 실행하여야만 한다. 그러한 선정은 어플리케이션을 개발하는 환경이나 개발 프로세스의 설계를 진행하면서 순조롭게 실행할 수 있다.

3) 임베디드 소프트웨어 개발

위와 같이 개개의 부품을 구입하여, 어플리케이션의 토대가 되는 플랫폼을 구축하고 선정된 개발 툴을 사용하고 어플리케이션의 설계·개발을 실행할 수 있게 된다. 어플리케이션 개발은 규모나 참여하는 기술 인력의 규모 등에 따라서 다양한 형태로 행해진다. 실제로 가동하는 하드웨어를 사용하여 프로그램을 개발하는 경우도 있지만, 플랫폼의 API 나 인터페이스를 PC 등으로 시뮬레이션 하는 스탭(Stab)를 준비하고 PC 상에서 개발하는 경우도 있다.

1.2 임베디드 소프트웨어 기술상의 특징과 리얼타임 성

여기에서는 임베디드 소프트웨어의 특징인 메모리 상주, 전력절약, 리얼타임성의 개요를 설명한다. 여기서 설명한 개요는 뒷장에서 그것들을 실현하기 위한 상세한 기술을 설명한다. 또한 어플리케이션의 실행을 제어하고 시스템에 리얼타임성을 부여하는 리얼타임 OS의 기능 개요를 설명한다.

1.2.1 메모리 상주

메모리와 같은 형식의 2 진수 정보 등을 기억하는 메모리의 확장 매체로서 사용되는 하드 디스크, CD 장치, Floppy Disk 등의 장치를, 2차 기억장치, 혹은 외부기억장치라고 부른다. 임베디드 시스템 속에는 범용계와 같은 외부 기억장치나 메모리카드 등의 외부기억장치를 가지는 임베디드 시스템도 존재하지만, 이러한 외부 기억장치를 갖고 있지 않은 것이 많다.

범용계의 컴퓨터라면, [그림 1.2.1]과 같이 실행되는 명령과 데이터에서 구성되는 프로그램은 외부기억장치에 기억되고 있다. 최종적으로는 MPU 가 해석·실행하는 명령이나, 그 처리 대상이 되는 데이터는 메모리상에 존재해야 하기 때문에 프로그램이 기동되면 외부기억장치에서 메모리에 읽혀 실행으로 옮긴다.

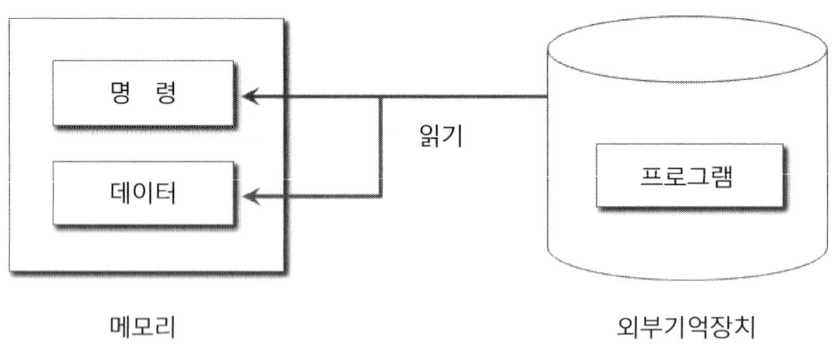

[그림 1.2.1] 외부 기억장치의 프로그램

외부기억장치를 갖지 않는 많은 임베디드 시스템에서는 프로그램은 처음부터 메모리에 기억되어 있어야 된다. 전원이 OFF 가 되어도 정보를 계속 기억할 수 있는 메모리를 ROM(Read Only Memory)이라고 한다. ROM 은 명칭대로 기록을 할 수가 없는 메모리이다. ROM 에 비해서, 읽고 쓰기가 가능하고 전원이 OFF 가 되면 정보가 사라져 버리는 메모

리를 RAM(Random Access Memory)이라고 부른다. 읽고 쓰기가 가능하고 전원이 OFF 가
되어도 정보를 계속 기억하는 메모리가 사용되는 것은 드물다.

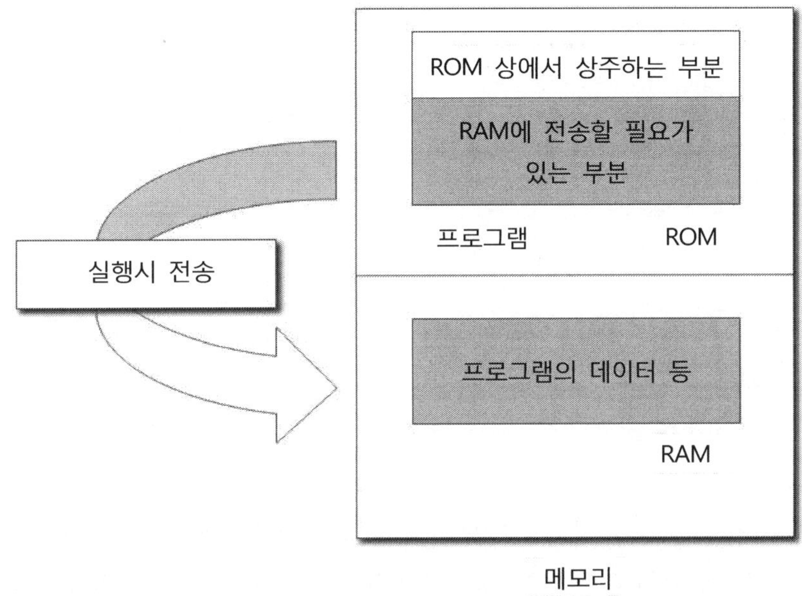

[그림 1.2.2]   ROM상의 임베디드 프로그램

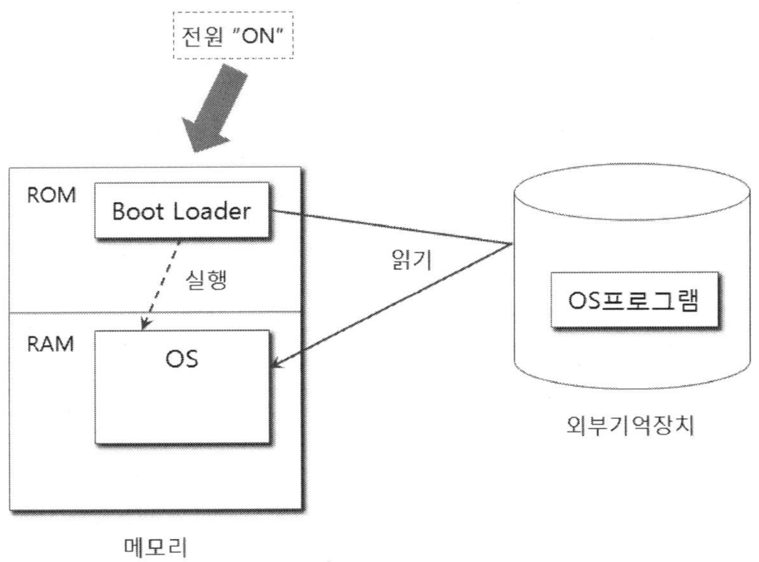

[그림 1.2.3]   범용계의 부트로더

임베디드 소프트웨어는 ROM에 기억된 상태로 존재하고 [그림 1.2.2]와 같이 필요한 경우에 데이터 등을 RAM에 전송 하고 실행을 한다. 범용계에서도 전원이 ON 이 되었을 경우에 어떠한 프로그램이 메모리에 존재하지 않으면 컴퓨터는 가동하지 않는다.

범용계에서는 BIOS(Basic Input Output System)로 불리는 프로그램이 ROM에 상주하고 있다. BIOS 안의 부트로더(Boot Loader)로 불리는 이 프로그램이 전원 ON 으로서 실행된다. 부트로더는 [그림 1.2.3]과 같이 외부 기억장치상의 OS를 메모리에 읽어 들여, OS를 실행시킨다. 이러한 기능 때문에 BIOS를 범용계 컴퓨터의 임베디드 소프트웨어 부분이라고 볼 수도 있다.

1.2.2 전력절약 대응

임베디드 기기의 상당수는 AC 전원에 직접 접속되지 않지만 전원이 없는 환경에서는 사용될 수 있다. 전원에는 배터리나 건전지 등이 사용되는 일도 많다. 그러한 환경에서 움직이는 경우에는 전력소비를 줄이는 배려가 필요하다.

컴퓨터에 인터페이스되는 기기를 가동 상태로 두면 전력을 소비한다. 따라서 사용하지 않는 기기는 정밀하게 전원을 꺼 두지 않으면 안 된다. 입출력 장치 마다 전원을 ON/OFF 하는 기능, MPU의 전력소비를 억제하는 기능, 메모리의 전원을 OFF 하는 기능 등이 준비된다. 어느 기기의 경우도 전원을 OFF 로 하면 재차 사용하는 경우에는 큰 영향이 발생한다. 예를 들면, 메모리의 전원을 OFF 로 하면, DRAM 상의 데이터는 소실하여 버린다. 재사용 시에 이러한 것을 고려한 대책이 필요하다.

1.2.3 리얼타임성

리얼타임(Real Time) 성이란, 즉시응답 성능의 요구이다. 처리요구가 있는 대로, 즉시 응답할 수 있는 구조를 가진 시스템을 리얼타임 시스템(Real Time System)이라고 부른다. 즉시응답이란, [그림 1.2.4]와 같이 제한시간 내에 요구에 대한 특정한 응답을 돌려주는 것이다. 리얼타임성의 요구에 대한 처리에서 제한시간을 초과하면, 처리의 가치가 없어져 버린다. 임베디드 기기의 상당수는 리얼타임성을 요구하는 것이 많다.

예를 들면, 은행의 ATM 장치, 열차나 비행기의 좌석예약과 같은 리얼타임 시스템의 경우에서도 요구 시점에서 5분 이상 기다리게 되면, 참을성 있는 사람이라도 이용을 그만 둘 것이다. 그럼, 3 분이라면 어떨까? 창구에서의 처리보다 빠르면 사용자가 있을 것이다. 아마, 10 초 이내라면 많은 사람이 이용하고자 할 것이다. 이러한 제한시간의 완만한 리얼타임을 소프트 리얼타임이라고 부른다.

한편, 비행기나 인공위성의 제어장치와 같은 리얼타임을 생각하여 보자. 그러한 제어 기기간의 통신이나 제어용의 임베디드 기기의 경우, 수 10 밀리 세컨드 내에 응답이 없으면, 요구한 측은 상대 기기가 이상하다고 판단할 것이다. 기기에서의 처리요구에는 제한시간이 부과되는 것이 많다. 이러한 제한시간의 긴박한 리얼타임을 하드 리얼타임이라고 부른다.

리얼타임 처리에 대한 요구가 어디에서 오드라도, 최종적으로는 입출력기기에 도달한다. 키 입력이거나 통신 장치에서의 데이터 수신하고 있을 때, 어떤 시각에 도달하고 있을 때, 요구의 근원은 달라도 입출력 장치가 요구의 발생 원인인 것에는 변함없다.

이러한 입출력기기에서의 처리요구를 즉시 받아들이는 구조가, 컴퓨터시스템에는 준비되어 있다. 그것이 인터럽트(Interrupt)이다. [그림 1.2.5]와 같이 입출력 장치에서 처리요구가 있으면, 즉시 인터럽트 요구가 MPU 에게 전달할 수 있다. MPU 는 그 시점에서의 처리를 중단하고 인터럽트에 대응하는 처리를 즉시 실행한다. 인터럽트에 의하여 기동되는 처리를 인터럽트 핸들러 또는 ISR(Interrupt Service Routine) 이라고 부른다.

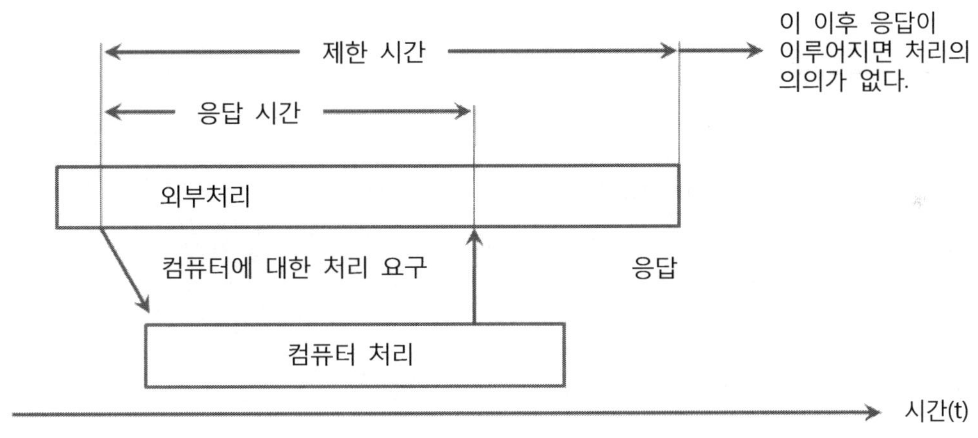

[그림 1.2.4] 리얼타임성

이와 같이 입출력기기에서의 처리의 요구는 입출력 장치, 인터럽트, MPU와 경유하여 인터럽트 핸들러에게 전달할 수 있다. 여기까지의 구조는 범용계이든 임베디드 소프트웨어든 변함없다. 범용계의 OS 에서도 입출력 제어기능(I/O Control System)은 리얼타임 시스템으로서 작성되고 있다.

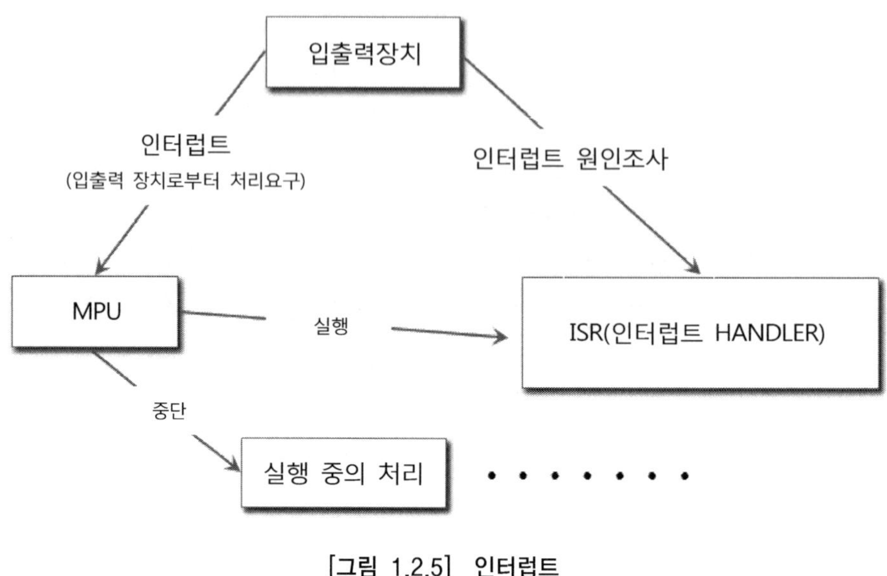

[그림 1.2.5] 인터럽트

1.2.4 리얼타임처리의 방법

시스템에 대한 처리의 요구가 1개뿐인 경우는 처리의 방식에서는 차이가 생기지 않는다. [그림 1.2.6]과 같이 리얼타임성이 요구되고 있어도, 되어 있지 않아도 같은 처리가 된다.

이것으로 제한시간 내에 응답을 돌려줄 수 없으면, MPU 속도를 올리든지, 처리 내용을 가볍게 하던지, 처리 방법을 개선하여 처리시간을 짧게 하는 것 외에 리얼타임성을 보증하는 방법은 없다.

이처럼 분명하게, 제한시간 내에 응답을 돌려주는 것을 일반적으로 보증하는 방법은 없다. 리얼타임 OS 도 제한시간 내에 응답을 돌려주는 것을 보증하여 주지 않는다. 리얼타임 OS 는 제한시간 내에 응답을 돌려주기 위해서 주어진 컴퓨터 자원의 범위 내에서, 최선의 노력을 실행할 수 있는 구조를 제공할 뿐이다.

처리가 복수가 되었을 경우에 먼저 컴퓨터의 모든 능력을 올려, 리얼타임성을 발휘하기 위한 구조가 필요하게 된다. [그림 1.2.7]과 같이 2개의 처리 A 와 B 가 있는 것으로 한다. A 와 B 의 처리의 내용은 묻지 않는다. A 를 게임기능으로, B 를 전화호출에 대한 통화 응답 처리라고 생각하여도 좋고, A는 로보트의 팔을 움직이는 처리로, B는 다리를 움직이는 처리라고 생각하여도 좋다.

A 가 어떠한 요구로 기동되고 있었을 경우에 B 에 대한 요구가 발생했을 경우, 시스템이 어떻게 대응하면 A, B 각각의 제한시간을 지키는데 최상일까 하고 말하는 것이, 리얼타임

OS의 과제이다.

리얼타임 OS 에서는 이 과제를 해결하기 위해서, 우선도(Priority)를 이용한다. A와 B의 제한시간에 대응하여 [그림 1.2.8]과 같이 처리에 우선도를 설정한다.

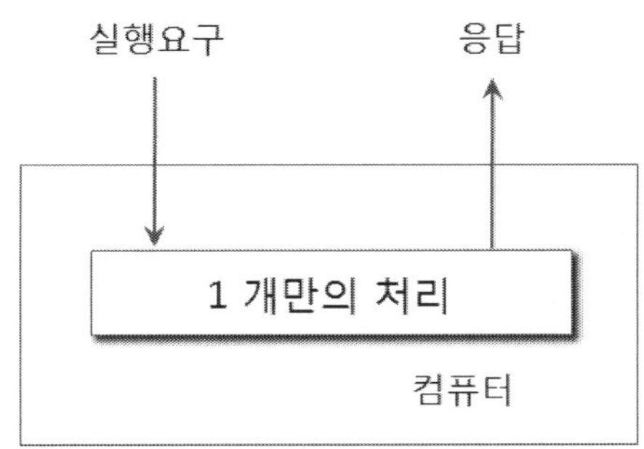

[그림 1.2.6] 처리요구가 1개 밖에 없는 시스템

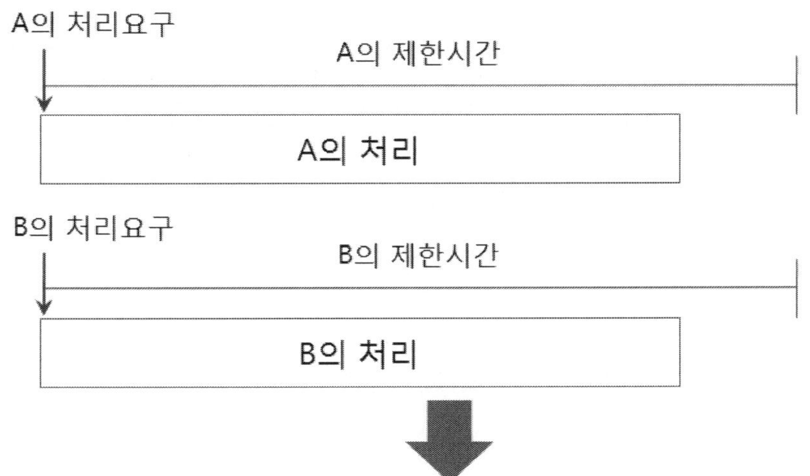

A의 처리중에 B의 요구가, 혹은 B의 처리중에 A의 요구가 발생했을 경우에도 A, B의 제한시간에 응답을 보낸다.

[그림 1.2.7] 리얼타임 시스템의 과제

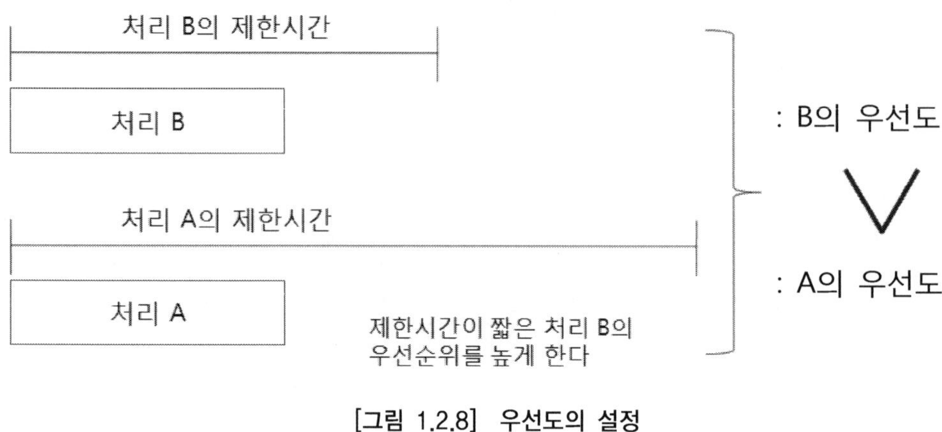

[그림 1.2.8] 우선도의 설정

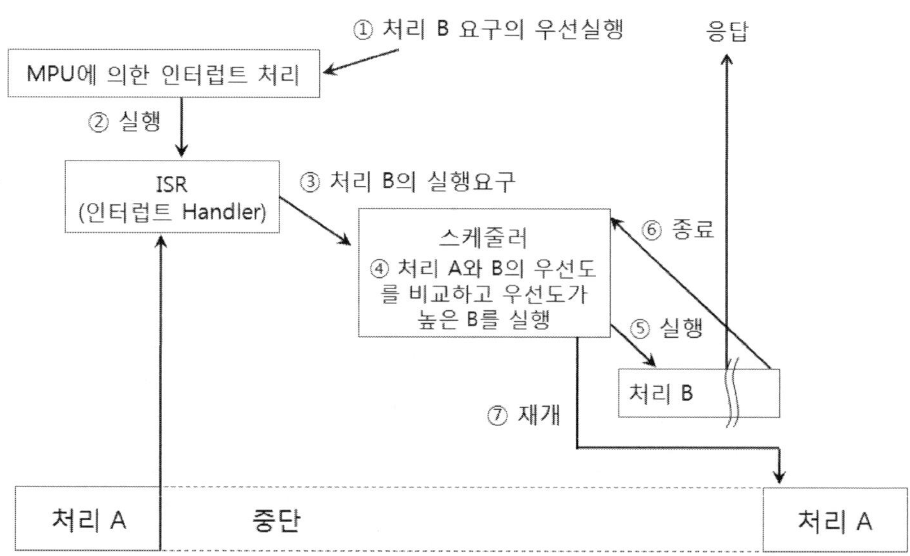

[그림 1.2.9] 리얼타임 제어의 흐름

그림에서 알 수 있는 것처럼 B 의 제한시간이 짧으면 그 우선도를 높게 한다. 우선도는 급한 정도라고도 해석할 수 있다. 따라서는 긴급도라고도 부를 수도 있다. 우선도는 1 이라든지 256 이라고 하는 수치를 할당할 수 있지만, 절대치에는 큰 의미는 없다. 처리간의 상대적인 긴급의 정도를 나타내는 것에 지나지 않는다.

이와 같이 처리에 우선도를 붙여 두어, 리얼타임 OS 는 처리 A 와 처리 B 의 2개를 처리하여야 하는 경우에 우선도가 높은 처리를 먼저 실행하는 구조를 제공한다. 즉, 긴급도가 높은 것부터 순차적으로 처리를 하게 하는 것이다.

리얼타임 OS는 [그림 1.2.9]와 같이 처리 A 와 처리 B 를 실행하는 스케줄을 제어한다.

① A의 실행 중에 B에의 처리요구가 도착한다. 그 처리요구는 인터럽트로서 MPU 에게 전달할 수 있다.

② MPU 는 처리 A를 중단하고 대응하는 ISR(Interrupt Handler)를 실행한다.

③ ISR 는 처리요구를 수중에 넣어, 처리의 스케줄러에 처리 B 의 실행을 요구한다.

④ 스케줄러는 요구가 있던 처리 B와 실행중의 처리 A 의 우선도를 비교한다.

⑤ 우선도가 낮은 처리 A 를 중단하고 처리 B를 실행한다.

⑥ 처리 B 가 응답을 돌려주어, 종료를 스케줄러(Scheduler)에 통지한다.

⑦ 실행하여야 할 처리는 A 밖에 없기 때문에 처리 A 를 재개한다.

이 결과, 처리 A 와 처리 B 의 응답시간은 [그림 1.2.10]에 나타내게 된다. 그림에서도 분명하게, 처리 A 의 제한시간 내에는 처리 A 의 응답시간뿐만이 아니라, 처리 B 의 실행시간 등도 포함되어야만 한다.

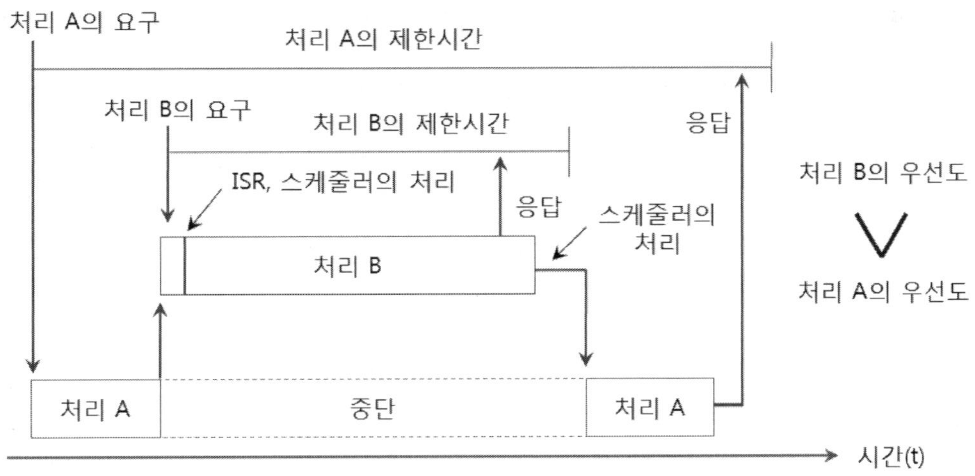

[그림 1.2.10] 리얼타임처리와 제한시간

처리 A 와 처리 B 의 2개의 처리에 관하여서 설명했지만, 우선도를 사용한 리얼타임 OS 의 제어 방식은 2개 이상의 처리의 경우에도 적용할 수 있다. 그 경우는 스케줄러로 실행하여야 할 처리의 선택방법을 처리요구되어 있거나, 중단되어 있거나 하는 처리 중에서 제일 우선도가 높은 처리를 실행하도록 한다. 그렇다면, 처리는 [그림 1.2.11]에 나타내는 순서로 우선도순에 따라 실행되게 된다. 이 경우, 우선도가 낮은 처리에는 자기보다 우선도가 높은 처리의 모든 처리시간을 포함하여도 충분할 만큼의 제한시간이 주어지지 않으면 시간 내에 처리를 완료시킬 수 없게 된다.

처리 속에는 리얼타임성을 필요로 하지 않는 처리도 존재한다. 그러한 처리는 우선도를 낮게 하여 두면, 리얼타임처리의 방하여가 되지 않게, MPU 를 사용할 수 있다.

여기서 설명한 처리 단위를 리얼타임 OS에서는 태스크(Task)라고 부른다. 리얼타임 OS 는 태스크에 우선도를 주어 그 우선도에 따라 태스크를 실행시키는 제어를 실행한다.

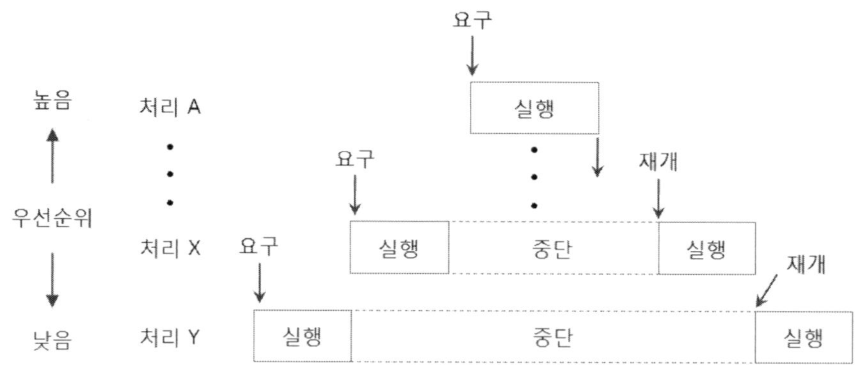

[그림 1.2.11]　리얼타임 OS 의 실행 제어

1.2.5 리얼타임 OS

리얼타임 OS(RTOS, Real Time OS)는 전항과 같이 리얼타임처리를 실현하는 구조를 제공한다. 이하, RTOS 라는 용어를 사용한다. 임베디드 소프트웨어에서는 리얼타임처리 요구가 많기 때문에 RTOS 를 사용하는 경우가 많아지고 있다.

RTOS 는 [그림 1.2.12]와 같은 기능에서 구성된다. 커널은 프로그램의 실행 제어를 하고 리얼타임처리의 구조를 만들어 OS 의 중심 기능을 제공한다. 디바이스 드라이버는 입출력을 실행하기 위한 하드웨어의 번거로운 조작에서 어플리케이션을 해방(Release)하는 역할을 담당하고 있다. 예외적인 것을 제외하고 입출력 디바이스 단위에 디바이스 드라이버는 존재한다. 범용계의 OS 가 제공하는 파일기능 등의 하드웨어의 입출력기능을 은폐하는 기능은 임베디드 시스템용의 OS 에서 미들웨어에 맡기고 있는 경우가 많다.

RTOS 는 태스크를 우선도가 높은 순서로 실행시키는, 프로그램 제어기능을 중심의 OS 라고 정의할 수 있다. 아래에 RTOS 를 구성하는 기능의 개요를 설명한다.

[그림 1.2.12] 리얼타임 OS 의 기능

1) 커널(Kernel)

RTOS 의 중심기능을 수행하는 모듈을 커널(Kernel)이라고 부른다. 커널은 [그림 1.2.13]에 나타내는 기능을 제공하고 있다. 우선도가 높은 순서에 태스크를 실행시키는 기능 모듈을 태스크 스케줄러(Task Scheduler)라고 부른다. 또한 태스크 스케줄링 기능을 실행시키기 위해서 커널은 인터럽트에 의한 ISR(Interrupt Service Routine : 인터럽트 핸들러)의 처리개시와 그 종료, 스케줄러에의 태스크 실행 의뢰의 인터페이스 등의 기능을 인터럽트 핸들링 기능으로서 제공한다.

또한 커널은 실행중의 태스크가 스스로 중단하거나 다른 태스크의 실행을 정지시키거나 하는 태스크에 대한 서비스 기능도 제공하고 있다. 이러한 기능을 시스템콜(System Call) 기능이라고 부른다. 예를 들면, [그림 1.2.14]와 같이 태스크 A 는 시스템콜을 호출하고 다른 태스크 B 를 일시 중단시키거나 재개시키거나 할 수가 있다.

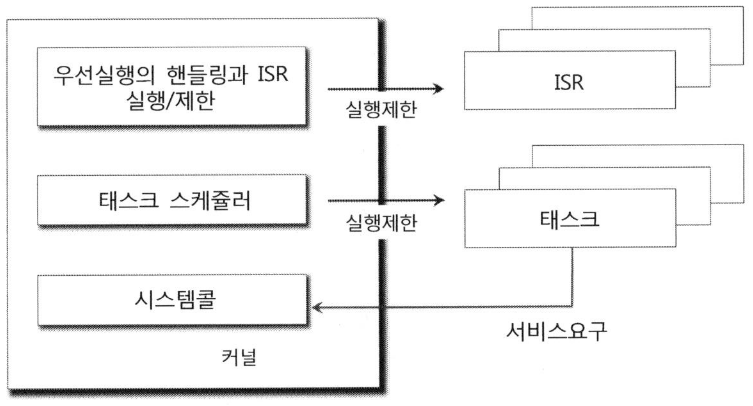

[그림 1.2.13] 커널의 기능

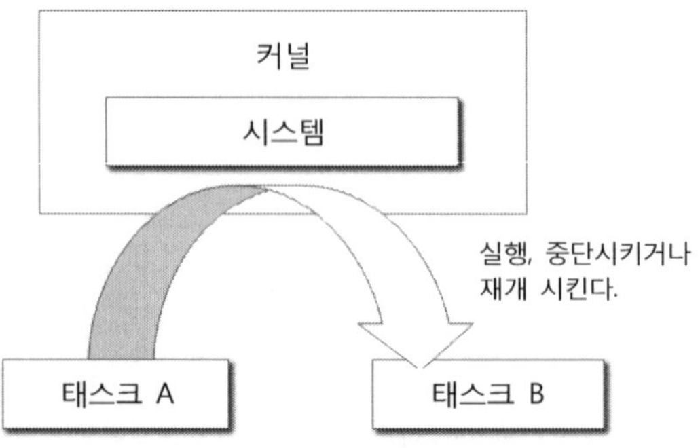

[그림 1.2.14] 시스템콜의 기능예

2) 디바이스 드라이버(Device Driver)

   이러한 커널 기능을 전제로 하고 디바이스 드라이버가 존재한다. 디바이스 드라이버는 어플리케이션이 하드웨어 디바이스에 직접 액세스 하는 일 없이, 입출력을 실행할 수 있는 기능을 제공한다. 디바이스 드라이버는 [그림 1.2.15]와 같은 기능 구조를 갖고 있다. 디바이스 드라이버의 어플리케이션 인터페이스(API, Application Program Interface)를 실행하는 부분은 어플리케이션에서의 처리요구를 접수하여 디바이스 드라이버의 처리의 결과를 반환하는 기능을 제공한다. ISR(인터럽트 핸들러)은 전항에서도 설명한 것처럼 컴퓨터에 대한 처리요구를 인터럽트로서 접수하여 태스크에 처리를 요구하는 것을 본질적인 기능으로 한다.

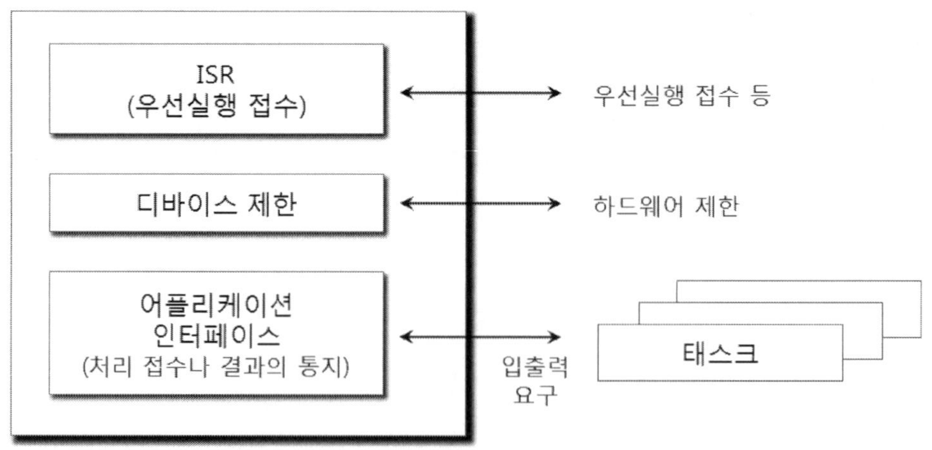

[그림 1.2.15] 디바이스 드라이버의 기능과 구조

다만, 그 기능은 모습을 바꾸어 디바이스 드라이버 안에 포함되어 제공된다. 자세하게는 다음의 장에서 설명한다. 디바이스 제어는 하드웨어를 제어하고 입출력을 실행한다.

일반적으로 판매되고 있는 RTOS 에는 커널 기능과 간단한 직렬 통신 드라이버 정도의 디바이스 드라이버만을 포함하고 있는 것이 많다.

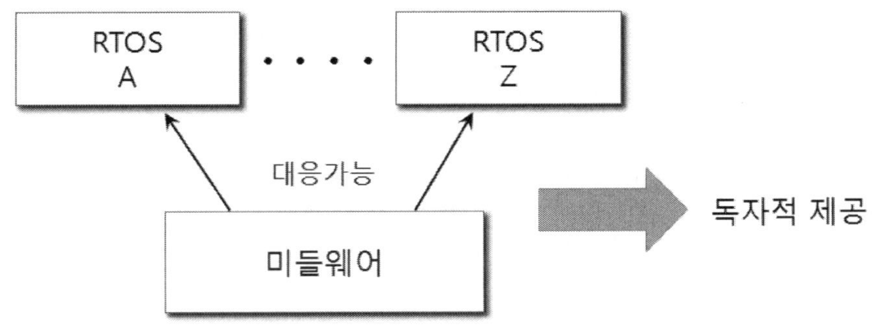

[그림 1.2.16] 미들웨어의 독자적 판매

3) 미들웨어(Middle-Ware)

범용계 OS 의 주요한 기능인 파일시스템, 통신·네트워크 기능, GUI 기능 등은 RTOS와는 별도로 제공되고 있다. 그것들을 미들웨어라고 부른다. 미들웨어는 범용계와 같이 특정의 OS 에 속박 되지 않게, OS 에서 독립되어 제공되고 있는 경우가 많다. [그림 1.2.16]과 같이 미들웨어 측에 두어, OS 가 없는 경우, 범용적인 OS 에 대응하는 경우, RTOS 에 대응하는 경우 등, 어느 경우에도 대응이 가능한 범용성을 갖추고 있다.

이러한 미들웨어는 구입하자마자 실행할 수 있는 경우는 적다. 미들웨어가 전제로 하는 하드웨어 구성이나 RTOS 의 환경이 개발하려고 하는 시스템의 구성과 다른 경우도 있다. 그 경우에는 구입한 미들웨어를 개발하려고 하는 환경에 이식(포팅, Porting) 할 필요가 발생한다.

1.3　임베디드 소프트웨어의 품질보증

　　임베디드 소프트웨어는 임베디드 기기와 일체화되고 있는 만큼 임베디드 기기에 요구되는 공업품질과도 일체화되어야 한다. 임베디드 기기의 컴퓨터시스템 이외의 품질이나, 임베디드 시스템의 하드웨어 품질이 아무리 좋아도 임베디드 소프트웨어의 품질이 나쁘면, 그 기기의 품질은 나쁘다고 판단된다. 따라서 임베디드 소프트웨어에도 공업제품과 같은 품질을 보증하기 위한 구조를 만들려는 시도가 이루어지고 있다.

　　임베디드 기기의 아날로그 제어가 디지털화되는 것에 따라, 임베디드 소프트웨어의 활용되는 분야도 비약적으로 증대하고 있다. 거기에 따라, 의료나 운수기기 등의 생명에 관계되는 분야에서도 임베디드 소프트웨어가 사용되고 있다. 이러한 분야에서는 약간의 예외처리에서의 Program Error 도 생명의 위험과 직결되는 경우가 있다.

　　여기에서는 임베디드 소프트웨어의 품질 개선의 개요와 더불어 품질개선과 관련된 임베디드 소프트웨어 특유의 개발 툴이나 환경의 개요를 설명한다.

1.3.1 품질을 지원하는 스킬 향상과 프로세스 개선

　　임베디드 기기가 요구하는 기능이 고도화하는 것에 따라, 그것을 실현하는 임베디드 소프트웨어의 규모도 점증하고 있다. 이전에는 몇 사람의 숙련 엔지니어가 수천 스텝의 어셈블러 프로그램을 쓴다는 이미지로 알려졌던 임베디드 소프트웨어 개발도, 지금은 한 번에 수백 명의 프로그래머를 투입해야하고, 수백만 스텝의 프로그램 작성이 필요한 임베디드 기기도 출현하고 있다. 그러한 대규모 소프트웨어 개발에서는 반대로 프로그램 품질을 확보하는 것이 어려워진다. 그것은 범용계의 대규모 어플리케이션 개발의 위기(Software Crisis, 소프트웨어 위기)처럼 다가오고 있다.

　　조금 오래된 이야기지만, 혹성탐사기가 미터와 야드의 단위 시스템의 실수로, 우주의 미아가 되었던 것은 잘 알려져 있다. 또한, 평균 속도를 사용하는 곳에서 실제 속도를 사용했기 때문에 혹성탐사기가 파괴된 일화도 유명하다. 한층 더 최근에는 소프트웨어의 에러에 의하여 휴대폰이 리콜 된다고 하는 뉴스가 화제가 된 적도 있다.

　　정보의 디지털화는 하드웨어로 실현되고 있던 기기의 기능을 소프트웨어화하는 것과 연결된다. 여기에 따라, 기기의 개발·보수를 비약적으로 쉽게 하는 한편 간편하게 실행하는 것도 가능하다. 그러나 그것은 동시에 에러에 연결될 수 잇다는 것을 잊어서는 안 된다.

　　이러한 위기를 회피하고 품질을 향상시키기 위한 수단으로서 [그림 1.3.1]과 같이 2개의 대책이 생각된다. 한개는 임베디드 소프트웨어 개발에 종사하는 엔지니어의 스킬 향상을 꾀하는 것이다. 엔지니어스킬의 표준화, 엔지니어 시험, 엔지니어 연수, 서적의 출판 등은 이 경우에 해당한다.

또 하나는 임베디드 소프트웨어를 개발하는 조직에 품질보증 능력을 붙여주기 위한 개발 프로세스 개선이다. ISO9001나 CMMI 등의 프로세스 표준화와 인증, 프로세스 개선활동, 테스트 기법개발 등은 이 경우의 활동이다. 임베디드 소프트웨어의 개발을 대상으로 하는 프로세스 개선활동이 활발하게 진행되고 있다.

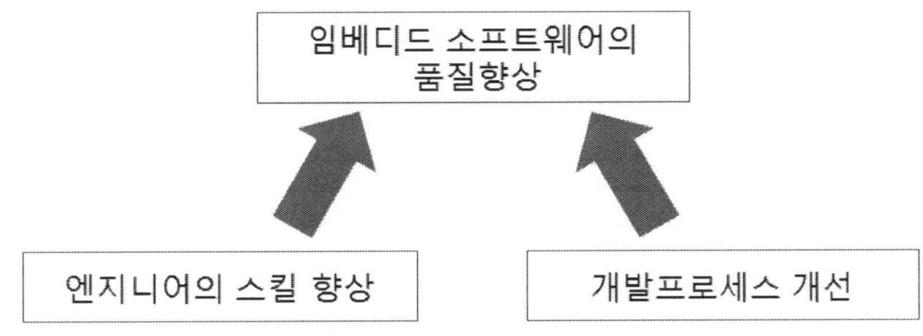

[그림 1.3.1] 품질 향상을 위한 2가지 대책

그러나 임베디드 소프트웨어 특유의 문제가 있다고 하여도 임베디드 소프트웨어에도 범용계의 소프트웨어를 대상으로 하여 개발된 스킬 향상이나, 프로세스 기법의 대부분을 적용할 수가 있다. 많은 임베디드 소프트웨어 개발에 관련된 조직은 이것들을 활용하기 위하여 노력하고 있다.

1.3.2 임베디드 소프트웨어 개발에 특유의 환경

어떠한 소프트웨어를 개발 한다고 하여도, 어떻게 프로세스 개선을 한다고 하여도 프로그램 개발에는 툴(Tool)이 필요하다. 임베디드 소프트웨어 개발이 범용계의 소프트웨어 개발과 크게 다른 점은 임베디드 소프트웨어는 크로스개발(Cross Development) 하지 않을 수 없다고 하는 점이다. 크로스개발은 [그림 1.3.2]와 같이 PC 등의 범용계의 시스템(Host System : 호스트 스템)을 이용하여, 다른 컴퓨터(Target System : 목표시스템)에서 가동하는 프로그램을 개발하는 기법이다.

호스트 시스템에서는 소프트웨어의 구성관리 툴, 소스프로그램 에디터(Source Program Editor), 컴파일러 등의 툴을 이용하여 프로그램을 개발한다. 그러나 그 컴파일러로 작성된 프로그램은 목표시스템의 MPU 의 명령어로 번역되고 있다.

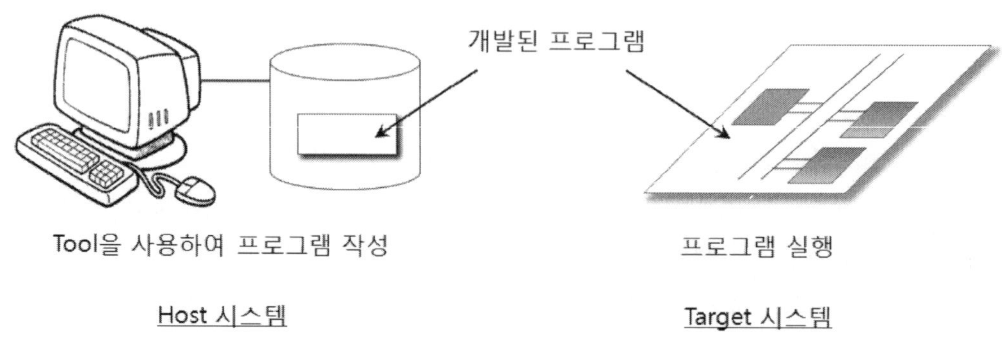

[그림 1.3.2] 크로스개발

테스트나 동작확인을 실행하기 위해서는 호스트로 작성된 프로그램을 목표시스템에 전송하고 목표시스템에서의 프로그램의 행동을 체크할 수 없으면 안 된다. 호스트 상에서의 프로그램 디버그와 같게, 조건에 따라 프로그램을 정지시키거나 변수를 고쳐 쓰거나 간단하게 프로그램 수정을 실행하여 재실행시키는 기능이 필요하다.

이러한 프로그램 디버그를 실행하는 툴로서 목표시스템의 MPU 를 대체하여 실행하는 ICE(In Circuit Emulator)가 있다. MPU 에 대응할 수 없는 디버그 때문에 인터페이스 JTAG(IEEEll49.1 : Joint Test Action Group)를 이용하는 툴도 있다. 목표시스템 상에서의 프로그램 실행을 감시하는 디버그용의 프로그램을 목표시스템에 넣어 두는 방법도 있다. 프로그램을 감시하는 프로그램을 모니터(Monitor)라고 하며, [그림 1.3.3]과 같이 목표시스템 상에 상주하는 모니터를 ROM 모니터라고 부른다.

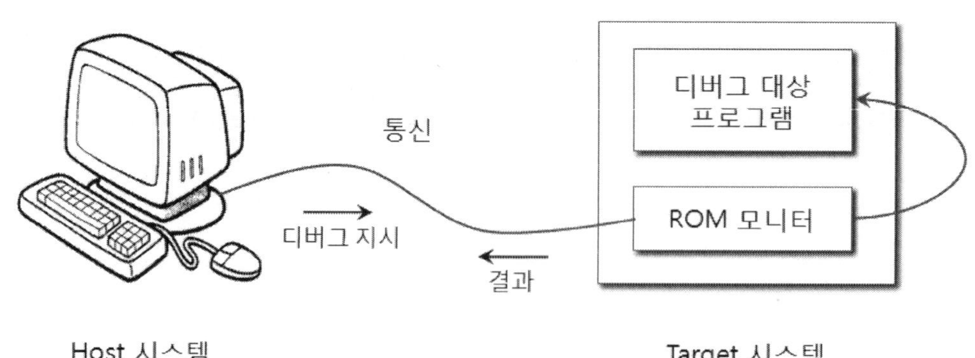

[그림 1.3.3] ROM 모니터

ICE 에서는 목표시스템의 신호를 감시·제어하는 하드웨어가 필요하다. 한편, ROM 모니터를 사용하면, 호스트와 목표시스템이 통신하는 것 만이 대상이 되고, 나머지는 프로그램으로 기능을 실현할 수 있다. 이것에서 ICE 와 같은 하드웨어를 사용한 디버거를 하드웨어 디버거, ROM 모니터와 같은 디버거를 소프트웨어 디버거라고 부르기도 한다. 각각에 장점·단점이 있다.

어느 디버거도 목표시스템의 신호나 정보를 수중에 넣어, 그것을 표시하거나 해석하거나 수정하거나 혹은 목표시스템의 동작을 제어할 수 있다. 그러한 표시·조작은 [그림 1.3.3]에 나타낸 것처럼 호스트 시스템에서 실행한다.

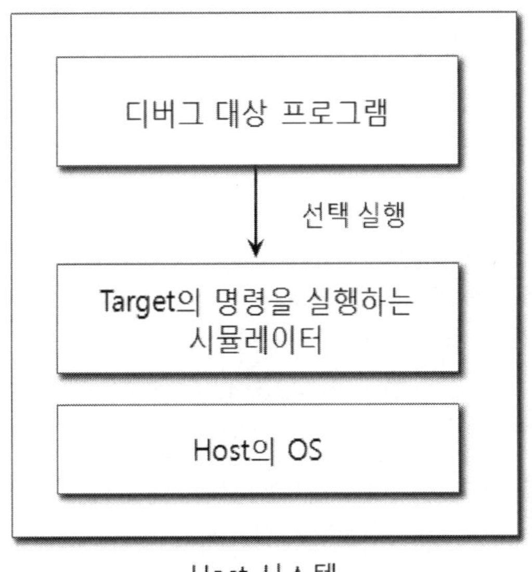

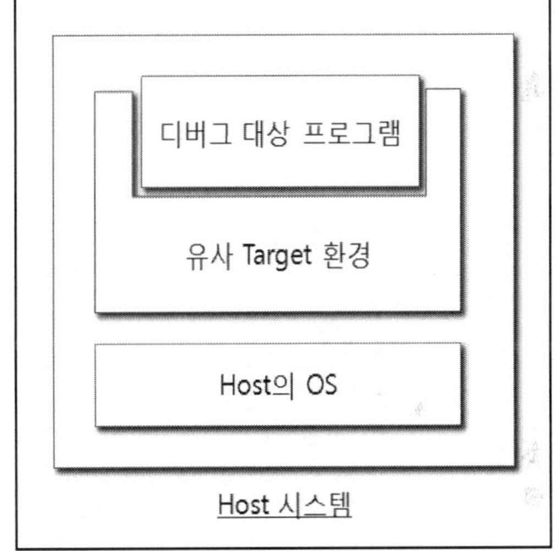

[그림 1.3.4] 시뮬레이터　　　　　　　　　　[그림 1.3.5] 가상환경

목표시스템에는 반도체 메이커의 평가 보드, 세트 메이커가 개발 중인 하드웨어의 브레드 보드, 최종 제품인 임베디드 기기 그 자체 등이 사용된다. 많은 엔지니어가 관련되어 있어 충분한 목표시스템을 준비할 수 없는 상황이나, 하드웨어 개발과 병행하여 프로그램 디버그를 진행시키기 위해서 목표시스템이 없는 상황으로, 프로그램 디버그를 하여야 하는 경우도 생각할 수 있다. 그러한 경우를 위해서는 [그림 1.3.4]와 같이 목표시스템의 MPU 명령을 호스트상에서 시뮬레이션(Simulation) 하는 시뮬레이터(Simulator)가 준비된다.

또한, 하드웨어 의존성이 강하지 않은 응용 프로그램을 위해서는 [그림 1.3.5]와 같이 호스트상에 목표시스템의 API 를 갖춘 유사한 OS 기능 등의 가상의 목표시스템 환경(Stab :

스탭)을 만들어 디버그를 실행하는 일도 있다.

1.3.3 개발프로세스의 공업화를 위한 시스템화

임베디드 소프트웨어의 개발은 디버그하기 위한 특유의 툴이나, 디버그를 위한 환경 등의 관점에서 보면 범용계의 프로그램개발과는 다르다. 그러나 범용계와 같이 어떠한 엔지니어가 작성하여도 같은 정도의 품질을 보증할 수 있는 개발체제가 임베디드 소프트웨어에서도 요구된다.

또한, 임베디드 소프트웨어를 개발하는 조직의 품질보증 능력을 누구라도 외부에서 판단할 수 있도록 하기 위한 지표의 표준화도 필요하다. 개인 기술에 의존하지 않는 공업제품과 같이 소프트웨어의 제조능력, 품질 수준, 불량율 등을 추측할 수 있는 것으로 그것들을 객관적으로 판단하자고 하는 것이다. 다만, 소프트웨어는 측정할 수가 없다. 따라서 소프트웨어 제조에서는 [그림 1.3.6]에 예시하도록, 조직의 개발프로세스의 상태나 프로세스로 출력(작성)되는 문서 등에 의하여 제품의 품질을 간접적으로 추측한다.

따라서 소프트웨어를 개발하기 위한 프로세스는 어떻게 되어 있는지, 각 프로세스의 입력과 성과물은 무엇인가, 성과물의 품질은 어떻게 검증·테스트되는지, 그러한 결과는 다음의 개발로 어떻게 활용되는지 등의 개발프로세스의 능력을 판정할 필요가 있다. 당연한 일이면서, 개발을 실행하는 현장과 검증을 실행하는 부문의 관계, 권한, 승인자 등의 견제적인 조직 구성도 필요하게 된다. 또한, 조직 간이나 프로세스 간에 주고받게 되는 문서의 형식, 검증이나 테스트에 사용되는 툴, 프로그램의 작성법 등의 형식화도 필요하게 된다.

일반 분야에서의 이러한 대처는 ISO9001 이나 CMMI 등으로 행하여지고 있다. 머지않아 임베디드 소프트웨어의 개발프로세스에 대해서도 이러한 개발프로세스를 시스템화하기 위한 대처를 해야 하는 것은 필연이다.

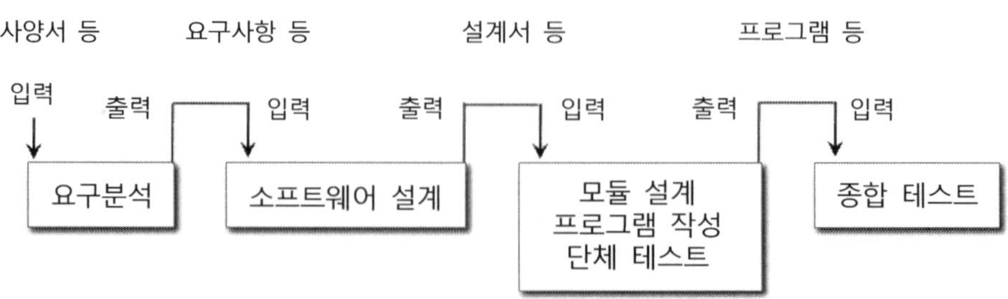

[그림 1.3.6]　개발프로세스

1.4 임베디드 소프트웨어의 레이어모델

　여기에서는 임베디드 소프트웨어의 구조와 특징을 명확하게 하기 위한, 임베디드 소프트웨어를 구성하는 레이어(Layer)를 소개한다. 임베디드 소프트웨어를, [그림 1.4.1]과 같이 대표적인 3개의 시각(View : 뷰) 혹은 속성에 따라서 모델화 하여 볼 수가 있다.

　3개의 시각이란, 기능면, 개발면, 보수면이다. 각각, 임베디드 소프트웨어를 특징짓는 중요한 시각이다. 이 3개의 시각에 따라서 기능-뷰의 레이어모델, 개발-뷰의 레이어모델, 보수-뷰의 레이어모델이 존재한다. 현실의 프로그램은 기능-뷰의 레이어모델의 어느 쪽인가에 속하고, 개발-뷰의 레이어모델의 어느 쪽인가에 속하고, 보수-뷰의 레이어모델의 몇 개의 레이어에 속한다. 이와 같이하여, 현실의 임베디드 프로그램의 속성이 명확하게 된다.

　여기에서는 개요만을 설명한다. 내용의 상세한 설명은 제7장에서 한다.

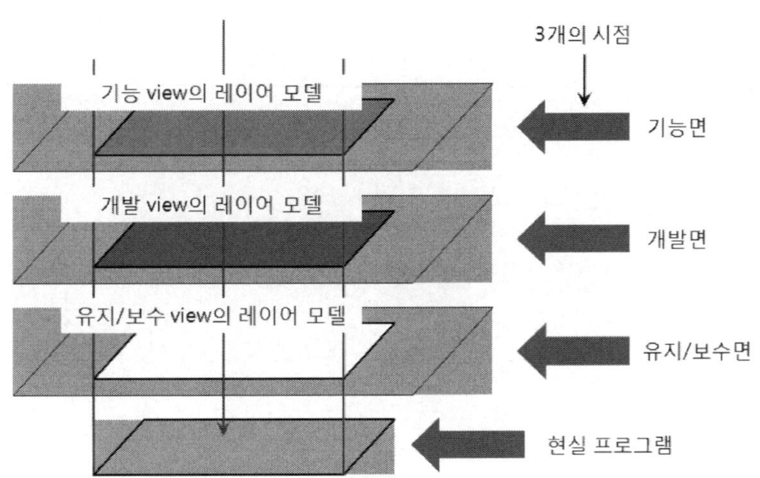

[그림 1.4.1] 3개뷰의 레이어모델

1.4.1 기능-뷰의 레이어모델

1) OS레이어

　범용계와는 달라, OS 레이어와 어플리케이션 레이어의 경계는 명확하지 않다. 범용계에서는 프로그램 개발자는 어플리케이션을 작성하는 것만으로 OS 개발회사나 하드웨어 메이커가 아니면 미들웨어나 디바이스 드라이버를 작성할 것은 없다. 하물며, 커널을 작성할 것은 없다. 임베디드 소프트웨어의 개발에서는 임베디드 기기의 성능이나 기능의 요구에 응하기 때문이라면, 미들웨어나 디바이스 드라이버는 물론이거니와, 커널마저 자작하거나 개조하거나 하는 것이다[그림 1.4.2].

　OS레이어를 임베디드 소프트웨어의 현상에 입각하여서 분류하면, 미들웨어, 임베디드 OS, 플랫폼의 각 레이어로 분류할 수 있다. OS레이어 안에 임베디드 OS레이어가 있는 것은 조금 기묘하지만, 임베디드 소프트웨어 분야에서는 OS라고 하면 커널과 디바이스 드라이버를 가리킨다고 하는 범용 OS의 분야에서 보면 상식과 배치되는 면이 있다. 따라서 여기에서는 굳이 그 용어에 맞추는 것으로 했다. 범용계와 같은 의미에서의 그림중의 OS레이어는 소프트웨어 플랫폼 레이어라고 부를 수도 있다. 임베디드 OS의 목적은 미들웨어와 어플리케이션을 가동시키기 위해서 서비스를 제공하고 실행을 제어하거나 하는 것이다.

실행시의 기능면에 따른 레이어 모델		
대분류	중분류	소분류
어플리케이션	어플리케이션	어플리케이션 태스크
		어플리케이션 라이브러리
		어플리케이션 공유루틴
	리얼타임 어플리케이션	리얼타임 어플리케이션 태스크
		리얼타임 어플리케이션 라이브러리
		리얼타임 어플리케이션 공유루틴
OS	미들웨어	파일 · 통신 · 기타
	임베디드 OS	디바이스 드라이버
		커널
	플랫 폼	하드웨어 의존

[그림 1.4.2] 기능 뷰의 레이어 모델

　하드웨어 의존 레이어는 하드웨어를 직접 제어하는 레이어다. 그러나 프로그램 구조적으로는 하드웨어 의존 레이어가 독립 한 모듈을 구성할 것은 없다. [그림 1.4.3]과 같이 하드웨어 의존부는 커널이나 디바이스 드라이버, 어플리케이션의 모듈 내에 포섭되고 있다. 그러나 기능적으로는 그것들을 하드웨어 의존 레이어로서 최하층의 레이어에 속한다고 생각하는 것이 적절하다. 하드웨어 의존 레이어는 다른 하드웨어에 소프트웨어를 이식할 때에 모두 고쳐 쓸 수 없으면 안 된다.

임베디드 OS 레이어는 RTOS 에 대응한다. 임베디드 시스템에서는 커널과 디바이스 드라이버만을 가리켜, 리얼타임 OS(RTOS) 라고 부르는 것이 많다. 범용계에서는 OS 가 갖추고 있어야 할 필수기능인 파일시스템이나 통신의 프로토콜 스택 등은 임베디드 분야에서는 미들웨어 레이어로 분류된다. 미들웨어는 OS 와는 독립한 패키지로서 제공되는 경우가 많다. 임베디드 시스템의 기능은 다양하기 때문에 필요로 하는 OS 기능도 다종다양하다. 따라서 미들웨어가 독립하여 유통하고 사용자는 그러한 안에서 필요한 것만을 선택하는 제공 방법이 정착하고 있다고 생각된다.

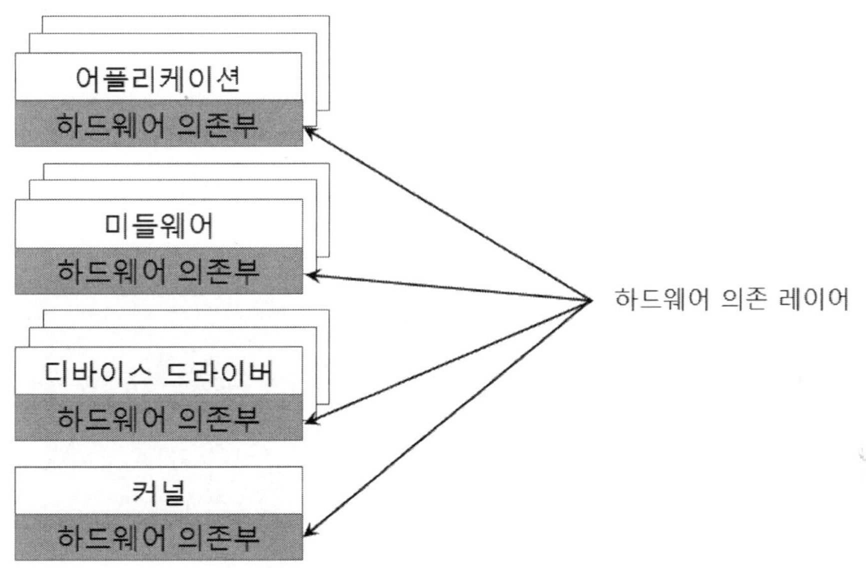

[그림 1.4.3] 하드웨어 의존 레이어

2) 어플리케이션 레이어

어플리케이션 레이어는 리얼타임 성능이 요구되는 리얼타임 어플리케이션과 반드시 그러한 성능 요구가 없는 통상의 어플리케이션으로 분류할 수 있다. 어느 쪽의 레이어에 속하여도 어플리케이션은 공유루틴(Shared Routine), 라이브러리, 태스크의 각 레이어에서 구성된다. 전제로 하는 OS기능에 따라서 실현 방법은 다양하지만, 공유루틴의 프로그램 본체는 [그림 1.4.4]와 같이 태스크 본체의 프로그램에서 독립하고 있다.

공유루틴은 복수의 태스크에 공통되는 기능을 제공하고 혹은 복수의 태스크가 공유하는 데이터의 갱신을 실행한다. 공유루틴과 같이 복수의 태스크에 기능은 공유되지만, 모듈은 태스크 마다 독립하여 소유되는 루틴을 라이브러리(Library)라고 부른다. 공유루틴은 실행시에 태스크에 링크되어 라이브러리는 실행전에 태스크에 링크된다.

라이브러리는 데이터도 포함하여 각각의 태스크에 링크된다. 그 코드 부분만큼을 공유루틴으로 하고 데이터는 각 태스크에 분산하여도 더할 수 있으면, 코드의 절약을 할 수 있게 된다. 그러한 기법을 사용한 라이브러리를 동적 링크 라이브러리(Dynamic Link Library, DLL), 종래의 라이브러리를 정적 링크 라이브러리(Static Link Library)라고 부른다. DLL 은, 프로그램의 명령부분은 실행시에 각 태스크에서 참조되는 공유루틴이지만, 데이터는 각 태스크 공유가 아니라는 점에서는 공유루틴은 아니다.

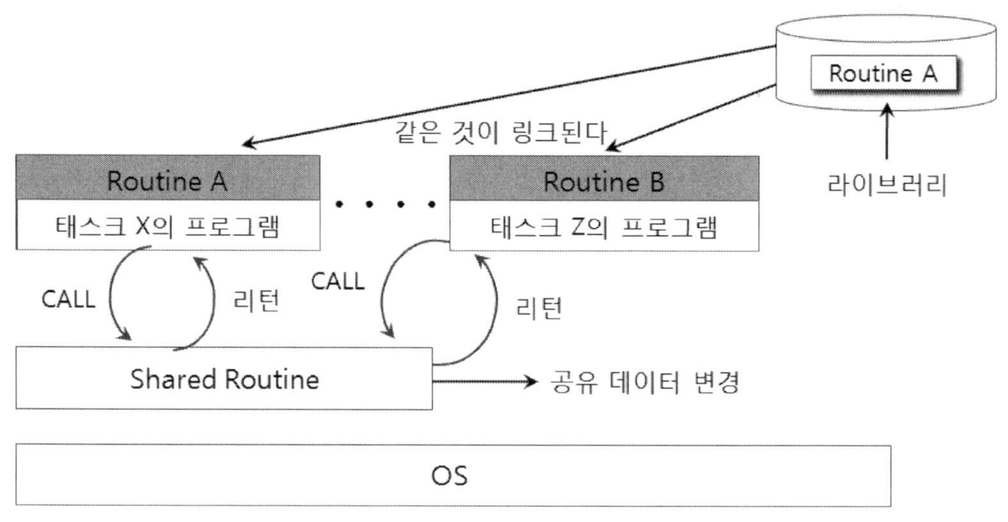

[그림 1.4.4] 공유루틴과 라이브러리

임베디드 소프트웨어로 자주 사용되는 전 모듈을 한 개의 실행 형식으로 하는 원링크모듈 구성의 경우에는 공유루틴과 라이브러리의 차이는 없어진다. 공유루틴이나 라이브러리의 기능은 복수의 태스크에 큰 영향을 준다. 따라서 태스크 설계에 앞서는 소프트웨어 시스템 설계에 대해서 조기에 기능 결정되어야 할 레이어다. 공유루틴이나 라이브러리는 어플리케이션의 플랫폼 기능이라고도 할 수 있다.

어플리케이션 태스크는 OS, 공유루틴, 라이브러리의 제공하는 기능의 모든 것을 사용하고 임베디드 기기의 응용 기능을 실현하는 역할을 담당하고 있다.

3) 개발에 필요한 지식

최하층의 레이어인 하드웨어 의존 레이어나 임베디드 OS 레이어의 설계·개발에 필요한 지식과 최상위 레이어의 비리얼타임 어플리케이션 태스크 레이어의 설계·개발에 필요한 지식은 크게 다르다. 아무리 작은 시스템이어도 시스템 전체의 설계·개발에는 모든 지식이 필요하다. 이것이, 임베디드 소프트웨어 개발을 어렵게 하여 강요한다.

대규모 시스템에서는 어느 레이어의 프로그램을 설계·개발할까에 의하여 필요하게 되는 지식도 기술도 크게 다르다. 임베디드 소프트웨어 개발해서는 이 폭의 넓이를 인식하여 두는 것은 무엇보다도 중요한 것이다.

1.4.2 개발-뷰의 레이어모델

임베디드 소프트웨어를, 개발을 위해서 사용하는 툴이나 환경에서 레이어로 분류하면, [그림 1.4.5]와 같이 된다. 플랫폼의존 레이어는 최종의 목표시스템에서의 테스트를 필요로 하는 레이어다. 플랫폼비의존 레이어는 목표시스템과는 다른, 퍼스널 컴퓨터(PC) 등의 시스템상에서 개발 가능한 레이어다.

원칙적으로는 개발레이어모델의 상하는 기능 레이어모델의 상하와 직접 대응하는 것은 아니다. 어플리케이션에서도 하드웨어 툴에 의존하지 않으면 개발할 수 없는 것도 있다. 그러나 현실로서는 개발 레이어의 하층은 기능 레이어의 하층의 개발에 많이 사용된다.

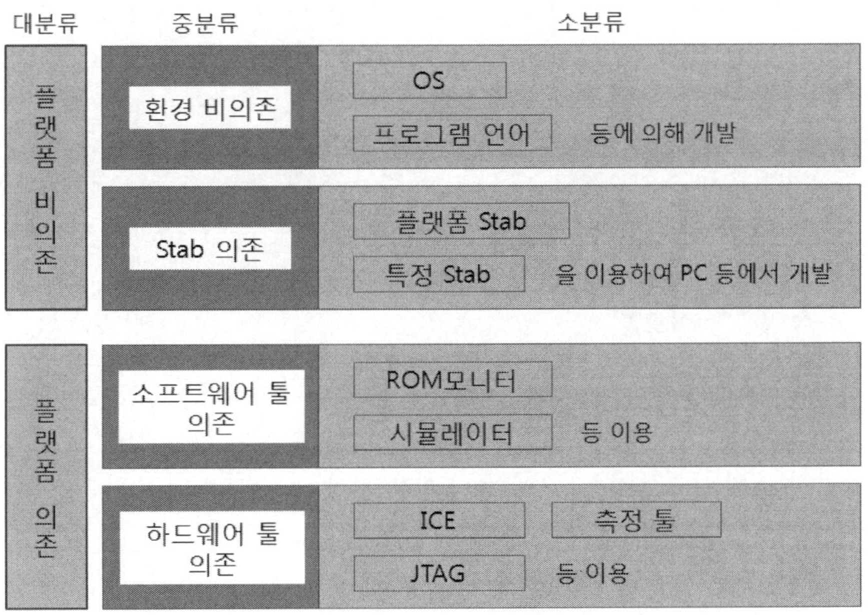

[그림 1.4.5]   개발 레이어

1) 플랫폼의존 레이어

플랫폼의존 레이어는 최종적으로는 목표시스템상에서의 디버그를 필요로 하는 레이어다. 목표시스템상에서의 디버그를 실행하기 위해서는 어떠한 툴이 필요하다. 그 관점에서 하면, ICE, JTAG, 그 외의 특별한 하드웨어 측정기를 필요로 하는 하드웨어 툴 의존 레이어와 ROM 모니터등의 소프트웨어 디버거 등으로 개발 가능한 소프트웨어 툴 의존 레이어로 분류할 수 있다. 목표시스템 환경을 PC 등의 위에 구축하고 디버그를 진행시키고 나서, 최종적으로 목표시스템으로 디버그 하는 것의 가능한 레이어도 여기에 포함할 수 있다.

2) 플랫폼비의존 레이어

플랫폼비의존 레이어도 2개로 분류할 수 있다. 1개는 PC 등의 시스템상에 플랫폼 기능 등을 시뮬레이트 할 수 있는 환경을 구축하고 또한, 개발 가능한 레이어다. 이것을 본서에서는 stab의존 레이어라고 부른다.

하나 더, 프로그램 언어나 OS 등에 의하여 실행의 환경을 완전하게 은폐한 환경에서 실행할 수 있는 환경비의존 레이어다. 예를 들면, Java 언어로 만든 프로그램이나, Windows 프로그램은 목표시스템환경이 JavaVM 기능을 제공하고 혹은 Windows 를 OS 로 채용하여도 좋다고 하면, 개발하고 목표시스템을 필요로 할 것은 없다.

3) 개발에 필요한 지식

개발에 필요한 지식은 기능 레이어와 같이 다양하다. 기능 레이어 만큼 깊은 지식은 아니어도 툴 조작이나 툴의 환경에 관한 지식은 개발하는 프로그램이 속하는 레이어에 따라 크게 다르다.

1.4.3 보수-뷰의 레이어모델

보수-뷰는 실행환경의 뷰라는 말로 바꿀 수도 있다. 프로그램 수정의 용이함의 관점에서의 레이어 분류이다. [그림 1.4.6]과 같이 크게는 기기에 내장되는 레지던트 레이어(Resident Layer)와 외부에서 프로그램 변경하는 것의 가능한 리무버블 레이어(Removable Layer)로 분류할 수 있다.

1) 레지던트 레이어

레지던트 레이어는 ROM 에 적재되어 하드웨어가 바뀌지 않으면 수정이 불가능한 하드보수레이어와 플래시 ROM 을 사용하는 경우와 같이 특별한 보수프로그램을 작성하면 하드웨어를 교환하지 않아도 고쳐 쓰는 것이 가능한 소프트보수레이어로 분류할 수 있다.

하드보수에서도 소프트보수에서도 프로그램을 배치한 장소에서 실행하는 경우와 ROM 파일과 같이 내장장소로서 ROM 을 사용하고 RAM 에 전송하여 실행하는 경우가 있다.

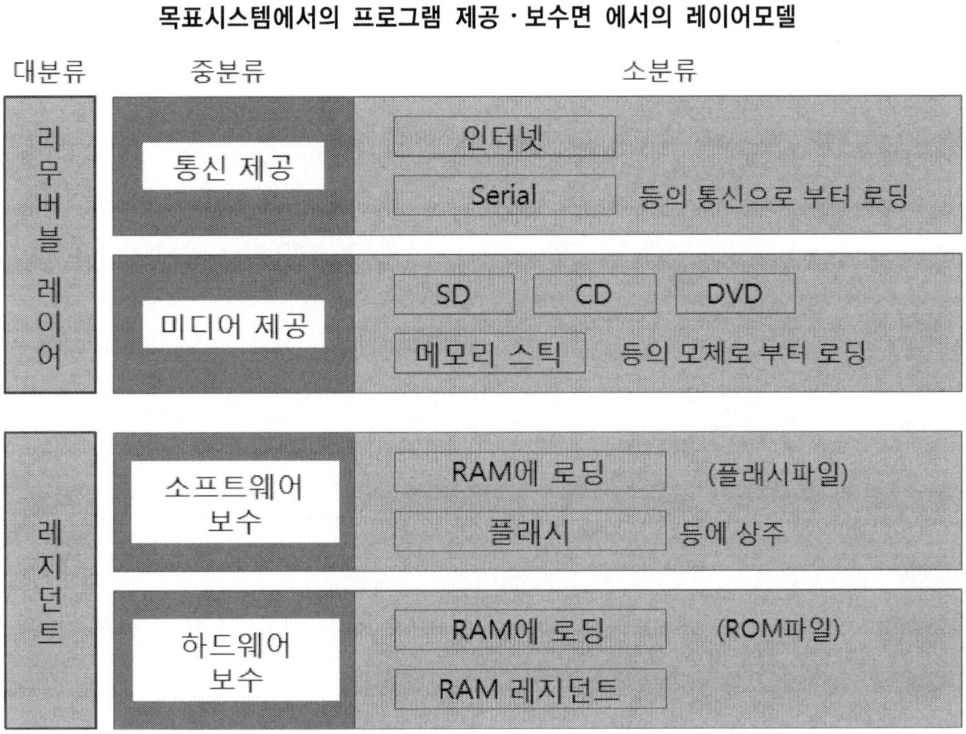

목표시스템에서의 프로그램 제공·보수면 에서의 레이어모델

대분류	중분류	소분류		
리무버블 레이어	통신 제공	인터넷		
		Serial	등의 통신으로 부터 로딩	
	미디어 제공	SD	CD	DVD
		메모리 스틱	등의 모체로 부터 로딩	
레지던트	소프트웨어 보수	RAM에 로딩	(플래시파일)	
		플래시	등에 상주	
	하드웨어 보수	RAM에 로딩	(ROM파일)	
		RAM 레지던트		

[그림 1.4.6] 보수레이어 모델

2) 리무버블 레이어

리무버블 레이어는 하드디스크 등의 기기에 삽입하는 외부기억 매체에 기록하여져 실행되는 미디어제공 레이어와 인터넷 등의 네트워크에서 다운로딩(Down Loading)하여 실행되는 통신제공 레이어로 분류할 수 있다.

3) 개발에 필요한 지식

보수레이어로 레이어 마다 필요한 지식은 다른 레이어모델과 크게 다르지 않다. 다만, 레지던트 레이어는 임베디드 소프트웨어 특유의 지식이며, 제3장에서 설명하는 프로그램 섹션에 관한 지식 등이 필요하다.

정 리

이 장에서는 다음의 내용을 설명하였다.

1) 임베디드 소프트웨어란

① 임베디드 소프트웨어는 임베디드 기기에 내장되어 있는 컴퓨터시스템을 가동시키는 소프트웨어이다.

② 유비쿼터스·컴퓨팅 사회를 지지하는 임베디드 기기는 다종다양하고, 그것을 반영하는 임베디드 소프트웨어는 다양성을 갖고 있다.

③ 임베디드 소프트웨어 기술은 세트 메이커, 반도체 메이커, 소프트웨어 회사 등의 엔지니어가 필요로 한다.

④ 임베디드 기기를 제어하는 임베디드 시스템의 개발에서는 우선, MPU 등의 하드웨어 부품을 선정하고 시스템개발을 실행한다.

⑤ 임베디드 소프트웨어의 개발에서는 소프트웨어 부품이나 개발 툴의 선정을 거쳐, 어플리케이션 개발을 실행한다.

2) 임베디드 소프트웨어의 기술상의 특징과 리얼타임성

① 임베디드 소프트웨어는 ROM 에 상주시키는 것이 많다.

② 임베디드 소프트웨어는 전력절약 제어를 실행하지 않으면 안 되는 것도 있다.

③ 임베디드 소프트웨어의 큰 특징인 리얼타임성이란, 일정한 제한시간 내에 응답하여야 하는 특성을 말한다.

④ 리얼타임처리란, 인터럽트에 의하여 요구를 접수하여 제한시간 내에 우선도순에 따라 처리를 실행하는 것이다.

⑤ 리얼타임 OS(RTOS)는 리얼타임처리를 실행하는 구조를 제공한다.

3) 임베디드 소프트웨어의 품질보증

① 임베디드 소프트웨어에는 공업제품과 동등의 고품질이 요구되는 것이 많다. 그것을 달성하기 위해서는 엔지니어의 스킬 향상과 개발공정의 개선이 요구 된다.

② 임베디드 소프트웨어 개발의 특징은 크로스개발에 있으며, 그것을 지원하는 ICE, JTAG, ROM 모니터 등, 여러 가지 툴이 있다.

③ 임베디드 소프트웨어의 개발공정을 시스템화하기 위해서, ISO9001, CMM, CMMI 등의 소프트

웨어 개발프로세스 표준화의 구조가 도입되고 있다.

4) 임베디드 소프트웨어의 레이어모델

① 임베디드 소프트웨어는 OS, 어플리케이션 등의 기능에 의하여 기능–뷰의 레이어로 분류할 수 있다.

② 임베디드 소프트웨어는 개발에 필요한 툴이나 개발환경에 의하여 개발–뷰의 레이어로 분류할 수 있다.

③ 임베디드 소프트웨어는 프로그램 보수의 관점에서 ROM 상주, 리무버블 등의 보수–뷰의 레이어로 분류할 수 있다.

02

하드웨어 기초지식

임베디드 소프트웨어의 개발 규모는 날이 갈수록 대규모화 되고, 하드웨어 의존부와 비의존부에 필요한 지식도 달라지고 있다. 따라서 상대적으로 보면 소프트웨어 개발에 필요한 하드웨어 지식은 이전에 비하여 요구되는 것이 적어 졌다고 생각하는 경향이 있다. 그러나 범용계와 같은 플랫폼이나, 표준(de facto standard) OS 등이 정해져 있지 않아 아직도 하드웨어의 지식이 필요한 경우가 많다. 이 장에서는 제품사례를 통하여 임베디드 소프트웨어를 개발하는 포인트를 추출하고, 하드웨어의 기초지식을 설명한다. 덧붙여 이들 사례에서는 도식화한 블럭 다이어그램을 사용하기 때문에 실제의 제품과는 다른 부분이 있다. 또한, 하드웨어, 소프트웨어의 구성이 너무 다양하다는 것과 여기서 설명하는 것은 하나의 예라는 것에 주의하기 바란다.

2. 1　기초지식

하드웨어를 알기 위한 매뉴얼을 살피고, 반도체 디바이스의 패키지의 종류, 메모리의 종류에 관하여 설명한다.

2. 2　특정용도 전용프로세서

임베디드에 사용되는 특수한 기능을 지원하는 프로세서에 관한 지식으로서의 DSP 기능, 그래픽 프로세서, 멀티 MPU의 구성을 설명한다.

2. 3　소형화의 기술

반도체 기술에서 소형화를 지향하고 있는, 대표적인 FPGA, SOC에 대하여 설명한다.

2. 4　단순한 임베디드 기기(리모콘)

단순한 기능을 실현하는 임베디드 기기의 예로서 리모콘을 제시한다. 임베디드 기기의 기초지식인 키 입력과 체터링, 전지 특성을 설명한다.

2. 5　다양한 입출력을 갖춘 임베디드 기기(PDA)

다방면에 입출력기능을 갖춘 기기의 예로서 PDA를 나타낸다. 그 중에서도, PDA의 기본 성능과 관계되는 항목, LCD 표시 방식, 입출력 인터페이스를 설명한다.

2. 6　특정기능이 필요한 임베디드 기기(디지털카메라)

제품에 특화한 기능을 실현하는 임베디드 기기의 예로서 디지털카메라를 나타낸다. 카메라의 처리 스피드를 실현하기 위해서 필요한 촬상부 기능에 관하여서 설명한다.

2. 7　휴대성을 추구한 임베디드 기기(휴대폰)

임베디드 기기의 대표적인 제품으로서 휴대폰을 나타낸다. 멀티미디어화로, 휴대폰의 소프트웨어 개발은 대규모화하고 있다. 여기에서는 노이즈, 소리, 전력절약을 설명한다.

2.1　기초지식

임베디드 기기의 소프트웨어를 개발하는데, 하드웨어의 설계자와 논의하는 것은 중요하고, 불가결한 것이다. 연구와 개발이라고도 하는 만큼 소프트웨어와 하드웨어의 협동설계는 중요시되고 있다. 그 때에 사용되는 용어를 이해하는 것이나, 상대의 입장을 생각하는 대화가 필요하다.

이 절에서는 하드웨어 지식을 얻기 위한 매뉴얼을 살펴서, 기초적 지식으로서 알아 둘 필요가 있는 반도체 패키지의 종류, 메모리의 종류 등을 설명한다.

2.1.1 부품 매뉴얼의 정독

MPU 등의 반도체 선정에 실패하면, 소프트웨어 개발에 악영향을 주거나 성능이 충분히 나오지 않거나, 제품 개발이 진행되고 나서 트러블이 발생하거나, 잔손이 가는 작업이 자주 발생한다. 타사와의 차별화, 안정적인 공급, 적정한 가격 등을 판단하고 선정하는 것이 중요하다.

반도체나 부품에 관한 사용법의 노하우 등의 정보는 인터넷의 보급으로 쉽게 입수할 수 있게 되어 있지만, 반도체의 정보 등을 얻기 위해서는 계약이 필요한 경우도 많다. 일반적으로 입수 가능한 문서로서 카탈로그, 판매 매뉴얼, 요약 설명서, 잡지의 기사, 데이터시트, 세미나 자료 등이 존재한다. 부품을 선정하는 과정에서는 많은 정보를 모으는 것이 중요하고 초기에는 섬세한 데이터를 아는 것보다, 전체적인 아키텍처나 기능 개요를 알고, 개발하는 제품에 있어 균형이 맞는가를 판단할 필요가 있다.

필요에 따라서 다음과 같이 문서를 구사하면 좋다.

1) 반도체, 부품을 선정하는 경우

자 료	용 도
카탈로그	제품의 특징, 선택 조건 등을 알기 위해서 이용
판매 매뉴얼	다른 부품과의 비교, 개발환경, 응용 사례 등을 알기 위해서 이용
요약 설명서	전체적인 개요 설명, 개발환경 설명, 특징과 장점, 단점 등을 알기 위해서 이용
잡지의 비평 기사	기능 비교, 사용 경험에서의 문제점, 사용 후기 등을 알기 위해서 이용

문서 외에 판매 담당자와의 협의, 정보 교환도 중요하고, 전시회, 메이커의 세미나 등에도 적극적으로 참가하는 것을 권한다. 한번, 선정한 부품에 관해서는 경험에 의지하지 않고, 다음에 언급하는 참조 설명서, 데이터시트 등을 세세하게 체크하여 잘 다루는 것이 바람직하다.

2) 선정한 반도체, 부품을 잘 다루는 경우

자 료	용 도
데이터시트	하드웨어 사양, 구성도 전기적 특성, 제한 조건 등을 알기 위하여 이용
개발환경 툴 설명서	소프트웨어 개발의 툴을 알기 위하여 이용
조작 규격서	제품이면 조작 방법의 설명을 이해하기 위하여 이용
시스템 사례집	응용 사례의 소개를 알아보기 위하여 이용
세미나 자료	세미나 등으로 사용되는 교육용 자료로, 개요, 주의사항 등을 알기 위하여 이용

이러한 문서는 인터넷에서 다운로드할 수 있는 경우도 있다. 또한, 메이커의 지원응 받을 수 있다.

3) 문제가 발생했을 경우

자 료	용 도
데이터시트	하드웨어 사양, 구성도 전기적 특성, 온도 특성, 제한 조건 등을 재확인하기 위하여 이용
소프트웨어 레퍼런스 매뉴얼	소프트웨어의 개발에 필요한 정보를 알기 위하여 초기화 순서나 타이밍 등을 재확인하기 위하여 이용
제품 회로도	하드웨어 설계자가 작성한 회로도에서, 하드웨어의 구성을 재확인하기 위하여 이용
타이밍 차트	데이터시트에 포함되는 경우도 있지만, 회로도 상에서의 타이밍을 나타낸 것으로, 입출력기기 등과의 상호 타이밍을 재확인하기 위하여 이용
부품 메이커의 트러블 슈팅	메이커에서 수집한 트러블과 대책을 모은 것으로, 개발이나 사용 조건 등의 문제점을 알기 위하여 이용
개발 툴 메이커의 매뉴얼	개발 툴의 사용법, 특히 디버그 방법 등을 알기 위하여 이용

실제의 제품 개발에 대해서 당초의 예정대로 문제없이 개발이 완료되는 것은 드물고, 문제는 언제나 생길 수 있는 것이다. 하드웨어는 소프트웨어와 달리, 물리현상인 것을 인식하고 설계상의 문제인가, 개발 중에 생기는 개별적인 문제인가 등, 다양한 관점에서 검토하는 것이 필요하다. 상기와 같이 문서를 재차 체크하여 보는 것이 기본이다. 임베디드 기기의 개발에서는 정보의 유무로 개발의 효율이 크게 다를 수 있다. 적극적인 정보수집에 힘쓰도록 유의하였으면 한다.

2.1.2 반도체 패키지의 종류

반도체의 실장 밀도의 고집적화는 무어의 법칙으로 예언되고 있지만, 고집적화 된 반도체를 어떻게 기판에 실장할지가, 큰 과제가 되어 있다.

최근의 패키지 기술에서는 MSM(Multi Stratum Module) 기술[그림 2.1.1]과 같이 반도체 칩 위에 반도체 칩을 실장하여 다층의 모듈을 만들어 이것을 패킹하는 기술로 개발되고 있다.

예를 들면, MPU의 모듈에 SDRAM 을 거듭하여 끼어 맞추어 패킹 하여 하나의 반도체 제품으로 만들어서 결정된 기능을 실현할 수 있다. 이 경우, 버스(데이터를 교환하는 전송로)가 패키지 안에 있기 때문에 노이즈 등에도 강하여지는 효과도 기대할 수 있다.

반도체 칩의 패키지는 [그림 2.1.2]와 같이 다종다양하지만, 크게 나누면 기판의 표면에 붙이는 타입의 SMD(Surface Mount Type)와 기판에 세우도록 배선하는 타입의 THD(Through

Hole Type)로 나눌 수 있다. SMD 는 큰 용량, 고기능전용으로 THD 는 핀수가 적고, 트랜지스터, 다이오드, 저항, 버퍼 등에 많이 사용된다. 덧붙여 SMD 에는 CSP(Chip Scale Package)라고 하는 소형화를 노려, 칩 사이즈에서의 실장을 실현하는 기술이 있다.

SMD 의 패키지에는 아래쪽 면에 배열된 핀을 사용하여 기판에 배선하는 것과 패키지의 주위에 핀이나 리드를 만들어 배선하는 타입이 있다. 한층 더 자세하게 살펴보면, 반도체 칩의 패키지의 아래쪽 면에 땜납 볼이 붙어 있어, 기판에 실장 할 때는 이 땜납을 녹여 기판에 적재할 수 있는 BGA(Ball Grid Array) 타입[그림 2.1.3], 패키지의 네 주변에 리드로 불리는 핀이 나와 있는 QFP(Quad Flat Package) 타입, 패키지의 네 주변 옆에 핀이 파묻히고 있는 QFN(Quad Flat on Leaded Package) 타입[그림 2.1.4], 패키지의 아래쪽 면에 랜드(Land)가 배열되고 있는 LGA(Land Grid Array) 타입[그림 2.1.5]등이 개발되고 있다.

THD에 대해서도 패키지의 아래쪽 면에 핀이 우뚝 솟아 배열되고 있는 PGA(Pin Grid Array) 타입이 있다. 이것은 반도체를 소켓으로 장착하기 위한 것으로 기판사이즈가 커지지만 디버그는 하기 쉬워진다. 기판의 크기나, 용도 등으로, 사용하는 패키지를 선택하는 것이 필요하다.

BGA, LGA 등 외부에 핀이 나와 있지 않은 타입에서는 디버그용으로 프로브(Probe)를 붙일 수 없다. 따라서 디버그시에는 개발용의 딸 보드(일본에서는 아들보드라고 함)를 만들어 거기에 프로브를 붙이는 경우도 있다. 또한, 이러한 패키지를 사용하여 제품을 양산하는 경우는 올바르게 배선되고 있다는 것을 외부에서 판단할 수 없기 때문에 X 선으로 체크하는 일도 있다.

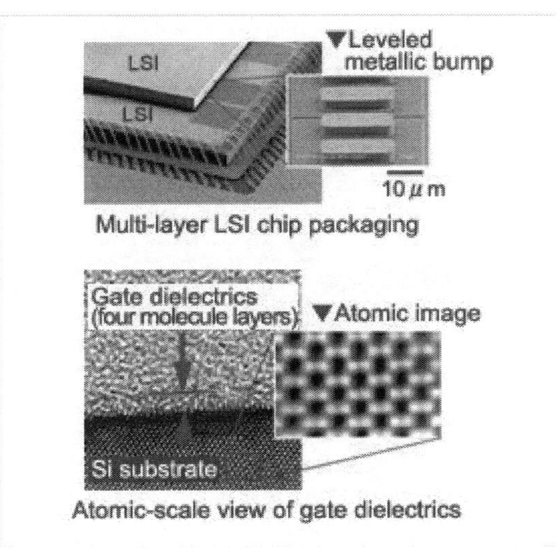

[그림 2.1.1] MSM(Multi Stratum Module) 기술

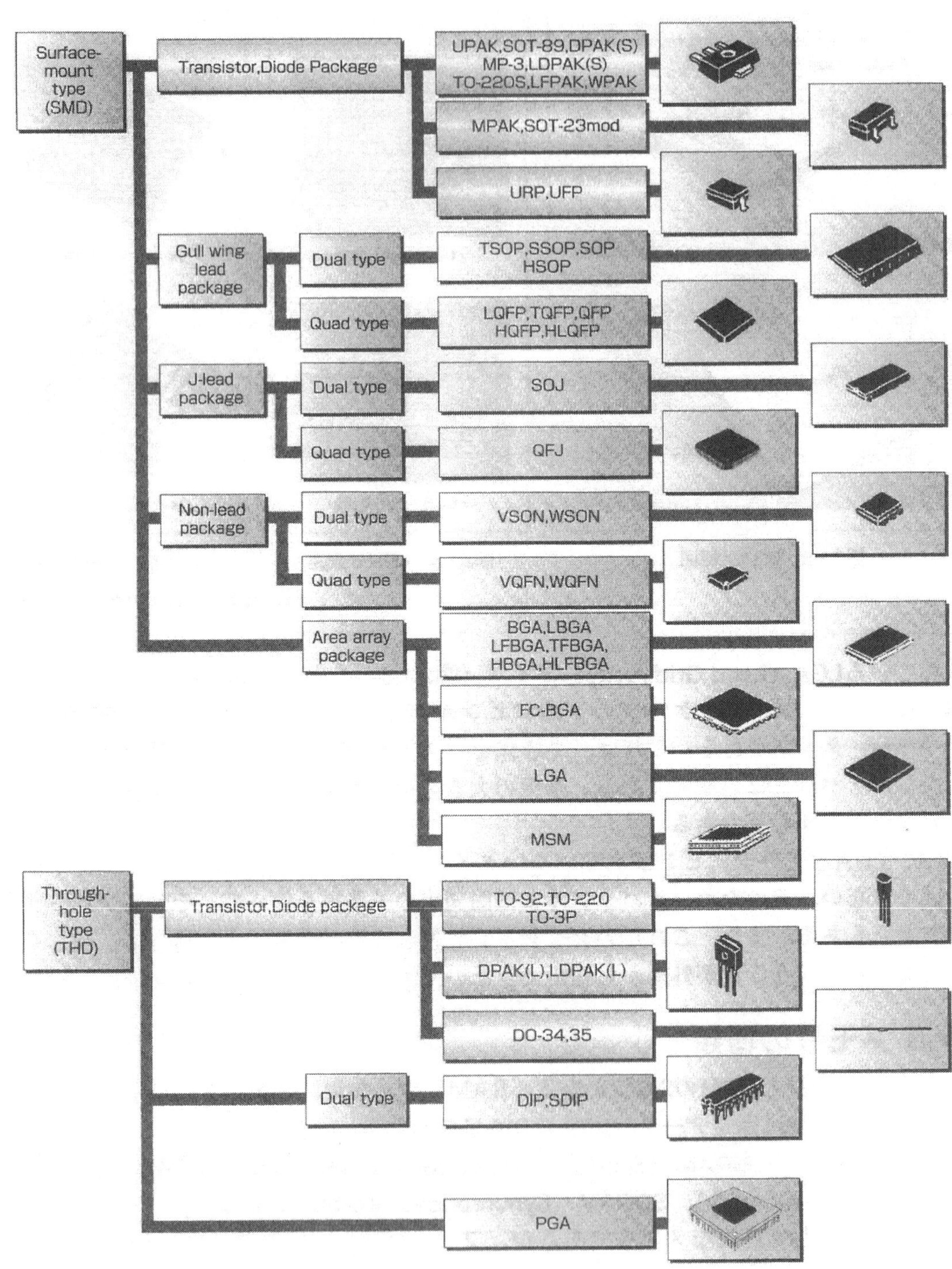

〈자료제공; 르네사스테크놀로지〉

[그림 2.1.2] 여러 가지 패키지

[그림 2.1.3] BGA 외관도   [그림 2.1.4] QFN 외관도

[그림 2.1.5] LGA 외관도

2.1.3 메모리의 종류

메모리에는 RAM 과 ROM 의 2 종류가 있다. RAM 은 데이터나, 스택, 버퍼 등에 사용된다. ROM 은 고정 데이터, 프로그램에 사용된다.

RAM 의 종류에는 SRAM(Static Random Access Memory), DRAM(Dynamic Random Access Memory), SDRAM(Synchronous DRAM)가 있다.

SRAM 은 전력절약으로 고가의 메모리이지만, 플립플롭 회로(Flip-Flop Circuit)에 의하여 기억 보관 유지를 하기 때문에 액세스 스피드가 빠르고, 전원 백업도 용이하여 휴대용 기기에 많이 사용되고 있다. 그러나 집적도를 높이는 것이 어렵다.

DRAM 은 콘덴서와 트랜지스터에 전하를 저장하는 것으로 정보를 기억한다. 시간과 함께 전하가 감소하기 위하여 일정시간 마다 재기록을 실행할 필요가 있다. 이것을 리프레쉬 (Refresh)라고 한다. 전원을 끊으면 기억도 없어져 버린다. 그러나 높은 집적도로 만들 수 있으므로, 대용량의 메모리가 필요한 곳에 사용된다.

SDRAM 은 외부버스 클럭(버스를 동작시키기 위한 클럭)에 동기하고 메모리의 읽기/쓰기가 가능한 DRAM 의 개량판이다. 버스 클럭의 고속화에 따라서 읽기/쓰기의 고속화가 실현될 수 있다.

ROM 에는 마스크 ROM, EPROM(Erasable Programmable Read Only Memory), EEPROM(Electronically Erasable and Programmable Read Only Memory)등이 있다.

마스크 ROM 은 제조시에 데이터가 기록되는 ROM 메모리이다. 저가로 제조할 수 있지만, 데이터를 재기록 할 수 없다. 또한, 제조에도 시간이 걸린다. EPROM 은 자외선 등으로 정보를 소거하면 재차 기록이 가능한 메모리이다.

EEPROM 은 통상의 동작시보다 높은 전압을 걸어 정보를 소거할 수 있어 그 위에 재차 기록할 수 있는 메모리이다. 정보의 소거는 전체적으로도 블럭단위로도 가능하다.

또한 RAM 과 ROM 의 기능을 겸비한 메모리로서 플래시 메모리(Flash Memory)가 있다. 플래시 메모리에는 그 구성 회로에 따라 NOR 형과 NAND 형이 있다.

NOR 형 플래시 메모리는 저비용, 대용량 랜덤 액세스가 빠르고, 기록이 바이트 단위로 가능하다는 특징이 있다. NAND 형 플래시 메모리는 NOR 형보다 소형이고 저비용으로, 연속 에리어(Area)의 액세스 속도가 고속인 것이 특징이다.. 2 차 메모리 등 대용량의 읽기/쓰기에 적절하다.

이상의 메모리의 특성을 집계한 것이 [표 2.1.1]이다.

플래시 메모리의 읽기에는 랜덤 액세스와 직렬 액세스가 있다. NOR 형에서는 랜덤 액세스가 가능하지만, NAND 형에서는 직렬 액세스 밖에 할 수 없다. 또한 고속으로 액세스하기 위해서, 메모리가 정해진 블럭단위를 읽기/쓰기 하는 버스트모드라고 하는 액세스 방법이 준비되어 있다. 플래시 메모리를 용도에 맞추어 잘 다루는 것은 몹시 어렵지만, 제품의 가격 내림, 성능 향상에 몹시 중요하다.

[표 2.1.1] 메모리의 특성

종류	데이터 변경 방법	데이터 보관 유지 전류	가격	량용
플래시 메모리	전기적 소거, 전기적 기록	불요	저가	대
EPROM	자외선 소거, 전기적 기록	불요	고가	소
DRAM	덧 쓰기	필요	저가	대
SRAM	덧 쓰기	필요	고가	소

무어의 법칙

「마이크로프로세서의 성능은 1 년 반에 배가 된다」라는 주장이다. 이것은 인텔사의 창설자인 Gordon Moore 박사가 1965 년에 경험법칙으로 주장하였다. 「반도체의 집적 밀도는 18~24 개월에 배로 증가한다.」라는 말에 근거하고 있다. 이 법칙은 현재의 컴퓨터 관련제품에서 성립하고 있다고 생각되고 있으며, 차기의 컴퓨터 제품의 성능, 기능 향상을 예측할 때의 지표로서 넓게 이용되고 있다.

2.2 특정용도 전용 프로세서

반도체 기술의 발전과 다양한 요구에 응하여 종래의 범용적인 MPU 와는 달리, 용도를 한정한 특수한 기능을 실현하는 프로세서가 개발되고 있다. 최근의 멀티미디어 기능 지원을 위하여 적화연산을 사용한 필터기능이나, 통신 등의 변조기능으로 사용하는 DSP 가 불가결한 것이 되고 있다. 또한, 3 차원 표시기능은 게임기, 휴대폰, 자동차 내비게이션(Car Navigation)등으로 많이 사용되고 있다. 3 차원 표시를 돕는 그래픽프로세서도 중요하다. 또한 MPU 를 복수 사용한 처리 능력을 보충하는 구성도 있다.

2.2.1 DSP(Digital Signal Processor)

DSP는 디지털 신호처리로 불가결한 적화연산을 고속으로 처리하는 것을 목적으로 만들어진 프로세서로서, MPU 와 함께 하나의 반도체에 들어 있는 경우와 DSP 만의 반도체도 있다. 한 클럭 마다 하나의 적화연산 결과를 얻을 수 있다.

예를 들면, SuperH 마이크로컴퓨터에 내장하고 있는 DSP 의 적화연산 처리의 예에서는 레지스터 n(Rn)가 가리키는 주소의 내용과 레지스터 m(Rm)가 가리키는 주소의 내용이 곱셈되어 MAC 레지스터에 가산된다. 이 연산을 연속하여 실행할 때, 각각의 처리가 동시에 겹치도록 수행되어서 한 사이클로 하나의 적화연산이 실행되는 것처럼 보인다.

동일한 일을 범용의 MPU로 실현되면, 다음의 5 스텝이 필요하다[그림 2.2.1 참조].

① DSP 명령을 메모리에서 꺼낸다.
② Rn의 내용을 레지스터에서 꺼낸다.
③ Rm의 내용을 레지스터에서 꺼낸다.

④ 레지스터의 곱셈을 실행한다.

⑤ MAC 레지스터와 결과를 가산하고 결과를 MAC 레지스터에 적재한다.

⑥ DSP 에서는 이것들 일련의 동작이, 파이프라인을 사용하여 실행하기 때문에 외형상으로는 한 클럭으로 처리할 수 있는 것이다. DSP 에는 프로그램용, 데이터용 × 2로 3 개의 데이터 버스가 준비되어 있어 실행은 다음의 3 스텝에서 행한다[그림 2.2.1] 참조).

(a) Rn, Rm의 2개의 데이터를 취하기 시작한다.

(MOVX @Rx+,Dx0 : Rx 레지스터가 가리키는 메모리 X 번지의 내용을 Dx0 레지스 터에 꺼낸다)

(MOVY @Ry+,Dy0 : Ry 레지스터가 가리키는 메모리 Y 번지의 내용을 Dy0 레지스 터에 꺼낸다)

(b) 다음에 이 2개의 데이터를 곱셈한다. 동시에 파이프라인의 기능을 사용하여 다음의 데이터 Rn+1, Rm+1을 2개 꺼낸다.

(PMULS Se0.Sf0,Du : Se0와 Sf0를 곱셈하고 결과를 Dg0에 적재한다)

(c) MAC 레지스터와 최초의 곱셈의 결과를 더한다

(PADD Sx0,Sy0,Du : Sx0와 Sy0를 더하여 Du 레지스터에 적재한다)

(다만, Dx는 X0,X1, Dy는 Y0,YI, Se는 Al,X0,Xl,Y0, Sf는 Al,X0,Xl,Y0, Dg는 A0,Al,M0,M1, Du는 A0,A1,X0,X1 이다)

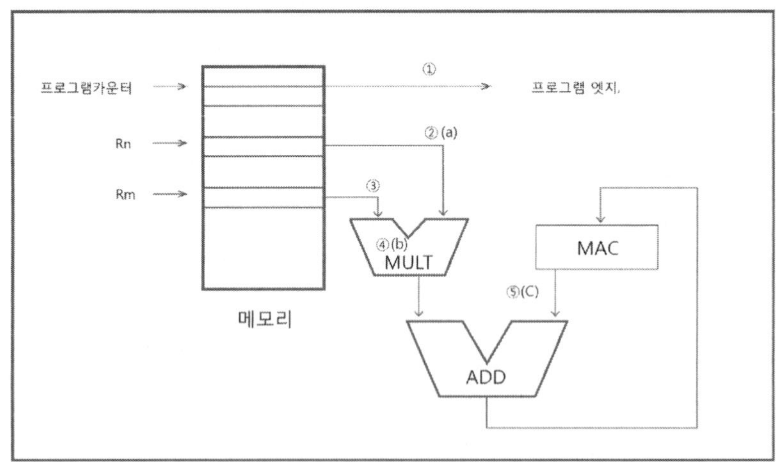

[그림 2.2.1] DSP의 데이터의 흐름

실제의 DSP 의 커맨드는 [그림 2.2.2]와 같이 동작한다.

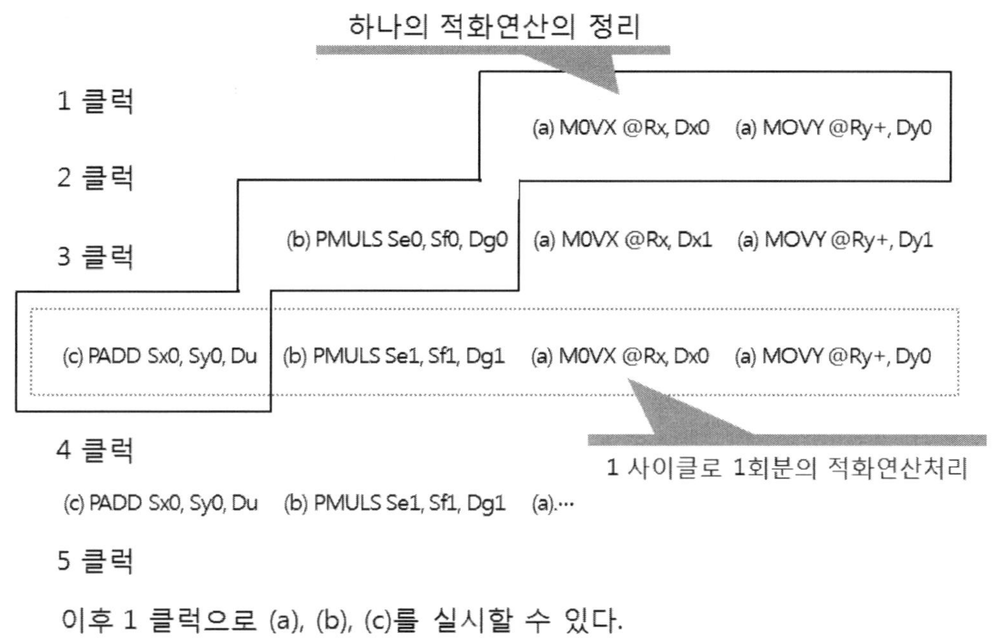

이후 1 클럭으로 (a), (b), (c)를 실시할 수 있다.

[그림 2.2.2]   DSP 커맨드의 동작

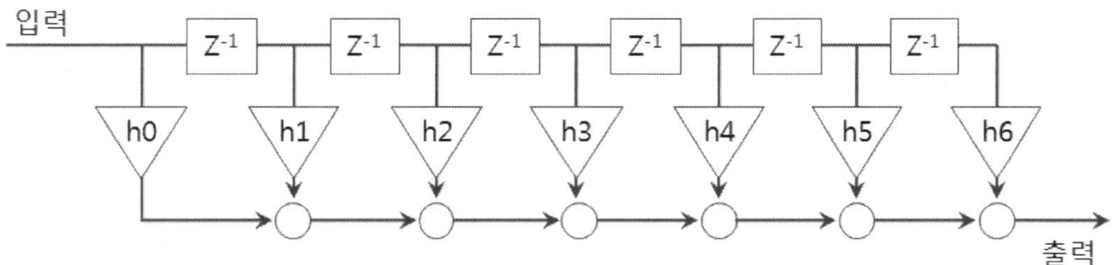

[그림 2.2.3]   FIR 필터 형식 블럭 다이어그램

예를 들면, FIR(Finit Impulse Response) 형식의 필터에서는 [그림 2.2.3]과 같이 된다.

$$Y_N = \sum_{K=0}^{N} H_K X[n\text{-}k]$$

이 처리를, DSP 의 프로그램으로 기술하면, 다음과 같다.

```
       PCLR A0
                                            MOVX.W @R4+,X0      MOVY.W @R6+,Y0
                         PMULS X0,Y0,M0      MOVX.W @R4+,X1      MOVY.W @R6+,Y1
       PADD A0,M0,A0      PMULS X1,Y1,M1      MOVX.W @R4+,X0      MOVY.W @R6+,Y0
       PADD A0,M1,A0      PMULS X0,Y0,M0      MOVX.W @R4+,X1      MOVY.W @R6+,Y1
       PADD A0,M0,A0      PMULS X1,Y1,M1      MOVX.W @R4+,X0      MOVY.W @R6+,Y0
       PADD A0,M1,A0      PMULS X0,Y0,M0      MOVX.W @R4+,X1      MOVY.W @R6+,Y1
       PADD A0,M0,A0      PMULS X1,Y1,M1      MOVX.W @R4+,X0      MOVY.W @R6+,Y0
       PADD A0,M1,A0      PMULS X0,Y0,M0
       PADD A0,M0,A0
```

이 프로그램에서는 적화(積和)연산이 반복하여 실행되고 있다. 반복하는 횟수가 증가하면, 객체 다이어그램 커진다. DSP 의 프로그래밍에서도 스타트 주소와 엔드 주소를 설정하여 자동적으로 루프(Loop)하는 반복기능이 준비되어 있다.

```
          repeat LP_S,LP_E,#3
          PCLR A0
                                            MOVX.W @R4+,X0      MOVY.W @R6+,Y0
                         PMULS X0,Y0,M0      MOVX.W @R4+,X1      MOVY.W @R6+,Y1
   LP_S PADD A0,M0,A0     PMULS X1,Y1,M1      MOVX.W @R4+,X0      MOVY.W @R6+,Y0
   LP_E PADD A0,M1,A0     PMULS X0,Y0,M0      MOVX.W @R4+,X1      MOVY.W @R6+,Y1
        PADD A0,M0,A0
```

repeat 는 어셈블러의 확장 기능으로, DSP 의 반복 개시 주소를 RS 레지스터에 세트 하고 RE 레지스터에 반복하여 종료 주소를 세트 한다. 이 경우, LP_S 에서 LP_E 까지를, 3회 반복하게 된다.

또한 데이터가 링 버퍼에 세트 된 적화연산에서는 데이터의 주소계산을 하드웨어로 실행할 수 있는 모듈로 어드레싱을 사용할 수 있다. 링 버퍼의 스타트 주소 STRT_ADD 에서 END_ADD 까지의 메모리의 내용을 적화하는 경우, 다음과 같이 기술한다.

```
MOV. L   MOD_D, R0
LDC  R0, MOD
MOD_D :
        . DATA. W LWORD END_ADD-2
        . DATA. W LWORD STRT_ADD
```
<처리 프로그램>
```
STRT_ADD :
            .RES. W size
END_ADD :
            .EQU $
```

한층 더 이러한 기능을 이용하고 인터럽트를 사용한 외부에서의 데이터의 취득에 의하여 리얼타임 입력 데이터를 필터링 하고 변조를 실행할 수도 있다.

2.2.2 그래픽프로세서

DSP 외에도 특수한 기능을 지원하는 프로세서로 그래픽프로세서(GPU : Graphics Processing Unit)가 있다. 게임기의 제품화 되면서, 3 차원 그래픽 디스플레이가 급속히 보급되었다.. 휴대폰, 자동차 내비게이션(Car Navigation) 기기에서도 3 차원 디스플레이가 일반화되면서 주목받고 있다. 그래픽처리 능력을 향상시키기 위해서 그래픽프로세서를 사용한다.

그래픽프로세서의 기능에서는 점, 선, 면 등을 묘사하는 것은 물론, 3 차원의 묘사 능력 등이 제공되고 있다. 임의의 다각형 표시, 텍스쳐(Texture), 블렌더(Blender) 기능, 에일리어싱(Aliasing) 제거 등, 3 차원 표시에 필요한 다양한 기능이, 그래픽프로세서에 의하여 고속으로 처리할 수 있게 되었다.

그래픽프로세서에는 일반적으로, 2 차원적인 직선/다각형/구형 전송 묘사, 3 차원적인 직선/삼각형/사각형/리본/팬/임의 정점다각형, 블렌더(Blender) 기능, 텍스쳐 매핑, 특수한 처리와 관련된 에일리어싱(Aliasing) 제거, 클리핑(Clipping) 등의 기능이 갖춰져 있다.

대표적인 기능의 개요는 다음과 같다.

● **texture** : 3 차원의 묘사에서의 질감을 내기 위한 화상을 texture 라고 하고 여기에 색칠하는 기법을 텍스쳐 매핑이라고 한다.

- **렌더링** : 좌표 등, 수치 데이터로 나타내진 정보에서 계산에 의하여 묘사하는 것.

- **다각형 처리** : 3 차원 묘사를 하는 경우, 예를 들면, 삼각형 등으로 묘사 하는 처리이다.

- **포그** : 안개와 같이 원경 만큼 얼버무리는 묘사 처리. 원근감을 표현할 수가 있다.

- **스페큐라** : 빛을 반사한 물체의 빛나는 부분을 표현한다.

- **에일리어싱 제거** : 도형 경계 부분의 톱니모양을 매끄럽게 표현한다. 해상도의 낮은 화면에서, 고화질의 묘사를 실현할 수 있다.

- **그로셰딩** : 색조 변화(그라데징)에 의하여 경계선을 매끄럽게 표현한다.

- **α 브렌드** : 투과 처리. α 는 투과도(α)를 변화시켜, 배경면의 보이는 방법을 바꾸어 묘사한다.

- **광원** : 평행 광원과 1 점광원이 있다. 태양광과 같이 멀어진 광원에서의 빛의 경우 어느 면에도 항상 같은 방향에서 빛을 받는다. 이것을 평행 광원이라고 한다. 특정의 일점에서의 광원의 경우, 물체의 각 장소에 의하여 빛의 입사각이 다르다. 이것을 1 점광원이라고 한다.

- **표현력의 다양화**, 리얼화에 의하여 그래픽프로세서의 기능은 풍부하게 되어 있지만, 각각의 특징도 다르고, 아키텍처가 같은 것은 찾기가 어렵다. 이 때문에 소프트웨어의 개발에도 과다한 부하가 걸려, 공정수가 증가하고 있다. 이것을 조금이라도 경감하기 위해서, 최근에는 OpenGL, DirectX 등, 범용계로 표준이 되고 있는 언어를 임베디드 용에서도 지원되는 경우가 증가하고 있다.

2.2.3 어플리케이션 프로세서, 코프로세서(Coprocessor)

범용계에서도 어플리케이션의 비대화에 대응하여 멀티 CPU 의 제품이 나와 있듯이, 임베디드 제품에서도 MPU 를 복수도 하거나, 가속기를 추가하거나 하여 처리 능력을 향상시키는 필요성에. 따라 4개의 아키텍처의 타입이 있다[표 2.2.1].

MPU 구성의 아키텍처를 결정하려면, 특정기능의 데이터 처리에 있어서의 버스 점유율을 올바르게 평가할 필요가 있다. 계산상, 하나의 기능을 실현하는 데이터 처리에 의한 버스의 점유율이 반을 넘으면, 실제 시스템에서는 버스의 성능이 한계에 달해서 처리 성능이 나오지 않을 가능성이 있다. 제품 출하까지는 다양한 부하를 걸쳐 실험을 할 필요가 있다.

[표 2.2.1] 아키텍처의 차이에 의한 특징

	특징	장점	단점
1 MPU	MPU로, 모든 처리를 실행한다.	제어가 단순	부하가 집중하여 고가의 MPU 가 필요하게 되어, 클럭도 고속으로 된다.
어플리케이션 프로세서	통신 관련 전문의 MPU와 멀티미디어 관련의 처리를 실행하는 어플리케이션 프로세서의 2 MPU 구성으로, MPU 의 역할을 분리 독립시킨다.	Load Sharing 도 할 수 있다. 유연성을 가져 어플리케이션의 추가 등 통신부와 떼어낼 수 있다.	통신부와의 데이터의 교환, 2 MPU 의 싱크로 등 기술적으로 과제가 있다.
코프로세서	부동소수점 연산만을 실행하는 MPU등을 사용 메인 MPU 를 지원한다.	하드웨어의 개발공수가 저감 하고, 소프트웨어에서의 유연성을 확보할 수 있다.	인터페이스, 성능 등, 설계공수가 커지는 경우가 있다.
가속기	MPEG 나, 카메라 처리 등, 부하가 큰 것을 전용으로 처리하는 가속기와 MPU 를 조합한다.	MPU 의 부하가 무거운 부분을 하드웨어로 옮겨놓는다. 기능, 성능으로 최적인 설계를 할 수 있다.	원가가 상승될 가능성이 있다.

2.3 소형화의 기술

제품의 디자인은 판매의 성공 여부에 크게 영향을 준다. 디자인에 멋을 갖게 하기 위해서는 디자인상의 제한 사항이 적으면 적을수록 유리하다. 따라서 부품을 소형화할 필요가 있다. 또한, 소형화는 유사 제품이 나오기 어렵게 하는데도 효과가 있다. 최근의 반도체 기술은 소형화를 가능하게 하는 FPGA, SOC 등의 기술을 추구하고 있다.

2.3.1 소프트웨어로 하드웨어를 개발하는 기술

소형화 경량화가 추구되는 제품의 개발에서는 부품의 소형화는 필수적이다. 타사보다 소형으로, 저가격인 제품의 차별화 요구에서 ASIC(Application Specific Integrated Circuit) 개발의 성행이 격퇴하고 있다. ASIC 회사 간단하게 실현될 수 있는 툴로서 30 여년 전에

FPGA (Field Programmable Gate Array)가 만들어졌다. FPGA 는 하드웨어를 프로그래밍 할 수 있는 LSI 로, ASIC 의 개발을 사전에 시뮬레이션 할 경우에 사용되어 왔다. 처음에는 논리 회로를 FPGA 의 소자를 의식한 논리로 변환하고 그 결과를 FPGA 에 기록하여 테스트를 반복하는 노력이 필요했다. 최근에는 개발 툴의 고도화에 의하여 그런 수고도 필요 없고, 반도체 기술의 발전과 함께 FPGA 가 폭 넓게 사용되고 있다. 또한 하드웨어의 개발 일정을 단축할 수도 있어, 양산 제품에도 사용되게 되었다[표 2.3.1].

[표 2.3.1] FPGA의 특징

	플래시 메모리형	Anti-Fuse 형	SRAM 형
메모리 종별	플래시 메모리	논리 회로	SRAM
비휘발성	비휘발	비휘발	휘발
재기록	가능	불가능	가능
속도	고속	고속	중속
소비전력	보통	적다	보통
양산성	○ (기록품의 구입이 가능)	△	△
순간 동작성	○	○	× : 외부에 플래시 메모리가 있어, 전원 투입 시에 프리로드 한다.

FPGA 는 하드웨어 논리를 실현하는 부분과 그 논리를 기술한 데이터를 기억하여 두는 메모리 부분으로 구성된다. 논리를 기억하는 메모리의 종류에는 3가지가 있다. 전용의 공구로 한 번만 기록할 수가 있는 Anti-Fuse 타입, 플래시 메모리로 구성되어 몇 번이나 갱신 가능한 플래시 메모리 타입, SRAM 이 내장되고 외부에 세트 된 플래시 메모리에서 실행 전에 다운로드하여 사용하는 SRAM 타입이다.

반도체 기술의 진보에 의하여 집적도가 향상하고 100 만개를 넘는 대규모 시스템을 FPGA 로 개발할 수 있게 되었다. 또한, 반도체에는 RAM, ROM 을 부품으로서 실장 할 수 있게 되었다. FPGA 로서 MPU, DSP 등을 만드는 것이 가능하게 되었다. 하나의 결정된 기능의 지적 재산(IP: Intellectual Property)의 소유자가 FPGA 용 하드웨어 기술 언어로 기술한 논리로서 판매하고 있다. IP 로서 MPU, DSP, MPEG, JPEG 등이 판매되고 있어, 이러한 임베디드로 비약적으로 FPGA 의 활용 범위가 확대되고 있다.

통상, 브레드보드 등에 FPGA 를 내장하는 경우, 내장한 채로 데이터를 기록할 수 있는 포트를 브레드보드 상에 준비하여 둘 필요가 있다. 많은 경우, JTAG 가 이용된다.

FPGA 의 개발에서는 하드웨어 기술 언어 HDL(Hardware Description Language)로서

VHDL(VHSIC Hardware Description Language), Verilog-HDL(Verilog Hardware Description Language)의 2개의 언어를 이용하여 개발된다. 개발의 흐름으로서는 논리도를 HDL 로 기술하고 기술한 내용을 논리 합성 툴에서 회로에 전개한다. 개발한 다음 확인은 시뮬레이션을 실행하기 위한 테스트 벤치라는 검증 회로를 HDL 에서 개발하고 설계대로 되어 있는 가를 검증한다. 검증하여 설계대로 회로의 확인을 할 수 있으면, 회로를 FPGA 에 기록하고 하드웨어 회로를 실현한다.

예를 들면, 진리값표를 기본으로, EDA 개발의 CAD 와 각각의 HDL 로 개발했을 경우는 [그림 2.3.1]에 나타내는 대로 된다.

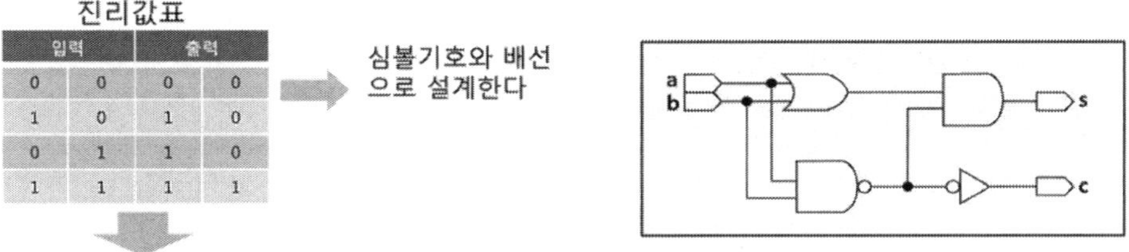

<table>
<tr><th>VHDL</th><th>verilog-HDL</th></tr>
</table>

```
Library ieee ;
Use ieee. std_logic_1164.all

entity ha is
    port (
            a,b : in  std_logic
            s,c : out std_logic
)
end ha ;

architecture rtl of ha is
signal x,y : std_logic ;
begin
  x<=a or b ;
  y<=a nand b ;
  s<=x and y ;
  c<=not y ;
end rtl ;
```

```
module ha(s,c,a,b);
  input a,b ;
  output s,c ;

  wire w,y ;

  assign x =alb,
         y =-(a&b),
         s =x&y,
         c =-y;

  end module
```

[그림 2.3.1] 하드웨어의 EDA 개발과 HDL 개발의 차이

2.3.2 기판을 반도체상에 개발하는 기술

반도체 제조기술의 발전은 SoC(System on Chip)라고 하는 MPU, 메모리, DSP, I/O 등으로 구성되는 시스템을 1 개의 반도체내에서 배선하는 기술도 가능하게 되어 있다. 이것은 기기의 디지털화, 네트워크화에의 대응이 진행되는 가운데, 제품의 부가가치를 높이기 위해서 제품의 주요 기능을 하나의 반도체에 집적하는 필요성에서 태어난 기술이다. 제품의 큰 면적을 차지하고 있던 부품을 반도체화 하는 것으로 제품을 소형화할 수가 있다.

집적도가 큰 실장에서는 디버그하기 어려울 뿐만 아니라, 하드웨어의 버그는 수정할 수 없다. 따라서 SoC 를 다시 만들게 되고, 그 기간은 3~6 개월을 필요로 한다. 공정의 지연을 내지 않으려면 사전에 기능테스트 실행 등 세심한 연구가 필요하다.

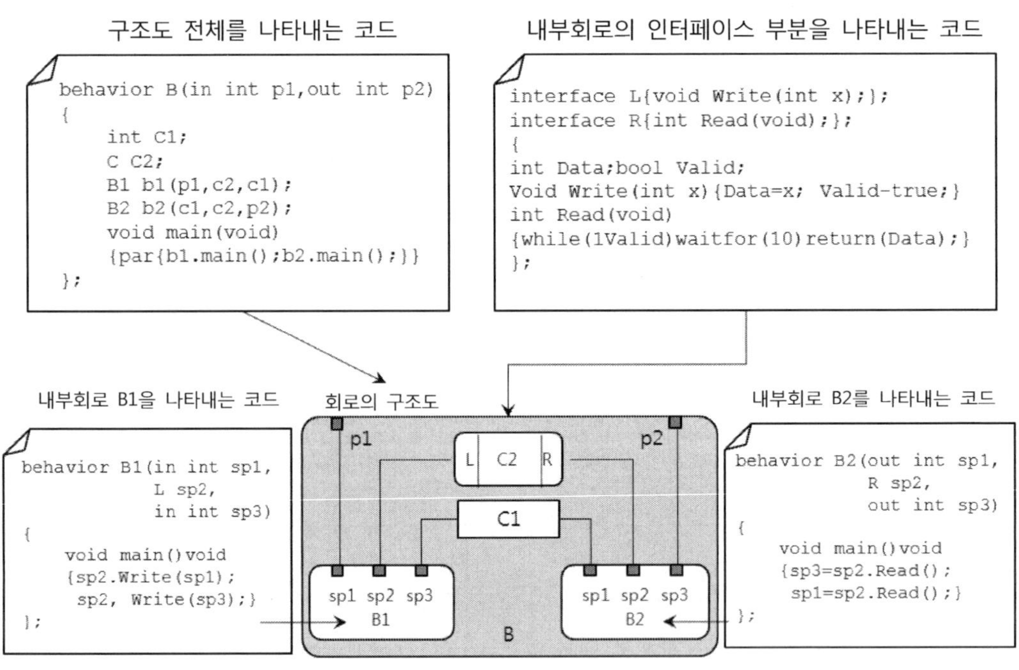

[그림 2.3.2] Spec C 에서의 개발 예

이 때문에 SOC 기술에서는 ① 반도체의 고집적화, ② 개발 플랫폼의 표준화, ③ MPU나 DSP 등의 기능의 부품화 등 연구 개발이 진행되고 있다. ②에서는 개발을 시스템 수준 언어(System Level Language)에 통일하면, 하드웨어와 소프트웨어를 통합 설계하는 것이 가능하다. 이 결과, SOC의 동작 검증이나 기능 검증의 효율화, 고집적화나 회로의 대규모화에 수반하는 설계 기간의 증대 억제 등의 장점을 실현할 수 있다.

시스템 수준 언어로서는 SpecC 와 SystemC 가 유명하다. 시스템 수준 언어의 예로서 임베디드 업계의 시스템개발에서 많이 이용되고 있는 SpecC 를 소개한다. SpecC 는 ANSI-C 를 모체로 하고 하드웨어 개발을 위한 병렬성, 부울대수의 기술, 예외처리 등을 실행 할 수 있는 구문이 준비되어 있다. Spec C 에서의 시스템개발은 [그림 2.3.2]에 나타내는 대로 된다.

[그림 2.3.2]와 같이 회로를 구조도로 불리는 그림으로 표현하고, 그 안에 정의되고 있는 내부 회로나, 내부 회로간의 인터페이스를 C 언어로 기술할 수가 있다. 개발방법이 임베디드 개발과 비슷하기 때문에 임베디드 엔지니어가 시스템 설계를 할 수 있는 것이 기대된다.

2.4 단순한 임베디드 기기(리모콘)

누구라도 사용했던 적이 있는 TV 리모콘을 예를 들어, 소프트웨어 개발 시에 문제가 될 점을 설명한다. 단순한 기능을 실현하는 임베디드 기기의 예로서 설명한다. 또한 이러한 기기로도 소프트웨어 개발로 주의할 필요가 있는 키 입력과 체터링, 전지 특성을 설명한다.

2.4.1 리모콘의 기능

[그림 2.4.1]은 TV 리모콘의 일례이다. 이 TV 리모콘은 채널＋, 채널－, 음량대, 음량소, 소음, 전원, 입력 변환의 7개의 버튼을 갖고, 코인 전지로 가동한다.

소프트웨어에서는 OS 를 사용하지 않고, 인터럽트 처리, I/O 보드의 제어를 모두 응용 프로그램으로 실행한다. 버튼이 눌리면, 그 버튼에 대응하는 신호를 적외선으로 발광부에 출력된 빛이 TV와 통신한다. 프로그램의 크기는 2 KB 정도이다.

TV 리모콘의 사양은 다음과 같다.

1) 전지를 장착하면 초기화된다.
2) 소음(MUTE) 버튼을 누르면서 전원 버튼을 누르면 TV 메이커를 설정하는 모드가 되어, 전원 버튼을 누르면 메이커 번호가 바뀐다. 그때 그때 메이커 번호를 적외선으로서 출력한다. 송신 출력은 5 회에 종료한다. MUTE 버튼과 전원 버튼이 완전하게 분리되면, 설정 모드에서 빠져 나와 TV 리모콘 조작 모드가 된다.
3) 전원 버튼을 누르면, TV 메이커와 대응하는 전원의 송신 코드를 출력한다. 송신 출력

리피트 동작은 5 회에 종료한다.

4) 채널 변환(CH ∧)를 누르면, TV 메이커 대응하는 채널+의 송신 코드를 출력한다. 동작
   은 버튼을 누르고 있는 동안 계속된다.

5) 채널 변환(CH ∨)을 누르면, TV 메이커 대응의 채널−의 송신 코드를 출력한다. 동작
   은 버튼을 누르고 있는 동안 계속된다.

6) 음량의 변환(VOL +)을 누르면, TV 메이커 대응의 음량(대) 송신 코드를 출력한다. 동
   작은 버튼을 누르고 있는 동안 계속된다.

[그림 2.4.1] 리모콘 제품의 예

7) 음량의 변환(VOL)을 누르면, TV 메이커 대응의 음량(소)의 송신 코드를 출력한다. 동
   작은 버튼을 누르고 있는 동안 계속된다.

8) 소음 동작(MUTE)을 누르면, TV 메이커 대응의 소음의 송신 코드를 출력한다. 송신
   출력 리피트 동작은 5 회에 종료된다.

9) 입력 변환(LINE)을 누르면, TV 메이커 대응의 입력 변환의 송신 코드를 출력한다. 송
   신 출력 리피트 동작은 5 회에 종료된다.

이러한 스위치 제어와 실제 기능의 실현에서는 상태전이에 따라 처리를 설계하면 좋다.
기본적인 처리로서 대기상태에서 키가 눌러지면 처리를 하고, 키에서 손을 때면 대기상태로
돌아오는 처리를 실행된다. 이 때문에 키를 누르는 것과(OFF에서 ON) 키에서 손을 땐것
(ON에서 OFF)을 인지하는 것이 필수이다. 더하여 계속 누르고 있는 것에 대한 인식 알고리
즘이 필요하다.

2.4.2 리모콘의 하드웨어 구성

  TV 리모콘의 기능을 실현하는 하드웨어 구성에 대하여 설명한다. [그림 2.4.2]는 TV 리모콘의 하드웨어 블럭 다이어그램의 예이다. TV 리모콘은 전용 반도체를 사용하여 구성되어 있기 때문에 구성부품은 컨트롤 반도체와 스위치, 전지, 적외선 발신기, 발신기, 저항, 콘덴서, 다이오드 정도이다.

  전용 반도체의 내부에는 4 비트의 MPU(최근에는 고기능 리모콘용으로서 16 비트 MPU를 사용하는 것도 있다)가 조립되고 있고, 그 외 적외선 컨트롤러, I/O포트(스위치), 전원, ROM, RAM, 타이머 등이 하나의 반도체에 들어가 있다.

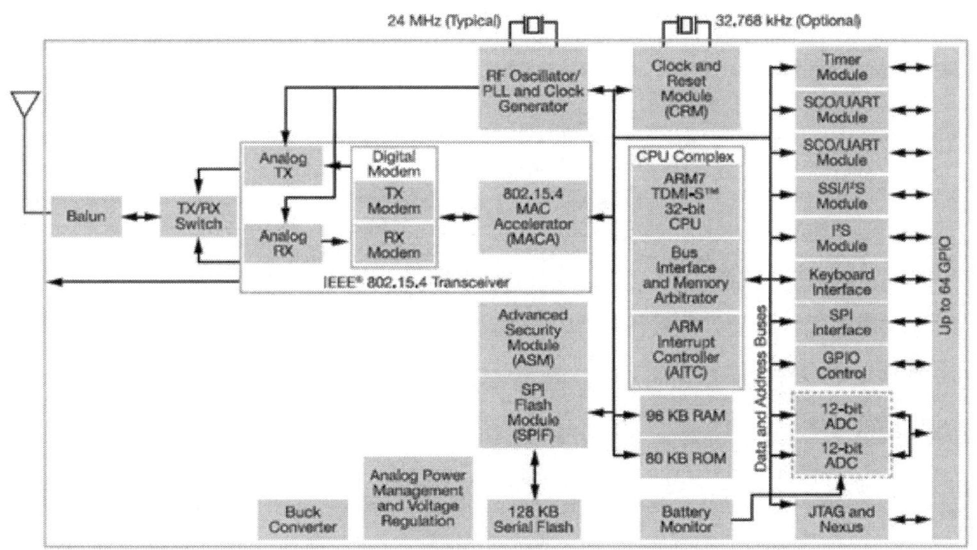

(자료 제공 : 주식회사 히타치 어드밴스트 디지털)

[그림 2.4.2] TV 리모콘 하드웨어 블럭 다이어그램 예

  각 스위치는 버튼이 눌려짐에 따라, 출력 포트와 입력 포트를 접촉되어 신호가 통하는 것으로 기능을 실현하고 있다. 출력 포트에 출력되는 전압 수준(H 또는 L)이 입력 포트와 인터페이스되어 눌렸는지 아닌지를 입력 포트에서 검지할 수 있다. [그림 2.4.2]에서는 1 개의 출력 포트에 6 개의 입력 포트가 버튼을 개입시켜 접속할 수 있도록, 6 개의 스위치(입력 변환 이외의 스위치)가 준비되어 있다. 이러한 기능을 하나의 반도체로 실현될 수 있도록, 4 비트의 마이크로컴퓨터를 포함한 TV 리모콘 전용 반도체를 사용하고 있다. ROM 4 KB, RAM 56B 정도의 메모리를 내장하고 있다.

리모콘의 전원은 코인 전지를 삽입하는 것과 동시에 전원이 개통된다. 전지가 없어질 때까지 약 1 년 정도는 계속 작동한다. 따라서 버튼이 눌렸을 때만, 전원을 소비하는 제어가 필요하다. 버튼조작이 종료되면, 곧 MPU 의 전력소비를 차단시킨다. 다음에 스위치가 눌려지면 MPU 가 기동한다. 이러한 전력절약에 대응한 MPU 의 Sleep 기능과 인터럽트에 의한 기동을 실현하는 기능이 전용 반도체에 들어가 있다.

전지가 삽입되면, MPU 에 전원 ON 리셋트의 인터럽트가 들어가, 0 번지에서 적재되고 있는 초기화 루틴으로 처리가 옮겨진다. 초기화 종료 후, 대기상태로 이행되고 전력절약 상태가 된다. 스위치가 눌려지면, 인터럽트가 들어가서 전용 반도체에 전원이 투입되고, 인터럽트에 의하여 프로그램이 기동된다. 어느 스위치가 눌렸는지를 판단하고 그에 대응하는 처리를 실행한다.

또한 만일, MPU 로 처리 중에 어떠한 장애에 의하여 처리가 속행 할 수 없게 되었을 경우에 대비하여, 워치 독 기능으로 일정시간 처리를 하지 않는다면, 리셋트 하는 기능이 있다. 하나 하나 전지를 제거하지 않아도 일정시간 동작하지 않는 상황이 계속되면, TV 리모콘이 리셋트를 실행하는 것이다.

TV 리모콘은 일반 사용자가 사용하는 제품으로, 떨어뜨리거나 물이 빠지거나 사고에 대응한 설계도 필요하게 된다. 강도, 방수에 관해서는 다양한 규격이 존재하고 있다.

2.4.3 스위치 제어와 체터링

리모콘에서는 스위치의 OFF 에서 ON 과 ON 에서 OFF 를 인식할 수 없으면 안 된다.

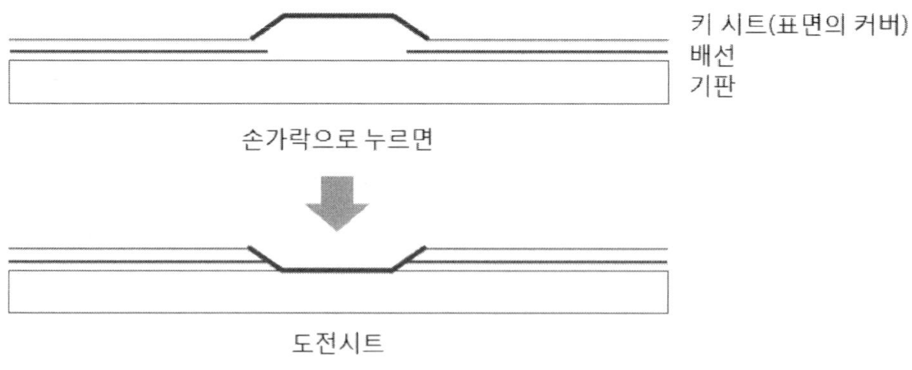

[그림 2.4.3] 스윗치의 구조

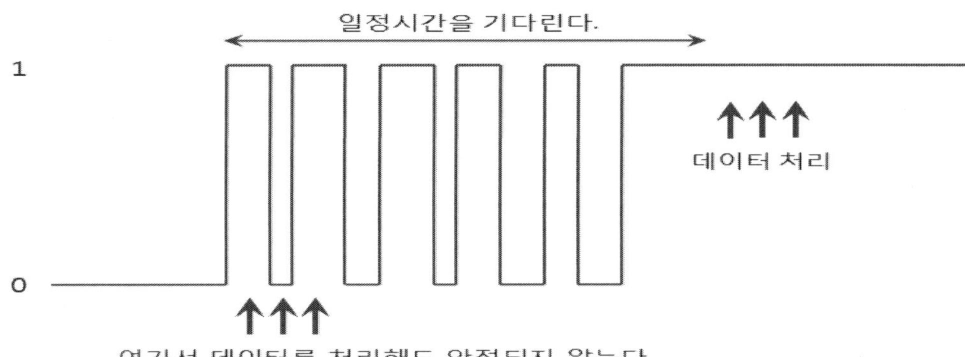

[그림 2.4.4] 체터링의 파형

스위치에도 여러 가지 방식이 있지만, 여기서의 예와 같이, 2 개의 I/O 포트를 기계적으로 접촉시키는 스위치(도전시트로 완성된 키 시트로 기판을 접한다)의 경우[그림 2.4.3]은 최초로 스위치를 누른 상태에서 스위치가 안정되기까지 시간이 걸린다. 이전, ON 과 OFF 를 반복하고 [그림 2.4.4]와 같이 된다.

이러한, ON 과 OFF 를 반복하는 현상을 체터링이라고 한다. MPU 의 속도가 빠르기 위하여 체터링 도중에 입력 포트를 읽어 버리면, 올바른 처리를 할 수 없게 된다. 결과적으로 스위치의 변환이 조작자의 의사에 관계없이 행하여지게 되는 것이다.

스위치 회로에 콘덴서를 사용하여 전기적인 변화를 둔하게 하는 것으로, 체터링을 방지하는 하드웨어 대책도 가능하지만, 콘덴서의 설치 면적이나, 부품의 가격이 올라가기 때문에 소프트웨어로 대체 하는 것이 일반적이다. 저가의 장치에서는 하드웨어의 대비책을 소프트웨어가 대체하는 것도 임베디드 제품에서는 중요하다. 이 경우, 스위치 상태가 바뀐 후에, 일정시간 끊고 나서 데이터를 읽어 들이는 연구가 효과적이다. 일반적으로, 최초 상태변화(인터럽트)에서 100 에서 200 밀리 세컨드의 이벤트를 넣어 상태를 체크하면 좋다. 또한, 계속 누르는 경우 인간의 반응속도를 생각하면, 100 밀리 초에 1 회 체크하는 것으로, 이전 상태와 변함이 없으면 계속 누르고 있다고 인식하여도 좋다. 혹은 3회 연속 일치하고 OFF 이면, 키가 해제되었다고 판단한다.

2.4.4 전지의 종류와 사용되는 방법

리모콘의 예에서는 CR2025 형의 코인 전지를 사용했지만, 전지는 그 특성을 이해한 다음에 선정할 필요가 있다. 또한, 전원 투입시의 돌입전류, 전력절약 모드, 전지가 없어지는 경우의 처리 등, 소프트웨어로 처리하는 사항이 많다.

충전의 알고리즘을 잘못했기 때문에 전지가 파열되어 사용자가 부상을 당한 경우도 있다. 또한, 같은 반도체를 사용하고 같은 전지를 사용한 리모콘 제품에서도 A 사는 250 시간, B 사는 300 시간과 같이 동작 시 차이가 나서 팔리지 않게 되는 일도 있다. 따라서 이러한 제품을 개발하려면, 전지의 특성을 충분히 파악하여 두지 않으면 안 된다.

전지의 종류에는 일회용의 1차 전지와 충전하여 반복 사용할 수 있는 2차 전지가 있다. 1차 전지에는 알칼라인건전지, 망간건전지, 공기아연전지, 마그네슘건전지 등이 있다. 2차 전지에는 리튬이온2차전지, 니켈수소전지, 니켈카드뮴전지 등이 있다. 형태도 사용되는 상태에 맞추어, 코인형, 원통형, 각형, 특수 형상 등 다양하다.

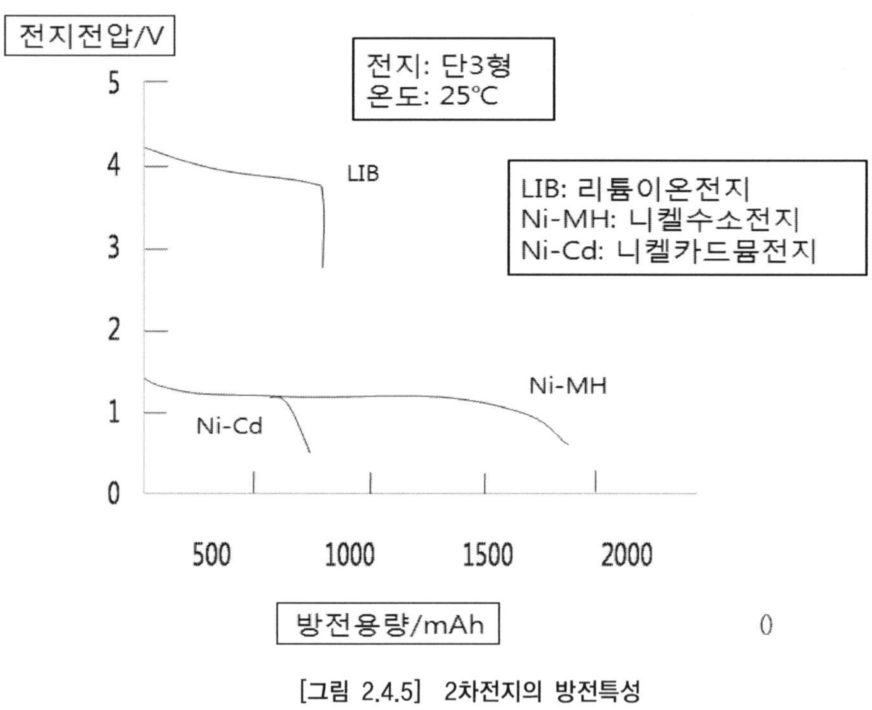

[그림 2.4.5] 2차전지의 방전특성

전지의 용량이란, 전지를 정해진 조건으로 방전시켰을 때, 사용할 수 있는 전기량이다. 용량은 방전 전류(암페어「A」, 밀리 암페어「mA」)와 방전 시간(아워「h」)의 측적(암페어・아워「Ah」, 밀리암페어・아워「mAh」)으로 표시된다. 전지의 규격은 형태, 출력전압(V)과 용량(mAh)으로 규정된다.

전지를 다 사용한다는 것은 새로운 전지에 부하를 걸어 전압이 전지의 종료 전압이 되었을 때를 말한다. 또한, 그렇게 되도록 제품을 설계하는 것이 필요하다. 더 이상 사용하면, 전지가 과방전이 되어 누액 등이 발생하기 쉬워진다.

전지는 화학반응으로 전력을 얻고 있으므로 온도에 의하여 그 능력이 변화된다. 또한, 방치하여 두어도 화학반응이 발생하고 자가 방전하는 일이 있다. 전지가 방전했을 때의 시간과 전압의 변화를 나타낸 것이 방전 특성이다. 망간 전지와 같이 서서히 전압이 저하하는 것과 리튬계의 전지와 같이 일정한 전압에서 갑자기 전압이 떨어지는 것까지 전지에 따라 방전 특성이 다르다.

2차 전지의 리튬이온2차전지와 니켈수소전지, 니켈카드뮴전지의 방전 특성을 그림으로 나타내면 [그림 2.4.5]와 같이 된다. 리튬이온전지는 니켈카드뮴전지나 니켈수소전지 등에 비교하여 전압이 높고 출력이 빨리 줄어든다. 또 한계를 넘으면 급속히 출력이 다운하고 있다. 이러한 전지의 경우, 일정한 값을 넘으면 즉시 전원의 제거처리를 하는 것이 필요하다. 한편, 니켈카드뮴전지는 전기용량이 적지만, 전압의 저하가 완만하고 전원단의 제거처리를 개시하기까지 여유가 있다. 니켈수소전지는 니켈카드뮴전지보다 긴 시간 전원을 공급할 수 있다. 또한, 전압저하도 완만하다.

이와 같이 전지 제거처리는 그 전지의 특성을 알아 두는 것이 중요하고, 어느 정도 이상 전력을 공급할 수 있는지 알 수 있다면, 언제 전원 제거처리를 할 것인지, 기능을 한정하던지 등의 판단을 할 수 있다. 이 전원 제거처리의 적절한 처리로 구동시간이 바뀌어, 타사와의 차별화 등이 가능하게 된다. 또한, 여유가 없는 설계를 하면, 전원 관련사고가 발생할 우려가 있다. 고가이지만, 전지 자체가 잔량을 알려주는 전지도 판매되고 있으므로, 전지의 선택에는 충분한 정보를 수집하고 나서 결정할 필요가 있다.

덧붙여 전력은 에너지이며, 많은 용량을 저장할 수 있다고 하는 것은, 에너지를 급속히 개방시키는(예를 들면 방전) 것과 열을 가지고 있다는 것이며, 때로는 파열하는 일도 있다. 이것은 전지의 내부의 액체가 고온이 되어 증발 기화하고 전지의 내부 압력이 급격하게 상승하는 것에 기인한다. 이러한 사고가 나지 않게, 전지를 보호할 필요가 있다. 또한, 과충전으로 인한 내부 방전으로 이상 발열을 일으켜, 발화하는 경우도 있다. 배터리를 직접 AC 전원에 연결되어서 일어나는 사고가 한 해에 몇 건씩 보고 되고 있다.

강도

리모콘은 떨어뜨리거나 부딪치거나 망가지기 쉬운 환경에서 사용되는 것이 많지만, 쉽게 망가지면 제품으로서의 가치가 경감되어 버린다. 제조공정 속에서 다양한 강도 테스트는, 일정한 압력으로 여러 가지 방향에서의 파괴 시험, 일정한 높이에서 콘크리트 판이나 목판자 위에 낙하 시켜 보는 파괴 시험이 일반적으로 행해지고 있다. 테스트의 결과, 망가지는 경향이 있으면 본체의 보강을 실행된다. 한편, 본체는 망가지지 않지만 전지가 빠져나가는 등 데이터 파괴도 생각할 수 있다. 전지가 빠져 나가지 않는 연구를 하거나 전지가 빠지더라도 데이터를 재현 할 수 있는 알고리즘을 만들어 넣은 제품도 있다.

방수

「수중에 잠겨도 내부에 물이 들어가지 않는 것」 등, KS 방수 등급이라고 하는 보호 구조에 대한 규격이 있어 등급에 의하여 다양한 상황이 정해져 있다. 방수 설계에서는 물방울이 제품 내부에 들어가지 않게 하면, 공기도 내부에 들어가기가 어려워지기 때문에 내부에서 발생하는 열을 식힐 수가 없어 과열이 발생하기 쉬워진다. 대책으로서 열을 측정을 하는 하드웨어와 소프트웨어의 대응이 필요하게 되는 경우도 있다.

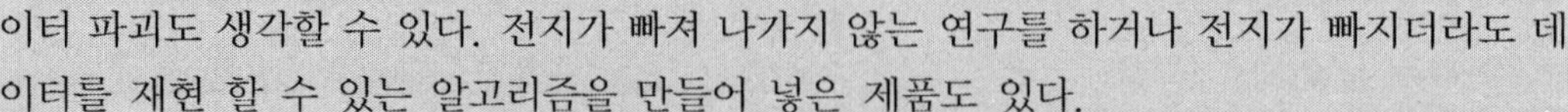

2.5 다양한 입출력을 갖춘 임베디드 기기(PDA)

여기에서는 PC 와 같이 일반적인 컴퓨터 기능을 제공하는 PDA(Personal Digital Assistance)를 설명한다.

일반적으로, PDA 는 OS 를 내장하고 주변기기 맞는 드라이버나 어플리케이션 등의 인스톨(Install), 호스트 머신과의 데이터 교환 등의 기능을 제공한다. 또한, 옵션기기, 네트워크, 통신 등을 지원하는 고도의 기능도 제공한다. 그러한 개발을 1개 회사에서 모두 실행하려면 비용이 너무 들어 개발 리스크가 증대한다. 따라서 어플리케이션, 미들웨어 등은 몇 개사가 제휴하여 개발하는 것이 일반적이다. 표준 아키텍처를 활용하면 개발이 쉽게 된다.

이 절에서는 디스플레이 장치의 구조와 주변기기와의 인터페이스에 대하여 설명한다.

2.5.1 PDA 의 기능

[그림 2.5.1]은 Windows CE 를 채용한 PDA 이다. OS 메이커에서의 지원받을 수 있어서 인터넷 브라우저, 메일 등의 기능을 자사에서 개발할 필요는 없다. 또한, 그 밖의 다른 소프트웨어도 전문 메이커에서 도입하는 것이 상례이다. 자사의 차별화된 부분만 자사개발 하고 있다.

어플리케이션은 인터넷 브라우저나, 메일기능은 물론, 호스트 머신과의 연계를 생각하고 파일 Viewer 나, 범용계와의 데이터 교환을 할 수 있는 소프트웨어 등을 갖추고 있다[표 2.5.1].

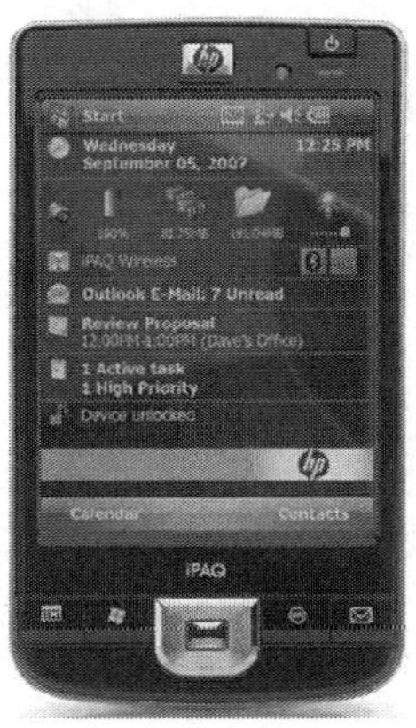

[그림 2.5.1] PDA 외형사진

[표 2.5.1] 소프트웨어 사양

	Microsoft@ windows CE. Net- 4. 1
어플리케이션	Windows Media Player
	Internet Explorer 5. 5 for CE
	수신 트레이
	Windows Messenger for CE
	PC 제휴 소프트웨어
	파일 Viewer
	정지화면 Viewer
	손으로 쓰는 메모
	메모장
	PIM 소프트웨어
	시계
	계산기
	오리지널 메뉴
	메모리카드 백업
	게임

　　또한, 개인 데이터를 보호하기 위해서, 데이터 백업 등도 실행할 수 있다. 메이커는 여러 가지 소프트웨어를 타사에서 도입하고 자사에서는 맨 머신 인터페이스(Man Machine Inteface)의 부분이나, 각 어플리케이션간의 제휴를 하기 위한 기능을 중심으로 개발하고 있다. 멀티미디어의 데이터를 취급하기 때문에, 메모리량이 증가하고, 묘사 속도를 확보하는 의미에서도 가속기를 필요로 하고 있다.

확장성을 중시하고 있기 때문에 PCMCIA 인터페이스(Personal Computer Memory Card International Association)가 지원되고 있다. 표준적인 카드 서비스로 사용되는 주변기기를 인식하고 필요한 드라이버를 찾아 자동적으로 설치되도록 만들어지고 있다.

2.5.2 PDA 의 하드웨어 구성

PDA 의 하드웨어는 소형화, 경량화, 확장성을 생각하여 심플하다. 이 제품의 특징은 한 손에서의 조작을 생각한 죠그 다이얼의 지원과 핫 스포트에서의 이용을 상정한 무선 LAN을 표준으로 장착하고 있는 점이다. 뒷면에 PCMCIA 인터페이스를 가지는 확장 쟈켓을 덧붙일 수가 있다.

[표 2.5.2] 하드웨어 사양

MPU	인텔 ⑧ PXA250
ROM	플래시 메모리 32Mbyte
RAM	SDRAM 32Mbyte
디스플레이	3. 5형 반사 칼라 TFT 액정 각조상도 240 × 320 닷 표시색 65536 색 조명 프런트 라이벤트 방식
입력 디바이스	터치 패널, 죠그 다이얼
통신	무선 LAN IEEE802. 11b 준거
인터페이스	MMC/SD 카드 슬롯
전지	리튬이온배터리 내장 : 1000mAh 배터리 구동시간(최대) : 약 10 시간(25℃) 데이터 통신시 : 약 15 시간 배터리 충전 시간 : 약 3 시간
외형 치수	77mm (W) X 108mm (H) X17. 8mm (D)
본체 중량	155g
사용 온도	0~40℃ (다만, 충전은 5~35℃)
사용 습도	30~80 % RH (다만, 결로 하지 않는 것)
CRADLE	USB 호스트

MPU 에는 ARM 의 아키텍처를 채용한 인텔사의 Xscale 를 사용하고 있다. 클럭이 400MHz 로 동작한다. RISC 아키텍처(Reduced Instruction Set Computer)의 ARM 에서는 1 클럭으로 1 명령의 실행을 할 수 있기 때문에 약 400MIPS 의 성능이 된다. 1000mAh

의 리튬이온배터리를 내장하고 10 시간 가동할 수가 있다.

PDA 에서는 플래시 메모리를 32Mbyte 와 SDRAM 32Mbyte 내장하고 있다. 다양한 주변 기기를 지원하기 위해서, 주변장치버스 컨트롤러(Pheriperal Bus Controller)를 연결하고 있다. 디스플레이 시스템의 고속화와 소형화를 위해서 USB(Universal Serial Bus) 드라이버 내장의 그래픽 반도체를 채용하고 있다. 고성능의 MPU 와 주변 회로를 정리한 FPGA 를 개발하고 반도체의 수를 줄여 기판 면적을 작게 하고 있다. 표시는 TFT(Thin Film Transistor)의 QVGA 사이즈의 액정 64 만색 디스플레이다. 멀티미디어 기능의 지원에서는 하드웨어로 실현되는 지, 소프트웨어로 실현될 지를 자주 검토할 필요가 있다.

이러한 집적도가 높은 기판을 사용한 제품의 개발에서는 자체장비에서의 디버그가 어려워진다. 저비용화를 위해서 메모리 고스트(Memory Ghost) 등도 발생하고 예상하지 못했던 것이 트러블의 원인이 되는 일이 있다.

OS 나 반도체의 공급사가, 범용계에서의 개발을 할 수 있도록 다양한 개발 툴을 준비하고 있다. 또한, 실제품에서의 개발을 가능하게 하기 위해서, JTAG 에 의하여 프로그램을 멈추거나 메모리나 레지스터의 내용을 꺼내거나 프로그램의 실행을 트레이스 하는 등의 기능을 지원한다. JTAG 는 직렬 인터페이스를 사용하여 MPU 를 제어할 수 있어 기판상에 큰 스페이스를 잡지 않고 디버그 기능을 실현할 수 있다. 실제품을 사용한 개발을 실행하려면, 이러한 개발환경을 OS 메이커, 반도체 메이커가 제공하여 주고 있는지를 자주 확인할 필요가 있다. 또한, JTAG 인터페이스를 활용한 에뮬레이터 장치가 개발 툴 제조 메이커에서 공급되고 있는지에 관하여서도 정보를 취합하고 자주 검토하는 것이 바람직하다.

임베디드 기기용 MPU 의 발달은 눈부신 것지만, 한편, 사라져 가는 MPU 도 있다. 아키텍처의 좋고 나쁨 뿐만 아니라, 주위의 개발환경 등에 의존성이 크다. 예를 들면, 컴파일러의 성능에서도 차이가 있어, 그것이 제품의 질을 결정하여 버리는 일이 있다. 개발환경의 버그에 대해서도 주의가 필요하다. 버전이 바뀌면, 지금까지 동작하고 있던 것이 동작이 안되는 경우가 있다. 컴파일러 등 개발환경의 버전을 높이는 데도 충분한 검토가 필요하다.

메모리 고스트(Memory Ghost)

메모리를 8MB 밖에 사용하지 않을 때, 어드레스 버스는 거기까지 밖에 디코드하지 않는다. 그러한 시스템으로 8MB를 넘는 주소에 액세스 하면, 8MB 내의 메모리가 바뀌게 된다. 이와 같이 메모리에 실장되어 있지 않은 주소공간에 실장되고 있는 것처럼 메모리의 이미지가 보이는 것을 말한다.

2.5.3 LCD 제어

LCD(Liquid Crystal Display)의 종류에는 STN(Super Twisted Nematic), TFT(Thin Film Transistor)가 있다. 그 다른 표시기에 대형 플랫 디스플레이로서 플라스마 디스플레이, 자체발광형으로서 유기 EL(Electronic Luminescent)등이 상품에 조립되어 출시되고 있다.

STN 액정은 1 매의 유리 위에 X 축의 전극을 인쇄하고 1 매의 유리에 Y 축의 전극을 인쇄한다. 이 2 매의 글래스를 겹쳐 맞추어, 바둑판의 눈과 같이 전극이 형성된다. 액정은 액체의 성질과 고체의 성질을 겸비한 물질로, 전압을 걸면 고체 부분의 성향이 바뀌어, 빛을 투과 하거나 투과되지 않게 한다. 액정을 2 매의 유리의 사이에 충전하고 X 축과 Y 축의 전극에 전압을 걸면, 그 교차하는 부분의 액정이 방향을 바꾼다. 거기에 빛을 쬐어, 문자나 이미지 등 표시되는 것을 볼 수가 있다. LCD 에는 액정의 이면에 둔 거울로 태양광을 반사시켜 표시하는 반사형과 액정의 이면에 설치한 백라이트의 빛을 통하여 표시하는 투과형의 것과 양쪽 모두의 특징을 겸비한 반투과형이 있다.

STN 에서는 전극을 사용하기 때문에 전압을 걸은 점의 주위도 영향을 받기 쉽고, 주위의 액정도 빛을 투과하게 되어, 콘트라스트가 나오지 않는 등의 단점도 있다. 그러나 구조가 간단하기 때문에 저가격이란 장점이 있다.

TFT 는 STN 의 단점을 개선하고 전극의 변환에 트랜지스터를 사용한 것이다. 반도체 제조기술을 활용하고 고정밀화가 진행되고 있다.

플라스마 디스플레이는 2 매의 유리의 사이에 헬륨이나 네온 등의 가스를 고압으로 봉입하고 여기에 고전압을 거는 것으로 발광하는 기술이다. 형광등이나 네온사인과 같은 원리이다. 액정과 비교하여 대형인 제품의 제조가 용이하다. 40 인치 이상의 대형 표시장치는 플라스마 디스플레이, 소형의 것은 액정이 사용된다. 플라스마 디스플레이는 고전압을 걸기 때문에 모바일 등 전력절약의 상품에는 적합하지 않다.

유기 EL 은 자체발광한다. 백라이트 등 전력을 소비하는 디바이스가 필요하지 않기 때문에 휴대형의 디바이스에서도 주목을 끌고 있다. LCD의 해상도에는 [표 2.5.3]과 같이 범용계와 영상계로 나누어져, 표준화(化)가 진행되고 있다.

LCD 에 표시하는 경우, 2개의 표시 제어 방법이 대표적이다. 1개는 표시 RAM 을 사용하는 방식에서, MPU 에서 VRAM(Video Random Access Memory)라고 하는 메모리에 표시 내용을 써 가면, LCD 드라이버(하드웨어)가 자동적으로 VRAM을 참조하고 LCD 에 데이터를 세트 하여 나간다. 이 방식은 정지화면 등의 표시에서는 VRAM 과 LCD 만 가동 하게 하면, 그 다른 디바이스를 스탠바이 모드로 할 수 있기 때문에 전력절약 설계를 실현할 수 있다. 그러나 동기가 잡힌 기록을 할 수 없기 때문에 동영상 등을 표시하는 경우, LCD 드라이버가 1 화면을 쓰기 전에 MPU 가 VRAM 에 데이터를 덧쓰기 하면, 화상이 올바르게 표시되지 않는 경우가 있다. 이 때문에 LCD 에서 MPU 에 수평 동기 신호의 인터럽트를 넣어 이 타이밍에 1 화면 분의 데이터를 기록하도록 프로그래밍 하는 연구가 되고 있는 제품도 있다. PDA 의 예에서는 이 방식을 사용하고 있다.

또한, VRAM 이 LCD 에 부속되어, LCD 컨트롤러에 주소와 데이터를 기록하면, 표시되는 타입도 있다. 이 방식은 LCD 컨트롤러에 1 화소 분의 레지스터가 있어, 여기에 픽셀동기펄스에 맞추어 픽셀마다의 데이터를 기록한다. LCD 제어의 하드웨어가 거의 LCD 와 일체화 하고 있기 때문에 하드웨어는 작게 할 수 있지만, 항상 MPU 가 움직여 화소를 계속 기록하지 않으면 안 되기 때문에 전력절약 설계는 할 수 없다.

보충이 되지만, 표시 데이터를 기록하는데 DMA 전송을 사용하면, MPU 의 부하를 줄이는 데 유효하다. DMA 컨트롤러는 MPU 의 개입 없이, 입력장치에서 들어오는 데이터를 메모리에 기록하거나 메모리의 내용을 별도의 메모리에 전송 하거나 메모리의 내용을 출력장치에 써내는 기능을 갖고 있다. 반면, 버스의 경합이 없으면, MPU 는 별도 처리를 할 수 있는 것이다. DMA 컨트롤러의 설정을 바꾸는 것으로, MPU 를 사용하지 않는 데이터의 전송이 가능하다.

[표 2.5.3] LCD디스플레이의 명칭과 해상도

	명 칭	해상도	화소수
	QVGA	320×240	76800
	CGA	640×240	153600
	VGA	640×480	307200
	SVGA	800×600	480000
범 용 계	XGA	1024×768	786432
	SXGA	1280×1024	1310720
	UXGA	1600×1200	1920000
	QXGA	2048×1536	3145728
	QUXGA	3200×2400	7680000
	CIF	325×288	93600
ITU	4CIF	704×576	405504
(영상통신관련)	QCIF	176×144	25344
	Sub−QCIF	128×96	12288

2.5.4 입출력 인터페이스

임베디드 기기와 입출력기기와의 인터페이스에서는 입출력기기의 성능을 높이기 위해서 주변기기의 입력 성능과 MPU 의 처리 능력의 균형을 생각하고 인터페이스를 결정할 필요가 있다. 입출력의 범용적인 인터페이스[표 2.5.4]로서 병렬 인터페이스와 직렬 인터페이스가 있다. 프린터와 PC 등의 범용 컴퓨터를 인터페이스할 경우에 사용되고 있는 센트로닉스 인터페이스는 8 비트 병렬 인터페이스이다. 동시에 8 비트의 데이터를 처리하기 위하여 연결기의 형상도 크고, 코드도 굵어진다.

한편, 모뎀과 PC 등의 범용 컴퓨터를 잇는 RS-232C 는 직렬 인터페이스이다. 컴퓨터 내부의 병렬의 데이터를 1 비트씩 전송하기 위해서 UART(Universal Asynchronous Receiver Transmitter)등의 LSI를 사용한다. USB(Universal Serial Bus), IEEE1394 등도 직렬 인터페이스이다. 적외선을 사용한 IrDA(Infrared Data Association)도 직렬 인터페이스를 사용하고 있다.

이러한 인터페이스로 접속되는 주변기기로서 외부 메모리, 고속의 LAN 어댑터 등이 있다. 이 때, USB 인터페이스나 병렬 인터페이스를 이용하는 경우와 한층 더 고속의 PC 카드 규격(PCMCIA 인터페이스)을 사용하는 경우가 있다. PC 카드규격에서는 32bit의 버스(Card Bus)로 데이터 전송 하기 위해서, 고속의 처리(최대 1Gbps)가 가능하게 된다. 한편, 68 핀의 연결부가 있기 위해서 삽입과 삭제 회수에 제한이 발생하여 버린다.

임베디드 기기에서는 범용계와 달리, 드라이버, 인터페이스 회로가 지원되어 있지 않은 것이 있다. USB 혹은 병렬, PCMCIA 카드 인터페이스를 지원하고 있는 디바이스를 선택하여 지원하여 나가는 것이 바람직하다. MPU 의 선택 시에 주변기기의 드라이버 소프트웨어가 지원되는 것이 선택의 중요한 포인트이기도 하다.

[표 2.5.4] 대표적인 통신 관련 입출력 인터페이스 사양

	인터페이스명	통신 방식 · 속도	특징	주된 용도
1	직렬	RS232C 최대 115.2 kbps	미국 전자공업회에서 표준화	범용계로 모뎀 등의 인터페이스용
2	USB	USB2. 0 최대 480Mbps	호스트 계산기와 주변기기의 인터페이스에 이용. 비대칭의 인터페이스	CD-R, HDD 등의 인터페이스용
3	IEEE1394	최대 400Mbps	최대 63 대의 기기를 데이지 체인으로 인터페이스할 수 있다. 전원을 공급할 수 있다	범용계의 기기와 그 주변기기와의 인터페이스용

	인터페이스명	통신 방식·속도	특징	주된 용도
4	lrDA	IrDA 1. 2 0. 2m 이내 최대 115.2 kbps	적외선을 사용한 직렬 통신	범용계, 휴대폰, 프린터 등의 인터페이스용
5	Bluetooth	Bluetooth 1.0 10m 이내 최대 1 Mbps	24 GHz대의 무선을 사용	범용계, 휴대폰, 주변기기와의 인터페이스용
6	병렬 전송	센트로닉스 IEEEI 284 (센트로닉스 사양을 기초로, 표준화 한 규격)	8 비트 단위에서의 전송	범용계와 주변기기와의 인터페이스용
7	Ethernet	1000BASE-T 1000Mbps	배선이 용이해 프로토콜 스택도 풍부	LAN

─○ 2.6 특정기능이 필요한 임베디드 기기(디지털카메라)

　　디지털카메라에서 휴대폰까지, 카메라 기능의 수요는 높아지고 있다. 필름 사진과 비교하여, 종래의 디지털카메라와는 다른 사진의 품질·기능 향상의 대응하는 것이 바람직하다. 색조의 조정은 어렵고, 수만 명이 보고「예쁘다」라는 찬사를 받기위한 조정을 하기에는 방대한 시간과 노하우가 필요하며, 개발 일정이 정해져 있는 제품 개발에서는 어려운 문제이다. 또한 조작성, 디자인 등도 중요시되고 있어 에르고(Ergo)디자인, 유니버설디자인 등 넓은 의미에서의 활용도(Usability)를 중시하는 정책적 대응도 필요하다.

　　디지털카메라를 개발에는 다음과 같은 과제가 있다.

　① 화질
　② 색조정
　③ 연속 촬영
　④ 전력절약 설계
　⑤ 소형화 경량화
　⑥ 사진 프린트
　⑦ 가격

　　이 절에서는 카메라부의 소자에 대해서 특징을 설명한다.

2.6.1 디지털카메라의 기능

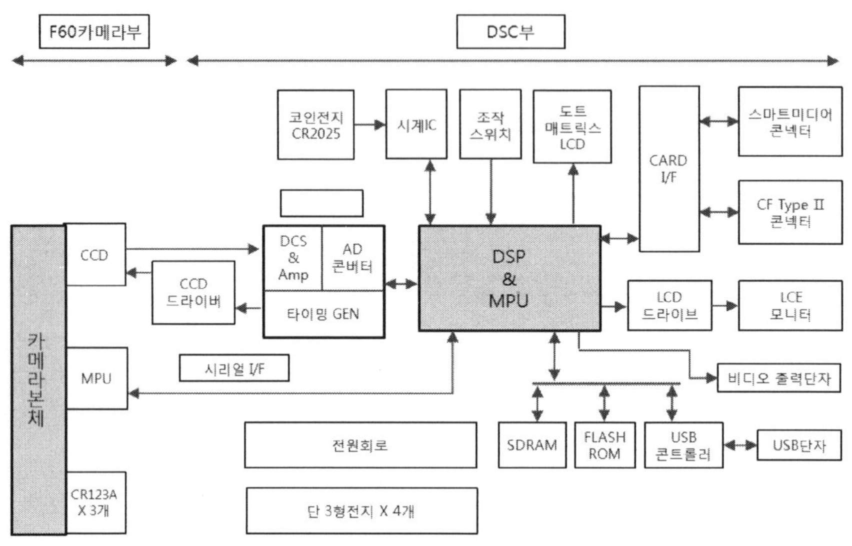

[그림 2.6.1] 디지털카메라 블럭 다이어그램의 예

초기의 디지털카메라는 JPEG 를 사용한 「정지화면을 찍는」필림 사진의 대체 기능을 제공하고 있었다. 그러나 가속기 등의 개발에 의하여 모션 JPEG, MPEG 등의 기술이 발전되어, 동영상을 찍을 수가 있게 되었다.

동영상의 데이터는 대용량으로, 내장 메모리만으로는 충분하지 않고, 외장의 메모리를 지원하게 되어 있다. 또한, 디지털카메라가, USB 나 lrDA 등의 인터페이스를 지원하고 PC 등을 통하여 프린터에 직접 데이터를 송신하고 프린트 할 수 있게 되었다.

2.6.2 디지털카메라의 하드웨어 구성

디지털카메라의 하드웨어 블럭 다이어그램 [그림 2.6.1]의 예에서는 주요 반도체 칩은 JPEG(Joint Photographic Experts Group), MPEG(Moving Picture Experts Group)를 위한 DSP(Digital Signal Processor), 메모리를 스택한 반도체 SIP(System In Package)와 MPU 가 주된 부품이 된다. 카메라부는 촬상부, strobe, 렌즈구동의 모터 제어부로 구성되어 있다. 외부 메모리로서 SD(Secure Digital Memory Card), MMC(Multi Media Card), CF(Compact Flash) 등의 인터페이스를 지원하고 있다. 프린터와의 인터페이스를 위해서 USB2.0 호스트도 지원하고 있다.

2.6.3 촬상 기능

최근에는 CCD(Charge Coupled Device) 소자가, 고해상도 전력절약의 입장에서 CMOS (Complimentary Metal Oxide semiconductor) 소자로 바뀌고 있다.

CCD 소자는 전용의 프로세스로 생산된다. 또한, 구동에는 드라이버 IC 가 필요하고 CMOS 보다 하드웨어가 많이 필요하다. CCD 는 아날로그 데이터를 수중에 넣어, MPU 로 디지털화한다. 이 때문에 좋은 화질 만들기가 가능하다. CMOS 는 디지털이 된 데이터를 취득하기 위하여 회로의 노이즈를 신경 쓸 필요도 없고, 또한 MOS 계 반도체 기술을 사용할 수 있어, 소형화를 이룰 수 있다. CCD(12V 1 15V)보다 CMOS(3V) 쪽이 저전압으로 전력절약(약 1/5) 설계, 고집적화가 쉽다. CCD 에서는 강한 빛 아래에서 세로의 줄무늬가 나오는 스미어(Smear)라고 하는 현상이 발생한다. 스미어는 데이터의 전송 중에 CCD 를 구성하고 있는 포토 센서에 강한 빛에 쐬이면 세로의 줄무늬가 생기는 현상이다.

CMOS 에는 암시 노이즈, 수직근 노이즈, 동체 폐해라고 하는 약점이 있다. 암시 노이즈는 어둠에서의 사진으로 노이즈가 발생한다. 이것은 소자에서의 리크 전류가 원인으로, 전압의 높은 CCD 에서는 리크 전류가 나오기 어려운 구조가 되어 있다. 수직근 노즈는 소자가 빛을 받아 전압으로 변환할 때에 노이즈가 나오는 현상으로, 화소수가 증가하는 곳의 노이즈가 증대한다. 동체 폐해는 소자의 데이터를 읽어내는 시간 내에 피사체가 움직이는 것으로 흔들림이 나오는 것이다. 이것은 읽는 속도를 고속으로 하는 것으로 해결할 수 있다.

제품화하려면 카메라의 촬상부, 렌즈 등의 디바이스에 의한 화질의 차이의 특징을 인식하고 색의 조정을 실행할 필요가 있다. 또한 색에 대한 기호는 인종과 문화에 따라서 다르다. 따라서 디지털카메라를 세계에서 판매하는 경우에는 색 조정 기능에 큰 변경이 필요하게 된다.

Ergonomics Design

인간공학에서 생각된 디자인이다. 인간이 사용하기 쉽게 설계한다. 인간이 손대는 것에 많이 적용되고 있다. 「피곤하지 않다」「착용감이 있다」 등을 목적으로 하여 디자인되고 있다.

유니버설 디자인(Universal Design)

유니버설 디자인의 제창자는 노스캐롤라이나 주립 대학의 로날드・메이스 이다. 구별 없이 많은 사람이 이용할 수 있게 하기 위해서, 제품, 건물, 공간을 디자인하는 것으로 정의되고 있다. 직감적으로 이용할 수 있는 일러스트 중심의 매뉴얼 등도 하나의 예이다.

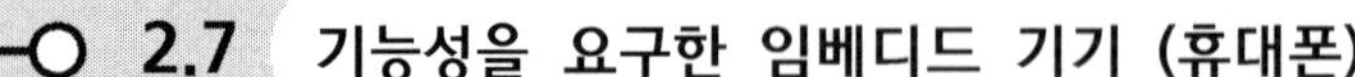

2.7 기능성을 요구한 임베디드 기기 (휴대폰)

휴대폰은 급속한 보급에 의하여 종래의 통화를 중심으로 한 기능에서 멀티미디어를 의식한 기능으로 바뀌어 왔다. 1979 년에 자동차 전화가 발매된 이래, 소형화, 경량화와 요금의 저가격화가 진행되었다. 1987 년에 아날로그 방식의 휴대폰이 750g으로 출시되었지만, 1996 년에 디지털 전화가 출시되었을 때에는 100g의 중량이 되었다. 음성뿐만 아니라, 데이터의 통신이 가능하게 되어, 다양한 콘텐츠가 보급과 새로운 비즈니스도 태어나고 있다. 음악 다운로드, 영화 다운로드 등, 멀티미디어화가 진행되고 있다.

휴대폰의 개발에서는
① 전력절약
② 리스폰스가 좋은 조작성
③ 시큐리티
④ 신뢰성
⑤ 소형화, 경량화
등, 몇 개의 과제가 있다.

이 절에서는 노이즈, 소리의 디지털화에 있어서의 표준, 전력절약 설계, 어플리케이션 프로세서, 코프로세서, 가속기, 개발의 흐름에 대하여 설명한다.

2.7.1 인프라의 변화

휴대폰의 세계에서는 GSM(Global System For Mobile Communications) 방식이 큰 시장점유를 하였지만, 사용자의 급속한 증가로 주파수의 유효 이용이 불가결하여, GPRS(General Packet Radio Service)등이 새로운 고속 데이터 통신도 가능한 방식, 혹은 노이즈에 강하게 멀티미디어까지 대응할 수 있는 CDMA(Code Division Multiple Access) 방식의 휴대폰이 시장에 투입되게 되었다.

GSM 의 보급은 아키텍처의 표준화로 진행되어, 반도체 세트와 소프트웨어를 구입하여 케이스에 넣으면 휴대폰을 만들 수 있는 플라모델적인 수준까지 표준화가 진행되고 있다.

CDMA 는 비화성이 높고, 주파수의 유효 활용을 할 수 있는 방식이다. 반도체 메이커의 전략으로서는 GSM 과 같이 반도체 세트와 소프트웨어를 공급하여 누구라도 개발할 수 있도록 하는 것을 목표로 하고 있다. 그러나 멀티미디어 대응은 고기능으로 지원하는 것이 조금은 뒤쳐진 상태이다. 각 메이커는 통신의 부분과 어플리케이션의 부분을 다른 MPU 로 처리하거나(어플리케이션 프로세서 방식), 부족한 능력을 복수의 MPU 로 처리하거나(코프로세서 방식), 전용의 하드웨어를 내장하여 처리하거나(가속기 방식) 하여 차별화된 제품을 시장에 내놓고 있다.

시장에서는 PDC(Personal Digital Cellular), PHS(Personal Handy Phone System)등 독특한 시스템이 도입되었다. 최근에는 제3세대라고 하는 CDMA2000 1Xev-Do W-CDMA 에 대응한, 메일, 인터넷, 멀티미디어 기능을 갖추는 휴대폰이 시장에 투입되고 있다.

2.7.2 휴대폰의 기능

본래, 전화이므로 통화기능은 필수이다. 통화기능은 모든 기능보다 우선하여 실현되고 있다. 즉, 어떤 일을 하고 있어도 전화가 걸려오면, 걸려 온 것을 사용자에게 알리는 것이 절대적이다. 최근에는 메일도 이에 준하는 중요한 기능이 되고 있다. 미국에서는 긴급 전화에 대해서 전화를 건 장소를 알려주는 기능도 포함되어 있다. 이것은 GPS(Global Positioning System)를 이용하여 경도 위도를 통화와 동시에 알리는 기능이다.

최근에는 스마트 폰으로서 멀티미디어의 기능이 포함되어 디지털카메라, 화상 전화, MP3 player, 동영상, 바코드 리더, 게임, JAVA, BREW, 인터넷 카메라, 라디오, TV 시청 등 다양한 기능이 제공되고 있다.

2.7.3 휴대폰의 하드웨어 구성

[그림 2.7.1]은 휴대폰의 블럭 다이어그램이다. 이것은 CDMA 와 GSM 의 2가지 방식을 가진 휴대폰이다. 5개의 반도체로 구성되어 전원부, 안테나부, 통신의 베이스밴드부의 3개로 구성되어 있다. ARM 프로세서와 통신 부분에 대응한 DSP, MPEG, 2D · 3D 그래픽, 소리에 대응하는 DSP, 가속기, 카메라 대응의 DSP, 또한 주변기기의 인터페이스로서 SD 카드 인터페이스, USB 인터페이스 등이, 하나의 반도체에 구축되어 있다.

휴대폰은 어떠한 요인으로도 기능이 동작하지 않는 것은 허용되지 않는 제품이다. 때로는 인명과 관계되는 일도 있어, 메이커 측이나, 통신회사 측은 이러한 일이 없게 장시간에 걸치는 내구성 테스트, 신뢰성 평가, 필드 테스트를 하는데 막대한 비용을 들이고 있다.

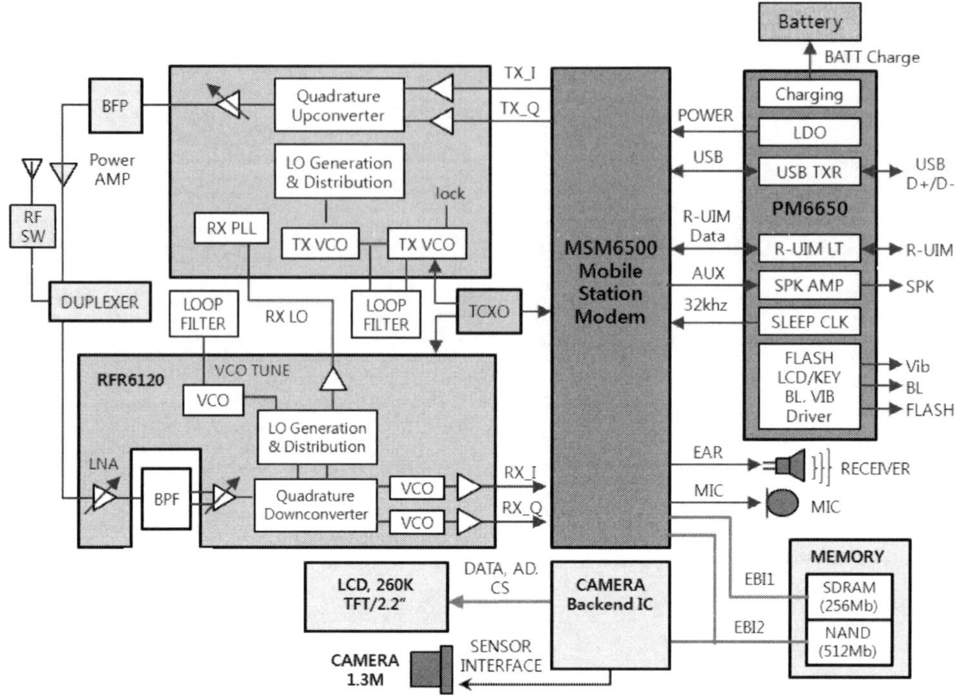

[그림 2.7.1] 휴대폰의 블럭 다이어그램의 예

2.7.4 노이즈

휴대폰은 전파를 취급하는 제품이며, 노이즈는 그 성능을 크게 좌우한다. 노이즈의 발생에는 기판의 배선, 안테나의 위치, 표시 기기와의 관련, 관체 등의 요소가 복잡하게 관여하고 있다. 이 때문에 실기에서의 최종 검증이 필요하게 되어, 귀찮은 것이다.

노이즈란, 바람직하지 않은 펄스든지 주파수를 말한다. 예를 들면, LCD 의 표시를 고속으로 실행하기 위해서는 표시 내용을 LCD 의 드라이버에 고속으로 전송 하는 것이 필요하다. 이 전송이 고속으로 되면 동영상도 예쁘게 표시할 수 있다. 그러나 부품 중에서 차지하는 면적의 큰 LCD에 고속의 주파수로 데이터 전송 하면, 버스를 통과하는 데이터에 의하여 제품 내부에 큰 노이즈가 발생하고, 가끔 오동작의 요인이 되는 일이 있다. 특히 휴대폰과 같이 전파를 취급하는 제품에서는 이러한 노이즈 발생원과 안테나를 얼마나 멀리 배치할 지가 포인트가 된다. 또한, 노이즈를 싫어하는 기기에 영향을 주지 않게 노이즈 발생원의 기기를 소프트웨어로 제어하는 일도 필요한 경우가 있다. 노이즈가 제품의 외부로 나오는 경우는 인체에의 영향도 걱정된다. 건강을 해친다는 이유로 노이즈가 외부로 나오지 않게 대책을 실행하는 것이 의무화 되고 있다.

2.7.5 음의 디지털화에 있어서의 표준

소리 데이터를 입력, 재생, 저장, 활용의 면에서 정리하면 [표 2.7.1]과 같이 된다. 각각, 데이터의 압축율, 음질 등에 차이가 있어, 용도에 의한 사용구분이 필요하다.

[표 2.7.1] 음의 데이터 형식

	기능 개요	필요한 체크 포인트	규격
입력	마이크에서의 입력	소리는 아날로그의 데이터이기 때문에 디지털화할 필요가 있다.	AD 컨버터
	DVD 등의 컨텐츠에서의 입력	디지털로 표준화 된 형태를 취급한다.	PCM ADPCM MP3 AAC MIDI SMAF
	통신기기에서의 입력	아날로그 전화에서는 소리는 아날로그로 전송된다. 휴대폰에서는 디지털로 전송되고 있다	QCELP CELP G. 711
재생	스피커 출력	디지털로 내장되고 있는 데이터를 아날로그화 한다.	DA 컨버터
	컨텐츠 출력	디지털의 형태에 따른 출력	재생 엔진
저장	파일 출력	포맷하여 파일에 출력	표준 포맷, 독자 포맷으로 내장
활용	인식	인식 엔진과의 제휴. 단어 한정, 말하는 사람 한정 등	—
	합성	소리 데이터의 재생	—

2.7.6 전원 절약설계

모바일 제품에 대하여 전원의 문제는 크다. 예를 들면, 휴대폰에서는 빈번하게 전파상태 감시와 기지국과의 통신을 실행하기 때문에 전력소비가 커진다. 따라서 전력을 사용하지 않는 연구가 필요하다[그림 2.7.2].

전력절약 설계란, 사용하지 않을 때에 전원을 끄는 것이며, 휴대폰에서는 내부 MPU 의 클럭을 다이나믹하게 변화시켜, 필요시 최저한의 능력으로 처리하는 노력을 하고 있다. 또한, 모든 처리가 종료하면, MPU 는 즉석에서 대기상태로 옮겨, 소비전력을 저하시킨다. 한층 더 시간이 흐르면 휴지(Sleeve) 상태에 들어간다. 최종적으로는 전원차단 상태가 된다. MPU 의 전원차단까지 이행 시에 표시가 필요한 경우는 전력소비가 적은 LCD 컨트롤러만을 움직여 표시를 한다. 또한, 소비전력의 큰 백라이트 등의 조도를 낮게 하고 몇 분 후에는 소등한다.

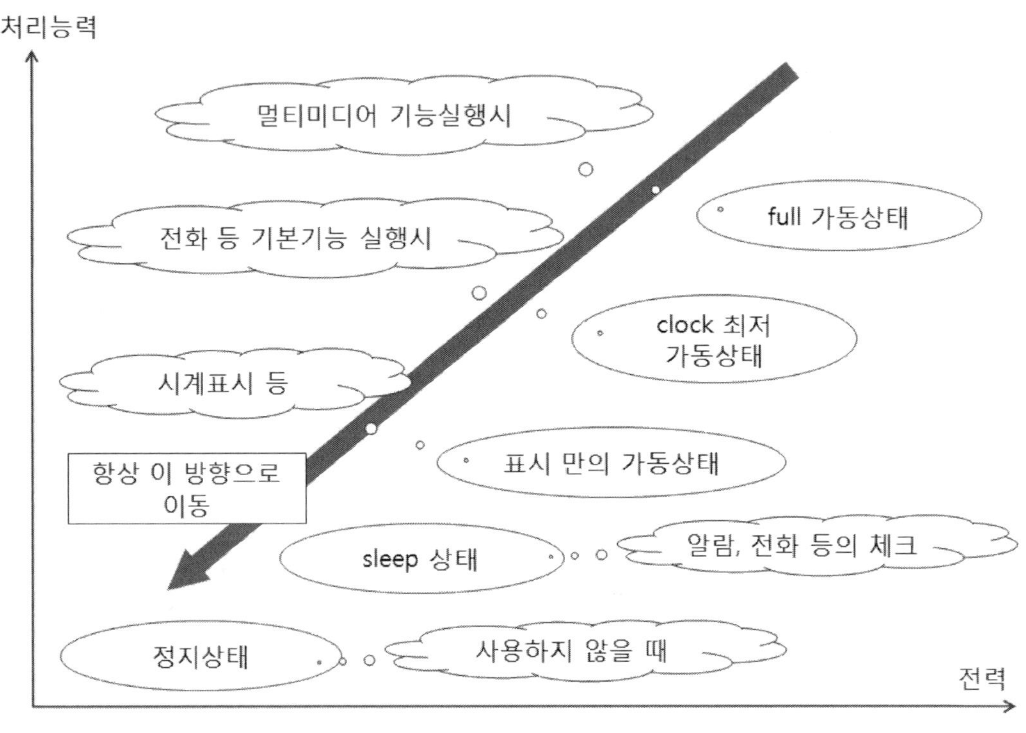

[그림 2.7.2] 전력절약 상태

이러한 상태전이로 전력절약 설계를 실행하지만, 하드웨어에서는 각각의 상태로 리크전류(Current Leakage)가 발생하는 경우가 있다. 리크 전류는 본래 흘러선 안 되는 누출되는 전류이지만, 고집적의 개발에서는 설계 시부터 검토 항목에 넣을 필요가 있다. 시작 시에 전력의 소비 상황을 자주 체크하여, 전력절약 대비책을 취하지 않으면, 연속 가동 시간에 크게 영향을 준다.

이러한 기능을 효율적으로 실현되기 위해서 휴대폰에서는 전원 제어용으로 특수한 하드웨어나 작은 전력절약 타입의 MPU 를 사용하고 정기적으로 본체를 기동하여 환경 체크를 하는 경우도 있다. 정기적인 상황 체크 중에 전화, 메일이 있을 경우에도 사용자의 요구가 있으면 시스템 전체를 기동하여 사용할 수 있는 상태로 한다.

MPU 를 이느 정도의 클럭으로 기동할 까는 어플리케이션에 의존한다. 통화기능뿐이라면, LCD 의 전원을 넣어 MPU 는 통신에 필요한 최소한의 성능으로 시작할 수 있다. 아무것도 동작이 되지 않는 상태가 계속되면 LCD 의 백라이트가 사라져 마침내 전원차단까지 이행된다. 또한 멀티미디어 등의 MPU 성능이 요구되는 경우는 DSP 나 MPU 의 처리 능력을 최대로 한다. MPU 의 클럭을 몇 개로 하여 시작할지는 처리의 내용에 따른다. 일반적으로는 고속 클럭을 사용하고 단시간에 처리를 끝내는 편이 전력소비는 적지만, 구체적인 예를 자주 검토하는 것이 필요하다.

소형화

임베디드 기기에 대해서 소형화가 중요한 요인이 되어 있다. 휴대폰 등에서는 용량과 무게가 고객의 구입 판단의 한 요인이 되고 있다. 소형화를 실현하기 위해서 3 차원의 CAD 시스템이 사용되고 있다. 최근의 3 차원 CAD에서는 기판, 보강판, 쉴드(shield)판 등, 실제의 부품 정보와 조립 정보를 넣으면, 최종 제품의 용량이나 무게를 컴퓨터 상에서 체크할 수 있다. 동시에 강도 계산도 할 수 있어 다양한 방향에서의 응력에 대해서, 강도적인 문제가 없는지 사전에 체크할 수 있다.

열

부품의 동작환경은 부품 메이커에 의하여 규정되고 있다. 자동차용의 제품에서는 한 여름의 더운 날씨에 주차된 차내는 80도 정도까지 되고, 한겨울에는 -30도, -40도가 될 수도 있다. 사람이 타는 것이기 때문에 -10도~ 40도에서 동작하면 좋다고 생각되지만, 동작환경이 벗어나 있어도 조작은 된다. 이러한 경우, 하드웨어는 폭주하는 경우가 있어, 재현하기 어려운 트러블이 발생하는 일도 있다.

정 리

임베디드 기기에서는 소프트웨어와 하드웨어, 그보다도 사용자 요구에 대한 검토가 중요하다. 균형 잡힌 가격, 성능으로 제품의 개발을 진행시키는 것이 비즈니스를 성공시키는 포인트이다. 이 장에서는 다음의 내용에 대하여 설명하였다.

1) 기초지식

① 일의 진척되는 페이스에 맞추어 반도체나, 제품이 다른 정보를 수집하는 것으로, 원활히 일을 진행시킨다.

② 하드웨어의 실장에 적절한 반도체 패키지의 종류가 있다.

③ 메모리의 종류를 사용구분에 따라 제품의 특성에 맞는 것을 개발한다.

2) 특정용도 전용프로세서

DSP, GPU 등이 특수한 반도체를 사용하여 고성능인 임베디드 기기가 만들어지고 있다. 또한, 그 사용 용도에 따라서 채택할 때는 임베디드 기기의 아키텍처를 고려해야 한다.

3) 소형화 기술

FPGA 나, SoC 기술에 의하여 소형화가 실현될 수 있다. 또한, 개발 언어가 진행되고 있어 사전의 시뮬레이터로 개발기간의 단축도 가능하게 되었다.

4) 단순한 임베디드 기기(리모콘)

① 소프트웨어로 하드웨어의 체터링 등의 현상을 대비하고 있다.

② 사용하는 전지의 종류와 그 특성, 주의사항을 알고 나서 개발하는 것이 필요하다.

5) 입출력이 있는 임베디드 기기(PDA)

표준을 활용하는 것으로 경제적인 개발이 가능하다.

6) 특정기능이 필요한 임베디드 기기(디지털카메라)

인간의 감성에 호소하는 제품에서는 숙련된 기술의 조정 등이 필요하다. 그것을 실현하기 위해서 소자의 개발, 성능 향상 등 기술 혁신도 필요하다.

7) 휴대성을 추구한 임베디드 기기(휴대폰)

휴대폰의 인프라와 멀티미디어의 대응에는 대규모 소프트웨어 개발이 필요하고 고신뢰성 개발의 기술이 필요하다.

최근의 개발기법으로서 벌써 시장에서 신뢰성을 거둔 모듈(소프트웨어, 하드웨어)을 조합하여 제품 개발을 실행하고 개발기간의 단축과 개발비의 절감, 또한 신뢰성 높은 제품을 만드는 방향으로 나가고 있다. 경쟁의 핵심(Core Competence)이 되는 기술은 자사에서 개발하며 경쟁력을 확보하고 있다. 제품의 부가가치와 신뢰성은 스스로 만드는 것이다. 경험을 많이 쌓고, 평소부터 정보를 수집하여 좋은 제품을 만드는 노력을 하여야 한다. 현재 입장에서 하드웨어의 성능 향상이 현저하여 2년 앞의 예측과 논의는 할 수 있어도 5년 앞의 예측은 사용자에게 약속할 수 없는 것이다. 한편, 임베디드 기기의 라이프 사이클을 생각하면, 5년, 10년을 보장하는 것도 드물지 않다. 하드웨어의 선정, 소프트웨어의 계승·재이용에는 주의를 기울일 필요가 있다.

소프트웨어 기초지식

이 장에서는 리얼타임 OS 에 관한 지식을 습득하기 이전에 필요한 ROM 화, 전력절약, 인터럽트, 프로그래밍 등의 임베디드 소프트웨어의 기초지식을 설명한다. ROM 화에 관해서는 섹션과 주소이 전을 중심으로 설명한다. 또한, 인터럽트에 관해서는 구조의 개요를 설명하고 그것의 사용법이나 장점을 설명한다.

인터럽트는 리얼타임 시스템 구축을 위해서 하드웨어가 제공하는 필수기능이다. RTOS는 인터럽트 기능을 이용하고 리얼타임 시스템을 구축하기 위한 구조를 제공한다. 이 장에서는 인터럽트와 리 얼타임 기능의 관계를, 예를 들어서 신중하게 설명한다. 리얼타임 시스템은 복수의 실행 단위(태스 크)가, 동시에 처리를 실행시키는 멀티프로그래밍을 전제로 한다. 멀티프로그래밍의 필수 지식으로 서 Re-Entrant 루틴의 작성과 배타제어에 관하여 설명한다.

3. 1 프로그램 실행환경의 작성

소프트웨어의 관점에서 본 메모리의 종류나 사용법, 임베디드 소프트웨어 특유의 원링크 모듈과 복수의 링크모듈을 실행시키기 위한 로더기능 등을 설명한다.

3. 2 섹션과 주소이전

프로그램을 ROM 화하기 위해서는, 프로그램을 구성하는 섹션에 관한 지식이 필수적이다. 여기에서는, 섹션의 의미나 다루는 방법인 "주소이전"을 위해서, 컴파일러, 링커, 로더가 수행하는 기능을 설명한다. 그 관점에서, MMU 의 간단한 설명도 한다.

3. 3 파워 관리기능

컴퓨터의 파워 관리기능은 컴퓨터시스템의 전력소비를 적게 하기 위한 기능이다. 전력절약 기능의 개요를 간단하게 설명한다.

3. 4 인터럽트 기능의 이용

인터럽트 기능에 대하여 간단하게 정리하고, 문맥의 독립성과 쓸데없는 폴링 루프를 배제하는 것에 의한, 빈 시간의 유효한 이용에 대하여 설명한다. RTOS 기능의 본질을 이해하기 위한 입문과정이다.

3. 5 리얼타임 프로그래밍의 기초지식

대부분의 경우 임베디드 소프트웨어가 리얼타임 시스템인 것은 설명했다. 여기에서는, 리얼타임 시스템을 구축하기 위한 필수의 기초지식인 배타제어와 Re-Entrant 루틴에 대하여 설명한다.

3.1 프로그램 실행환경의 작성

임베디드 소프트웨어는 개발-뷰의 레이어모델 상층에 속하고 실행환경에 의존하지 않는 소프트웨어의 개발도 아니지만, 항상 실행시의 환경을 고려할 필요가 있다. 범용계의 어플리케이션 개발이라면, 실행시의 환경을 그다지 고려하지 않고, 개발환경이 제공하는 기능에 의존하여 프로그램 개발을 실행할 수 있다. 이 점에서, 임베디드 소프트웨어 개발은 범용계와는 크게 다르다. 여기에서는 ROM 이라고 하는 실행환경을 전제로 하는데 필요한 지식을 설명한다.

3.1.1 ROM · RAM의 사용법

임베디드 소프트웨어의 개발에 있어서, 우선 고려하여야 하는 것은 프로그램을 실행하는 메모리 구성이다. PC 등 범용계의 어플리케이션 개발에서는 실행환경에 관해서 많은 지식이 요구될 것은 없다. 프로그램을 실행시킬 즈음하여 필요한 처리는 컴파일러나 링커, 혹은 OS가 모두 실행하여 준다. 그들이 프로그램에 어떠한 처치를 실행하고 있을 지에 관하여서 깊게 알 필요는 없다.

그런데 임베디드 시스템에서는 그렇지 않다. 프로그램의 실행환경을 정리하는 작업도 소프트웨어 설계자가 생각해야만 한다. 그 뿐만 아니라, 거기에 앞서, 원래 임베디드 기기의 쓰여지는 방법이나 임베디드 소프트웨어 갱신 방법 등의 요구에 따라서 어떠한 메모리 구성이 필요할지도 검토하여야만 한다. 현실에는 하드웨어 설계상의 문제나 메모리의 가격에 의하여 메모리 구성이 결정되는 것이 많다. 그러나 소프트웨어의 관점에서 어떠한 메모리의 종류가 있고, 대상인 하드웨어는 어떠한 메모리 구성을 취하고 있을 지를 알아 두지 않으면, 소프트웨어 설계는 할 수 없다.

임베디드 소프트웨어는 ROM 화 되어 공급되는 것이 많다. ROM 을 소프트웨어가 이용하는 관점에서 크게 나누면, [그림 3.1.1]과 같이 2 종류로 크게 나눌 수 있다. 프로그램으로 고쳐 쓸 수 없는 타입과 그것이 가능한 타입이다. 고쳐 쓰고 할 수 없는 타입은 임베디드 시스템의 제조 시에 정보를 기록하면 두 번 다시 고쳐 쓸 수 없는 마스크 ROM(Mask ROM)으로 대표되는 ROM 이다. 자외선을 쐬이는 것에 의하여 다시 정보를 기록할 수 있는 소거 가능 ROM(Erasable ROM)등도 존재하지만, 소프트웨어에서 보면 같은 종류로 분류할 수 있다. 특별한 환경에서 조작하지 않는 한, 갱신을 할 수 없는 타입이다.

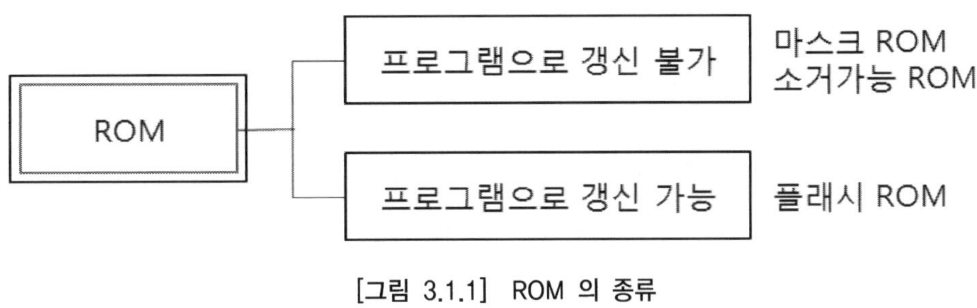

[그림 3.1.1] ROM 의 종류

또 하나는 프로그램의 커맨드에 의하여 내용을 고쳐 쓰는 것이 가능한 플래시 ROM(Flash ROM)이다. 다만, 프로그램에 의하여 고쳐 쓸 수 있다고는 말하여도 RAM 을 고쳐 쓰지는 않는다. 어느 블럭단위로, 특별한 입출력 커맨드를 실행하는 것에 의하여 그 블럭의 데이터 모든 것이 교체된다. 말하자면, 외부 기억장치의 섹터를 고쳐 쓰는 조작으로 ROM 을 고쳐 쓴다. 갱신 가능한 이외에는 플래시 ROM 도 ROM 으로서 기능하고 플래시 ROM 상의 프로그램도 실행할 수 있지만, 일반적으로 마스크 ROM 등에 비교하여 액세스 스피드는 늦다. 프로그램 수정에는 플래시 ROM 이 편리하고, 프로그램의 버전 변경 등의 유지보수가 필요한 기기에는 플래시 ROM 이 사용된다. 최근 플래시 ROM 을 사용하는 임베디드 시스템이 많아지고 있다.

　이러한 ROM 을 어떻게 이용할지는 소프트웨어 설계의 과제이다. 일반적인 사용법으로서 [그림 3.1.2]와 같이 2개의 사용법이 있다. 한개는 ROM 을 외부 기억장치와 같이 생각하여 파일의 일부(ROM 파일)로서 취급하는 방법이다. 이 경우, ROM 에 기억된 프로그램은 RAM 에 전송하여 실행된다. 이 방법에서는 범용계의 외부 기억장치에서 메모리에 읽어 들여 프로그램을 실행하는 것과 같은 방법을 채용할 수 있다. 플래시 ROM 은 이와 같이 사용되는 일도 많다. 다른 사용법은 프로그램이나 데이터를 ROM 에 기록되어 있는 상태로 실행·참조하는 방법이다. 이 경우는 프로그램은 실행할 수 있는 상태로 ROM 에 기록되어 있을 필요가 있다. 범용계에서는 알 필요도 없는 것이지만, 실은 프로그램의 링크 후 상태와 실행할 수 있는 상태에는 차이가 있다. 이것에 대해서는 다음 절에서 상세하게 설명한다.

　한편, RAM 에도 몇 개의 종류가 있다. 대용량으로 프로그램 실행 등에 사용되는 RAM 에는 DRAM(Dynamic RAM)이 사용되는 것이 많다. DRAM 은 주전원이 공급되고 있는 경우만 기억이 계속되어, 주전원이 끊어지면 기억하고 있던 내용은 소실한다.

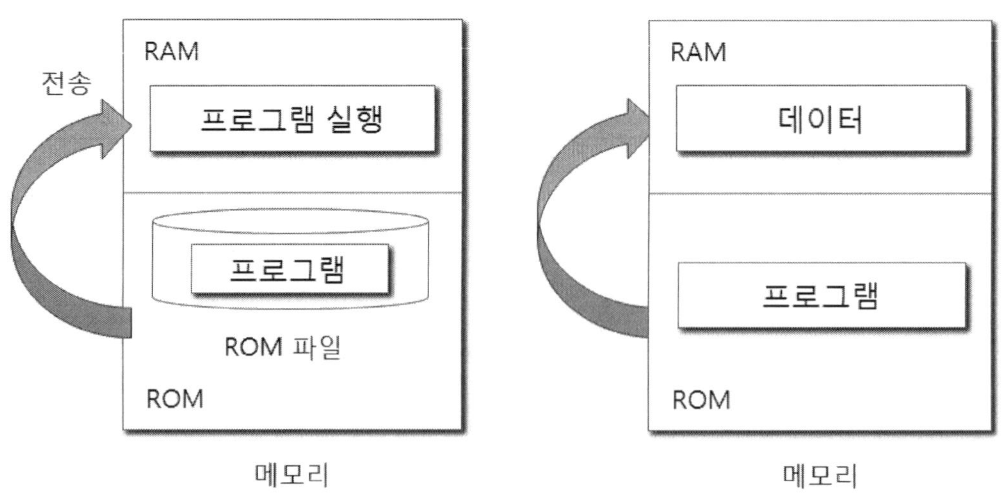

[그림 3.1.2]　ROM 의 사용법

고쳐 쓸 수 있었던 내용을 보관 유지하고 다음번의 실행 시에 그것을 참조하고 싶은 경우도 자주 있다. 예를 들면 주소록의 기억, 기능 지시, 어느 처리의 일자나 시점의 기억 등은 자주 발생하는 요구이다. 그러한 목적의 RAM 에는 주전원이 끊어져도 배터리나 건전지로 기억이 계속되는 SRAM(Static RAM)이 사용된다. 전지의 소비량의 문제에서 SRAM 은 DRAM 에 비하여 소 용량 밖에 장착할 수 없다.

메모리를 구성하는 ROM 이나 RAM 은 [그림 3.1.3]과 같이 프로그램에서 보면 주소의 차이뿐이다. MPU 의 로드/스토어 등의 명령으로, 메모리를 읽고 쓰기 하지만, 대상이 되는 주소에 어떠한 메모리가 배치되고 있을지도, 정보를 기록할 수 있거나 기록할 수 없기도 하고, 기억의 길이가 정해지거나 하는 것이다.

3.1.2 원링크모듈

임베디드 시스템의 프로그램의 가장 심플한 실행환경은 [그림 3.1.4]와 같이 컴파일 된 복수의 오브젝트모듈(Object Module)을 한 개의 실행형식 모듈(Executable Module)로서 작성하는 것이다. 그것을 원링크모듈(One Link Module, 단일링크모듈)이라고 부른다. 원링크모듈은 [그림 3.1.5]와 같이 ROM과 RAM에 배치되어 실행에 옮겨진다. 원링크모듈은 프로그램 사이즈의 크기에 관계없이, 임베디드 소프트웨어에서는 많이 이용되고 있다.

전원이 투입되면, 전원 ON 의 인터럽트가 발생한다. 어떠한 MPU 에서도 이 인터럽트로 처리가 개시된다. 이 시점에서는 RAM 의 내용은 정해져 있지 않으며, 변수의 초기값 등은 RAM 으로 설정되어 있지 않다.

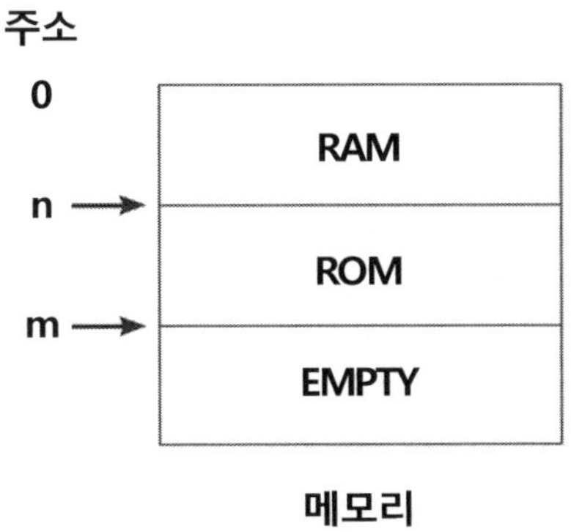

[그림 3.1.3] 주소에 의한 구분

　범용계의 프로그램에서도 링크된 프로그램에는 개발자가 코딩한 부분 이외에 프로그램의 실행조건을 정리하기 위해서 OS 나 컴파일러가 준비한 모듈이 부가된다. 이 모듈을 스타트 업 루틴(Start-Up Routine) 이라고 부른다. 예를 들어, 스타트업 루틴은 부동 소수점을 사용 할 준비나 예외처리의 등록 등, 프로그램이 전제로 하는 환경을 만들어내, [그림 3.1.6]과 같이 C 언어의 main( ) 함수를 호출한다. main( ) 함수는 C 언어의 규칙에 따라, 링크모듈 전체로, 한군데 밖에 허용되지 않게 되어 있다.

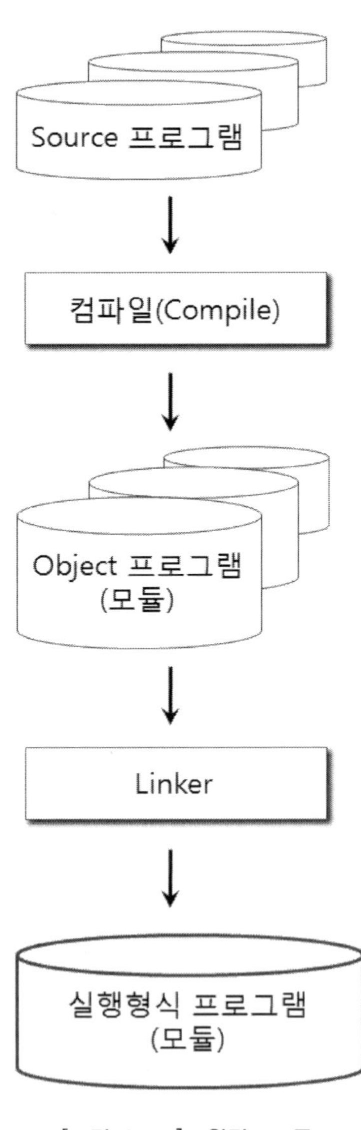

[그림 3.1.4]　원링크모듈

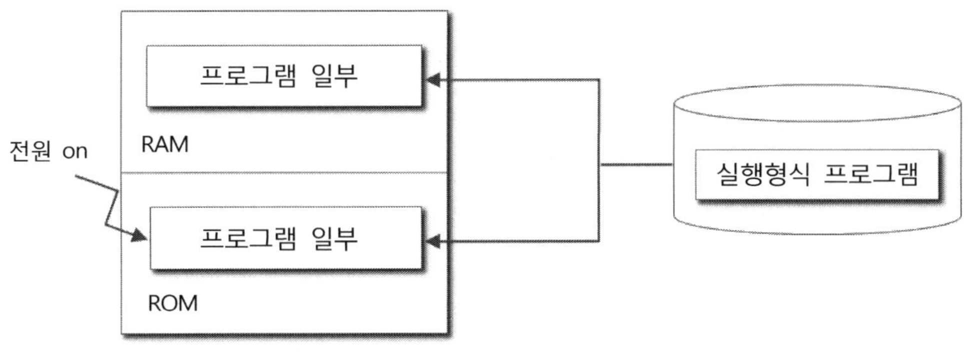

[그림 3.1.5] 원링크모듈의 실행

임베디드 시스템에서는 컴파일러가 준비한 스타트업 루틴을 수정하고 원링크모듈의 실행
환경을 정돈한다. 실행환경에서, 프로그램을 움직일 수 있는 상태로 하는 최대의 과제는 섹
션배치이지만, 그 과제는 다음의 절에서 설명한다. RAM 에 초기값을 설정하는 처리는 섹션
배치의 처리에 의하여 행하다.

범용계의 시스템에서도 이 흐름은 변함없다. 범용계에서는 [그림 3.1.7]과 같이 실행할 수
있었던 프로그램은 RAM 에 읽혀, 스타트업 루틴이 실행된다. 스타트업 루틴은 그 프로그램
의 실행환경을 OS 의 서비스를 받아서 정리한다. 그 후, main ( ) 함수를 호출한다.

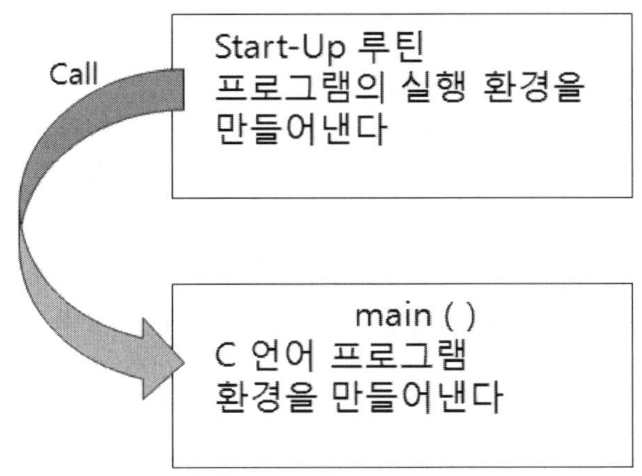

[그림 3.1.6] 스타트업 루틴의 역할

즉, 원링크모듈에서는 범용계의 프로그램 실행환경 정비처리를, 시스템 전체의 실행환경을 정돈하는 구조로 확장하고 있다고 말할 수 있다. 따라서 임베디드 소프트웨어의 경우, 하드웨어의 초기설정이라고 하는 중요한 실행과제도 있다. 하드웨어의 초기설정은 스타트업 루틴 속에서 실행하는 경우도 있으며, 호출된 main ( ) 함수 속에서 실행하는 경우도 있다.

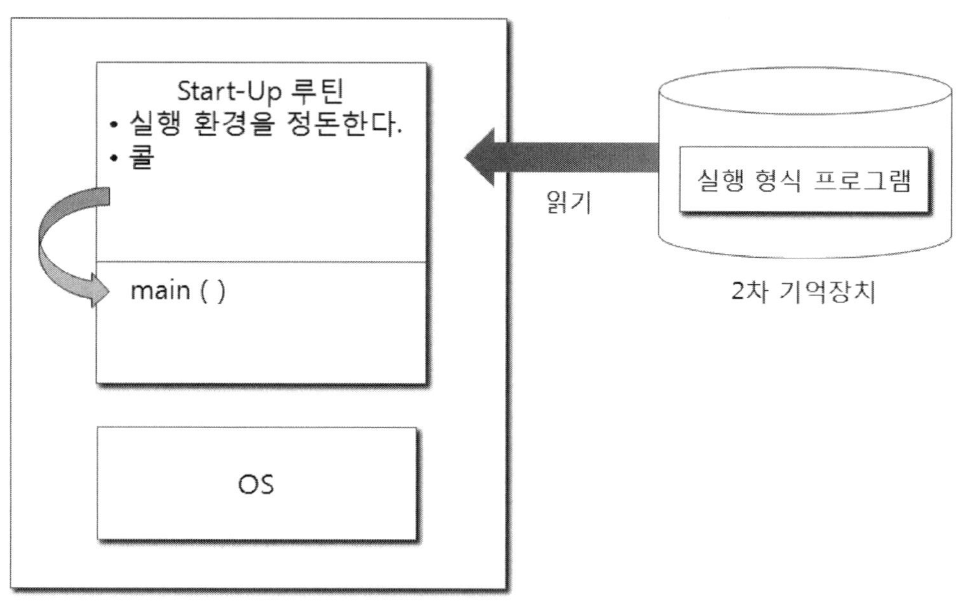

[그림 3.1.7] 범용계의 프로그램 실행

3.1.3 복수의 링크모듈과 로더

임베디드 시스템에서도 모든 것이 원링크모듈로 구성되지 않으면 안 되는 것은 아니다. MMU 의 사용을 전제로 한 고기능 OS 에서는 ROM 영역을 파일로서 이용하고 거기에서 프로그램을 RAM 에 호출하여 실행시키는 기능을 제공하는 경우도 있다. 물론, 외부 기억장치도 이용할 수 있다. 그 경우는 거의 범용계와 변함없는 프로그램 개발기법을 취한다.

또한, 너무 프로그램 용량이 커지는 경우에는 프로그램 수정을 할 때마다, 다른 모듈 전체와 다시 링크하지 않으면 안 되는 원링크모듈에서는 프로그램 개발효율이 너무 나쁘다. 프로그램의 보수성이나 개발효율을 생각하여 [그림 3.1.8]과 같이 전체의 프로그램을 몇 개로 분할하고 복수의 원링크모듈을 작성하는 경우도 있다. 이 경우는 서로의 모듈간에, 공용 심볼(Public Synbol, Global Symbol)의 참조를 어떻게 해결할지가 문제가 된다. 개발 툴의 도움을 빌리거나 메모리상의 주소를 참조하는 등, 참조 문제를 해결하고 있다.

프로그램을 원링크가 아니고, 몇 개의 링크단위로 하면, 링크단위의 각각의 실행환경을 정돈하는 기능이 필요하게 된다. 그러한 기능을 제공하는 모듈을 로더(Loader)라고 부른다. 범용계의 로더는 외부 기억장치에서 RAM 에 프로그램을 전송하여 실행시키는 기능을 제공한다.

그러나 임베디드 시스템에서는 프로그램이 ROM 에 상주하고 있는 것이 많아, 그것을 그대로 RAM 에 전송하여 실행시키는 것은 [그림 3.1.9]와 같이 용량적으로 쓸데 없다. 따라서 갱신되지 않는 코드는 ROM 에서 실행시켜, 데이터 부분만큼을 RAM 에 전송하는 등의 연구를 하게 된다.

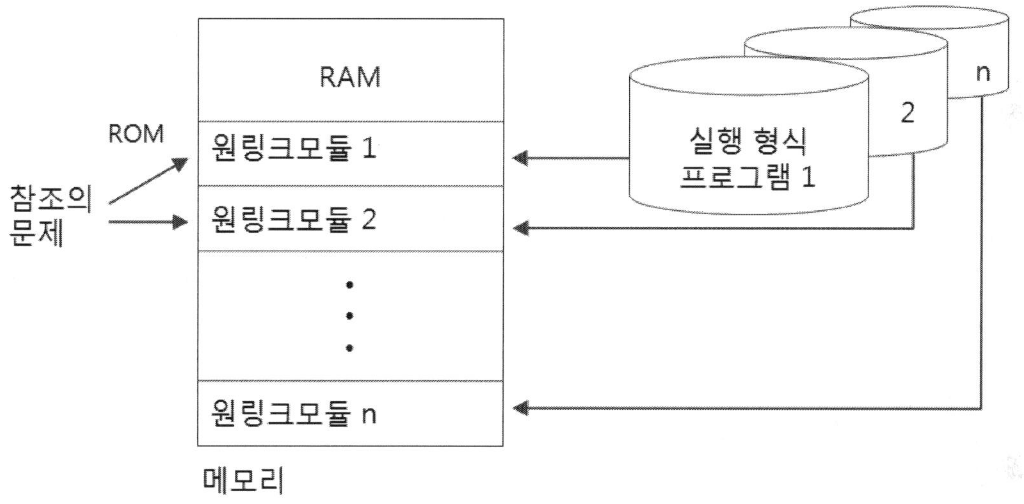

[그림 3.1.8] 복수의 원링크모듈

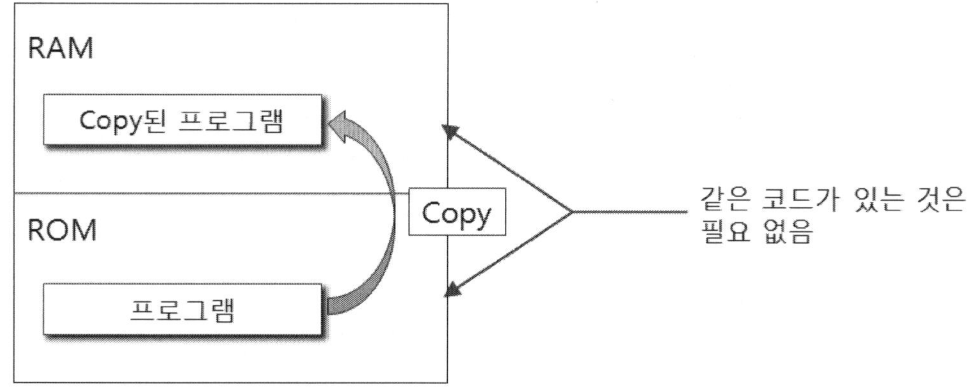

[그림 3.1.9] 프로그램이 이중으로 존재하는 낭비

3.2　섹션과 주소 로케이션

　　프로그램 섹션과 주소이전에 관한 지식은 범용계의 어플리케이션 작성에서는 거의 의식할 필요는 없다. 그러나 임베디드 소프트웨어 개발의 OS 레이어의 프로그램 개발이나 원링크모듈 개발에서는 필수가 되는 지식이다.

　　프로그램을 ROM 화 한다고는 말하여도 데이터 부분을 포함한 모든 것을 ROM 화하여 버리면, 프로그램이 데이터를 고쳐 쓸 수 없게 되어, 프로그램으로서의 역할을 완수할 수 없게 되어 버린다. 그것을 회피하기 위하여 프로그램을 갱신의 필요성, 명령에 의한 데이터 참조의 방법에 따른 속성에 맞추어서 4개의 부분으로 분할하는 것이 보통이다. 이 각 부분을 섹션이라고 부른다. 여기에서는 각 섹션의 속성과 속성에 대응한 메모리 배치에 대하여 설명한다.

　　프로그램은 최종적으로는 [그림 3.2.1]과 같이 변수를 메모리에 할당하고 그 메모리 영역을 조작하도록 번역되어야만 한다. 변수를 메모리 영역에 할당하여 그것을 취급하는 명령에 그 주소를 조작대상으로 하도록 설정하는 것을 주소이전(Address Relocation)이라고 한다.

　　ROM 화 된 섹션을 고쳐 쓸 수는 없다. 따라서 ROM 화 된 섹션의 참조하는 주소에는 그 참조가 의도하는 데이터가 미리 배치되어 있지 않으면 안 된다. ROM 화 프로그램의 경우, 그 배치를 실행하는 것은 스타트업 루틴의 역할이 된다. 그러나 스타트업 루틴이 그 역할을 완수하려면, 배치하는 주소에 관한 정보가 필요하다. 또한, ROM 화 할 수 없는 프로그램에서는 주소이전을 프로그램을 RAM 에 읽어 들일 때에 실행할 수도 있다. 그 편이, RAM 의 사용방법을 유연하게 할 수 있다.

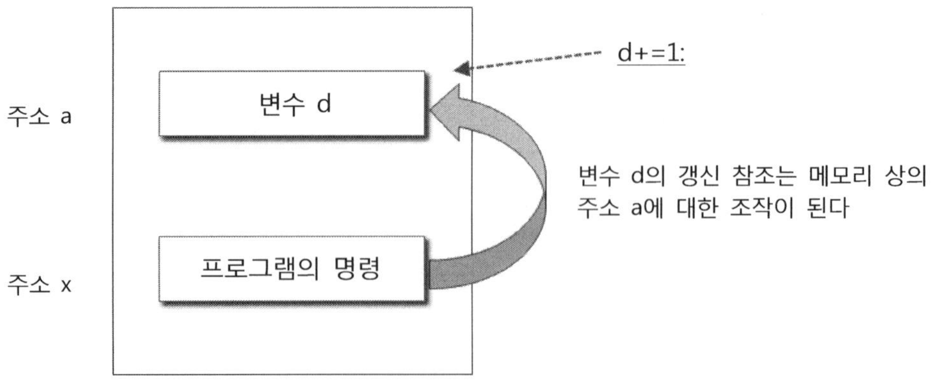

[그림 3.2.1]　메모리상의 변수할당

여기에서는 주소이전이, 어떠한 기능에 의하여 어떻게 행하여지는지를 설명한다. 주소이전에 관련되는 것은 컴파일러, 링커, OS 의 로더기능이다. 임베디드 소프트웨어의 원링크모듈에는 로더기능이 없다. 로더가 바뀌어, 스타트업 루틴이, 로더의 일부의 역할을 수행한다. 섹션과 주소이전에 관한 지식은 프로그램의 ROM 화에는 필수의 지식이다. 동시에 이 지식은 가상기억이나 메모리 보호기능이라고 하는 범용계의 OS의 필수기능에서도 응용되고 있다.

3.2.1 섹션

소스 프로그램에서는 의식할 필요는 없지만, 실행시의 프로그램은 속성이 다른 4개의 부분으로 구성된다. 속성이 다른 부분을 섹션(Section)이라고 부른다. 프로그램은 [그림 3.2.2]와 같이 텍스트, 데이터, BSS, 스택의 섹션으로 구성된다. 각 섹션의 속성은 범용계에서는 MMU 의 속성으로서 이용되지만, 임베디드 소프트웨어에서는 메모리 배치의 속성으로 이용한다.

텍스트(Text) 섹션은 명령만을 모은 섹션이다. 명령은 프로그램 실행에 의하여 변경될 것은 없고, 변경되어선 안 된다. 즉 고쳐 쓸 수 없는 섹션이다. 따라서 이 섹션은 ROM 에 배치할 수가 있어 배치된 장소를 움직이지 않고 실행할 수 있다.

데이터(Data) 섹션에는 초기값을 가진 데이터만이 모아진다. 초기값은 소스프로그램으로 정의되기 때문에 그 내용은 기억되어 있지 않으면 안 된다. 원링크모듈에서는 데이터 섹션은 텍스트와 같이 초기값을 ROM 에 기억하고 있을 필요가 있다. 그러나 텍스트와 달리, 데이터 섹션은 실행 시에는 RAM 에 전송되어 있지 않으면 안 된다. 그렇지 않으면 내용을 고쳐 써 갱신할 수가 없다.

[그림 3.2.2] 섹션

BSS(Block Started By Symbol) 섹션은 초기값을 갖지 않는 데이터의 모임이다. 초기값을 갖지 않기 때문에 개개의 데이터의 실체는 필요 없다. BSS 를 정의하기 위해서 필요한 정보는 BSS 섹션의 개시 주소와 사이즈뿐이다.

스택(Stack) 섹션은 필요에 따라서 확장·감소되는 영역이다. 스택 섹션 내의 데이터는 스택 포인터(Stack Pointer, SP)에서의 상대 위치에서만 액세스 한다. 스택 섹션이 확장되는 경우는 [그림 3.2.3]과 같이 SP 가 가리키는 주소를 줄이고 절감하는 경우에는 그것을 증가한다고 하는 단순한 방법으로 분할(Partition)을 한다. C 언어의 오토변수는 이 섹션에 배치된다. [그림 3.2.4]와 같이 함수가 호출되면, 그 함수가 필요로 하는 변수 모든 영역이 확보되어 그 함수 내에서는 스택 포인터(SP)라고 하는 레지스터의 상태로 변수영역을 특정한다. 함수를 빠져 나갈 때, 그 영역은 절감되어 다음에 호출되는 함수에 사용되게 된다. 이러한 사용법을 이용하려는 스택 섹션 내의 변수는 직접 메모리상의 주소로 액세스 되지 않기 때문에 스택 섹션은 최대의 영역 사이즈만 알고 있으면 좋다. RAM 상의 어디에 배치되어도 괜찮다.

이상에서 이해한 것과 같이, 프로그램의 실행환경을 만들어내려면, ROM 상의 프로그램에는 [그림 3.2.5]에 나타내는 정보가 필요하고, 텍스트부의 명령은 섹션배치 다음의 주소를 가리키게 되어야만 한다. 텍스트부의 명령이 조작하는 데이터 섹션과 BSS 섹션 내에 배치되는 변수주소는 그러한 섹션배치 다음의 주소로 되어야만 한다. ROM 은 고쳐 쓰고 할 수 없기 때문에 처음부터 그처럼 되어 있어야 한다.

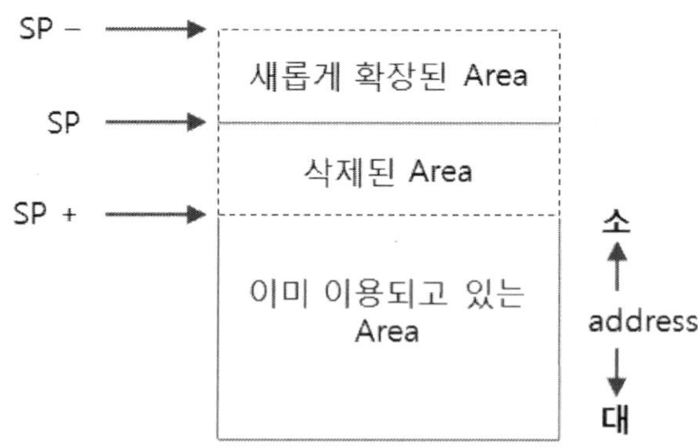

[그림 3.2.3] 스택 섹션과 SP의 값

원링크모듈의 스타트업 루틴이나 로더와 같이 프로그램의 실행환경을 정돈하는 기능을 제공하는 프로그램은 [그림 3.2.5]에 나타낸 것처럼 다음의 섹션배치 처리를 하여야만 한다.

① ROM 상의 데이터 섹션을 지시받고 있는 RAM 주소에 전송 한다.

② ROM 상의 지시에 따라, BSS 섹션에 할당하는 RAM 영역을 제로로 클리어 한다.

③ ROM 상에서 지시받은 영역을 확보할 수 있는 RAM 에리어의 상위 주소를 SP 레지스터에 세트 한다. 이러한 준비를 실행하여야 텍스트부의 프로그램을 실행할 수가 있다. 왜냐하면, main ( )에서 시작되는 프로그램은 환경에 관한 고려의 여지가 없기 때문이다. 환경은 main ( ) 함수의 실행 이전에 정리되어야만 한다.

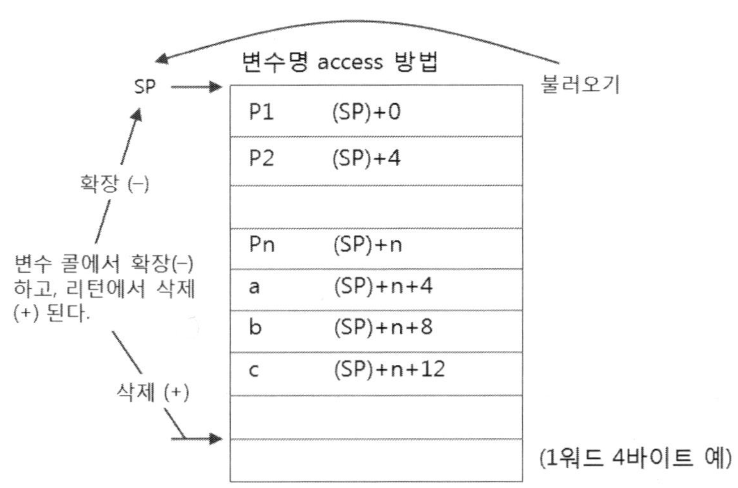

[그림 3.2.4] 스택 내의 변수

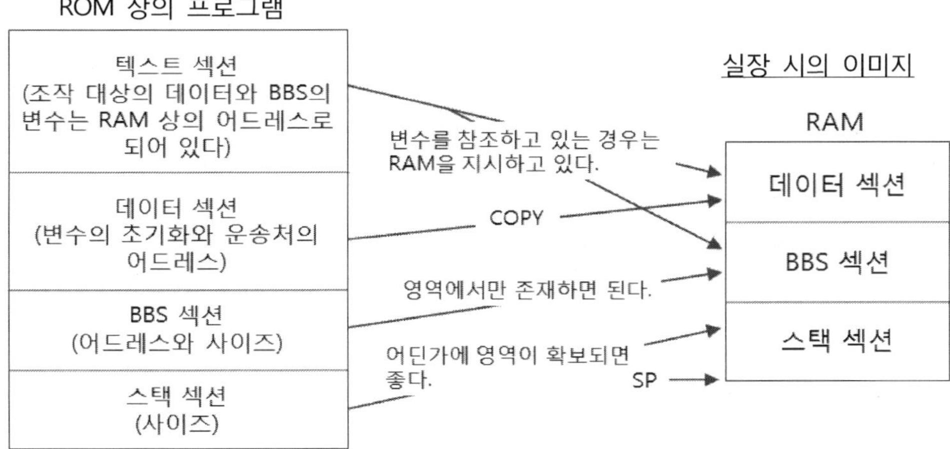

[그림 3.2.5] 섹션 배치

3.2.2 주소이전과 컴파일러 · 링커

임베디드 소프트웨어를 개발하기 위한 컴파일러나 링커의 기능은 범용계의 어플리케이션을 개발하기 위한 것과 크게 다르지 않다. 그 뿐만 아니라, 범용계의 어플리케이션을 개발하기 위한 컴파일러나 링커를 그대로 임베디드 소프트웨어 개발에 사용하는 일도 많다.

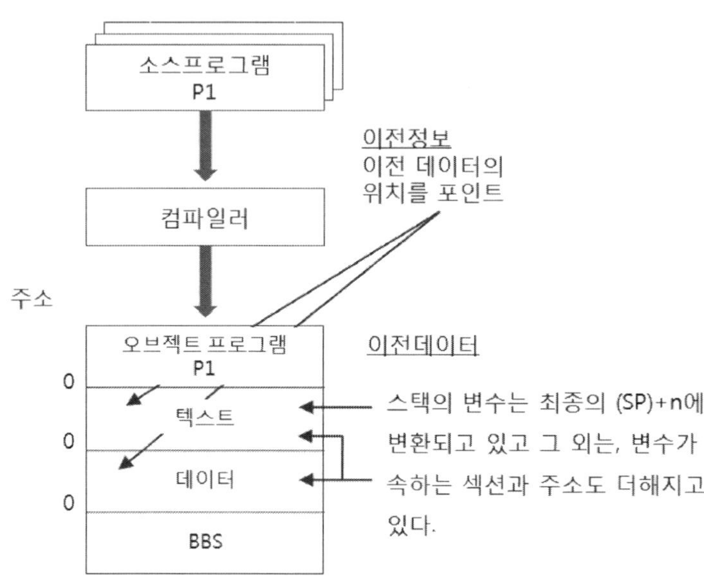

[그림 3.2.6] 오브젝트 형식의 이미지

컴파일러는 소스 프로그램을 해석하고 프로그램의 컴파일 단위에 오브젝트 파일 내에 섹션을 만들어 낸다. 그 때에 [그림 3.2.6]으로 [그림 3.2.7]과 같이 텍스트 내에서, 데이터나 BSS 섹션의 변수를 참조하고 있는 명령에는 조작대상 변수의 섹션과 섹션 내 주소를 기억한다. 스택에 속하는 변수의 참조는 (SP) +n 라고 하는 주소에 변환되어 거기에는 주소이전은 필요 없기 때문에 컴파일로 최종의 명령이 되어 버리고 있다. 텍스트 섹션 내의 명령주소나, 데이터 또는 BSS 섹션 내의 변수주소를 초기값으로 하는 데이터 섹션 내의 데이터도 변수의 섹션과 섹션 내 주소로 변환되고 있다.

이전하여야 할 주소를 기억하고 있는 텍스트나 데이터 내의 위치도 이전대상주소로서 기억되고 있다.

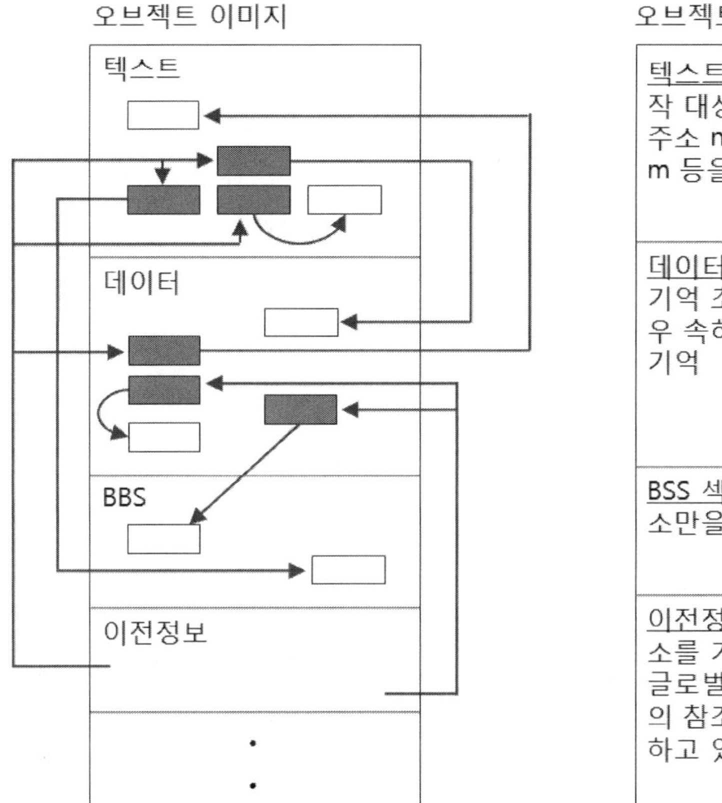

[그림 3.2.7] 오브젝트 형식에 필요한 정보

오브젝트 형식에는 이전에 관한 정보 이외에도 다른 오브젝트에서 참조되는 글로벌변수의 주소나, 반대로 외부의 변수를 참조하고 있는 곳을 기억하고 있다. 그것들은 링커로 외부의 심볼 참조를 해결할 때에 사용되게 된다.

이러한 복수의 오브젝트 파일은 링커에 의하여 [그림 3.2.8]과 같이 한 개의 실행형식 파일에 만들어낼 수 있다. 그 때, 링커는 [그림 3.2.9]와 같이 오브젝트 파일 내의 이전대상주소의 내용을 최종의 프로그램 실행 시에 변수가 배치되는 주소에 고쳐 쓴다. 거기에 필요한 정보는 데이터 섹션과 BSS 를 거치는 RAM 상의 주소이다. 그 주소를 링커에 지시하기 위해서는 프로그램을 작성하는 엔지니어는 이 시점까지, 원링크모듈의 메모리 맵 (Memory Map)을 만들어내야만 한다.

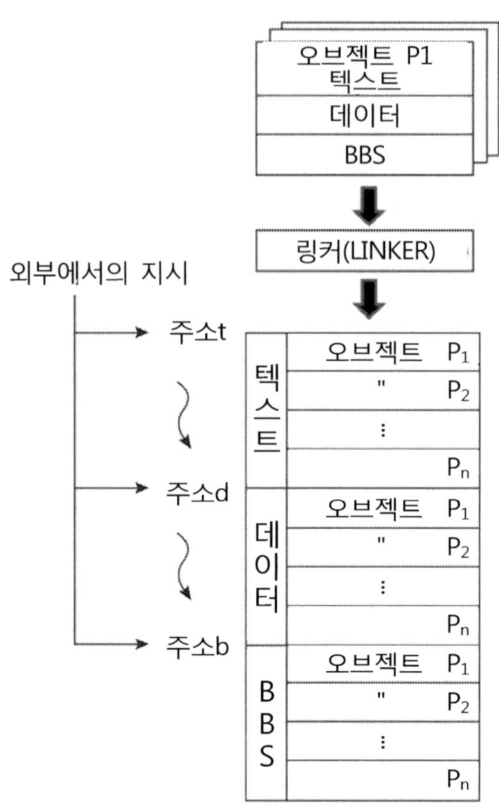

[그림 3.2.8] 실행형식 파일의 이미지

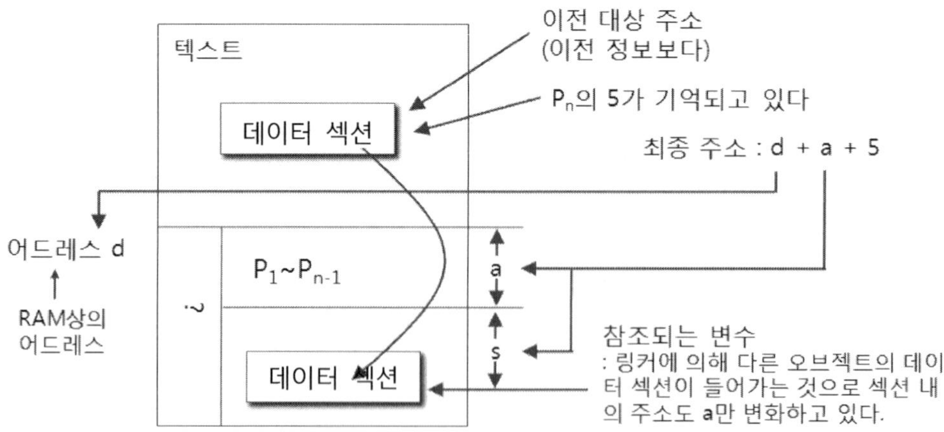

[그림 3.2.9] 실행형식 파일의 이전

이러한 주소와 텍스트 섹션이 배치되는 ROM 상의 주소를 통지하면, 링커는 명령이나 데이터 내에 보관되고 있는 이전의 필요한 주소 내용을 고쳐 쓸 수가 있다. 이와 같이 컴파일러와 링커에 의하여 원링크모듈의 실행환경을 고려한 이전은 완료한다. 그리고 지정한 ROM 주소에 프로그램이 세트 되면 준비 완료이다.

3.2.3 로더의 기능

원링크모듈의 경우는 컴파일러와 링커에 의하여 이전의 작업은 완료한다. 그러나 외부 기억장치나 ROM 을 프로그램 내장장소로서 이용했을 경우에는 [그림 3.2.10]과 같이 그러한 매체에서 프로그램을 RAM에 전송 하는 로더에서도 이전(Relocation)을 실행하는 것이 가능하다.

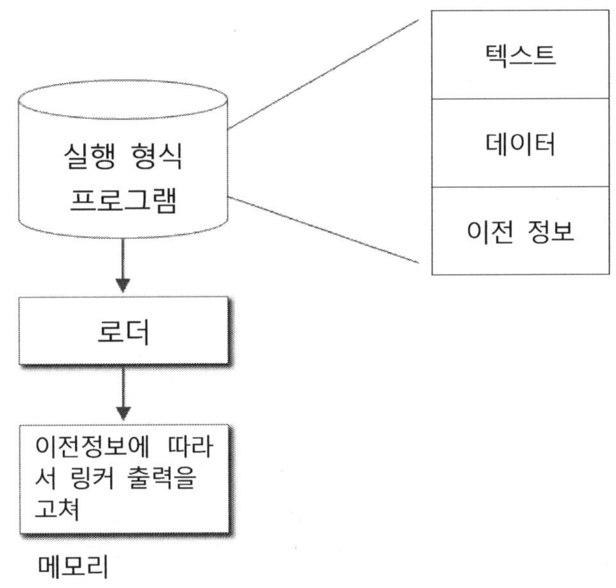

[그림 3.2.10] 로더에 의한 이전(Relocation)

프로그램을 RAM 만으로 실행시키는 범용계의 경우라면, 최종적으로 실행하는 RAM 상의 주소를 결정하는 이전은 늦게 하는 편이 유연한 시스템 구축을 할 수 있다. 링커로 빨리 이전을 끝내 버리면, 만약 그 메모리 영역이 다른 프로그램에 의하여 사용되고 있으면, 실행이 이 기다리게 된다. 그러나 프로그램의 실행이 필요하게 된 시점에서, 로더에 의한 최종 이전을 실행한다면, [그림 3.2.11]과 같이 비어 있는 RAM 의 영역에서 프로그램 실행할 수 있는 기능을 제공할 수 있다.

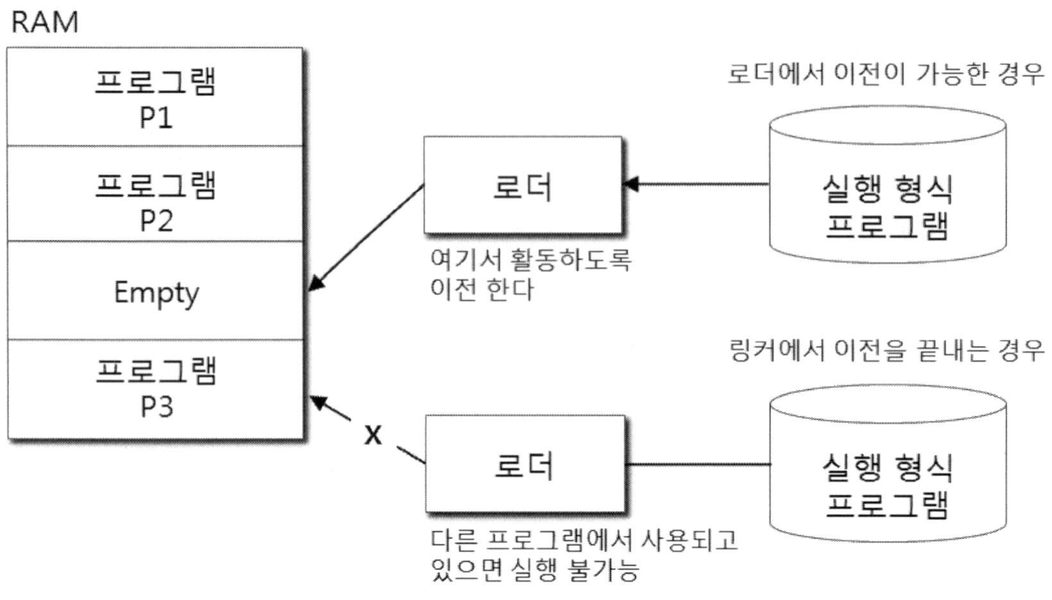

[그림 3.2.11] 로더에 의한 이전 메모리

　로더에 이전을 실행하기 위해서는 [그림 3.2.12]와 같이 링커는 프로그램의 각 섹션을 예를 들면 0 번지에서 링크하여 둔다. 그리고 이전의 필요한 곳을 이전 테이블로서 실행가능 모듈에 첨부하여 둔다. 로더는 이전 테이블을 참조하고, 그 지시하고 있는 프로그램 번지에 그림에 나타낸 것처럼 섹션을 배치하는 RAM 의 주소를 가산한다.

　이와 같이 하고 로더에 의해서도 프로그램의 이전은 가능하다. MS-DOS 등의 범용계의 OS 는 이러한 기능을 제공하고 있었다. 그러나 이러한 기능을 사용하려면, 프로그램 실행 영역을 RAM 으로 한정할 수 있는 제한이 충족되어야 한다. ROM 상에 기록된 장소에서 실행되는 프로그램은 고쳐 쓰고 할 수 없기 때문에 이전도 할 수 없다.

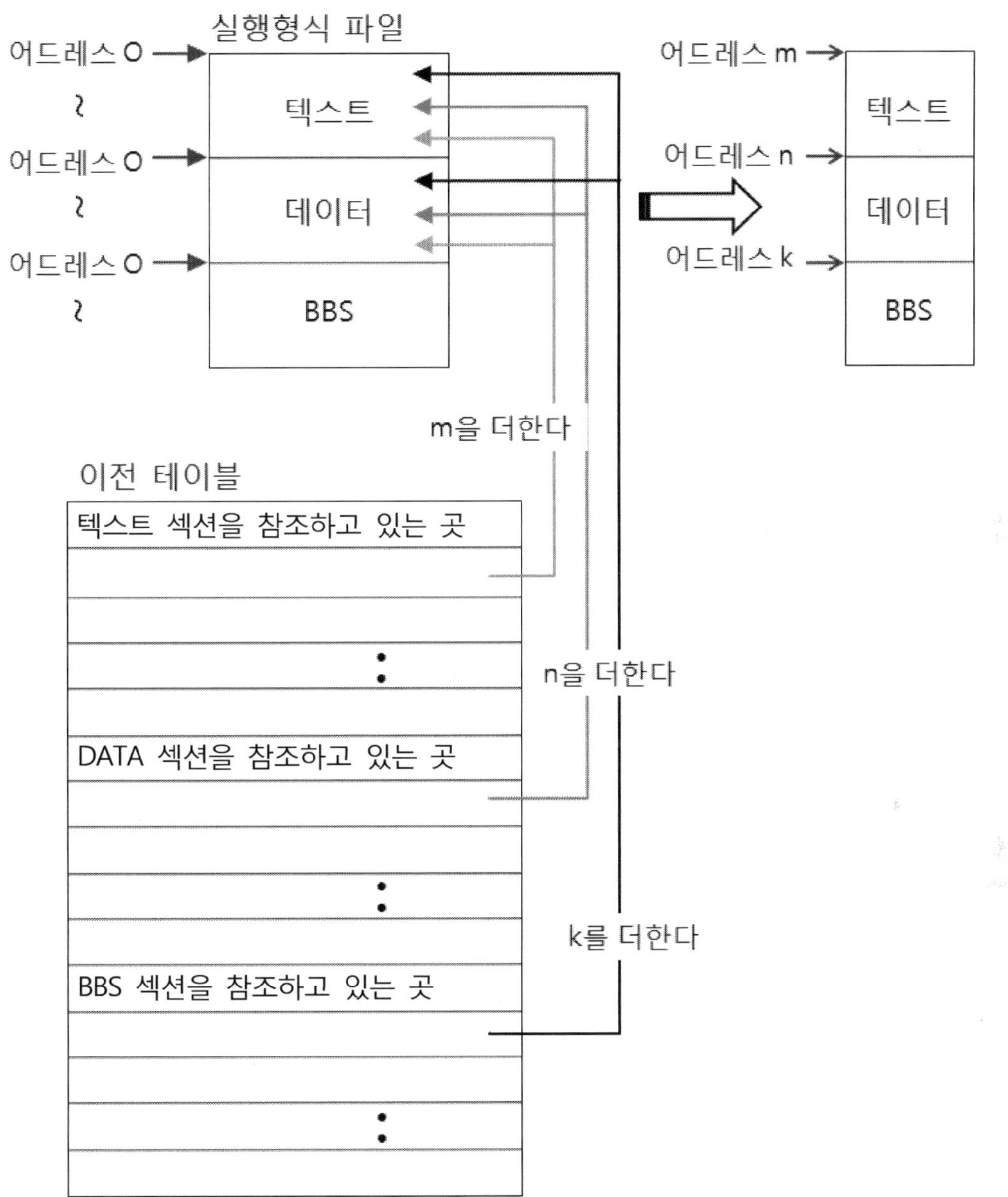

[그림 3.2.12] 로더에 의한 이전의 예

3.2.4 MMU의 기능

MMU(Memory Management Unit) 기능이 있으면, 또한 유연하게 이전(리로케이션)을 실행할 수 있다. MMU 기능에서는 [그림 3.2.13]과 같이 MPU가, 프로그램의 메모리상으로 유지하는 지시 주소에 프로그램의 선두주소를 자동적으로 더하여 넣어 준다. MPU가 가산 조작을 실행하여 주기 때문에 링커는, 예를 들면 0 번지에서 프로그램을 링크하여 두면 좋다. 로더 등의, 실제로 프로그램을 실행으로 옮기는 기능이 그 프로그램의 선두주소를 MPU 에 알리면, 나머지는 MPU 가 이전을 실행하여 준다.

프로그램 전체에 같은 주소를 더하여 넣어 주는 방식을 베이스주소 방식이라고 부른다. [그림 3.2.14]와 같이 베이스주소를 프로그램의 섹션 마다 설정할 수 있는 방식도 있다. 일반적으로, 프로그램이 가지는 주소를 논리주소(Logical Address)라고 하며, 메모리상의 실제의 주소를 물리주소(Physical Address)라고 부르고 있다.

또한 [그림 3.2.15]와 같이 프로그램을 4Kb 나 5Kb 등의 고정 사이즈로 분할하고 그 단위마다 베이스주소를 설정할 수 있는 방식도 있다. 이렇게 하면, 그림에 나타낸 것처럼 프로그램을 개개의 메모리상에 배치하여 실행시킬 수가 있다. 이러한 방식을 페이징(Paging) 방식이라고 부른다. 범용계에서는 이 방식을 사용하고 [그림 3.2.16]과 같이 프로그램의 일부만을 메모리에 두어 실행시켜, 다른 페이지가 필요하게 되었을 때, 요구되고 있는 페이지를 읽어 들여 실행시키는 가상기억 방식이 사용되고 있다.

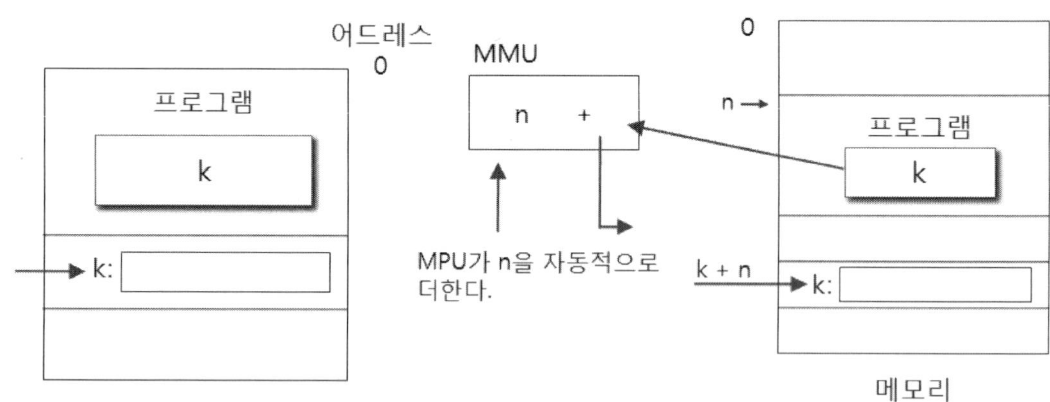

[그림 3.2.13] MMU 에 의한 이전의 예

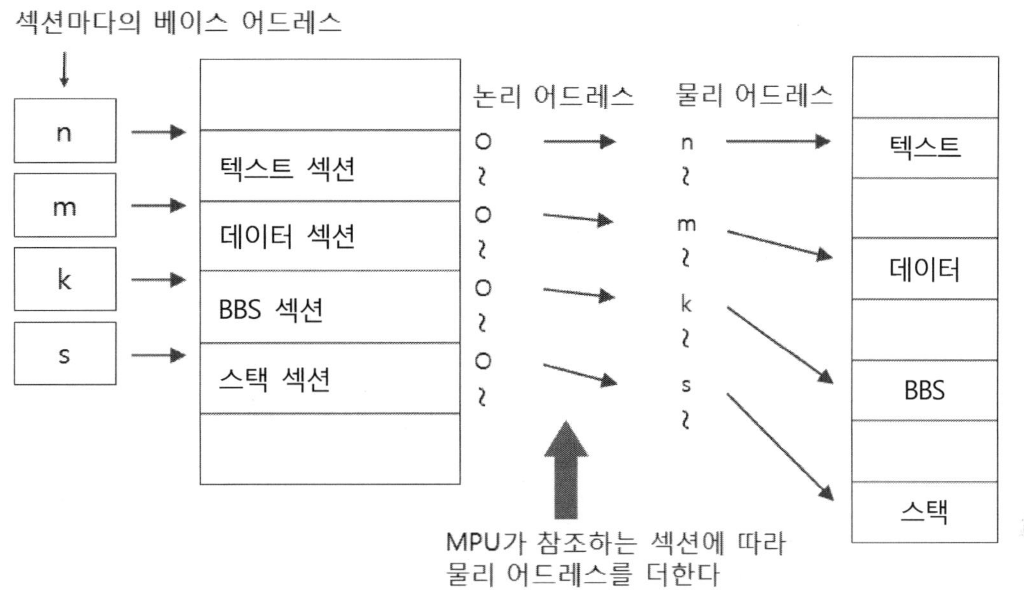

[그림 3.2.14] 복수의 베이스주소

임베디드 소프트웨어에서는 MMU 를 사용하면, ROM 상의 프로그램의 논리주소에 관계 없이, 그 프로그램을 실행시킬 수도 있다. 임베디드 소프트웨어에서의 MMU 이용은 여러 가지 사용 방법이 있고, 각 OS가 독자적인 사용 방법을 제안하고 있다.

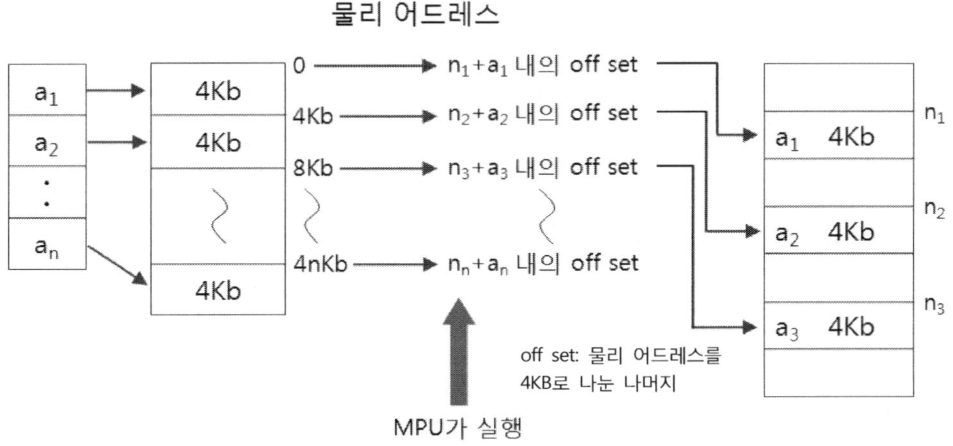

[그림 3.2.15] 페이징 방식

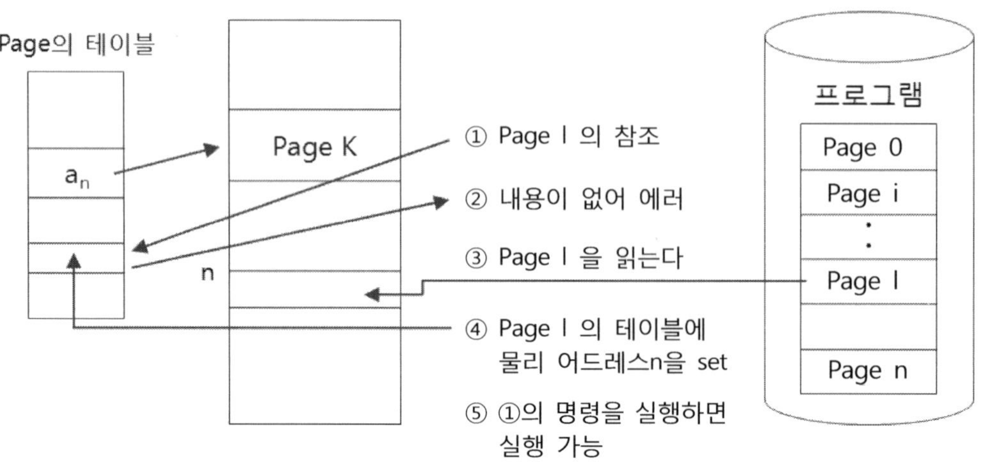

[그림 3.2.16] 가상기억 방식

3.3 파워 관리기능

　파워 매니지먼트(Power Management, 전력 관리기능), 혹은 전력절약으로 불리는 기능은 기기의 소비전력을 줄이기 위한 기능이다. 특히, AC 전원에 접속되지 않고 배터리를 전원으로 하는 임베디드 기기에서는 전원을 오래 쓰게 하기 위해서 중요한 기능이며, 환경 대책으로도 중요하게 되어 있다. 전력절약 대책을 효율적으로 실행하려면, 하드웨어에 의한 대책만으로는 끝나지 않고, 소프트웨어에 의한 제어도 필요하게 된다. 임베디드 OS 의 기능이라고 하여도 범용적인 인터페이스는 마련되지 않은 경우가 많아, 어플리케이션 설계자가 커널이나 디바이스 드라이버를 개조하는 등 독자적으로 기능을 만들고 있다.

3.3.1 주변 디바이스의 전력절약

　주변 디바이스의 전력절약을 실장하려면, 소프트웨어에 의한 제어가 중요하다. 예를 들면, [그림 3.3.1]에 나타내는 입출력 포트를 준비하고 그 플래그를 ON 하면, 통상동작모드가 되며, OFF 하면 대기모드가 되어 전력소비를 억제시키는 제어를 하드웨어가 실행한다.
　주변 디바이스가 인텔리전트이면, 디바이스에 프로토콜 등의 상태를 가지는 것이 많아진다. 그런데, 디바이스를 대기모드로 할 때, 상태를 보관 유지하고 복귀 시에 직전 상태로 복귀하는 디바이스는 그다지 존재하지 않는다.

이러한 디바이스를 전력절약 제어하려면, 상태를 보존하고 통상모드에의 복귀 시에 원래의 상태로 되돌리는 제어를 소프트웨어가 실행해야만 한다. 따라서 전력절약 제어를 실행하려면, 디바이스 드라이버와 협조하고 주변 디바이스 상태 관리도 실행할 필요가 있다.

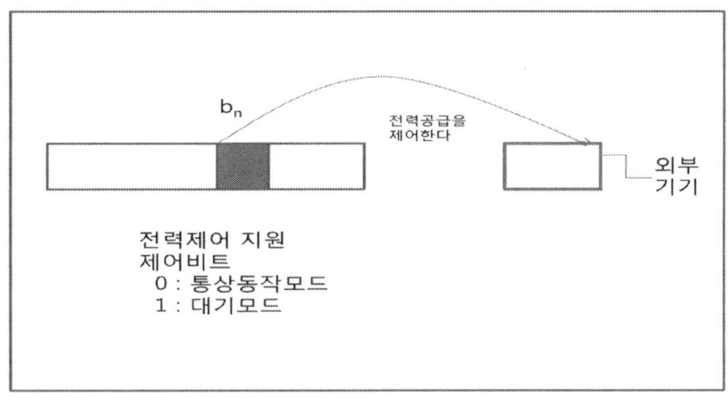

[그림 3.3.1] 입출력 디바이스의 전력절약 제어

3.3.2 MPU 와 메모리의 전력절약

임베디드용 MPU 의 상당수는 전력절약 제어를 위한 컨트롤러 PMU(Power Management Unit)를 갖고, 그것을 이용하고 몇 개의 저소비전력모드를 실현하고 있다. 저소비전력모드에는 전력소비량에 따라서, 스탠바이(Stand-by), 중지(Suspend), 휴지(Sleeve, Sleep), 하이버네이트(Hibernate)등의 명칭이 붙여져 있다. 각 명칭과 절약할 수 있는 전력량도 메이커 마다 차이가 난다.

일반적으로, [그림 3.3.2]와 같이 전력절약 모드에는 MPU 정지 등이 가벼운 전력절약 모드와 효과가 큰 클럭정지를 실행하는 깊은 전력절약 모드가 있다. 통상모드에서 전력절약 모드에의 이행은 PMU 에 대한 특별명령의 실행에 의하여 행하여져 전력절약 모드에서 통상모드로의 복귀는 인터럽트에 의하여 행한다.

일반적으로, 효과가 적은 모드, 즉 통상모드에 가까운 모드에서는 모든 디바이스에서의 인터럽트 발생을 받아들일 수 있어 통상모드로의 복귀도 즉시 실행된다. 그러나 전력소비가 작아지면서, 수용 가능한 인터럽트가 제한되어 통상모드에의 복귀에도 시간이 걸리게 된다.

클럭의 입력을 멈추는 전력절약 효과가 큰 모드에서는 통상의 인터럽트 발생도 받아들일 수 없게 되어 버린다. 따라서 클럭정지를 실행하는 시스템에서는 통상모드로 복귀하기 위해서, 특별한 인터럽트를 준비하여야 한다. 또한, 복귀 시에 클럭이 안정되기까지는 긴 시간이 필요하고 그 사이, MPU 는 계속 기다려야 한다.

DRAM 의 정보를 읽고 쓰기하기 위해서는 주기적인 리프레쉬 펄스(Refresh Pulse)를 외부에서 계속 공급하여야만 한다. 전력절약을 위해서 이 펄스를 멈추어 버리는 경우도 있다. 이 펄스가 멈추면 DRAM 의 기억 내용이 보장되지 않게 되어 버리기 때문에 이러한 경우에 대비하여 DRAM 에는 셀프 리프레쉬(Self Refresh)가 준비되어 있다. 셀프 리프레쉬에서는 DRAM 의 내용은 보관 유지되지만, 읽고 쓰기는 할 수 없게 된다. 이러한 하드웨어의 준비하는 전력절약 기능을 이용하고 구체적인 전력절약 기능을 소프트웨어가 만든다.

예를 들면, 일정시간 입출력을 하지 않고 인터럽트가 발생하지 않다든가, 화면보호기와 같이 쓸데없는 처리만이 일정시간 실행되고 있는 사태를 파악하고 전력절약 모드로 이행하는 처리를 수행한다.

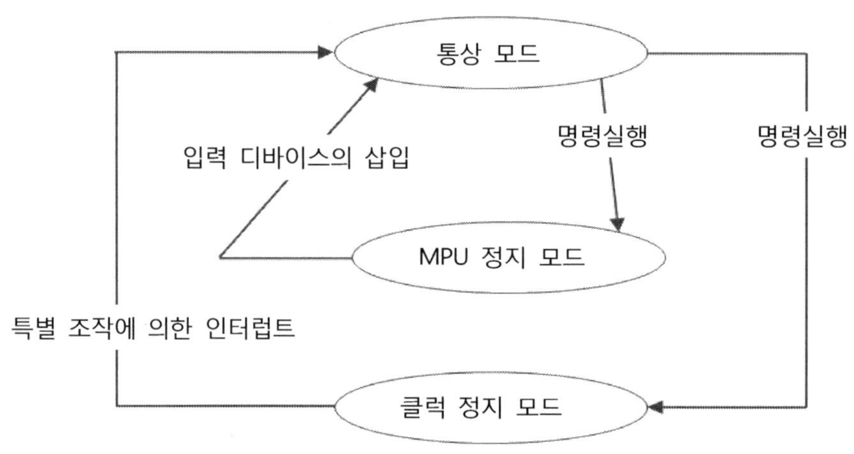

[그림 3.3.2] 파워 매니지먼트의 모드

3.4 인터럽트 기능의 이용

RTOS 에서는 인터럽트는 커널이나 디바이스 드라이버의 기능에 은폐되어 리얼타임성을 발휘하기 위한 전제로서 이용된다. 인터럽트 기능의 이용은 임베디드 시스템의 대명사와 같은 것이다. 시스템 설계에 있어서의 범용계와의 큰 차이는 인터럽트 기능의 이용까지 고려하는지 아닌지에 있다고도 생각된다. RTOS 를 사용하지 않는 정도의 작은 시스템에서는 직접 인터럽트를 이용하여야 한다.

인터럽트의 지식을 간단하게 정리하고 나서, 그 이용 방법을 설명한다.

3.4.1 인터럽트 기능의 정리

RISC 타입의 MPU 의 경우, [그림 3.4.1]과 같이 인터럽트는 입출력 인터럽트, 내부(소프트웨어) 인터럽트 등의 그룹 단위에 같은 벡터를 공유한다. 인터럽트는 [그림 3.4.2]에 나타내는 다음의 스텝을 거쳐 발생한다.

① 어느 입출력 디바이스가 데이터의 읽고 쓰기를 종료했을 경우에 디바이스의 인터럽트 허가가 되고 있으면, 그 디바이스는 MPU에 대해서, 인터럽트 요구를 발생시킨다.

② 그 인터럽트가 마스크되어 있지 않은 한, MPU는 그 요구를 접수하여 인터럽트를 발생한다.

③ 인터럽트를 접수한 MPU는 발생시점으로써 실행하고 있던 IP(Instruction Pointer) 등의 자동적으로 내용이 부수어지는 레지스터를 특정의 장소, 특별한 레지스터나 스택 영역 등에 세이브한다.

④ 그 후, 인터럽트에 할당된 벡터에 세트 되고 있는 주소에 점프 한다.

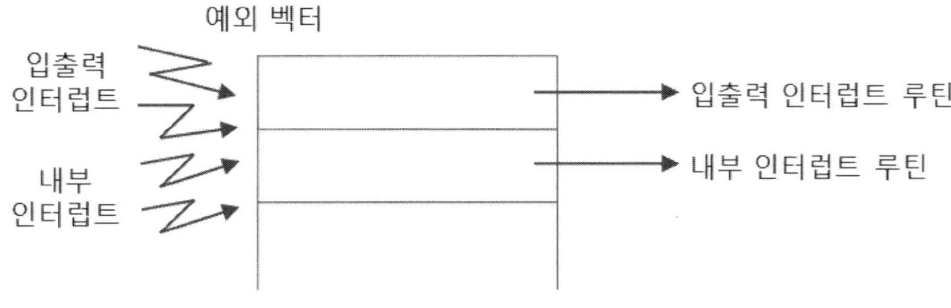

[그림 3.4.1] 예외 벡터

[그림 3.4.3]과 같이 인터럽트로 실행에 옮겨지는 루틴을 인터럽트해석 루틴이라고 부른다. 인터럽트해석 루틴은 특정의 레지스터에 세트 되고 있는 인터럽트 요인을 읽어내, 그 인터럽트를 처리하는 ISR(Interupt Service Routine : 인터럽트 핸들러라고도 함)을 서브루틴 콜 한다.

ISR 은 인터럽트를 발생한 요인에 관한 처리를 실행한다. 예를 들면, 읽어 들인 데이터를 처리하거나 쓰기가 끝난 것이면, 다음의 데이터의 쓰기 처리를 실행하거나 한다. ISR 이 어떠한 처리를, 어디까지 실행할지는 시스템 설계나 RTOS 의 생각으로서 명확하게 정의되어 있지 않으면 안 된다. 어쨌든, ISR 은 처리를 끝내, 인터럽트해석 루틴에 복귀한다.

인터럽트해석 루틴은 ISR 에서 복귀하면, [그림 3.4.3]에 나타낸 것처럼 인터럽트 프로그램에 복귀한다. 그 때, 입터럽트 처리가 인터럽트 이전과 변함없이 처리를 속행할 수 있는 것을 보증되어야 한다. 따라서는 MPU 의 자원인 레지스터에 인터럽트 시점 상태나 값을 복원할 필요가 있다. 인터럽트해석 루틴은 [그림 3.4.4]와 같이 인터럽트 발생시점에서의 레지스터를 메모리에 세이브하고 인터럽트에서 복귀하는 시점에서 그것을 복원한다.

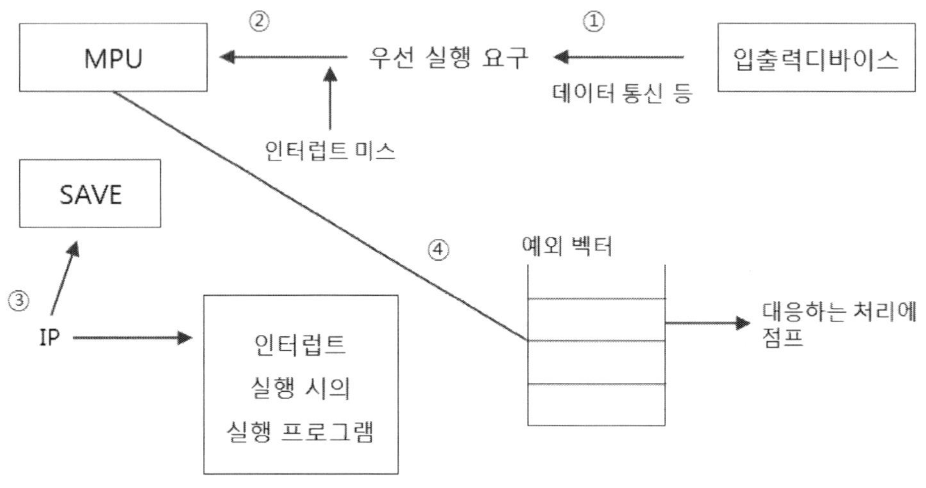

[그림 3.4.2] 인터럽트의 발생

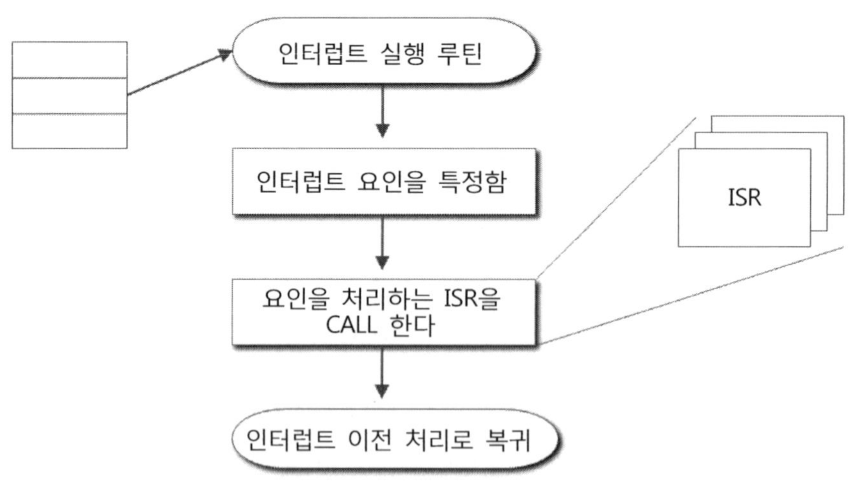

[그림 3.4.3] 인터럽트 처리의 개요

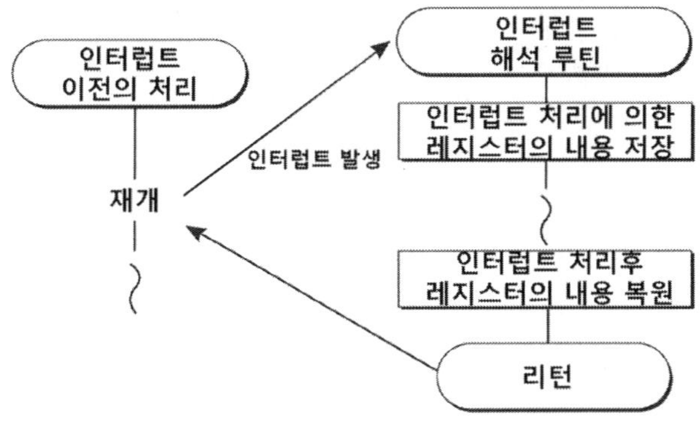

[그림 3.4.4] 레지스터의 보존과 복원

3.4.2 문맥

레지스터는 MPU 자원이며, 프로그램은 그것을 변경하는 것에 의하여 처리를 한다. 물론, 메모리 내용 등에도 변경을 가하지만, 메모리는 단일이 아닌 자원이기 때문에 같은 메모리 영역을 사용하지 않으면, 인터럽트 처리의 내용을 보증할 수 있다. MPU 자원은 시스템으로 유일무이 하기 때문에 세이브·리커버리 하여 사용하여야 한다.

이러한 연속된 일련의 처리를 문맥(Context :콘텍스트)이라고 부른다. 이 용어를 사용하면, 인터럽트의 발생하는 상황하에서의 문맥은 레지스터의 세이브·리커버리에 의하여 보증된다. 즉, 레지스터 내용을 보증하는 것으로, 인터럽트에 의하여 중단·재개되어 사실상은 연속하지 않은 처리가, 연속한 일련의 처리(문맥)로서 실행된다. 인터럽트에 의한 ISR의 실행은 지금까지의 인터럽트 처리와는 다른 문맥의 실행이며, 원래의 처리에의 복귀는 원 문맥의 재개이다. 이와 같이 문맥을 바꾸는 것을 콘텍스트 스윗칭이라고 부른다.

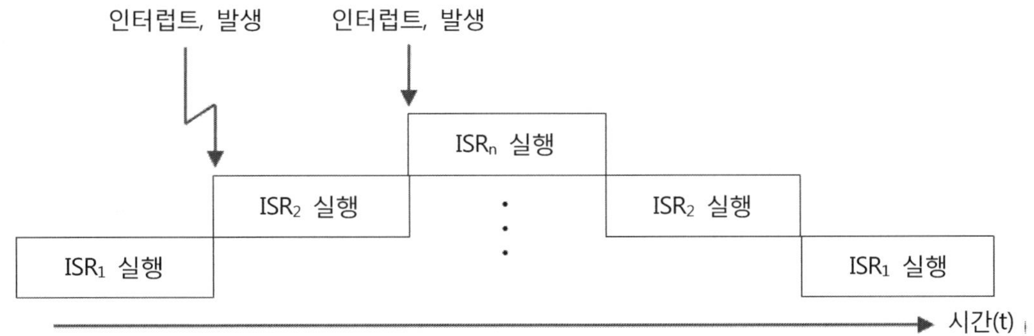

[그림 3.4.5] 다중 인터럽트

ISR 실행 중에 다른 인터럽트가 발생하는 다중 인터럽트는 [그림 3.4.5]와 같이 실행된다. 인터럽트에 의한 문맥의 실행은 인터럽트의 발생을 금지하는 인터럽트 마스크를 사용하지 않는 한, 나중에 발생한 인터럽트가 우선하여 실행되게 된다.

3.4.3 문맥의 독립성을 유지하는 인터럽트의 이용

인터럽트는 컴퓨터에 대해서, 어떠한 처리요구를 전하기 위한 구조이다. 문맥이 1개 밖에 없는 시스템의 경우라면, 인터럽트의 이용은 그만큼 유효하지 않다. 그런데도 전원 이상을 알리는 인터럽트는 이용가치가 있을지도 모른다. 전원 이상이 발생하여도 컴퓨터는 잠시 통상 동작을 계속할 수가 있다. 따라서 전원 이상 인터럽트가 발생하면, [그림 3.4.6]과 같이 외부 기억장치나 SRAM 에 상태를 대피할 수 있을지도 모른다. 그러나 외부 기억장치도 SRAM 도 없으면, 대피할 수 없기 때문에 이 인터럽트는 의미가 없다. 프로그램은 인터럽트를 무시 할 수밖에 없다.

예를 들면, 계산기가 계산을 실행하는 프로그램을 상정하여 본다. 이 프로그램은 키보드에서 데이터를 읽어 들여, 그것을 연산하고 결과를 표시한다. 인터럽트를 사용하지 않고 실행하는 처리는 [그림 3.4.7]과 같은 흐름도로 실행할 수 있다. 키보드에서는 1 문자씩 데이터가 입력되어 "="기호가 입력되면, 연산을 실행하는 것으로 한다. 입력 문자의 표시나 결과의 표시에는 특별한 메모리(VRAM 등)에 문자를 기록하는 것만으로 그것이 표시되는 장치를 사용하고 특별한 입출력 장치는 사용하지 않는 것으로 한다. 이 처리를 하지 않으면, 키보드에서의 입력처리로 인터럽트를 이용하는 가치는 없다.

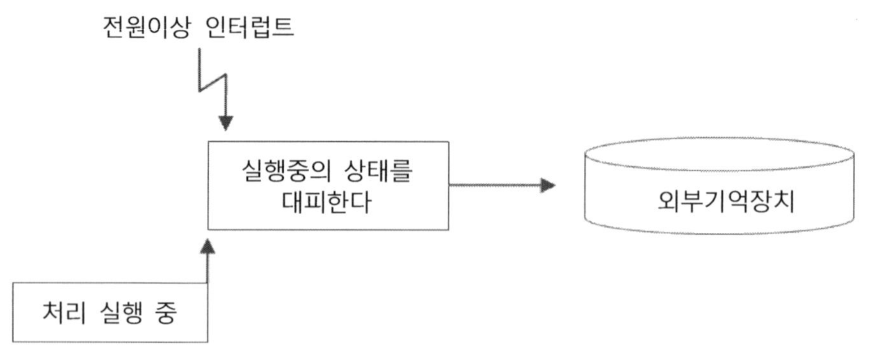

[그림 3.4.6] 전원이상 인터럽트의 이용

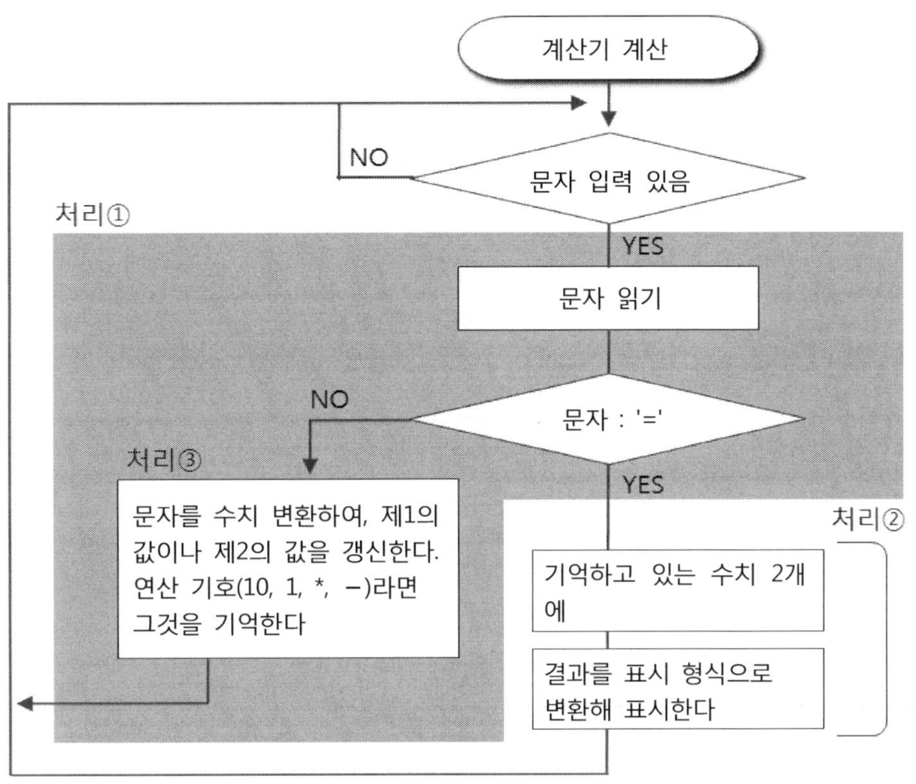

[그림 3.4.7] 계산기 계산의 흐름도

    그러나 다른 처리를 더한다면 사정은 일변한다. 예를 들면, [그림 3.4.8]과 같이, 통신회선(어떠한 것인가는 상정하지 않는다)에서 정보가 도착하면, 경보기를 울려, 도착한 정보를 표시하는 처리를 생각한다. 이 처리를 정보표시처리 라고 부른다. 만약, 인터럽트를 사용하지 않으면, 계산기 처리는 [그림 3.4.9]의 흐름도에 나타내는 정보표시기동 처리를 각처에 삽입하여야 한다.

    삽입한 곳이 실행될 때까지, 정보표시처리는 [그림 3.4.10]과 같이 기다리게 되게 된다. 만일, 도착한 정보가 기다리게 되는 시간이 1 밀리 세컨드 이상이 되면, 소실하거나 혹은 다음의 정보로 갱신되거나 하면, 계산기 처리는 1 밀리 세컨드보다 짧은 간격으로, 정보표시기동 처리를 실행하도록 연구하여야 된다.

    또한 계산기 처리에 기능을 추가하게 되면 큰일이다. 예를 들면, 간단한 메모 기능을 계산기 처리에 추가하면, 메모 기능에도 정보표시처리를 호출하는 기능을 넣지 않으면 안 되게 된다. 이러한 경우에 인터럽트를 이용하고 통신회선에서의 정보도착으로 인터럽트가 발생하도록 하면, 처리는 [그림 3.4.11]과 같이 실행할 수 있다.

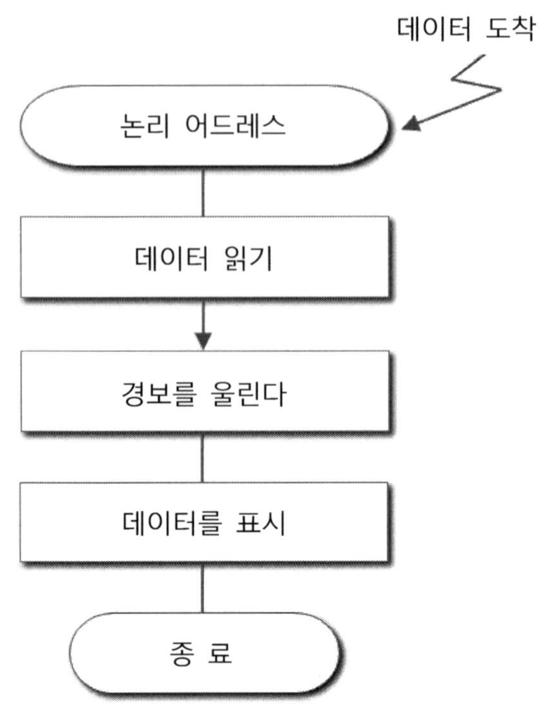

[그림 3.4.8] 정보표시처리의 흐름도

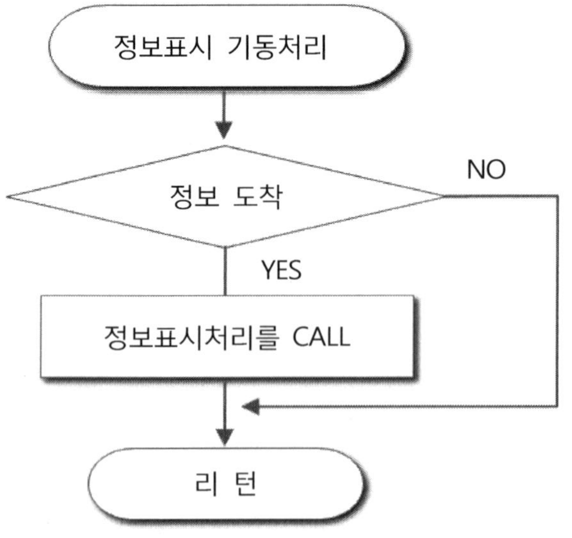

[그림 3.4.9] 정보표시 기동처리의 흐름도

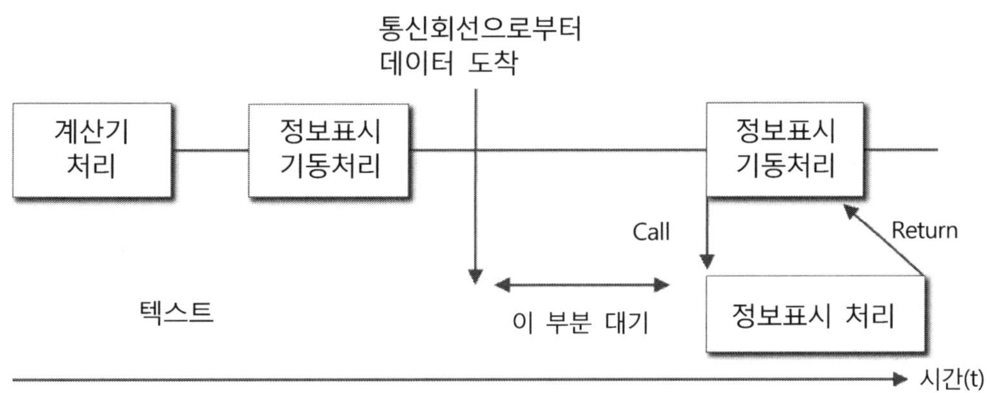

[그림 3.4.10] **정보표시처리의 지연**

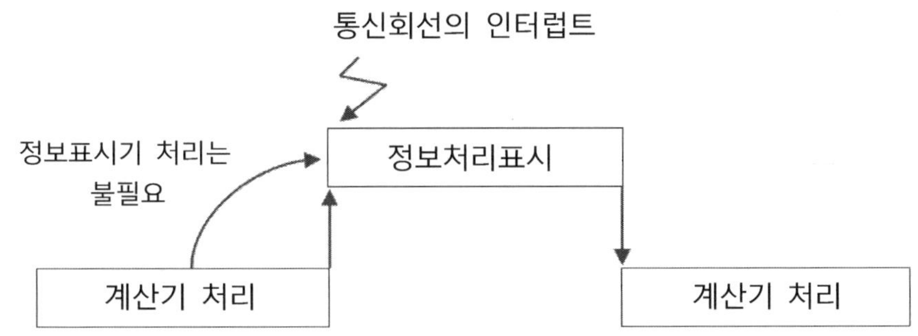

[그림 3.4.11] **인터럽트에 의한 정보표시처리의 실행**

이와 같이 계산기 처리와 정보표시처리를 분리하는 가치는 크다. 계산기 처리도 정보 표시처리도 서로 상대의 처리를 완전히 고려할 필요가 없어진다. 인터럽트를 이용하는 것에 의하여 계산기 처리도 메모기능도 관계가 없는 문맥의 처리를 고려하는 번거로움에서 해방된다.

3.4.4 빈 시간을 이용하기 위한 인터럽트의 이용

인터럽트를 이용하는 다른 큰 이점도 있다. [그림 3.4.7]의 흐름도에서, 키보드에서의 1 문자씩의 입력을 기다리고 있는 루프가 존재하고 있다. 이 루프의 시간을 생각하여 보자. 키보드의 입력은 사람이 한다. 피아노의 건반을 두드리는 속도는 1 초에 13 터치 정도가 최고라고 말하여지는데, 빨라도 80 밀리 세컨드 정도 걸릴 것이다.

그러면, [그림 3.4.7]의 루프는 [그림 3.4.12]와 같이 문자입력을 기다릴 만큼의 쓸데없는 처리에 대부분을 사용하고 있게 된다. 컴퓨터의 연산 처리는 나노초 단위로 행하여지지만, 만일 1 마이크로 세컨드라고 하여도 80 밀리 세컨드의 사이에는 80,000 회의 연산을 실행할 수 있다. 이 차이는 도저히 그림에서는 나타낼 수 없다는 것을 이해할 수 있을 것이다.

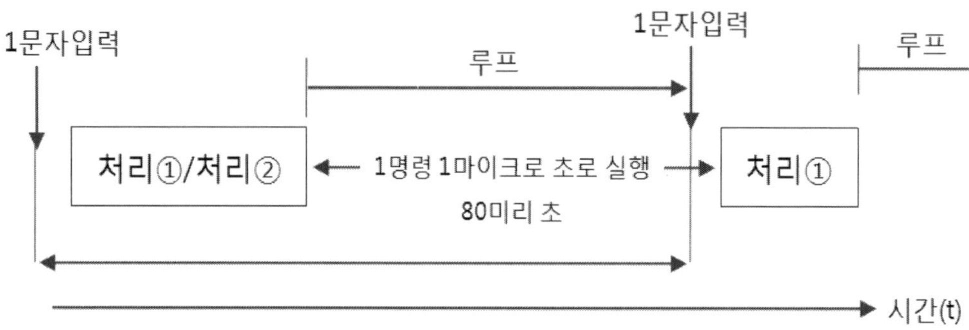

[그림 3.4.12] 1 문자입력 루프시간

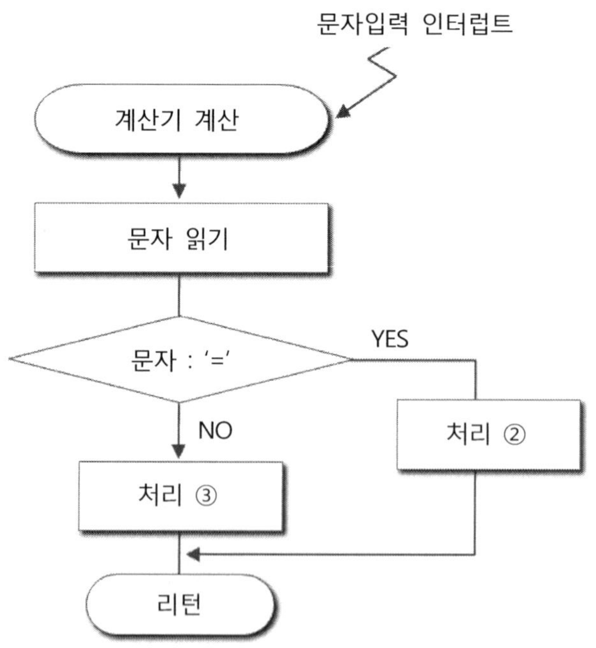

[그림 3.4.13] 인터럽트를 사용한 계산기처리

이 필요 없는 루프에서는 입력을 테스트 하고 점프만을 위해서 MPU 를 사용하고 있다. 이것을 유효하게 이용하기 위해서, 인터럽트를 이용할 수 있다. 만약, 키보드 입력에 인터럽트를 이용하면, [그림 3.4.7]의 흐름도의 처리는 [그림 3.4.13]과 같이 개선할 수 있다. 그 경우, MPU 의 쓰이는 방법은 [그림 3.4.14]와 같이 된다.

전항의 계산기 처리와 정보표시처리의 예에서는 정보표시처리가 인터럽트로 실행되기 때문에 계산기 처리에서 헛된 시간을 없애도 그 밖에 실행하여야 할 처리가 없기 때문에 [그림 3.4.14]의「다른 처리를 실행할 수 있다」는 것은 역시 불필요한 상태 그대로이다. 다른 처리를 실행할 수 있는 상태를 만들어 낼 수 있어도 그 외에 유효한 처리가 없으면, 필요 없는 루프로 MPU 를 헛돌리는 일에 지나지 않는다. 다른 처리를 실행할 수 있는 것에 관계없이, 그것을 유효하게 이용할 수 있는 처리가 없으면, "돼지 목에 진주 목걸이"에 지나지 않는다.

그러나 만일, [그림 3.4.8]의 정보를 읽어 들여 표시하는 처리가, MPU 를 격렬하게 사용하는 처리를 하게 되면, 그 혜택이 나타난다. 예를 들면, 통신회선에서 읽어 들인 정보가 압축되어 암호화된 화상 데이터로 풀어서 표시할 수 있는 형식으로 변환하는데 400 밀리 세컨드정도 걸리는 것으로 한다.

만약, 인터럽트를 사용하지 않는 계산기 처리의 문자입력 중에 통신회선에서의 인터럽트가 발생하면, [그림 3.4.15]와 같이 결과는 비참하다. 문자입력 디바이스의 기능에도 의하지만, 400 밀리 세컨드의 사이에 입력한 문자는 처리되지 않고, 타이프를 쳐도 사라져 버리게 될 것이다. 이러한 경우는 이미, 문자입력에 인터럽트를 사용하지 않을 수 없게 된다. 다음에 유효한 처리가 없는 경우에는 쓸데없는 루프를 반복하는 것 보다 영구히 표시화면의 가장자리를 빙빙 회전하는 볼을 표시하는 화면보호기를 움직이기로 한다.

이렇게 하면, 사태는 [그림 3.4.16]과 같이 개선된다. 문자입력 중에 통신회선에서의 인터럽트가 발생하여도 다음의 문자입력 인터럽트가 정보표시처리에 의하여 영향을 받을 것은 없다. 또한, 계산기 처리도 정보표시처리도 MPU 를 사용하지 않은 경우는 화면보호기 처리가 실행된다.

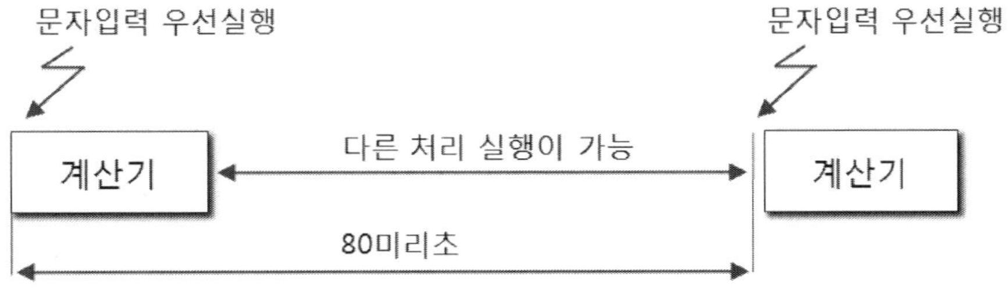

[그림 3.4.14] 인터럽트를 사용한 개선 처리시간

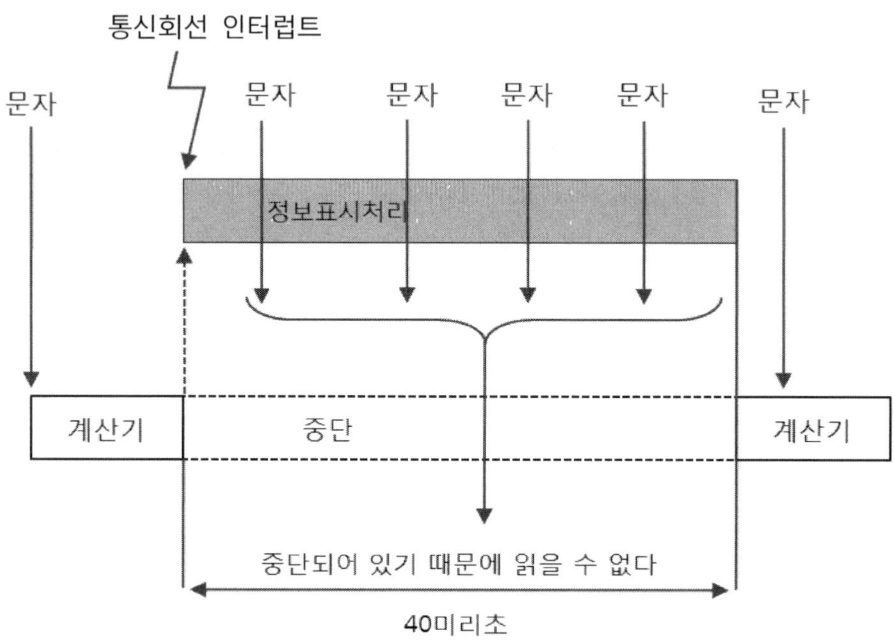

[그림 3.4.15] 인터럽트를 사용하지 않으면 소실되는 문자

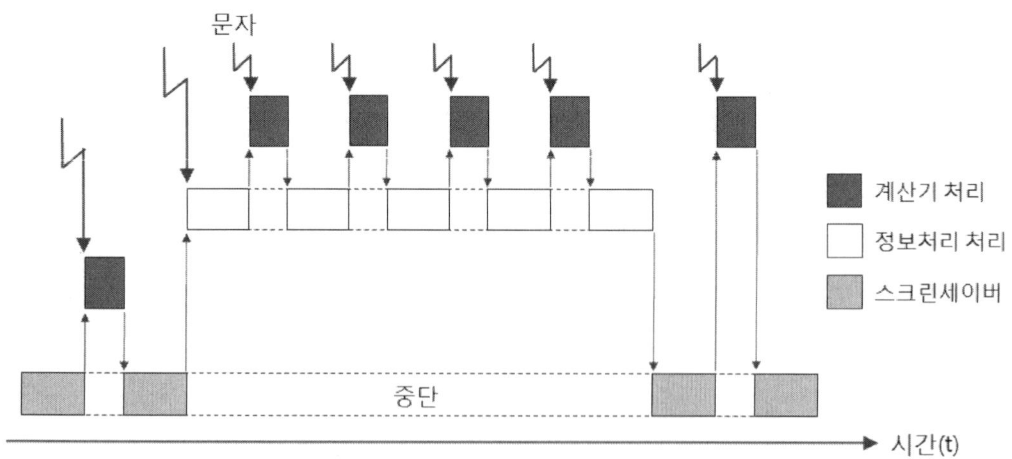

[그림 3.4.16] 인터럽트를 사용한 처리의 실행

3.4.5 리얼타임 OS기능

여기서 든 예는 한편으로 모든 문제를 해소하고 있는 것처럼 보인다. 그러나 그렇지 않은 것은 [그림 3.4.16]에서 문제가 있는 곳을 찾아낸 [그림 3.4.17]을 보면 분명하다. 이 실행순서는 인터럽트 우선도라고 부를 수밖에 없다.

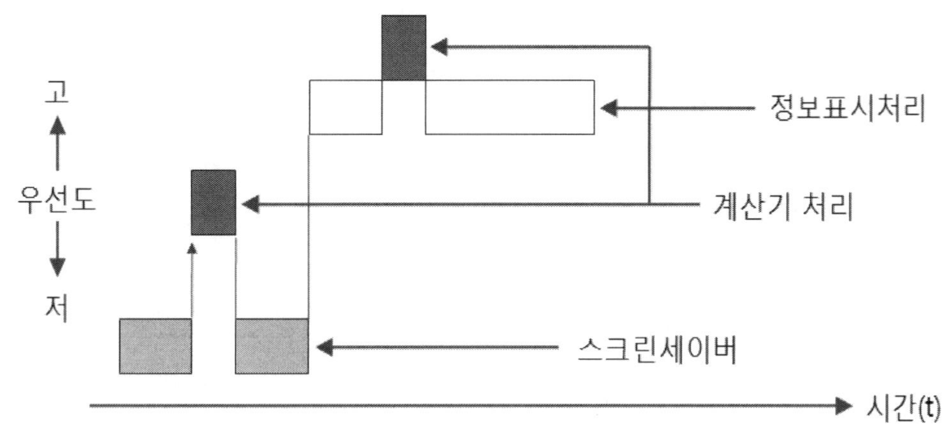

[그림 3.4.17] 인터럽트 페이지 우선도

화면보호기 처리는 인터럽트를 발생하지 않기 때문에 항상 최저 우선도이다. 계산기 처리와 정보표시처리는 인터럽트가 발생하면 최고 우선도가 되어 버린다. 이렇게 되는 이유는 인터럽트에 맡김으로써 처리의 실행순서를 제어하고 있지 않기 때문이다.

여기서 가리킨 예와 같은 한정된 처리의 경우는, 이것이 문제를 발생하지 않을 지도 모르지만, 인터럽트 1의 모델은 일반화하면 즉시 문제를 발생시킨다. 인터럽트 순서라고 하는 것은 빈번하게 발생하는 인터럽트의 처리가 우선도가 높게 실행되는 결과가 되어, 처리의 긴급도와는 다른 순으로 처리가 제어되게 된다. 즉, 리얼타임처리를 제어하는 방식으로서는 사용할 수 없는 것이다.

인터럽트 우선도 순으로 제어할 수 있도록 하기 위해서는 인터럽트로 기동되는 ISR 로 모든 처리를 실행하는 방식을 개선하여야 한다. 그러기 위해서는 인터럽트로 기동되는 처리에서 MPU 만으로 실행할 수 있는 처리부분을 다른 문맥으로서 독립시켜, 그 처리의 실행을 우선도 순으로 실행하는 스케줄링을 실행하여야만 한다. RTOS 의 커널이, 그 역할을 담당하게 된다.

이상과 같이 문맥이 2개 정도의 간단한 처리로, 인터럽트에 수반하는 MPU 의 사용이 적은 경우 등에서는 인터럽트의 이용만으로, 시스템 설계를 실행할 수 있는 경우도 있다. 그러나 인터럽트를 동반하는 입출력 장치의 수가 증가하고, 문맥의 수도 증가하면, 모든 사태를 예측하고 인터럽트만으로 설계를 실행할 수 없게 된다.

RTOS 는 여기서 설명한 인터럽트의 활용방법을 답습하고 사용자가 몰라도 빈 시간을 이용할 수 있는 방식을 제공한다. 인터럽트에서 독립시킨 MPU 만으로 실행하는 처리의 문맥을 태스크로서 관리하고 빈 시간의 이용을 태스크의 중단(멈춤)이라고 하는 상태로 실현된다.

3.5 리얼타임 프로그래밍을 위한 기초지식

리얼타임 시스템은 임의의 시점에서, 태스크를 바꾸면서 처리를 진행시키는 시스템이다. 임의의 시점이라고 하는 것은 예기치 않은 시점에서도 변환이 발생한다고 하는 것이다. 그러한 환경에서도 복수의 태스크가 사용하는 공유자원은 존재한다. 예를 들면, 커널, 디바이스 드라이버와 같은 소프트웨어, 복수 태스크가 동시에 사용하는 파일이나 메모리상의 데이터 등이 공유자원이다.

공유자원은 어느 처리를 복수의 태스크가 분담하여 실행하는 멀티프로그래밍 환경에서는 필수가 되는 자원이다. 공유자원의 사용에 관해서는 알아 두지 않으면 안 되는 기초지식으로서 배타제어와 Re-Entrant 성이 있다. 이절에서는 이것에 관한 설명을 한다.

3.5.1 배타제어

예를 들면, 원링크모듈에서의 태스크 1과 태스크 2가, 퍼블릭 변수 PData 를 읽어 들여 처리하는 것으로 한다. 그 경우, [그림 3.5.1]에 나타내는 사태가 발생한다.

① 태스크 1 이 PData 를 읽어 들여,
② 그것을 변경하는 처리를 실행하고 있다.
③ 그 도중에 우선 순위가 높은 태스크 2 가 실행 개시하고,
④ PData 를 읽어 들여,
⑤ 그 처리를 가하고,
⑥ 결과를 PData 에 기록.
⑦ 그 후, 태스크 1 이 재개되어 계속된 처리를 실행하고,
⑧ 그 결과를 PData 에 기록한다.

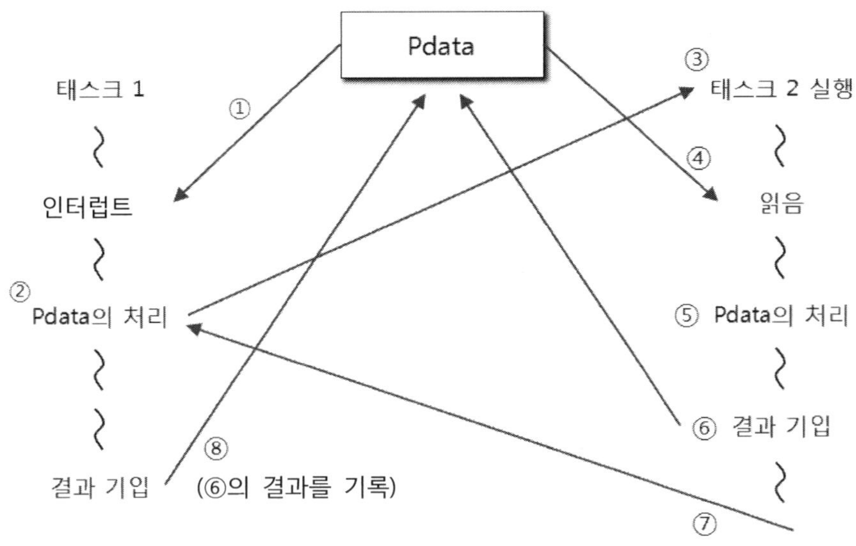

[그림 3.5.1] 공유자원의 동시갱신

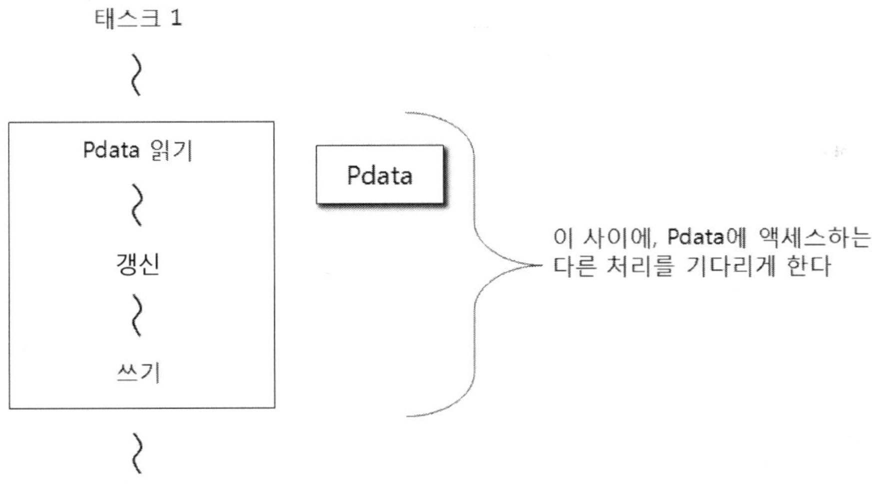

[그림 3.5.2] 공유자원의 액세스를 기다리게 한다.

이 결과, 태스크 2가 실행한 처리는 없어지고, 태스크 1의 처리 결과 밖에 남지 않게 되어 버린다.

이러한 사태는 PData 의 예와 같이, 태스크가 명시적으로 PData 를 읽어들였을 경우가 아니어도 발생한다. 예를 들면, PData 를 직접 조작하는 경우에도 발생한다. C 언어등의 고급언어로 만든 프로그램은 기계어로서 실행된다. 기계어에서는 「PData ++ :」 이나

「PData = 2+3 ;」과 같은 연산도 레지스터를 사용하여 실행된다. 레지스터를 사용한다고 하는 것은 PData 를 암묵적으로 읽어 들이고 있는 것이다. 따라서 위의 예에 나타낸 것과 같은 결과가 되어 버린다고 생각해야만 한다.

이러한 사태를 발생시키지 않기 위하여는 PData 를 읽어 들이면, 그것을 되돌려 쓰기까지, PData 를 읽어 들이는 다른 처리를 실행시키지 않게 할 필요가 있다. 즉, 공유자원의 갱신을 순차적으로 실행하도록 할 필요가 있다. 따라서 [그림 3.5.2]와 같이 공유자원에 액세스를 개시하면, 같은 자원에 액세스 하려고 하는 다른 처리를 기다리게 할 필요가 있다.

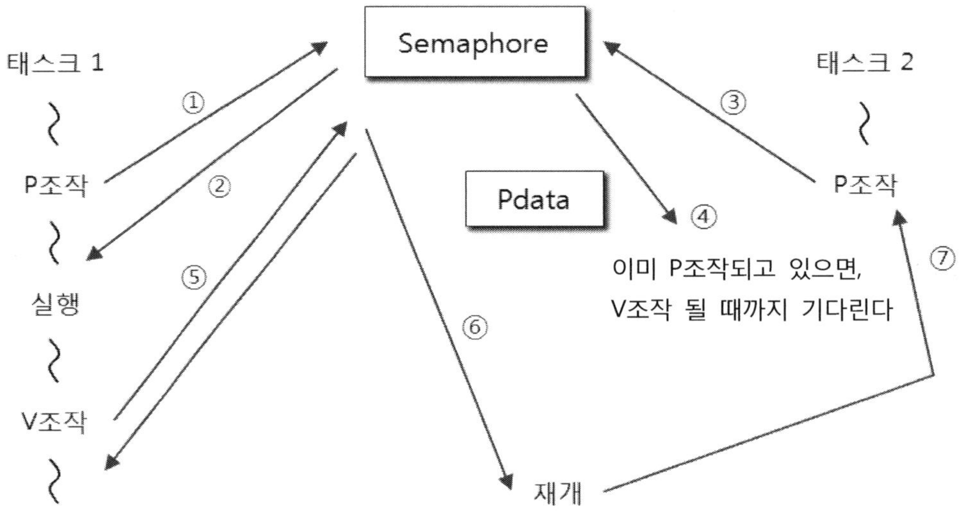

[그림 3.5.3]   세마포어(Semaphore)

이와 같이 공유자원에의 액세스를 순서화 하는 것을 배타제어(Exclusive Control)라고 부른다. 배타제어는 어느 기간, 자신의 처리만이 공유자원을 독점 소유하기 위한 처치이다. 배타제어의 필요한 처리구간을 크리티컬 섹션(위험구역, Critical Section)이라고 부른다.

배타제어의 방법에는 몇 개의 방법이 있다. 태스크와 태스크가 자원 공유하기 위한 배타제어 방법은 커널이 시스템콜 기능으로서 제공하고 있다. 그 방법을 세마포어(semaphore)라고 부른다. 세마포어에서는 [그림 3.5.3]에서와 같이, 자원을 사용하려고 하는 태스크는 P 조작으로 불리는 시스템콜을 호출한다. P 조작은 다른 태스크가 같은 세마포어에 P 조작을 실행하지 않으면, 그대로 태스크를 실행시킨다. 그러나 이미, 다른 태스크가 P 조작을 실행하고 있으면, 다음에 설명하는 V 조작을 할 때까지 기다리게 된다. V 조작을 하면, P 조작에 의하여 기다리고 있는 태스크가 있으면, 그 안에서 하나의 태스크의 대기상태가 해제된다. 그 결과, 기다리던 태스크의 실행이 스케줄러에 의하여 재개되면, 공유자원의 사용이 진행될 수가 있다.

태스크간의 배타제어는 세마포어로 실행할 수 있지만, OS 를 사용하고 있지 않는 처리 간, OS의 내부 루틴 간, ISR 간 등으로는 시스템콜을 사용할 수 없다. 그 경우는 인터럽트 금지 수단을 사용한다. 모든 인터럽트를 금지하면, [그림 3.5.4]와 같이 인터럽트를 금지한 처리가 그대로 MPU 를 계속하여 사용할 수 있다. 인터럽트 금지는 OS 의 내부 루틴이나 ISR 등의 배타제어로 자주 사용되는 배타제어 수단이다.

멀티 CPU 구성에서는 인터럽트 금지로도 충분하지 않다. 멀티 CPU 의 경우는 CPU 간에 배타제어를 행하기 위한 명령이 준비된다. 배타제어의 명령은 Test 명령과 Set 명령, Lock 명령과 Uulock 명령 등으로 처리된다. 이러한 명령은 CPU 간에 하나의 플래그를 준비하고 그 플래그의 ON/OFF 상태에 따라서, 실행을 계속하거나 플래그 상태가 변화할 때까지 기다 릴 수가 있다. 플래그의 체크를 실행하고 있는 동안의 배타제어는 하드웨어적으로, 다른 CPU 가 플래그를 읽어 들일 수 없는 상태로 한다.

이와 같이 멀티프로그래밍 환경의 프로그램은 공유자원 액세스 때의 배타제어를 항상 의 식하여 실행하여야만 한다. 특히, 원링크모듈의 경우, 공유심볼 변수의 액세스는 간단하게 실행할 수 있기 때문에 배타제어를 잊기가 쉽다. 그러한 부주의가 중대한 에러를 일으키는 예가 많이 있다는 것을 명심하여 둘 필요가 있다.

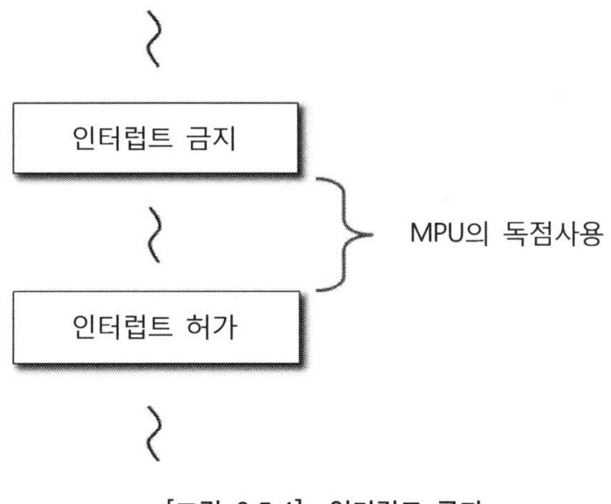

[그림 3.5.4] 인터럽트 금지

3.5.2 Re-Entrant 루틴

[그림 3.5.5]와 같이 리얼타임 시스템과 같은 멀티프로그래밍의 환경에서는 태스크가 같 은 처리를 실행하는 루틴을 공유하는 것이 빈번하게 발생한다. 이러한 루틴을 공유루틴

(Shared Routine)이라고 부른다. 공유루틴(Shared Routine)은 태스크의 문맥으로 실행된다. 즉, 태스크의 일부로서 실행된다. 그렇다면, 공유루틴(Shared Routine) 실행 중 공유루틴(Shared Routine안)에서도 태스크 변환이 발생한다. 교체된 태스크가 같은 공유루틴(Shared Routine)을 호출하는 경우도 있다.

태스크에서 호출되는 경우에 한정하지 않고, [그림 3.5.6]과 같이 루틴의 실행 중에 처리의 변환이 발생하고 그 결과, 다른 처리에서 호출되어도 각각의 처리에 대해서 올바른 결과를 돌려줄 수 있는 루틴을 Re-Entrant(재입가능) 루틴이라고 부른다.

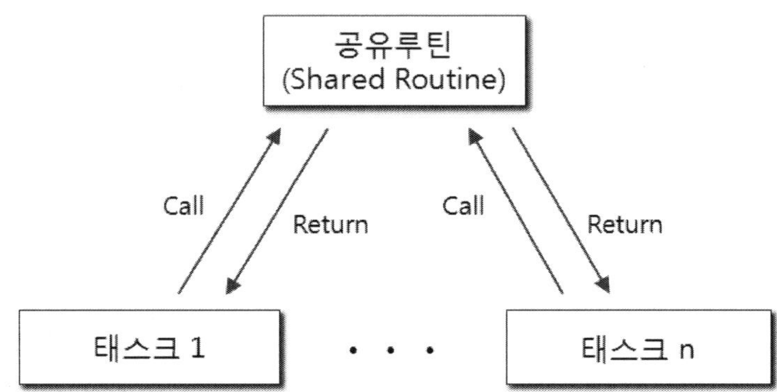

[그림 3.5.5] 공유루틴(Shared Routine)

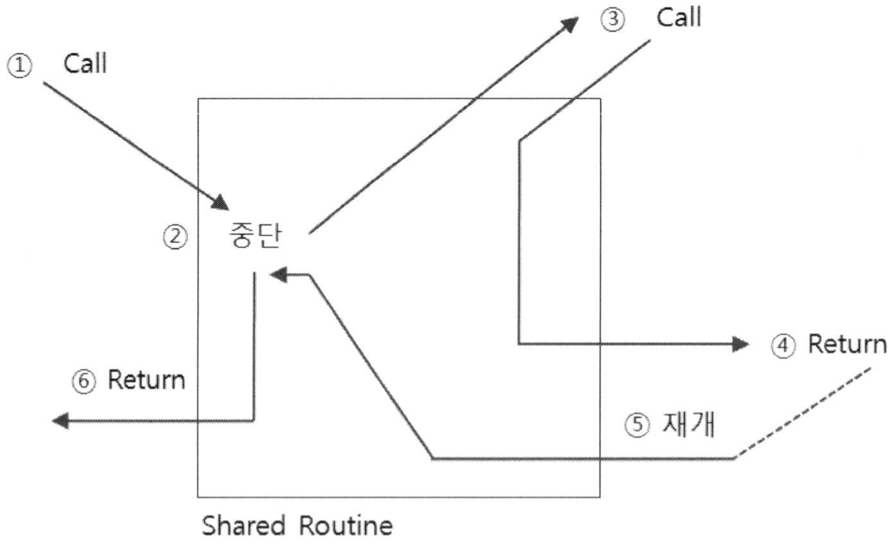

[그림 3.5.6] Re-Entrant 루틴

Re-Entrant 루틴은 내부에 배타제어의 필요한 공유자원을 가져서는 안 된다. 배타제어의 설명에서 기술한 것처럼 공유자원 참조 중에 처리의 변환이 발생하면, 올바른 결과가 보증되지 않게 되어 버린다. 즉, 배타제어가 필요 없는 자원만으로 실행이 되지만 Re-Entrant 성은 보증되게 된다. C 언어의 함수는 Re-Entrant 루틴을 작성하는데 좋은 특성을 갖고 있다는 평가가 있다.

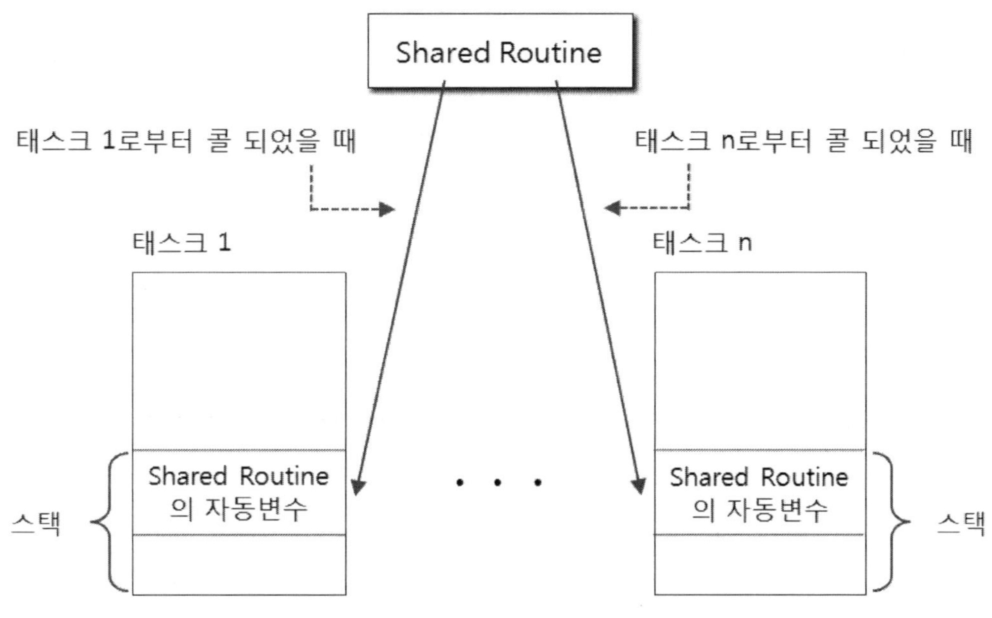

[그림 3.5.7] 오토변수 영역

C 언어 사양에 의하여, 함수의 오토변수는 스택 영역에 있게 된다. [그림 3.5.7]과 같이 스택 영역은 각 태스크 고유의 영역이다. 따라서 오토변수만을 갱신하여 처리를 하는 함수는 Re-Entrant 루틴이 되는 것이다. 스태틱 변수는 메모리상의 동일 영역을 사용하기 위하여 다른 처리에서 동시에 콜 되는 환경에서는 공유자원이 되어 버린다. 퍼블릭변수는 물론 공유자원이기 때문에 Re-Entrant 루틴에서는 사용할 수 없다.

루틴에 Re-Entrant 성을 갖게 할 수 없는 경우에는 그 루틴을 배타제어하여 사용하게 된다. Re-Entrant 성과 배타제어는 어떤 의미로 표리의 관계에 있다고 말할 수 있다.

정 리

이 장에서는 다음의 내용을 설명하였다.

1) 프로그램 실행환경의 작성

① 프로그램을 실행하는 환경에는 ROM 과 RAM 이 있고, 거기에도 여러 가지 종류가 있다.

② 복수의 프로그램을 정리하여 한 개의 실행 형식프로그램으로 하고, ROM에 상주시키는 원링크 모듈이 임베디드 소프트웨어에서는 자주 사용된다.

③ 원링크모듈 이외에 복수의 실행모듈을 작성하고, 그것을 로더로 RAM에 읽어 들여 실행시키는 방법도 있다.

2) 섹션과 주소이전

① 프로그램은 실행시의 속성에 따라서 텍스트, 데이터, BSS, 스택의 각 섹션에 분할된다. 섹션 내의 명령이나 데이터를 참조하는 주소는 메모리에 프로그램이 배치 될 때까지, 몇 번이나 이전 된다.

② 주소이전을 실행하는데, 컴파일러나 링커가 큰 기능을 한다.

③ RAM 으로 프로그램을 실행하는 경우에는 로더도 주소이전에 참가할 수 있다. 그렇게 하면, 보다 유연한 기능을 제공할 수 있다.

④ MMU 를 사용하면, 주소이전 기능에 페이징이나 가상기억 등의 매우 유연한 기능을 도입할 수 있다.

3) 파워 관리기능

① 임베디드 시스템에서는 주변 디바이스의 전력소비를 억제하기 위한, 전력절약 기능이 제공된다.

② 메모리나 MPU 의 전력소비를 억제하는 기능도 제공되고 있다.

4) 인터럽트 기능의 이용

① 인터럽트 기능의 자세한 내용을 본서에서는 이미 이해하는 상태인 것을 전제로 하고 있다.

② 독립된 처리의 단위를 문맥(콘텍스트)이라고 부른다.

③ 인터럽트를 이용하는 것에 의하여 문맥의 독립성을 유지할 수 있게 된다.

④ 인터럽트를 이용하는 것에 의하여 입출력의 대기시간을 유효하게 이용할 수 있게 된다.

⑤ 이러한 인터럽트 기능을 사용자에게 제공하는 것이 RTOS 의 역할이다.

5) 리얼타임 프로그래밍을 위한 기초지식

① 공유자원의 갱신을 위해서는 배타제어가 필요하다. 배타제어에는 세마포어, 인터럽트 금지, MPU 명령 등의 방법이 있다.

② Re-Entran t성이란, 실행 중에 재입(Re-Entrant)되어도 올바른 처리를 할 수 있다는 것이다.

04

리얼타임 커널

제1장(1. 2. 5 항)에서 말한 것처럼 커널(Kernel)은 OS 의 중심 기능을 제공하는 모듈로, 태스크를 바꾸기 위한 디스팻쳐(Dispatcher), 어느 태스크를 실행할지 결정하는 스케줄러(Scheduler), 태스크에 대해서 각종 기능을 제공하는 시스템콜(Call) 등으로 구성된다. 이러한 기능을 가진 OS 를 사용하는 것으로 CPU 를 효율적으로 사용할 수 있는 반면, 메모리 등을 보다 많이 사용하는 단점이 되기도 한다.

여기에서는 OS 를 사용하지 않는 경우의 소프트 개발과 비교하여, OS 를 사용하는 장점을 고찰하는 것부터 시작하고, 장점을 살리기 위해서 필요한 기술적 관점에서 설명한다. 더욱이 태스크 설계에 필요한 태스크 분할이나 태스크 결합 및 태스크간 인터페이스를 실장하기 위한 시스템콜 이용 방법에 대하여 설명한다. 여기서, 설명하는 태스크 설계법은 구조화 분석이나 객체지향 등의 각종 기법으로 작성한 동작모델을 실현할 때에 이용할 수가 있다.

> ### 4. 1 OS 의 장점
>
> OS 를 사용하는 장점과 그 이유에 대하여 설명한다.
>
> ### 4. 2 태스크의 개념
>
> 태스크는 OS 에 의하여 도입되는 개념이다. 태스크의 동작은 소스코드에 의하여 결정될 뿐만 아니라, 스케줄러에 의하여도 동적으로 제어된다. 스케줄러에 의한 제어를 중심으로 설명한다.
>
> ### 4. 3 시스템콜(System Call)
>
> 소스코드에 의한 태스크의 제어에 관하여 태스크간 인터페이스를 중심으로 설명한다.
>
> ### 4. 4 태스크 분할
>
> 멀티태스킹 시스템을 설계하기 위해서 필요한 태스크 분할방법에 대하여 설명한다.

4.1 OS 의 장점

OS 에 의한 장점에는 여러 가지 있지만, 그 중에서도 중요한 것은 하드웨어나 소프트웨어 등의 시스템 자원을 효율적으로 이용할 수 있는 것이며, 병행개발을 가능하게 하는 것이다. 후자는 개발요원을 효율적으로 이용하는 것으로 생각된다. 여기에서는 전자의 장점에 대하여 설명한다.

4.1.1 기본 개념

각각의 OS 에서 커널이라고 부르는 부분은 다른 점이 있다. 범용기에서는 가상메모리를 사용하기 위하여 모든 OS 모듈이 실 메모리상에 존재하고 있는 것은 아니다. 이러한 상황에서 메모리에 상주해야 하는 OS 모듈을 커널이라고 부르고 있었다.

한편, 임베디드용 RTOS 의 경우에는 각종의 시스템콜을 제공하고 있어도 어플리케이션이 그것들 모두를 이용한다고는 할 수 없다. 사용하지 않는 시스템콜은 자원을 절약하기 위해서 어플리케이션에 링크하지 않는 것이 보통이다. 이러한 시각에서 시스템콜군을 커널에 포함하지 않는 경우도 있다. 또한, Thread 형 RTOS 에서는 시스템콜은 호출한 태스크의 문맥(Context)으로 실행되는 부분이 많기 때문에 OS 의 내부라고 생각하는 것보다도 태스크에 제공되는 라이브러리와 같이 평가하가 되기 때문에 커널에는 포함하지 않는 것도 있다. 이와 같이 RTOS 의 실장방법이나 설계 사상에 의하여 커널의 범위도 변화된다. 이 장에서는 시스템콜무리도 커널에 포함하여 설명한다.

OS 를 사용하여 개발하는 경우, RAM 등의 System Resource 를 많이 필요로 한다. 따라서 원칩 마이크로컴퓨터 등의 자원이 적은 환경에서는 OS 를 사용하지 않는 개발도 계속되고 있다. 진정한 의미로 OS 를 잘 다루려면, 단지 OS 의 사용 방법을 이해하는 것만이 아니고, OS 를 사용하는 편이 좋은 것인지, 사용하지 않는 편이 좋은 것인지 판단까지 할 수 있을 필요가 있다. PC 등의 범용계의 시스템으로 프로그램을 작성하는 경우에는 main 함수에서 실행이 시작되는 것을 전제로 하여 작성하면 좋다. 또한, 최근의 윈도우 시스템상의 GUI 체제(Graphic User Interface Framework)를 이용한 프로그램이나, NET 등, 특정의 업무 시스템 체제를 이용한 프로그램에서는 main 함수를 의식할 필요성이 없어졌다.

한편, 임베디드 시스템의 경우는 전원을 넣은 곳에서 시스템의 실행을 제어하는 프로그램을 작성할 필요가 있고, main 함수에 제어를 건네줄 때까지의 초기화 처리를 스타트업 루틴으로 실행하는 것은 3.1.2 항에서 설명했다. 임베디드 환경에 있어서의 프로그래밍에서는 스타트업 루틴뿐만이 아니라, 컴파일러에 부속되는 표준 라이브러리의 실장방법까지도 의식할 필요가 있다[그림 4.1.1]. 이러한 사정이 임베디드 개발입문의 장벽을 높게 하고 있다.

그러나 RTOS 를 사용하면, 이러한 동작환경을 은폐해 준다. 따라서 포팅 이외에서는 이와 같은 동작환경을 의식할 필요는 없다. 임베디드 개발에서는 RTOS 를 사용하지 않는 원칩 마이크로컴퓨터 전용 개발 쪽이 간단한 개발이라고 생각되고 있다. 그러나 업무시스템 등 다른 분야를 경험한 엔지니어에 있어서는 RTOS 를 사용하여 main 함수에서 실행이 시작되는 환경 쪽이 장벽이 낮다. 이것은 RTOS 의 효과의 하나이다. RTOS 를 이용하는 것으로, RTOS 위의 세계와 아래의 세계로 분리할 수 있는 것이다[그림 4.1.1].

그리고 또한 위의 세계에서는 어플리케이션을 태스크에 의하여 분할하는 것이 가능하게 된다. 이 결과, 분산 개발이나 병행개발이 가능하게 되는 것이다. 더욱이 개발자의 숙련도를 구분하는 자유도도 커진다.

RTOS 를 사용하지 않는 경우에는 main 함수 속에서 처리를 실행하기 위한 프로그램을 작성하여 나간다. 이 때, MPU 시간을 쓸데없게 하지 않기 위하여 main 함수를 실행하고 있는 문맥과는 별도로, 인터럽트 처리에 의한 문맥도 이용한다. 3.4.4 항에서 설명한 것처럼 인터럽트를 이용하는 것으로, 이벤트 스레드에 main과는 다른 처리를 실행하게 하고, MPU 를 유효하게 사용할 수가 있다.

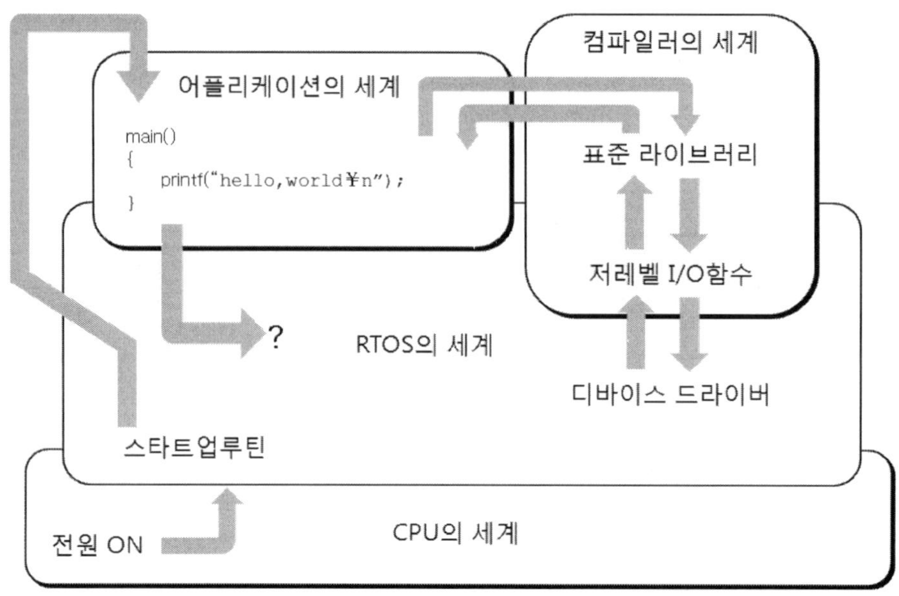

[그림 4.1.1] 임베디드 환경에서의 프로그래밍

그러나 main 함수의 문맥과 인터럽트 처리의 문맥을 준비하는 것만으로는 어딘가 필요 없는 루프(Loop)가 발생하여 버린다. 여기에, 3.4.5 항에서 설명한 것처럼 RTOS 를 이용하게 된다. RTOS 를 이용하는 것으로, 「계산기 처리」, 「정보 표시」, 「화면보호기」의 처리의 실행순서를 소스코드의 변경에 때문에 시행착오를 할 필요는 없어진다. 이것은 RTOS 에 의하여 태스크의 개념이 도입되기 때문이다.

상기의 각 처리를 태스크에 할당하는 것으로, 실행순서의 제어는 RTOS 에 맡기는 것이 가능하게 되어, 처리를 바꾸기 위한 소스코드도 불필요하게 된다. 태스크를 1개 늘리는 것은 문맥을 1개 늘리는 것과 동일하다. 태스크 마다 main 함수를 이용할 수 있다.

태스크 문맥은 RTOS 에 의하여 준비되고, 문맥교환(Context Switching)하기 위한 소스코드도 RTOS 내에 준비되어 있어 디스팻쳐(Dispatcher)로 처리된다. 그것을 이용하기 위한 인터페이스가 시스템콜군(API)이다. 태스크의 개념에 대해서는 재차 4. 2절에서 설명한다.

인터럽트에 인터럽트 수준이 있듯이, 태스크에는 우선도(Priority)가 있다. 인터럽트 수준과 태스크 우선도의 관계를 [그림 4.1.2]에 나타낸다. Timer Interrupt 의 인터럽트 수준이 높게 설정되어 있지만, 이것은 RTOS 를 사용하는 경우의 일반적인 것이며, 반드시 모든 시스템에서 이와 같이 하는 것은 아니다. Dispatcher/Scheduler 가 RTOS 자신의 문맥 수준이다. RTOS 를 사용하지 않는 경우의 main 함수가 실제의 문맥이기도 하다.

● 인터럽트 수준

 - RTOS 를 사용하지 않는 경우는 인터럽트 수준을 사용한 병행동작이 가능
 - 하드웨어 우선권
 * 네스트(Nest)의 방법이 다름
 - 동일 수준에서는 LIFO
 - Wait 할 수 없다

● 태스크 우선권

 - RTOS 를 사용하는 것으로 태스크 우선도도 사용할 수 있게 된다.
 - 소프트웨어에 의하여 실현되는 우선도
 * 동일 우선도에서는 FIFO
 - Wait 할 수 있다

● 2개를 조합하여 사용하는 것으로 CPU 를 효율 좋게 사용할 수 있다.

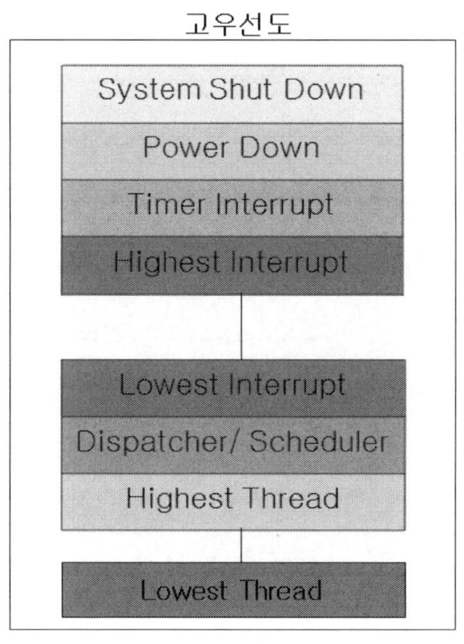

[그림 4.1.2] 인터럽트 수준과 태스크 우선도의 관계

Dispatcher/Scheduler 이하를 태스크에 할당할 수 있는 문맥이 우선도이다. RTOS 를 이용하는 것으로 Dispatcher/Scheduler 이하의 부분이 추가되어 소프트웨어의 움직임을 기술 하는 자유도가 커진다. 처리의 변환 부분이 Dispatcher/Scheduler 에 집약되기 때문에 처리 측의 코드는 자신의 처리의 기술에 전념할 수가 있다. 이것에 의하여 RTOS 위의 세계도 분할할 수 있게 된다. 즉, 처리 마다 다른 개발자를 할당하는 병행개발이 쉬워진다.

일반적인 태스크 구성과의 대응을 [그림 4.1.3]에 나타낸다. 리얼타임 시스템에서는 태스크 우선도의 할당방법으로서는 기동주기가 짧은 것을 고우선도로 하는 레이트 모노토닉법(Rate-Monotonic)과 데드라인의 짧은 것을 고우선도로 하는 데드라인 모노토닉법(Deadline-Monotonic)이 기본이다. 실제는 처리시간이 긴 것을 저우선도로 하고, 처리 내용이 중요한 것을 고우선도로 하는 등의 수정을 하여 우선도를 할당한다.

처리시간의 순서는, 인터럽트 핸들러 수준에서는 수 마이크로 세컨드, 디바이스 드라이버 태스크는 긴 것으로는 수십 밀리 세컨드 정도가 되는 것이 보통이다. 더욱이 어플리케이션 태스크의 실행시간은 초단위의 순서가 될 수도 있다. 이와 같이 시간적으로 순서가 다른 처리가 혼재하지만, 그것을 처리하는 것이 커널이다.

어플리케이션 태스크가 하나의 처리를 종료하는 동안에 드라이버 태스크는 수 천회 기동/종료를 반복하고 있다. 그것을 하나의 문맥으로 처리하는 것은 현실적이지 않다. RTOS 에 의하여 분할된다.

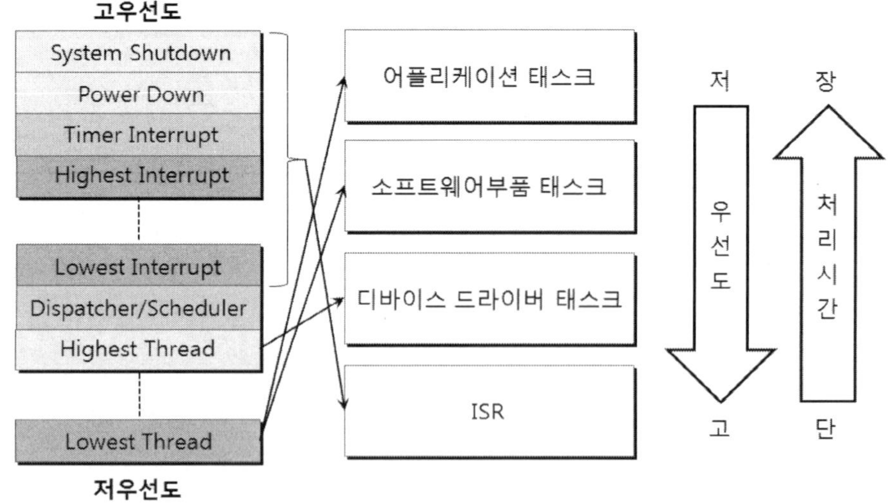

[그림 4.1.3] 일반적인 태스크 구성과 대응

4.1.2 CPU 사용률

CPU 사용률은 MPU 시간의 몇 퍼센트를 프로그램이 사용하고 있는지를 나타내는 것이다. 리얼타임 스케줄링을 이해하기 위한 기본적인 계산량이다. CPU 사용률의 관점에서 RTOS 의 효과와 특성을 설명한다. CPU 사용률은 [4-1]식에서 계산된다. MPU 로 수행되는 처리시간에 그 처리가 기동되는 빈도로 묶은 값을 모든 처리에 대하여 서로 더한 값이 CPU 사용률이다. 기동되는 빈도는 일정주기 태스크이며, 기동주기의 역수가 된다. [4-1]식은 이 형태로 표현되고 있다. CPU 사용률이 1을 넘었을 경우에는 하나의 MPU 에서는 처리할 수 없게 된다. 1 이하의 경우에서는 모든 처리를 결정할 수 있던 데드라인까지 종료할지 어떨지는 개별의 조건을 고려하여 조사하여야 한다.

예를 들어, 10msec 걸리는 처리를, 15msec 마다 실행하는 경우의 CPU 사용률은 10/15 = 0 . 666… 그래서 약 67 %가 된다. 15msec 마다 5msec의 여유가 있다. 10msec 걸리는 처리를, 10msec 마다 실행하는 경우는 CPU 사용률은 1이 된다. 이것은 MPU 시간이 100 %사용된 상태이며 여유는 없어진다.

더욱이 10msec 걸리는 처리를 5msec 마다 실행하는 경우에는 CPU 사용률은 10/5 = 2 이므로, 하나의 MPU 에서는 처리하지 못하고, 2개의 MPU 를 필요로 한다. 예를 들면, MPU를 2개 준비하여 5msec 떨어뜨려 놓고 10msec 마다 처리를 실행하면 아주 좋다. CPU 사용률을 정수에 끝맺는 값은 필요한 MPU 의 대체적인 수가 된다. 대체적일 수밖에 되지 않는 것은 개별의 조건을 고려하여야 하기 때문이다.

$$CPU\ 사용률 = 처리시간/기동주기\ +\cdots\quad (4\text{-}1)\ 식$$

태스크를 이용하는 것으로, MPU 의 이용효율이 좋아져, 지금까지 데드라인을 지킬 수 없었던 프로그램을 데드라인을 지킬 수 있게 된다. 이것을 RTOS 에 의하여 MPU 가 빨라진다고 오해하는 사람이 있다. RTOS 는 가속기는 아니기 때문에 MPU 가 빨라지지는 않는다. 오히려 역으로, RTOS 를 이용하면 오버헤드가 증가하므로, MPU 시간을 보다 많이 사용하게 된다. 이것으로, RTOS 를 이용하면 처리가 늦어져 오해하는 사람이 있지만, 그것 또한 실수이다.

그럼 왜 RTOS 를 이용하는 것으로, RTOS 를 사용하지 않는 환경에서 지킬 수 없었던 데드라인을 지킬 수 있게 되는 것일까? RTOS 를 이용하면, MPU 의 오버헤드는 증가하지만, 그 이상으로 CPU 이용효율이 향상하는 것이다.

[표 4.1] 샘플

외부이벤트	발생 패턴	처리시간 msec	데드라인 msec
event 1	주기적 25 ms	10	25
event 2	Burst, 25 , 200 ms	1	200
event 3	주기적 350 ms	120	350

예를 들면, [표 4.1.1]을 생각하여 본다. 하드 데드라인을 갖고 있는 3 종류의 이벤트를 처리하여야 한다고 한다. 3 종류 중 event 1 과 event 3 은 내부 타이머를 이용한 주기이벤트이므로, CPU 사용률은 간단히 계산할 수 있다. 다음과 같이 74 %이다.

$$\frac{10}{25} + \frac{120}{350} = 0.74$$

event 2 는 주기적은 아니고 산발적으로 발생하는 외부이벤트로 한다. 다만, 최대로 200msec 의 사이에서 25 회 연속적으로 발생하고 최소 발생간격은 거의 1msec 로 한다. event 2 가 최대의 빈도로 발생했을 경우의 CPU 사용률은 이하와 같이 86 % 가 된다. 따라서 이 3개의 이벤트는 하나의 MPU 로 처리할 수 있을 가능성이 크다.

$$\frac{10}{25} + \frac{120}{350} + \frac{25}{200} = 0.86$$

우선, 레이트 모노토닉법에 따라, 발생 간격이 제일 짧은 event 2의 인터럽트 수준을 제일 높게 설정하고, 이하는 event 1, event 3의 순으로 한다. 이와 같이 하여 RTOS 를 사용하지 않고 인터럽트만으로 실현되려고 하면, event 1 이 데드라인을 초과하는 일이 있다. 예를 들면, 모든 인터럽트가 동시에 발생했을 경우이다. 그 때의 처리의 모습을 [그림 4.1.4]에 나타냈다.

연속한 event 2 의 처리를 25 회 하고 있는 동안에 event 1 의 데드라인을 넘어 버린다. 그림에서는 event 1 의 처리가 개시되었을 때가 event 1 의 데드라인이 되어 있다. CPU 사용률은 86 % 이므로, 여유는 있을 것이지만, 데드라인을 넘어 버림으로, 리얼타임 시스템으로서는 사용할 수 없다. 여유가 있는데, 데드라인을 지킬 수 없는 것이다. 응답이 늦을 때의 대응은 처리시간을 빨리 하는 것이다.

어느 정도 빨리하면 좋은 것인지 계산하면, event 1 에 대한 응답시간의 35msec 를 25msec 로 하면 좋은 것이기 때문에 약 1. 4 배로 하면 좋다. 즉, MPU 를 40% 빨리 하든지,

プ

프로그램을 40% 빨리 하든지, 어딘가에서 한다. 이렇게 하면, event 2의 처리는 18msec로 종료하므로, 계속 event 1 의 1회째의 처리를 한다. 한층 더 연속하여 event 1 의 2번째의 처리가 32msec 까지 종료하게 된다. 그림에서는 event 1 의 처리와 2번째의 처리가 연속하여 표시되고 있다. 프로그램을 40% 빨리 했을 때의 CPU 사용률은 62% 이다.

  event 2 의 인터럽트 부분은 MPU 인터럽트를 큐잉할 필요가 있으므로, 1회의 처리에 0.1 msec 걸린다고 한다. event 2 의 태스크 부분의 처리는 1msec 이므로, 200msec 의 사이에 25msec 사용한다. RTOS를 도입하는 것으로, MPU의 불필요한시간이 줄어들어 데드라인을 지킬 수 있게 된다. 즉, MPU를 1.4배 빨리 한 것과 동일한 효과가 있게 된다. 반대로, 데드라인이 350msec의 event 3의 처리에 296msec 밖에 걸리지 않기 때문에 실행시간이 1.1배가 되어도 326msec 이므로, 10 %늦은 MPU를 사용하여도 데드라인을 지킬 수 있는 것이다. 즉, 인터럽트 처리부분(3msec/200msec)이, 태스크화 한 것에 의한 오버헤드가 된다[그림 4.1.5]. 이와같이하여 데드라인을 지킬 수 있고 이 경우 CPU 의 사용률도 88.3%로 나타났다. RTOS 를 도입하는 것으로, MPU 의 불필요한 시간이 줄어들어 데드라인을 지킬 수 있게 된 것이다. 즉, MPU 를 1.4배 빨리 한 것과 동일한 효과가 있게 된다. 반대로, 데드라인이 350msec의 event 3의 처리에 296msec 밖에 걸리지 않기 때문에 실행시간이 1.1배가 되어도 326msec 이므로, 10 % 늦은 MPU 를 사용하여도 데드라인을 지킬 수 있는 것이다.

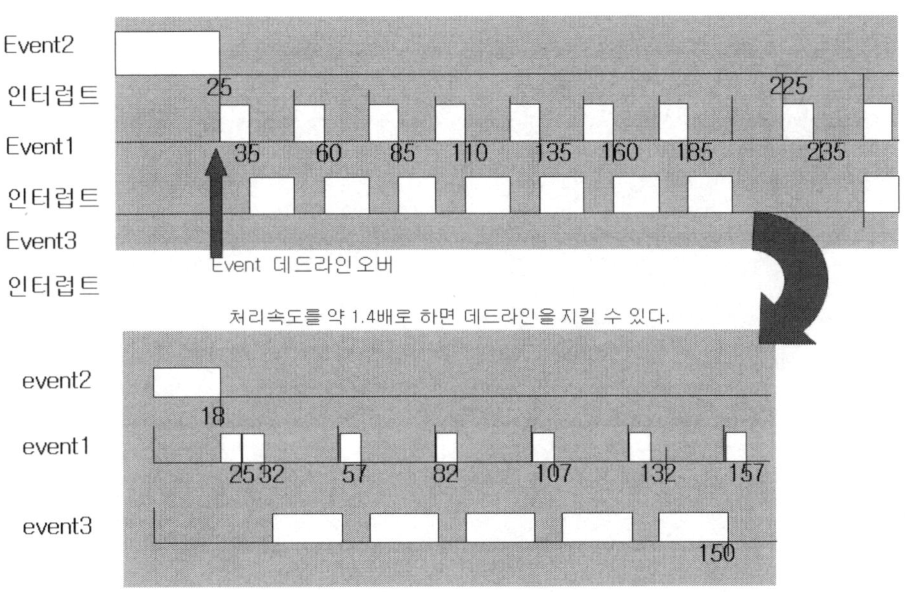

[그림 4.1.4] 레이트 모노토닉 RTOS 미사용

다음에 데드라인 모노토닉법에 따라, 데드라인의 짧은 처리에 높은 인터럽트 수준을 주었을 경우를 생각하여 본다. 즉, event 1 의 데드라인이 10msec 로 가장 짧기 때문에 인터럽트 수준도 높게 한다. event 2 는 200msec 주기에 처리시간 25msec 의 처리라고 생각하고 인터럽트 수준을 2 번째로 설정한다. 이 경우, 모든 이벤트는 데드라인 이내에 처리가 종료한다[그림 4.1.6]. 다만, event 2 는 외부 인터럽트이므로, 다음의 인터럽트를 가능한 한 빨리 접수하고 가능하게 하고 싶은 경우에는 역시 인터럽트 수준을 높게 할 필요가 있다. 따라서 이러한 설정은 일반적으로 실장할 수 없는 경우가 많다.

CPU 사용률이 1 이하의 경우에 데드라인을 지킬 수 있을지 어떨지 판정하려면, [그림 4.1.4]에서 [그림 4.1.6]에 나타낸 개별체크가 필요하다. 그러나 다음의 조건이 성립할 경우에는 개별체크는 불필요하게 되는 것이 알려져 있다. 태스크가 모두 주기적으로 기동되어 서로 상호작용이 없고, 레이트 모노토닉에 우선도를 붙였을 경우에는 CPU 사용률이 n 을 태스크 수라고 하여 [4-2]식에서 나타나는 값의 이하이면 데드라인을 지킬 수 있다. 따라서 개별적으로 판정하여야 하는 CPU 사용률의 영역은 [그림 4.1.7]의 곡선보다 위의 영역이다. [4-2]식에서 나타나는 곡선보다 아래의 영역에서는 앞에서 본 조건을 채우고 있는 한 개별판정은 필요 없다.

$$n\left(2^{\frac{1}{n}}-1\right) \qquad (\,4\text{-}2\,)\ \text{式}$$

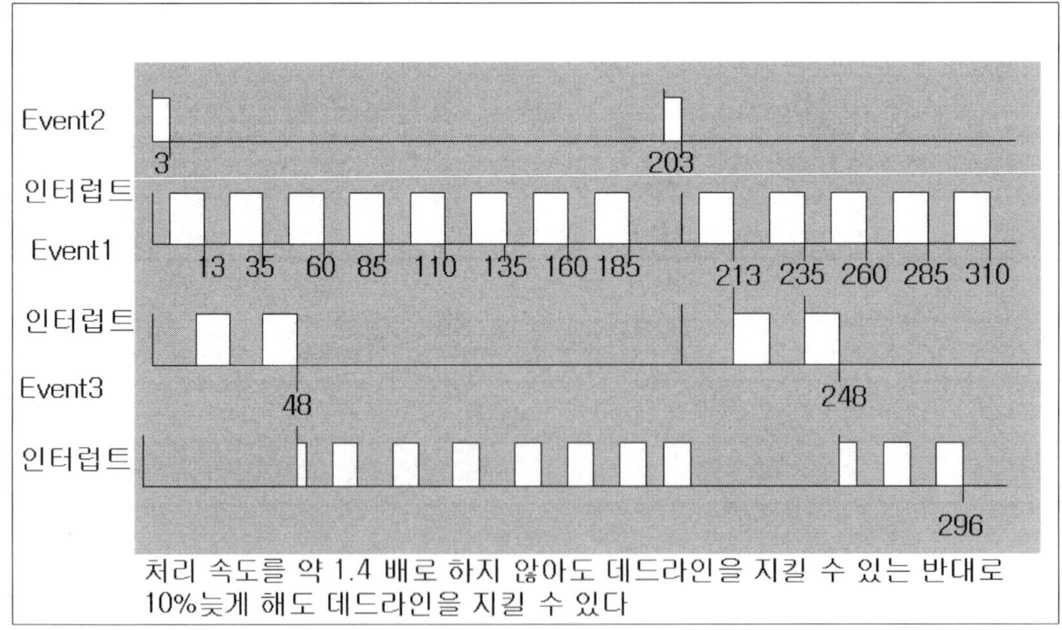

[그림 4.1.5] 레이트 모노토닉(RTOS 의 사용)

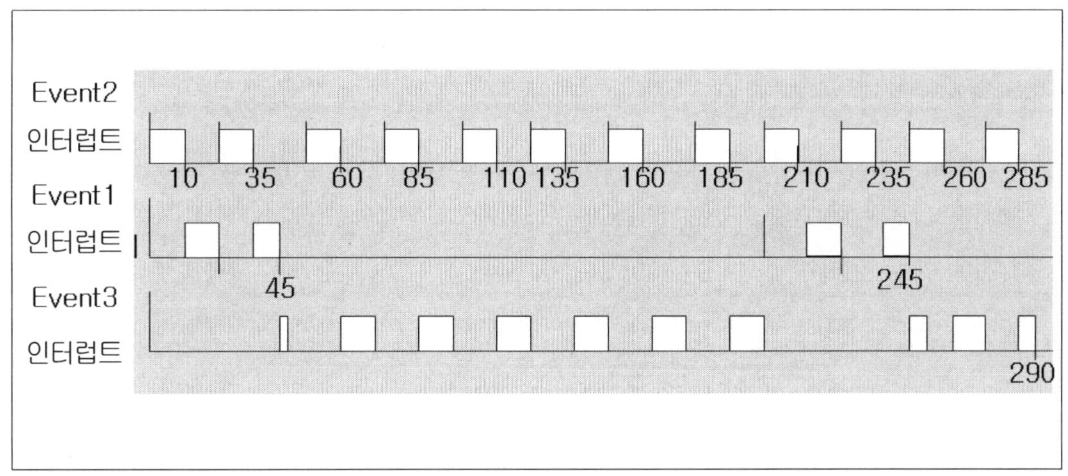

[그림 4.1.6] 데드라인 모노토닉(RTOS 의 미사용)

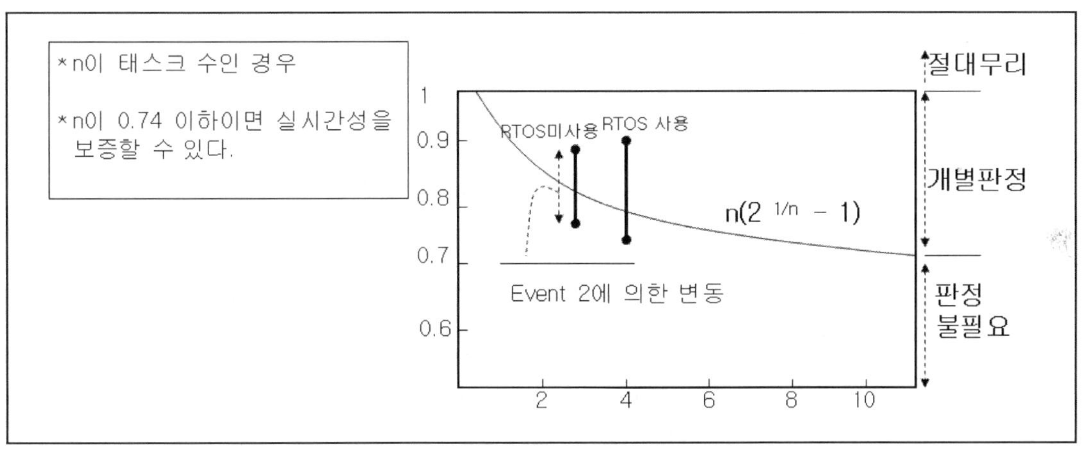

[그림 4.1.7] CPU 사용률에 의한 리얼타임성 판정

[표 4.1.1]의 샘플로, event 2가 빈발했을 경우의 CPU 사용률은 이 개별판정 영역에 들어가 있기 때문에 개별판정이 필요했다.

4.2 태스크의 개념

소프트웨어 개발에 있어서 RTOS 를 이용하는 경우와 이용하지 않는 경우로, 가장 큰 차이는 RTOS 를 사용하는 것으로 태스크의 개념이 생기는 것이다. 태스크는 RTOS 에 의하여 만들어 내는 구체적인 단위이며, RTOS 에 의하여 실행, 중단, 재개를 병행적으로 스케쥴링 할 수 있는 대상이기도 하다. RTOS 를 사용하지 않는 경우의 main 프로그램에는 인터럽트에 의한 중단과 재개는 있지만, 태스크와 같은 대기상태는 존재하지 않기 때문에 루프로 이벤트 대기를 하여야 한다.

RTOS 는 main 프로그램을 복수의 태스크 문맥에 분할하여 실장하는 것을 가능하게 한다. 다수의 태스크 가운데, 어떤 시점에 실행할 수 있는 것은 1개뿐이다. 실행하고 있지 않는 태스크 상태를 대기상태라고 부른다. 실행하고 있는 태스크가 대기상태가 되면, 스케쥴러에 의하여 즉시 다른 실행가능한 태스크가 선택되어, 디스팻쳐가 그 태스크의 실행을 개시시킨다. 실행중의 태스크 상태를 실행상태라고 부른다. 태스크가 1개 밖에 없는 경우에 대기상태가 되었을 때에는 RTOS 내의 아이들(Idle) 루프가 실행되는 경우나, 아이들 태스크를 준비하여 두어 그것을 실행하는 경우 등이 있다.

4.2.1 태스크 상태 제어

태스크 상태로서는 벌써 말한 것처럼 실행상태와 대기상태가 있다. 그러나 이 상태의 분류는 충분하지 않다. 대기상태 안에서는 실행가능하다 그러나 실행하지 못하고 기다리고 있는「대기」하고, 실행가능하게 되는 것을 기다리고 있는「대기」가 있다. 전자를 Ready 상태 또는 실행가능 상태, 후자를 Wait 상태 또는 Block 상태, 대기상태라고 부른다.

Ready 상태의 해제, 즉 실행상태에의 전이는 스케쥴러에 의하여 행하여져 태스크에서 직접 제어할 것은 없다. Wait 상태의 해제는 스케쥴러에 의하여 행하여질 것은 없다. 다른 태스크 또는 ISR 에 의하여 행한다. 즉, 태스크 상태변화는 시스템콜에 의하여 일어나는 것과 스케쥴러가 마음대로 일으키는 것이 있다. 의도했던 대로 태스크를 움직이기 위해서는 스케쥴러의 역할을 이해할 필요가 있다. 스케쥴러의 역할은 스케쥴링 폴리시(Scheduling Polish)로 불리고 있다.

시스템콜의 구성은 RTOS 마다 다르지만, 태스크는 만들지 않으면 존재하지 않고, 만든 것 만으로는 움직이지 않는 구조는 동일하다. 태스크를 만드는 방법은 cre_tsk( ) 와 같은 시스템콜을 호출하여 동적으로 만드는 경우와 컴파일시에 정적으로 만들어 버리는 방법이 있다.

　태스크를 생성하면 OS 가 태스크를 관리하기 위한 데이터구조나 태스크가 이용하기 위한 스택 영역 등이 확보된다. 이 상태를 Suspend 상태 또는 Dormant 상태, 정지상태, 휴지상태 등이라고 부른다. 이 상태는 태스크를 만든 것만으로 스케줄링의 대상은 되지 않는다. 이 상태의 태스크를 act_tsk( ) 등으로 기동하면, 기동상태가 된다. 기동상태가 되면 스케줄링의 대상이 된다. 기동상태의 태스크가 다수 있을 때는 전술한 것처럼 가장 우선도가 높은 태스크만이 실행상태가 되어, 다른 태스크는 Ready 상태가 된다[그림 4.2.1]. Ready 에서 Running 으로의 전이를 Start 또는 Dispatch, Running 에서 Ready 로의 전이를 Preempt 라고 부른다.

　태스크 상태가 [그림 4.2.1]의 범위이면, 우선도가 높은 태스크가 우선적으로 움직일 뿐이므로, [그림 4.2.2]와 같은 태스크의 움직임이 된다. 이 움직임은 인터럽트가 네스트(Nest) 했을 때와 동일하다. 이때의 스택조작은 함수콜이 네스트 했을 때와 동일한 것에서 [그림 4.2.2]의 태스크 사이에는 스택을 공유할 수 있다. 메모리를 목적으로 하고 이러한 태스크 클래스를 정의할 수 있는 RTOS 도 있다.

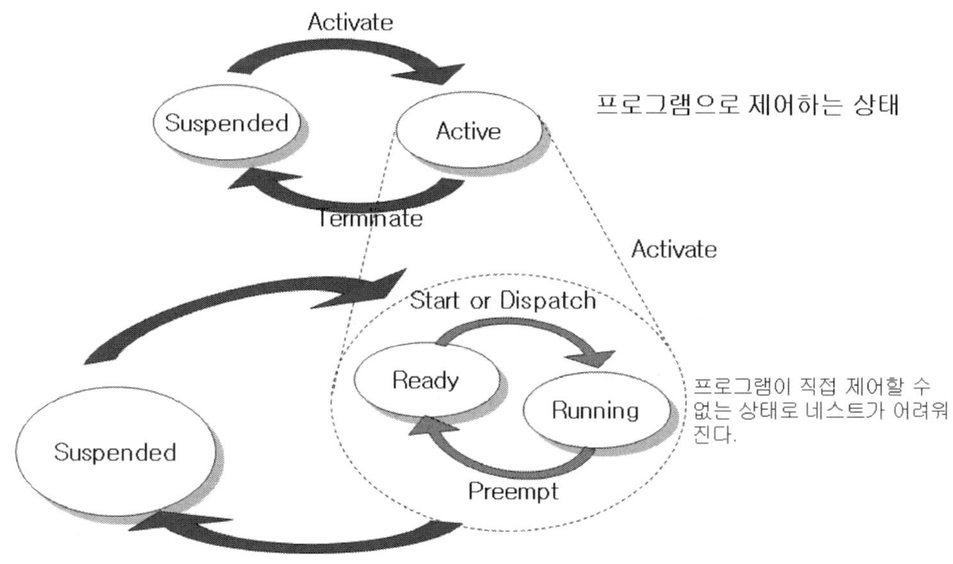

[그림 4.2.1] 태스크 상태와 조작-1

　RTOS 를 도입할 때에 주의하지 않으면 안 되는 문제 중 1개는 RAM 사용량의 증가이다. 그리고 가장 RAM 을 소비하는 것은 태스크 스택인 경우가 많다. 태스크가 개별적으로 스택을 가지는 경우의 스택사이즈는 그 태스크가 필요로 하는 최대 스택량으로 결정된다. 태스크가 다수 있는 경우는 모든 태스크의 최대 사용량이, 시스템이 제공하지 않으면 안 되는 스택량이 된다. 그러나 모든 태스크가 동시에 최대 스택을 사용하는 것은 그다지 없다. 어느 태스크가 바쁠 때는 다른 태스크는 한가한 경우가 자주 있는 것이다. 따라서 태스크마다의 최대 스택 사용량을 적산하면 RAM 을 너무 사용하는 결과가 된다.

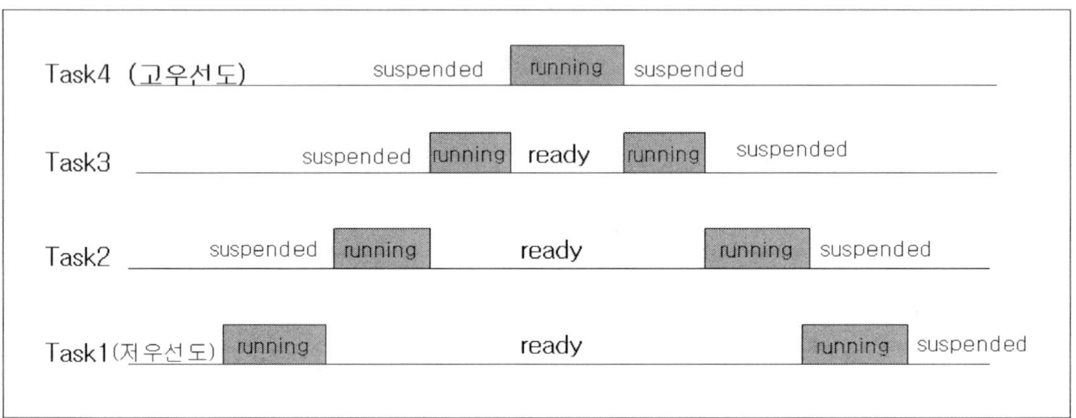

[그림 4.2.2]　Ready 와 Running 만의 태스크상태

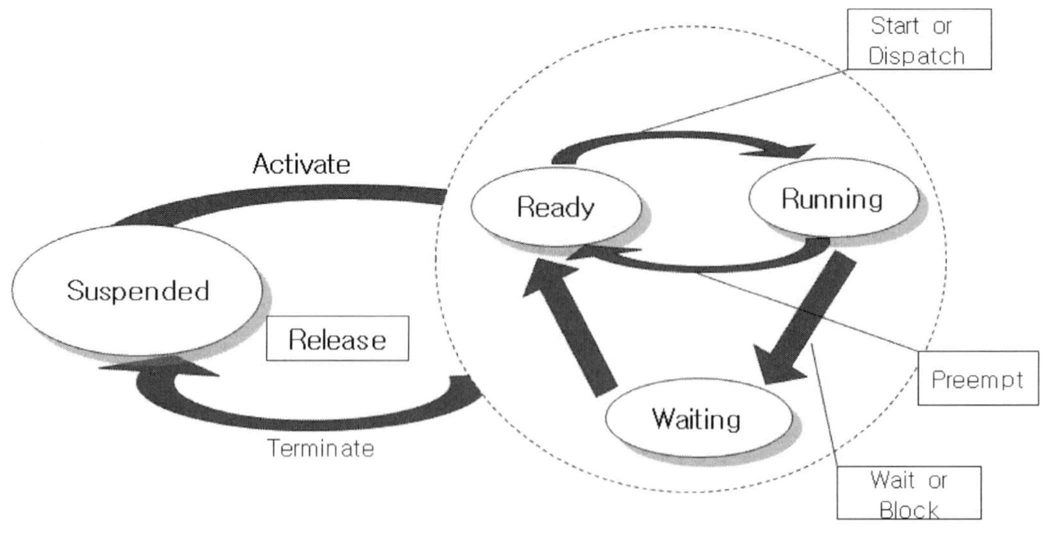

[그림 4.2.3]　태스크 상태와 조작-2

RTOS 는 태스크가 MPU 이외의 자원의 빈 곳을 기다리거나 어떠한 이벤트 발생을 기다리거나 할 수 있기 위한 상태를 준비하여 있다. 그것을 Wait 상태, Block 상태라고 부른다. [그림 4.2.3]과 같이 실행중의 태스크가 Wait 상태가 되었을 경우는 즉시 다음의 우선도의 Ready 상태 태스크가 Running 상태로 된다. 그리고 Wait 상태가 해제되면 다시 최초로 실행하고 있던 태스크가 Running 상태가 된다. 이러한 움직임을 태스크에 허락하는 것으로, 태스크 설계의 자유도가 향상된다. 많은 RTOS 에서는 Wait 가능한 [그림 4.2.4]와 같은 태스크의 실행 제어를 실행한다.

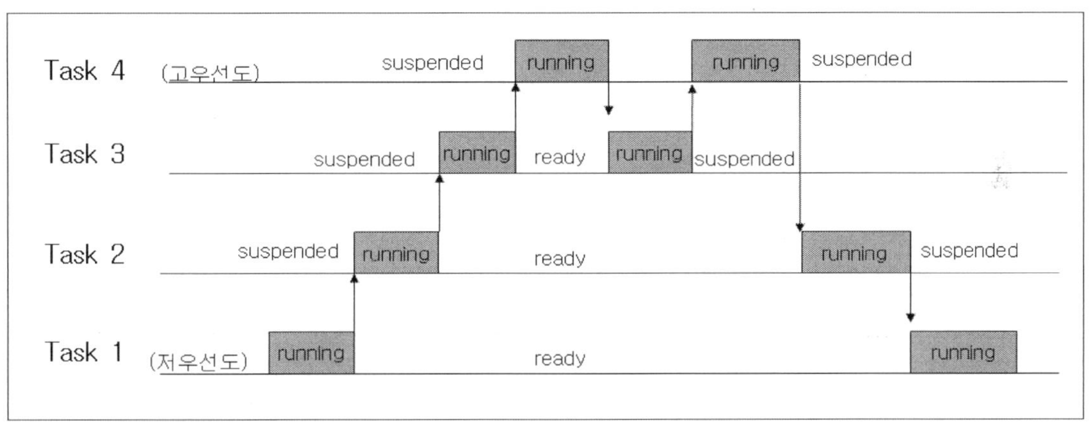

[그림 4.2.4] Wait 가능한 경우의 태스크 상태

[그림 4.2.4]의 경우, 기동상태 안에 실행가능상태(Ready), 실행상태(Running), 대기상태(Wait)의 3 상태가 들어간다. 대기상태의 태스크는 스케줄링의 대상은 되지 않는다. 실행상태에서 대기상태로의 전이에는 태스크가 자신의 사정으로 전이하는 경우와 다른 태스크가 원인으로 전이하는 경우가 있다. 다른 태스크가 원인인 전이로서는 우선도가 높은 태스크의 대기가 해제되었을 경우나, 우선도가 낮은 태스크가 먼저 자원을 확보하고 있어, 그 개방대기에 들어가는 경우 등이 있다. 우선도가 낮은 태스크가 원인으로 우선도가 높은 태스크가 기다리게 되는 것을 블럭(block)이라고 하며, Preempt와 구별한다. 스스로 기다려에 들어갈 때는 Wait 라고 부른다. Block와 Preempt, Wait를 정확하게 나누어 사용할 수 없으면 디버그 작업 등으로 태스크의 동작 상황에 대하여 효율적으로 커뮤니케이션 할 수 없다.

Wait는 시스템콜에 의하여 스스로 일으키는 것이므로 Wait 라고는 부르지 못하고, 각각의 시스템콜 고유의 통칭으로 불리는 것이 많다. 「sleeve 한다」, 「지연 한다」, 「메세지 대기」등이다. 대기상태에서의 전이는 대기요인이 제거되는 것으로 일어난다.

대기상태에 들어가는 시스템콜에는 대기상태를 해제하는 시스템콜이 존재한다. 이 시스템콜은 대기상태의 태스크가 호출할 수 없기 때문에 다른 실행상태의 태스크 또는 RTOS가 실행하게 된다. 태스크는 자신에서 대기상태가 될 수 있어도 스스로 복귀할 수 없다. 외부에서 해제 받는 것이 필요하게 된다.

대기가 해제되면, 태스크는 다시 스케줄링의 대상이 되어, 그 때의 상황에 따라, 실행상태나 실행가능 상태가 된다. 대기가 해제된 태스크의 priority가, 대기를 해제한 태스크의 priority보다 높으면 직접 실행상태가 된다. 또한, RTOS의 종류에 따라서는 실행상태의 태스크가 실행가능 상태의 태스크를 대기상태에 시킬 수도 있다. 따라서 RTOS 하에 있어서의 태스크 상태전이는 최종적으로 [그림 4.2.5]와 같은 형태로 이해하여야 하는 것이다.

실제의 RTOS의 태스크 상태전이도는 [그림 4.2.5]보다 복잡하게 된다. 예를 들면, 이 uITRON의 경우는 [그림 4.2.6]과 같이 된다. 복잡하게 되어도 중요한 것은 Ready 상태와 Running 상태간의 전이와 같이 스케줄러에 의하여 제어되는 전이이다. 이 스케줄러에 의한 전이는 소스코드 수준으로 직접 제어하는 것이 아니라 설계 수준으로 간접적으로 제어하여야 한다. 설계 수준으로 제어하는 것으로, 소스코드는 단순하게 되어 퍼포먼스도 개선된다. RTOS를 잘 다루려면, 태스크 설계가 중요하다.

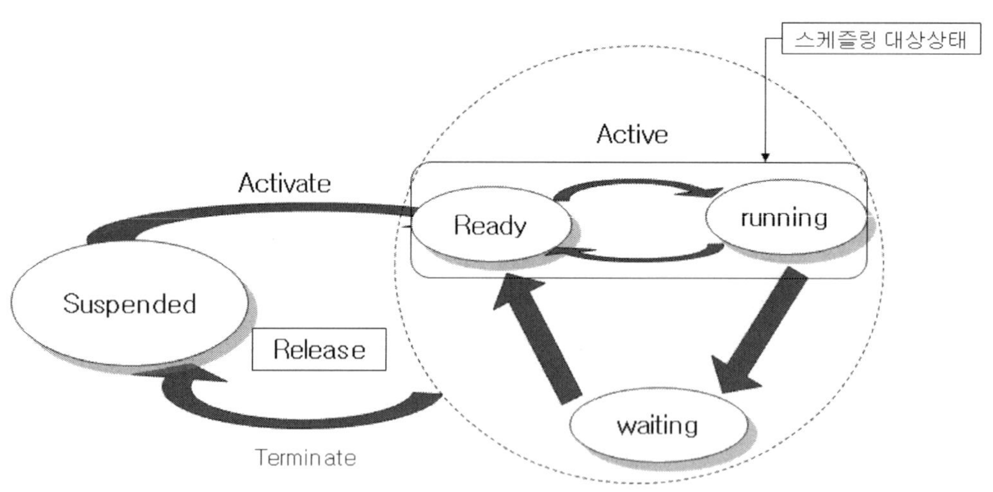

[그림 4.2.5] 태스크 상태와 조작-3

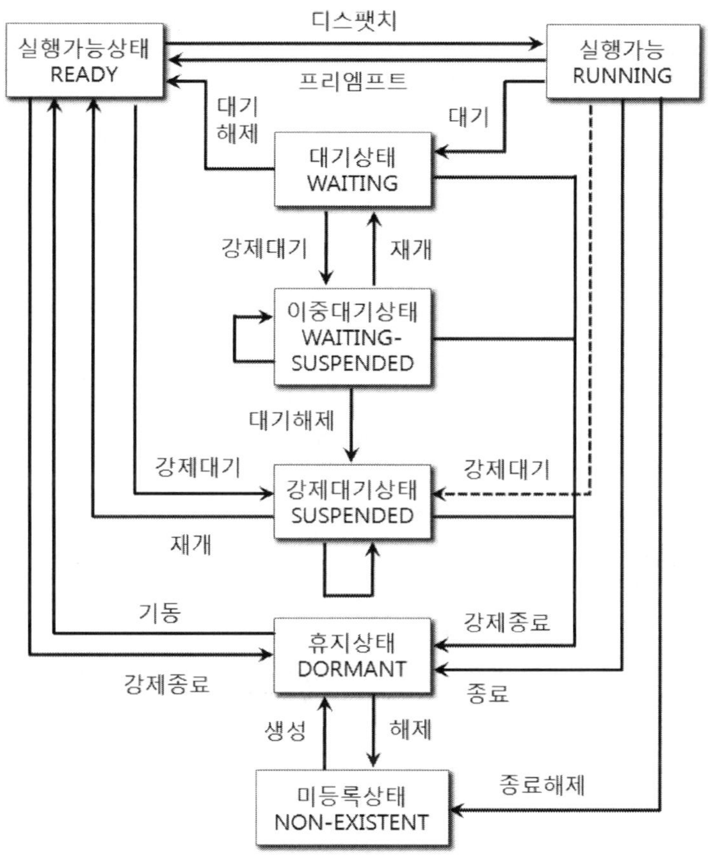

[그림 4.2.6] μ ITRON 의 경우

4.2.2 우선도

태스크 설계란, 어떠한 태스크를 몇 개 만들어 어떻게 우선도를 할당할까하고 말하는 것
이다.

스케줄 대상 상태에 있는 태스크는 태스크의 우선순위에 근거하여 스케줄러가 관리하는
실행대기행렬(Ready Queue)에 넣어진다. 일반적으로, 이 대기행렬은 [그림 4.2.7]과 같은
구조가 되어 있다. 실행상태의 태스크는 실행상태가 되는 시점에 두어 기본적으로 가장 우
선도 수준이 높고, 그 우선도 수준 중에서 최초로 스케줄 대상이 된 태스크이다. 즉 우선도
는 우선도 수준과 빠른 순으로2 단계에서 결정된다. 가장 우선도 수준의 높은 태스크가 실행
상태의 경우, 그 태스크가 대기상태가 될까 정지상태가 될까 하지 않는 한 다른 태스크는
실행할 수 없다. 이러한 스케줄링 방식을 우선도 베이스라고 부른다. 가장 우선도가 높은
태스크가 MPU 를 계속 점유하는 것 이다. 따라서 고우선도의 태스크는 재빠르게 실행을

종료하여 대기상태가 되도록 할 필요가 있다. 이것을 가능하게 하는 것이 설계수준에서의
제어이며, 무의미한 지연을 낳는 것이 소스코드 수준의 제어이다.

하드 리얼타임 시스템을 만들기 위해서는 단순한 우선도 베이스 스케줄 방식이 이용된다.
리얼타임성이 요구되지 않는 경우에는 동일 우선도 수준 중에서 타임 슬라이스에 의하여 우
선도를 변경하는 경우도 있다. 예를 들면, 이 μITRON에는 이 때문에 rot_rdy( )라고 하는
시스템콜이 준비되어 있다. 이 시스템콜을 이용하는 것으로 라운드로빈 스케줄링을 실현할
수 있다. 혹은 실행시간에 의하여 우선도 수준을 변경하는 스케줄링을 실행하는 경우도 있
다. 이 경우, 긴 시간 기다리고 있는 태스크의 우선도 수준이 서서히 높아져, 한 번 실행되면
원래의 우선도 수준에 돌아오는 조작을 한다.

이러한 스케줄링 방식의 차이는 최악의 응답시간을 단축하고 싶은 것인지, 평균응답시간
을 단축하고 싶은 것인지, 각 태스크에 대해서 평등하게 MPU 시간을 할당하고 싶은 것인지
에 따라 선택된다.

하나의 임베디드 시스템 안에는 하드 리얼타임 부분과 소프트 리얼타임 부분과 리얼타임
에 관계가 없는 부분이 혼재하는 일이 있다. 이러한 경우에는 고우선도 태스크에 대해서는
우선도 베이스 스케줄링을 적용하고, 중우선도 이하의 태스크에 대해서는 라운드로빈 스케
줄링을 이용한다.

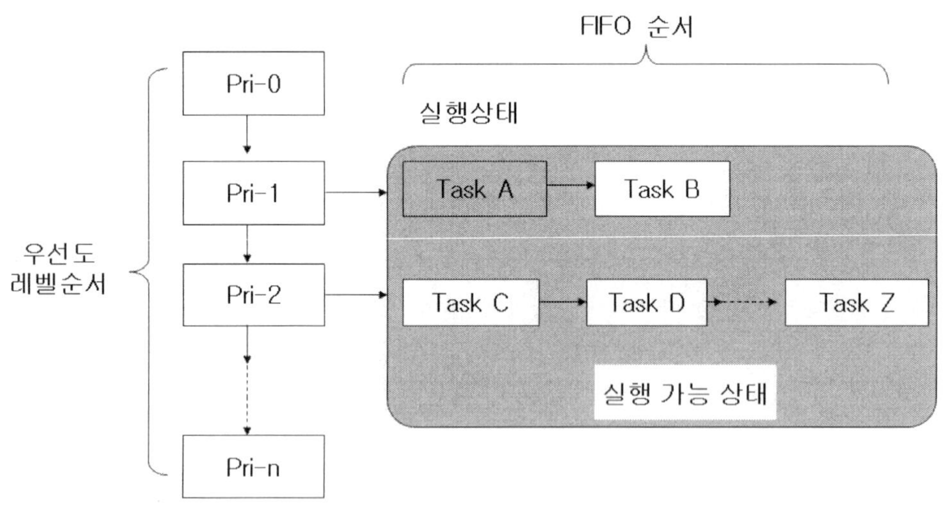

[그림 4.2.7] ReadyQueue

스케줄 대상이 아닌 대기상태의 태스크는 대기요인 마다 대기행렬을 만든다. 즉, 태스크
가 대기상태로 전이하면 실행 대기행렬에서 떨어져 대기요인 마다의 대기행렬에 추가된다.
이 때의 대기행렬에는 단순한 FIFO 형의 것과 태스크 우선도순의 것이 있다. 태스크 우선도

천 페이지의 대기행렬의 구조는 [그림 4.2.7]로 동일한 경우도 있고, 메모리를 절약하기 위해서 단순한 1 개의 리스트 안에 소트 되는 경우도 있다. 소트를 실행하는 경우에는 시스템의 부하상태, 예를 들면 태스크수의 증가에 의하여 시스템콜의 실행시간이 변동하므로, 리얼타임성을 확보하려면 부하상태의 분석이 필요하게 된다.

─○ 4.3 시스템콜

시스템콜을 이해하는 것은 RTOS 를 잘 다루는데 우선적이다. OS 의 시스템콜은 메모리 매니지먼트 등의 관리계의 것과 태스크간 인터페이스에 관한 것, 예외처리에 관한 것으로 크게 나눌 수 있다. 모두 중요한 기능을 제공하지만, 멀티태스킹 프로그래밍을 전제로 하는 임베디드 시스템의 입장에서는 태스크간 인터페이스와 예외처리를 위한 시스템콜이 중요하다. 실제로 RTOS 에서는 태스크간의 동기나 통신을 위한 시스템콜의 종류가 많아, 이것에서도 태스크간 인터페이스가 중요하다고 하는 것을 알 수 있다. 그러나 유사한 측면도 있기 때문에 종류가 풍부한 것이 그 차이를 이해하기 힘들게 하고 있다.

따라서 표면적인 이해만으로는 잘 다루는 것은 어렵다. 왜 그러한 시스템콜이 필요하게 되었는지 배경을 파악하는 것이 중요하다. 또 그 결과 좋은 태스크 설계로 연결된다.

4.3.1 병행동작

RTOS 가 제공하는 태스크의 동작은 원래는 하나의 main 함수내의 처리 문맥을 분할한 것이었다. 따라서 멀티태스킹이라고 하여도 개개의 태스크가 동시에 움직이는 것은 아니다. 실제는 분할한 문맥을 바꾸면서 움직이고 있다.

예를 들면, 2개의 태스크가 있어 자신을 대기상태로 하는 고우선도 태스크(task 1)와 그 태스크의 대기상태를 해제하는 저우선도 태스크(task 2)가 동작하는 상황을 상정하여 본다 [그림 4.3.1]. task 1가 Sleep( ) 시스템콜을 호출하면, 커널 내부의 함수에 제어가 옮긴다. 소스코드부의 커널을 사용하여 디버거로 스텝 실행하고 있다고 생각하면 좋다. 스텝 실행을 진행시켜, Sleep 함수의 return 문 또는 태스크를 스케줄 하는 커널의 내부 함수를 실행하면, 돌연 장면이 바뀌어 지금까지와는 완전히 다른 task 2 의 소스코드가 나타난다. 이것이 콘텍스트 스위칭이다.

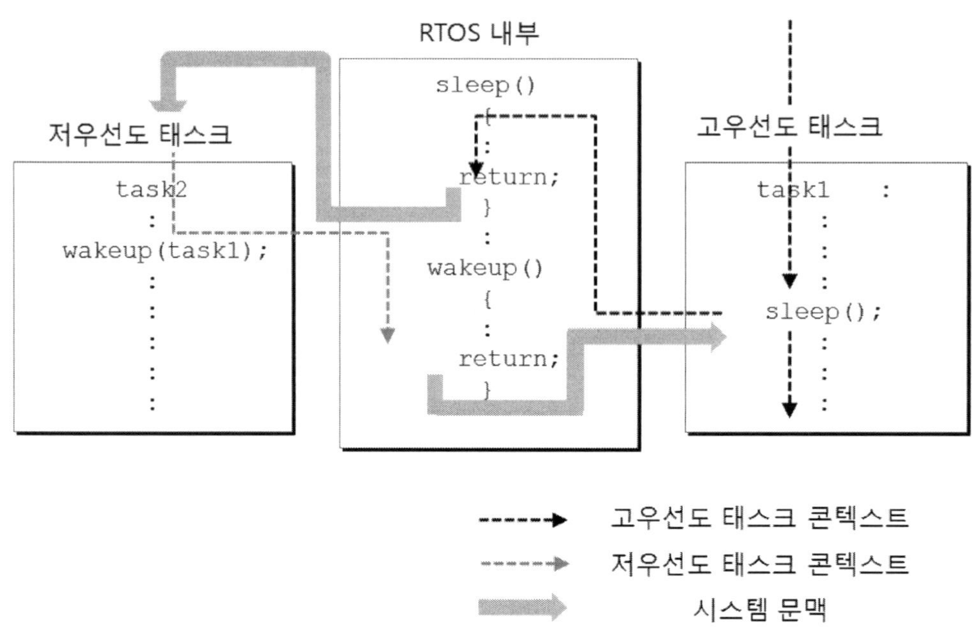

[그림 4.3.1] 병행동작과 동기

소스코드 수준으로 디버거를 사용하고 있으면 돌연 상황이 바뀌어 버리는 일이 있지만, 어셈블러 수준으로 디버거를 사용하고 있으면 스케줄러나 디스팻쳐를 통과하여 task 2 에 나온 것을 실감할 수 있다. 어셈블러 명령의 RTS 나 RTI 를 실행하면 다른 출로에 나오는 것이다. task 1 이 Sleep( ) 에서 들어가 다른 출로에서 나온 것이 아니고, 디스팻쳐 중에서 스택의 변환이나 범용 레지스터를 바꿔 넣을 수 있어 task 2 가 되어 task 2 의 소스코드위에 나오는 것이다.

그 후, task 2 는 실행을 진행시켜 Wakeup( ) 함수에 들어가 task 1 의 대기를 해제한다. 그러면, 바로 그때 task 2 는 실행상태에서 실행가능 상태로 되어 실행할 수 없게 되어 버린다. 그러나 그것은 RTOS 의 밖에서 본 태스크의 시점이며, 실제는 MPU의 실행은 진행되고, 또 어셈블러의 세계를 경유하고 Sleep( ) 에서 task 1 에 나오는 것인 task 2 가 Wakeup( ) 에서 나오는 것은 task 1 의 실행이 종료하고 나서이다. 이것이 RTOS 의 동작이며, 태스크의 시점에서는 병행동작으로 처리된다. 또한, Sleep/Wakeup 와 같은 제어의 교환을 task 1 과 task 2 로 「동기를 취한다」라고 부른다.

또 하나의 RTOS 의 동작은 문(Door)을 사용하지 않고 제어가 이동하는 것이다. 이것은 [그림 4.3.2]시게 I/O 의 종료 등 이 외적인 요인에 의하여 돌연 콘텍스트 스위칭이 일어나 버리는 것이다. task 2 실행 중에 인터럽트가 들어가 ISR 에 제어가 옮겨, ISR 에서 돌아올 때에 task 2 에는 돌아오지 않고 task 1 에 제어가 옮겨지는 것이다. 인터럽트는 task 2 의 형편과는 관계없이 들어가는 이러한 움직임을 [그림 4.3.1]로 대응시켜 비동기라고 부르는 일이 있다.

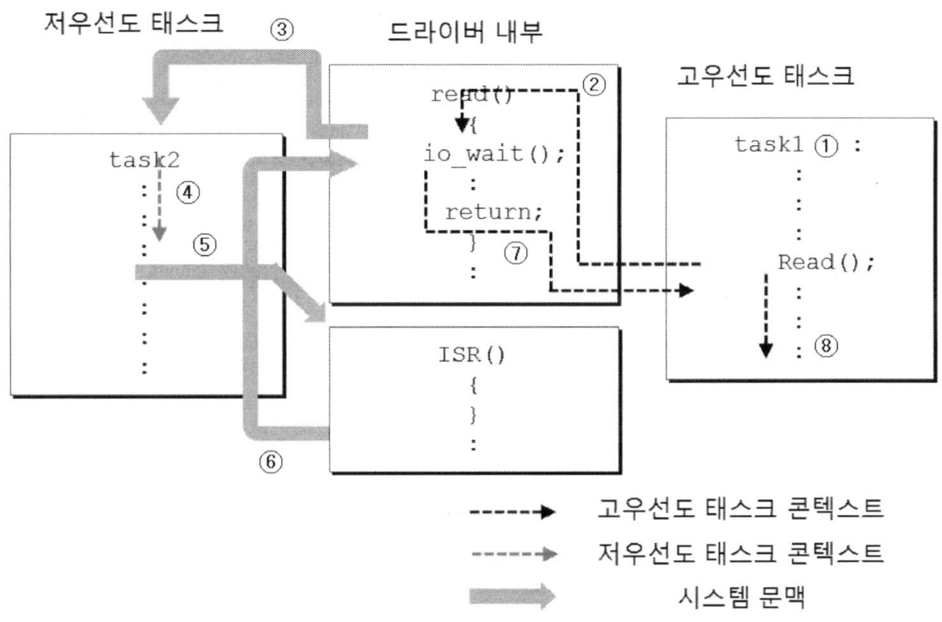

[그림 4.3.2] **병행동작과 프리엠프션**

　task 2 와 같은 저우선도의 태스크는 비동기로 고우선도 태스크에 제어를 빼앗겨 버리는 것을 각오해야 한다. 더욱이, 제어를 도중에 놓쳤던 것에 태스크 자신은 전혀 눈치채지 못한 것이다.

4.3.2 스레드 세이프

　[그림 4.3.2]와 같이 태스크는 돌연 제어를 놓쳐 버리는 것이 일어날 수 있다. 이것이 복수의 태스크로 공유하는 서브루틴 등으로 일어나면 문제가 되는 일이 있다. 예를 들면, [그림 4.3.3]과 같은 swap(a, b)라고 하는 a 와 b 의 값을 바꿔 넣는 함수가 있어, 저우선도의 태스크가 먼저 이 함수에 들어가 Temp = *x; 를 실행했더니, 고우선도의 task 1 이 실행상태가 되어, 역시 swap( ) 를 호출했다고 한다. task 1 은 우선도가 높기 때문에 task 2 를 추월하여 swap( ) 를 벗어난다. task 1 의 실행이 종료하면 task 2 가 움직이기 시작하여 swap( ) 를 빠진다. 이러한 움직임을 하면 task 2 는 task 1 에 의하여 고쳐 쓸 수 있어 버린

Temp 의 값을 y1 에 적재하여 버린다. 따라서 이러한 함수는 멀티태스킹 환경에서는 안전하게 사용할 수 없다.

공유루틴을 멀티태스킹 환경에서 사용할 수 있도록 하려면, Temp 와 같은 글로벌변수의 사용을 그만두든지, 그 함수를 이용하는 태스크간에 동기를 취할지 하여야 한다. [그림 4.3.4]에 멀티태스킹하에서도 이용할 수 있도록 개량한 함수를 나타낸다. 이러한 함수를 스레드 세이프(Thread Safe)인 함수[그림 4.3.4]라고 부른다. 이 경우, Temp 는 스택상에 있어지므로 소스코드상은 같은 변수여도 task 1 과 task 2 에서는 Temp 에 다른 주소를 할당할 수 있으므로 서로 간섭할 것은 없다. task 1 과 task 2 가 스택공유 태스크여도 오프셋(offset)이 다르므로 문제 없다.

컴파일러에 부속되어 있는 라이브러리에서, 멀티태스킹용의 라이브러리의 내용은 이러한 구조가 되어 있다. RTOS 를 도입하는 전부터 이용하고 있던 유산 소프트를 멀티태스킹 환경에서 재이용하는 경우에는 스레드 세이프인가 어떤가 확인하여야 한다.

공유루틴을 스레드 세이프로 하기 위해서는 글로벌변수나 정적변수를 사용하지 않고 스택상에 쌓아진 함수인수와 로컬변수만을 사용하면 좋다. 그것이 불가능하면, 호출 측의 자원을 사용하도록 변경하면 좋다. 이것을 Re-Entrant 라고 한다.

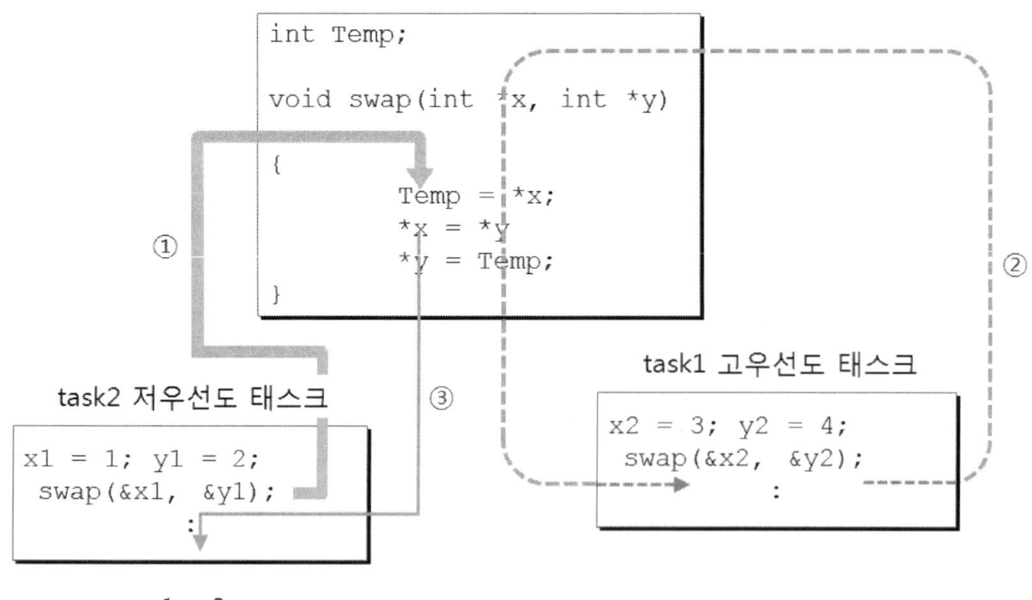

[그림 4.3.3] 태스크 간 공유루틴의 문제

```
void swap(int *x, int*y)
{
        int Temp;      ⟵      로컬변수로 한다


        Temp=  *x;
        *x= *y;
        *y=Temp;
}
```

[그림 4.3.4] 스레드 세이프인 함수

4.3.3 배타제어

모든 함수를 Re-Entrant 로 하는 것은 할 수 없다. Re-Entrant 가 아닌 함수를 공유하려면, 태스크 간에 동기를 취하여야만 한다. 즉, 한쪽의 태스크가 공유변수를 이용하고 있는 동안은 다른 한쪽의 태스크는 기다려야만 한다. 자원을 점유하고 이용하기 위해서 태스크 간에 기다리는 것을 배타제어라고 부른다.

배타제어의 구체적인 수단은 여러 가지 있지만, 전형적인 것은 세마포어(semaphore)를 사용하는 방법이다. 하지만 μITRON의 경우에서는 [그림 4.3.5]와 같이 한다. Temp 를 사용하고 있는 부분을 wai_sem( ) 와 sig_sem( ) 로 끼워 넣도록 한다. 세마포어는 Windows 나 UNIX 등 임베디드 이외의 OS 에도 있는 시스템콜이다. wai_sem( ) 과 sig_sem( ) 에서 중요 부분을 크리티컬 섹션(Critical Section)이라고 부른다.

크리티컬 섹션의 실행 중에 다른 태스크가 그 크리티컬 섹션에 들어가려고 wai_sem( ) 를 실행하면, 대기상태가 된다. 먼저 실행 중이었던 태스크가 sig_sem( ) 를 실행하고 크리티컬 섹션에서 빠지면, 나중에 온 태스크의 대기상태가 해제되어, 크리티컬 섹션에 들어갈 수가 있다. 이 예의 경우는 [그림 4.3.6]과 같이 된다.

task 1 는 wai_sem( ) 로 1 회 끝내고, task 2 의 sig_sem( ) 에 의하여 대기가 해제될 때까지 대기상태가 된다. task 2 는 Temp = *x ; 를 실행했더니 어떠한 이유에 의하여 task 1 에 제어를 빼앗기지만, task 1 이 wai_sem( ) 로 멈추는 시점에서, 다시 실행을 개시하여 sig_sem( ) 에 도달한다. 여기서, task 1 을 크리티컬 섹션에 넣게 되어, 다시 제어를 task 1 에 놓쳐 버린다.

```
int  Temp;

void swap(int  *x,  int  *y)
{

        wai_sem(sem_id);
        Temp=  *x;
        *x = *y;
        *y = Temp;
        sig_sem(sem_id);

}
```

테크니컬섹션

[그림 4.3.5] 동기를 취하는 항수

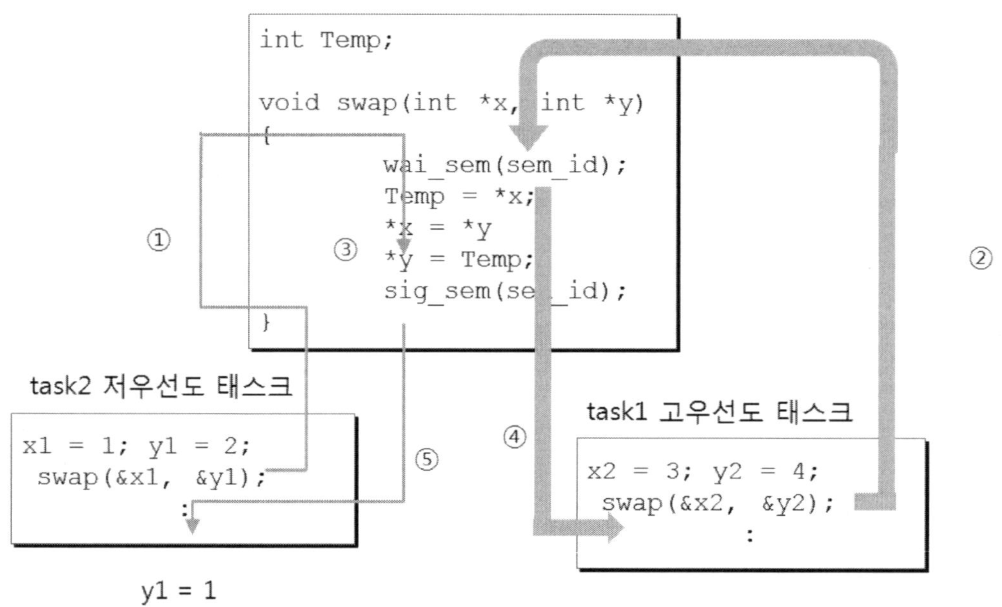

[그림 4.3.6] 동기에 의한 문제해결

[그림 4.3.3]에서는 화살표의 수는 3 개로 끝나고 있었지만, [그림 4.3.6]에서는 5 개가 되어 있다. 화살표가 중단될 때에 스케줄러와 디스팻처가 움직이고 있는 것을 잊어서는 안 된다. 즉, 배타제어에 의한 해결은 Re-Entrant 화에 비하여 오버헤드가 걸린다[그림 4.3.7].

더욱이 프리엠프션의 오버헤드 이외에도 task 1 의 종료시간이 늦어지는 일이 있다. [그림 4.3.7]에서 분명하게, task 2 의 종료시간은 동일하지만, task 1 의 종료시간은 최악의 경우, 크리티컬 섹션 ③의 실행시간 분만큼 늦어진다. ③의 실행시간을 확정할 수 있으면 task 1 의 실행시간도 확정할 수 있으므로, 확정한 시간이 데드라인 이내이면 리얼타임 시스템으로서 문제는 없다.

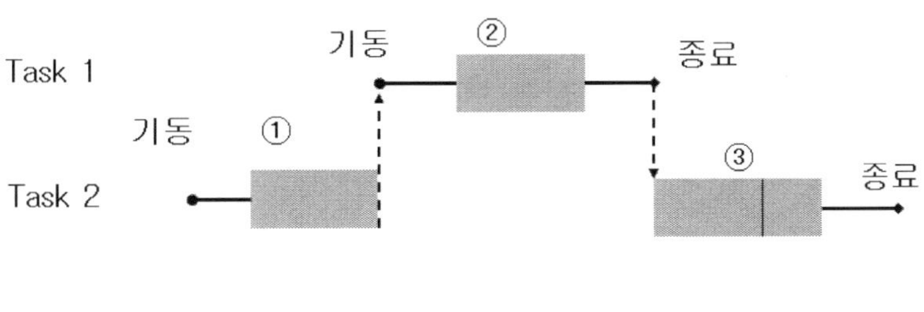

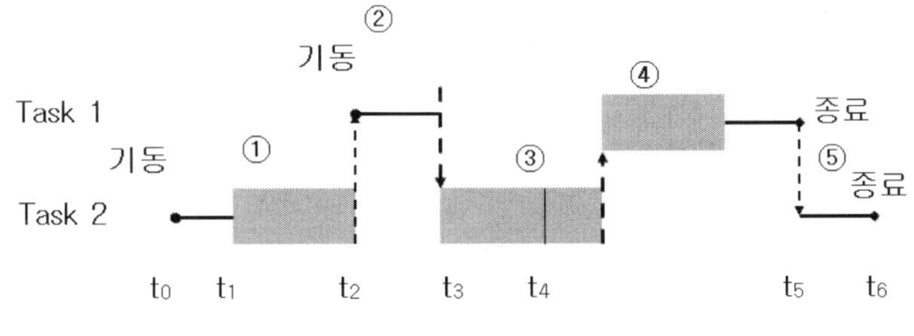

[그림 4.3.7]   태스크 동작의 차이

4.3.4 우선도 역전

　세마포어로 기다리고 있는 태스크의 실행시간을 확정할 수 없는 경우가 있다. 예를 들면 [그림 4.3.8]과 같이 task 2 보다 우선도가 높게 task 1 보다 우선도가 낮은 task 3 가 존재했을 경우이다. task 2 는 언제라도 task 3 에 의하여 제어를 놓칠 가능성이 있다. 우연히 ③을 실행 중에 제어를 빼앗기면, task 3 의 실행이 종료할 때까지 task 2 의 실행은 중단되기 때문에 간접적으로 task 1 도 task 3 에 의하여 블럭 되어 버리게 된다. 이 결과, task 1 의 실행 종료시간은 task 3 과 같은 중간의 우선도를 가지는 태스크 실행시간의 합계만큼 늦게 된다. 이것은 실질적으로 task 1 의 대기시간을 확정할 수 없는 것과 동일하다. 이러한 현상을 우선도 역전 또는 인버전(Priority Inversion)이라고 부른다. 우선도 역전이 발생하면 리얼타임성은 보증할 수 없게 된다.

　우선도 역전은 우선도가 다른 태스크간에 크리티컬 섹션을 공유하고 있는 경우에 발생한다. 이러한 경우에서도 리얼타임성을 보증하기 위해서 우선도 계승 프로토콜이라고 하는 기법이 알려져 있다. 이 경우의 동작은 [그림 4.3.9]와 같이 된다. task 2 가 크리티컬 섹션을 실행 중에 task 1 이 대기에 들어가면, 일시적으로 task 2 의 우선도를 task 1 과 동일하게 한다. 이와 같이 하는 것으로, task 3 이 task 2 를 프리엠프트 할 수 없게 된다. 다만, task

3 의 실행 종료시간이나 task 1 과 같게 task 2 가 크리티컬 섹션을 실행하는 시간 만큼 늦어진다. 하지만 μITRON의 경우는 세마포어는 아니고, 뮤텍스(Mutex)로 우선도 계승을 사용할 수 있다.

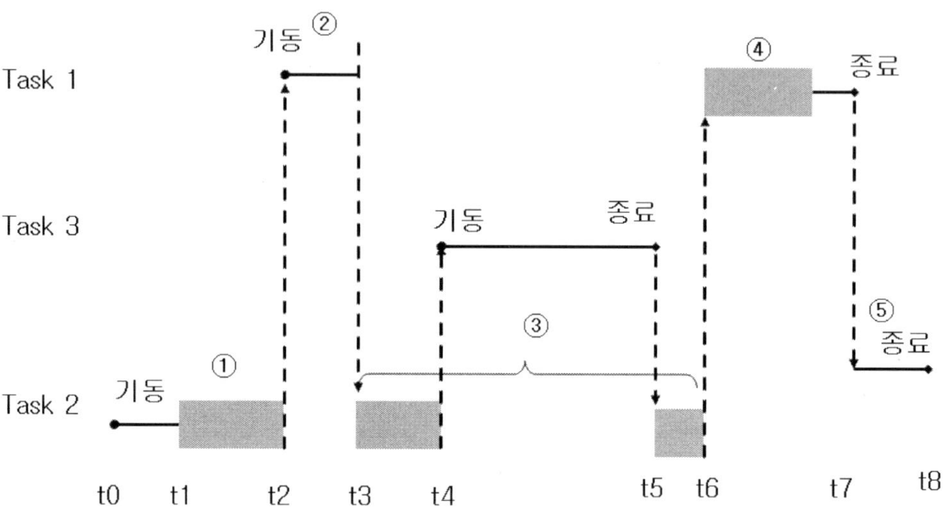

[그림 4.3.8] 우선도 역전(Inversion)의 예

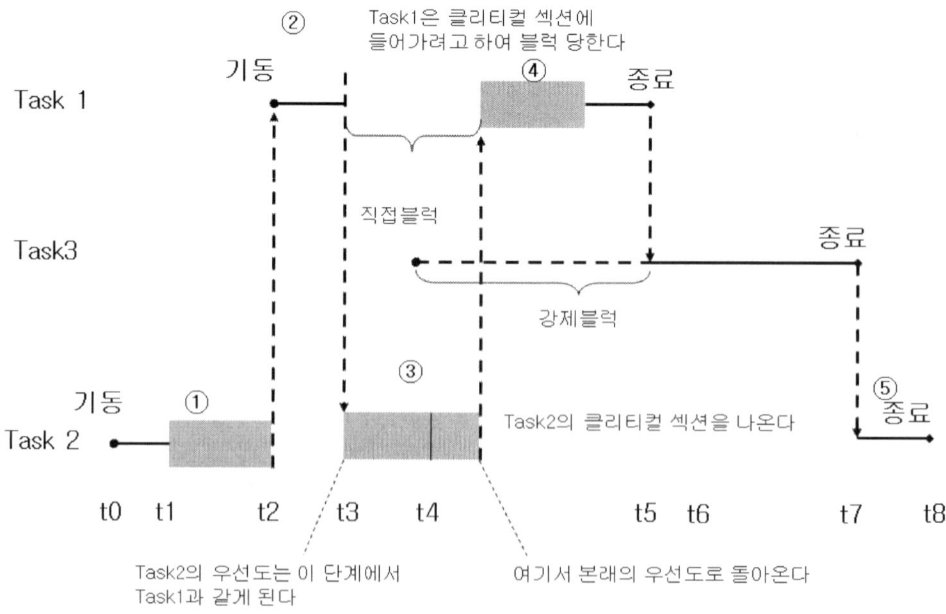

[그림 4.3.9] 우선도 계승 프로토콜

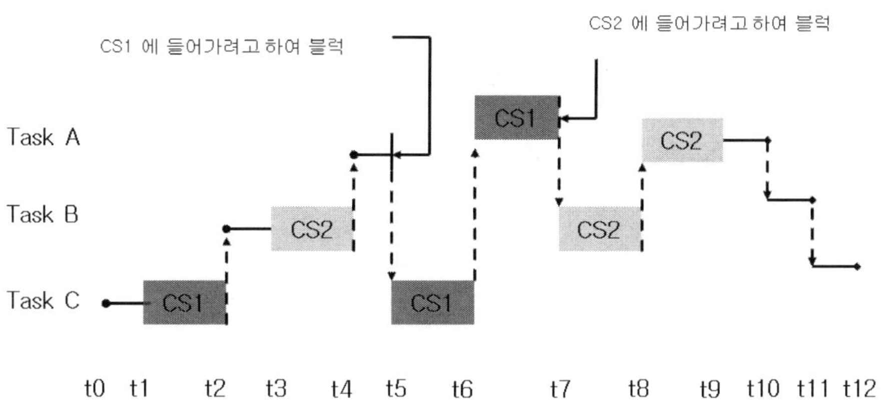

[그림 4.3.10] **연속 블록**

4.3.5 데드락

배타제어의 또 하나의 문제는 데드락(Dead Lock)이다. 데드락은 2개의 크리티컬 섹션이, 역순서로 네스트 하고 있을 때 발생한다[그림 4.3.11] [그림4.3.12].

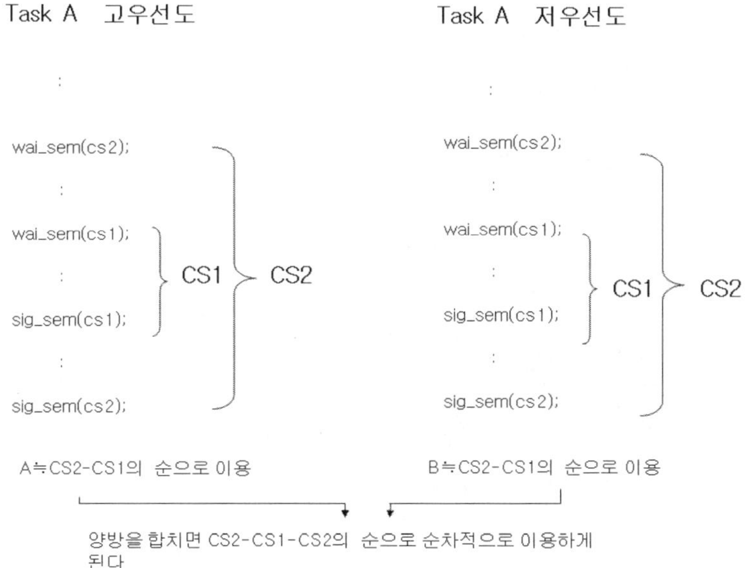

[그림 4.3.11] **크리티컬 섹션의 네스트**

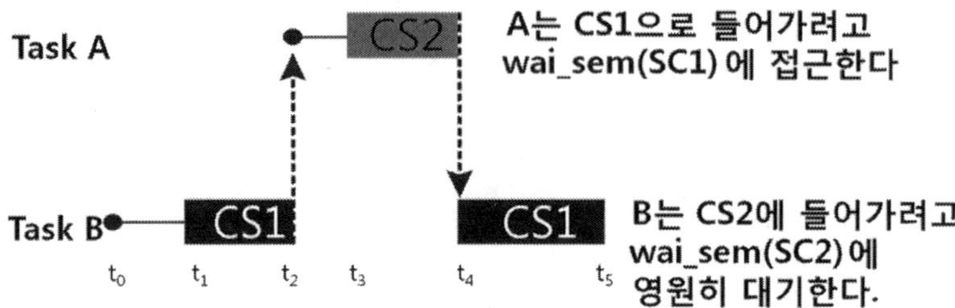

[그림 4.3.12] 데드락

데드락은 배타제어가 순환적으로 행하여지고 있을 때 발생한다[그림 4.3.11][그림 4.3.12]. 2개 때는 역순 일 때 발생하지만, 3개 이상의 경우는 요구 순서가 순회할 경우에 발생하는 [그림 4.3.13]. 다수의 크리티컬 섹션이 프로그램 전체에 흩어져 있을 때는 발견하기 어렵다.

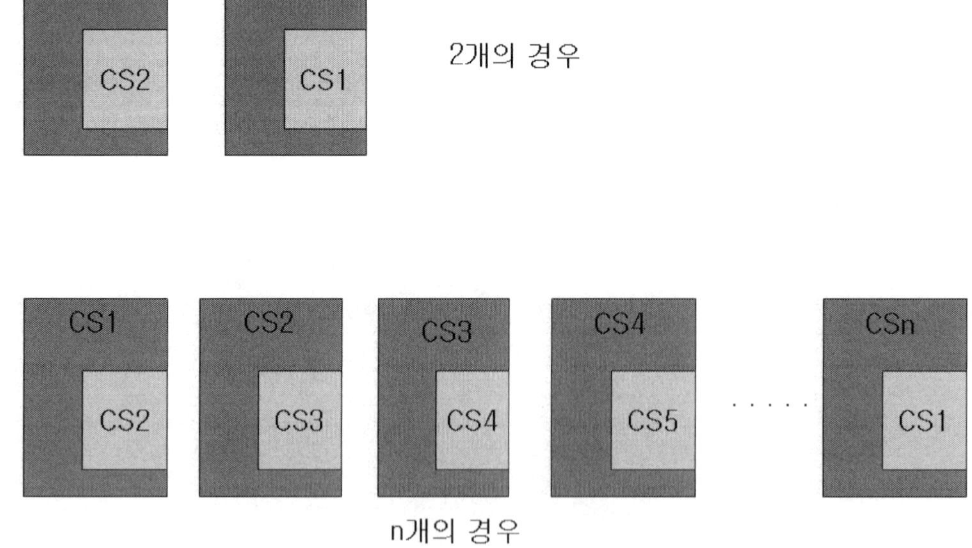

[그림 4.3.13] 크리티컬 섹션의 순회적 네스트

4.3.6 태스크 간 통신

　데이터를 공유하는 것이 아니라, 정보로서 건네주는 것인 만큼, 배타제어를 실행할 필요가 없어진다. 예를 들면, 디바이스를 공유하는 것이 아니라, 디바이스를 관리하는 전용의 태스크를 마련하여 I/O 데이터를 정보로서 건네주는 것이다. 이러한 일은 태스크간 통신시스템콜을 이용하고 태스크간 인터페이스를 설계해야 한다. 태스크간 통신시스템콜에서는 태스크의 동기와 메시지를 주고 받을 수가 있다. 데이터를 메세지로서 건네줄 수 있으므로, 데이터를 공유하는 것이 아니라 다른 한쪽의 태스크에만 소유시킬 수가 있다. 이 결과, 설계의 자유도가 커진다[그림 4.3.14].

　일반적으로 RTOS 에서는 태스크간 통신의 시스템콜을 태스크와는 다른 시스템 오브젝트를 생성하는 것으로 실현되고 있다. 시스템 오브젝트 내에 버퍼가 준비되어 이 버퍼가 빈 경우에 읽어내려고 하면 기다리게 된다. 또한, 빈 곳이 없을 때에 기록하려고 하면 기다리게 된다.

* 배타 제어를 피한다-데이터를 다른 한쪽에 소유시켜, 카피를 건네주는 것으로
  배타 제어를 피할 수가 있다
* 설계의 자유도가 배타 제어보다 크다

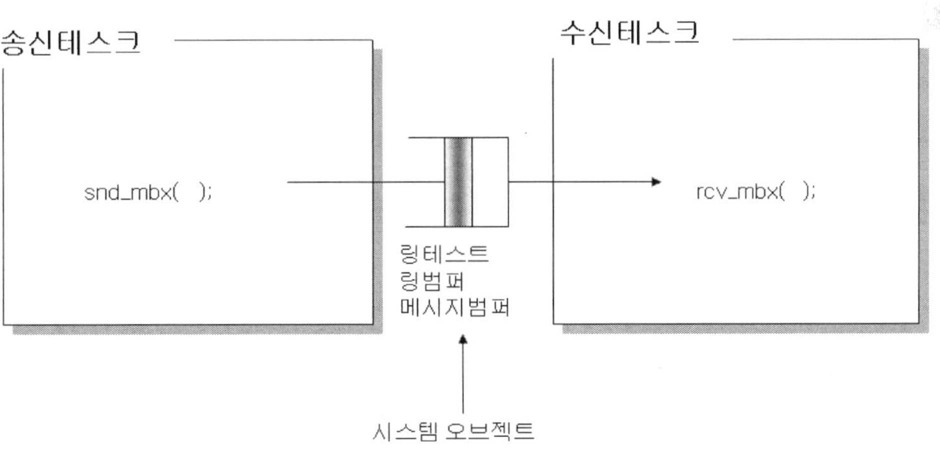

[그림 4.3.14] 통신계 시스템콜

　　데이터를 보내는 방법에는 데이터를 복사(Copy)하여 건네주는 경우와 데이터의 주소만을 건네주는 참조 인도가 있다[그림 4.3.15]. 참조 인도는 복사가 발생하지 않기 때문에 효율이 좋지만, 수신측의 태스크가 데이터에 액세스 할 때에 결국, 배타제어를 실행하는 필요성이 나오는 일도 있다. 복사 인도의 경우만 배타제어가 불필요하게 된다. 그러나 송신측 태스크가 데이터를 버퍼에 복사하고 수신측 태스크가 버퍼에서 복사하기 위해서는 두 번의 복사가 필요하게 되어 버린다. 데이터 사이즈가 클 때에는 상당한 오버헤드가 된다.

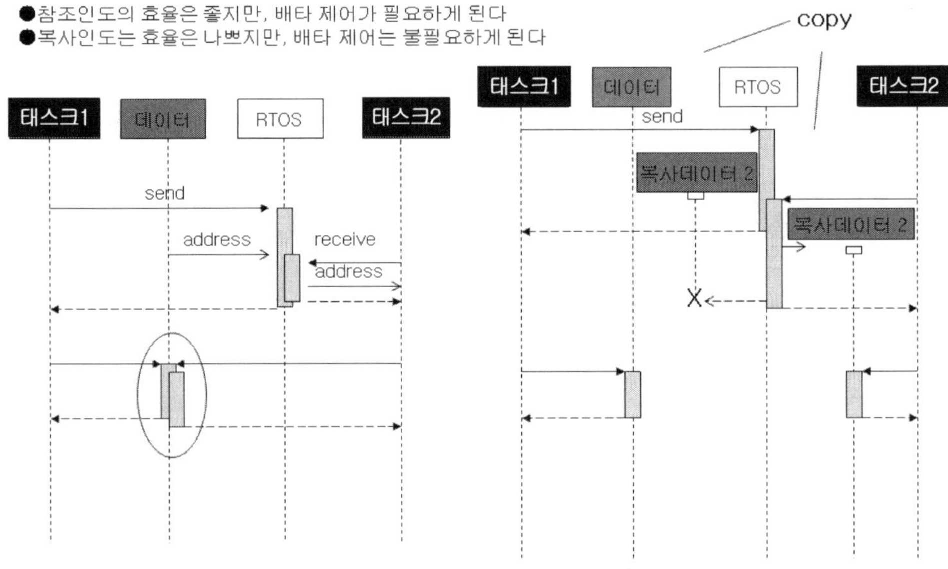

[그림 4.3.15]　복사인도와 참조인도

[그림 4.3.16]　참조인도와 동적메모리 확보의 조합

[그림 4.3.17] 메시지 패싱의 종류

복사 회수를 줄이는 방법으로서 동적으로 메모리를 확보하여 그 주소를 건네주는 방법이 있다[그림 4.3.16]. 이 경우는 수신측에서 발생하는 복사를 불필요하게 할 수가 있다. 다만, 동적으로 확보한 메모리는 반드시 반환할 필요가 있다는 것에 주의해야만 한다. 시스템 오브젝트로서 확보된 메일 박스가 삭제되면, 그 버퍼도 삭제되어, 이용하고 있던 메모리 영역은 개방된다. 그러나 시스템 오브젝트와는 별도로 확보된 데이터 영역은 개방될 것은 없다. 따라서 수신 태스크가 책임지고 개방하지 않으면 메모리 리크가 되어 버린다.

더욱이 다이렉트형으로 불리는 방법도 있다. 종래의 RTOS 의 통신 방법과 같이 태스크에서 독립한 버퍼를 준비하는 것이 아니라, 수신용의 버퍼를 태스크의 속성으로도 할 수 있는 방법이다.

동적 메모리 확보의 경우는 데이터의 소유권을 건네주어 버리는데 대해서 다이렉트형의 경우는 버퍼의 소유권을 최초부터 수신 태스크에도 더할 수 있어서 둘 수 잇다. 이 경우는 복사는 1 회에 끝난다. 시스템 오브젝트형의 경우, 메세지의 행선지는 시스템 오브젝트가 되지만, 다이렉트형의 경우의 행선지는 수신 태스크가 된다. 새로운 타입의 RTOS 로 채용되고 있는 방법이다. 다이렉트형은 설계의 자유도가 커지지만, 태스크수가 증가하는 결점도 있다[그림 4.3.17].

4.4 태스크 분할

설계 대상인 시스템을 병행동작하는 태스크로 분리하고 각 태스크에 우선도를 할당하는 것을 태스크 설계라고 불렀지만, 태스크간의 인터페이스를 결정하는 일도 태스크 설계의 일부이다. 태스크간의 인터페이스는 RTOS 가 제공하는 시스템콜에 의하여 실현된다. 태스크 설계는 시스템의 동적인 부분을 정의하는 것에 대응한다. 한편, 시스템을 모듈에 분할하고 모듈간의 인터페이스를 결정하는 것은 정적인 부분을 정의하는 것에 대응한다. 모듈간 인터페이스는 글로벌변수나 함수호출에 의하여 규정되지만, 태스크간 인터페이스는 기동이나 동기·통신 등의 임베디드에 의하여 규정된다.

시스템을 어떠한 태스크로 분할할까를 결정하기 위해서는 우선 대상 어플리케이션을 분석하고 동작모델을 작성할 필요가 있다. 현재는, 각종의 설계 방법론을 이용할 수 있다. 각각의 방법론에 의하여 부르는 법은 다르지만, 동작모델을 작성하는 것은 공통되고 있다. 동작모델은 시스템의 대표적인 움직임을 나타내는 시나리오로 구성되는 일도 있다. 동작모델은 제8장에서 설명하는 분석모델의 일부로서 작성된다. 여기에서는 동작모델에서 태스크 설계를 행하기 위한, 일반적 기법을 설명한다.

태스크수가 불필요하게 많으면 시스템은 복잡하게 되고 오버헤드도 증가한다. 한편, 너무 적으면 각 태스크의 인터페이스가 증가하는 결과가 되어, 개개의 태스크가 복잡해진다. 따라서 태스크 설계자는 적절한 태스크수를 선택하여야 한다. 적정한 태스크의 수는 모듈이 제공하는 기능의 병행성과 각 함수의 실행시간 등에 의하여 결정된다. 모듈이 있는 기능을 제공하는 경우, 몇 개의 함수를 순서대로 호출하는 것으로 실현될 수 있다고 하면, 그 함수의 정리를 호출하는 기구가 태스크의 후보가 된다. 그러나 모듈분할은 태스크 분할과는 다른 기준, 예를 들면 정보은폐 등에 의하여 결정된다.

이 때문에 최종적인 아키텍처를 결정하기 위해서는 태스크 구조와 모듈 구조의 조정이 필요하게 된다. 어느 쪽을 먼저 결정할 까는 개발하려고 하는 어플리케이션의 특성에 의존한다. 제어계의 어플리케이션에서는 태스크 구조를 먼저 검토하는 경우가 많지만, PDA 등의 정보시스템 어플리케이션에서는 모듈 구조를 먼저 하는 것이 많다.

4.4.1 태스크 분할 기준의 분류

태스크 분할의 기준으로서 [표 4.4.1]의 4 종류가 대표적이다.

[표 4.4.1] 태스크 구조화 기준

기준	개요
I/O 태스크 구조화 기준	시스템에 인터페이스 되는 물리 디바이스의 특성에 응하여 태스크를 결정한다. 예를 들면, 비동기입력 디바이스에 대해서 하나의 태스크를 할당한다. 폴링주기가 동일한 복수의 입력 디바이스에 대해서 정리하여 하나의 태스크를 할당하는 등.
내부 태스크 구조화 기준	I/O 태스크 이외의 태스크의 할당하는 방법에 관한 기준. 디바이스간의 조정이나, 계산 알고리즘의 실행 등의 내부 처리를 내부 태스크에 할당한다.
태스크 결합기준	동작모델 분석 시에 추출한 처리를, 기동주기나 처리의 순서 등을 고려하여 하나의 태스크에 결합하기 위한 기준
태스크 우선도 기준	태스크의 우선도 · 중요성의 취급

4.4.2 I/O 태스크 기준

내부 태스크를 결정하기 전에 I/O 태스크를 검토하는 것이 일반적이다. I/O 태스크를 검토하려면, 하드웨어 정보가 필요하게 된다. 따라서 실제의 개발에서는 이 단계까지, I/O 디바이스에 관련한 하드웨어 사양이 필요하게 된다. 가장 기본적인 정보는 입력 디바이스와 출력 디바이스의 수이다. 다음에 각 디바이스의 특성으로서 동기 디바이스나 비동기 디바이스인가가 중요하게 된다.

비동기 디바이스란, 인터럽트를 이용하는 디바이스다. 입력비동기 디바이스의 경우는 입력이 있으면 인터럽트가 발생하고, 입력 데이터의 처리가 필요하게 된 것을 시스템에 알린다. 출력비동기 디바이스의 경우는 현재 계속 중인 출력이 종료하면, 인터럽트가 발생하고 다음의 출력이 가능하게 된 것을 시스템에 알린다. 디바이스 측에서 시스템에 통지하는 것에서 액티브 디바이스로 불리는 경우 있다.

한편, 동기 디바이스란, 입출력의 종료 시에 인터럽트를 발생시키지 않는 디바이스를 가리킨다. 입력동기 디바이스의 경우, 시스템측이 주기적으로 입력의 유무를 체크할 필요가 있다. 이러한 처리를, 폴링(Polling)이라고 부른다. 출력동기 디바이스의 경우는 시스템이 필요하게 되었을 때에 출력을 개시한다. 여기는 비동기 디바이스와 같지만, 출력의 종료는 인터럽트는 아니고 디바이스의 Busy 신호등을 폴링하고 판단한다. 출력하려고 했을 때에 Busy 이면, 시스템측이 대기가 된다. 이러한 동기가 필요하여서 동기 디바이스로 처리된다.

액티브에 대응하여 패시브 디바이스로 불리는 일도 있다.

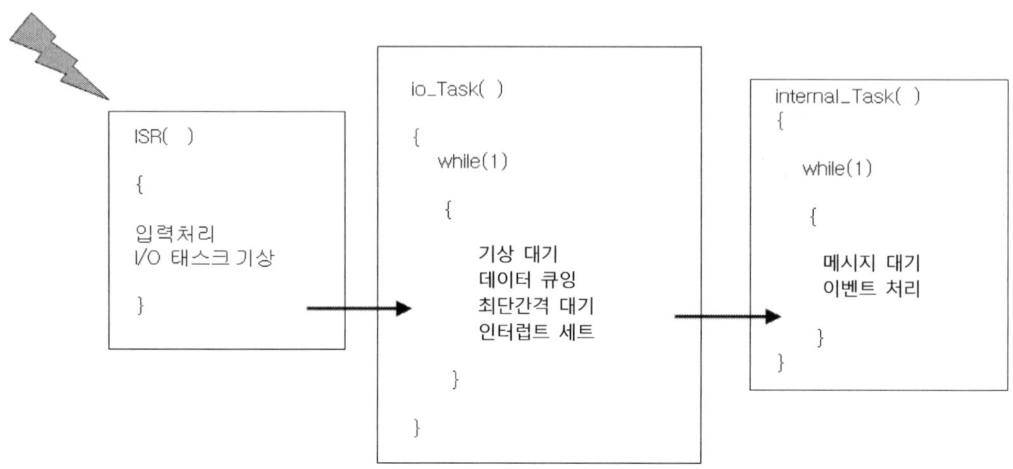

[그림 4.4.1] I/O 태스크에 의한 신뢰성의 확보

비동기 I/O 디바이스에 대해서는 하나의 I/O 태스크를 도입하고 시스템과 디바이스와의 인터페이스를 취한다. 비동기입력 태스크는 기동되어 초기화 종료 후는 인터럽트가 들어갈 때까지 대기상태가 된다. ISR 에서 기상되면, 입력 데이터를 읽어 들여, 그 데이터를 내부 태스크에 인도하는 처리를 한다.

이만큼의 처리이면, 전 절에서 설명한 것처럼 ISR 만으로 실행하는 일도 불가능하지 않다. 이 경우는 I/O 태스크를 도입할 필요는 없다. I/O 태스크를 필요로 하는지 아닌지는 최소 인터럽트 간격과 일련의 처리시간에 의하여 정하다. 사용하는 RTOS 가, ISR 내에서 이용 가능한 시스템콜을 제한하고 ISR 에서 태스크에 대해서 메세지를 송신할 수 없는 경우 등에 비동기입력 태스크가 필요하다. 어쨌든, 얼마나 빨리 다음의 인터럽트를 허가할지가 중요하다. 그러나 시스템의 신뢰성을 확보하기 위해서, 최소 인터럽트 간격의 사이는 인터럽트를 마스크 하여 두는 것이 좋은 경우도 있다[그림 4.4.1].

최대 인터럽트 간격이 정의되어 있는 경우에는 기상대기 시스템콜에 타임아웃을 추가하여 사용하는 것으로, 하드웨어의 고장 등에 의하여 인터럽트가 들어가지 않게 된 것을 검출할 수 있다.

디바이스 드라이버를 제공하는 RTOS 를 사용하는 경우에는 I/O 태스크를 필요로 하지 않는 경우도 있다. 다음 장에서 설명하는 디바이스 드라이버는 비동기 I/O 태스크를 일반화한 것이라고 생각하여도 좋다.

동기입력 디바이스에 대해서는 일정주기 I/O 태스크를 도입하여 폴링을 실행한다. 일정주기 I/O 태스크는 타이머에 의하여 기상되어 I/O 처리를 실행하고 다시 대기상태가 되는 것을 반복한다. 인터럽트를 사용하지 않는 단순한 센서 디바이스나, 버튼 등의 접점 입력에 사용된다. 일정주기 I/O 태스크의 주기는 입력 대상의 변화의 속도와 입력 데이터를 이용한 처리의 데드라인에 의하여 정한다. 기동주기가 짧아지는 경우에는 시스템에 대한 오버헤드가 커진다. 아날로그 입력 디바이스를 비동기로 하면, 입력치가 변화할 때마다 인터럽트가 들어가므로 시스템이 오버로드가 된다. 이 때문에 폴링을 이용하는 것이 많다. 그러나 변화가 빠른 아날로그 입력을 정밀하게 포착하기 위해서는 폴링주기를 짧게 하지 않으면 안 되어, 역시 오버헤드가 커져 버린다. 입력에 변화가 있었을 경우의 처리의 데드라인을 D, 폴링주기를 Tpoll, 처리 전체의 데드라인을 Dpoll 로 하면,

$$D \geqq Tpoll + Dpoll$$

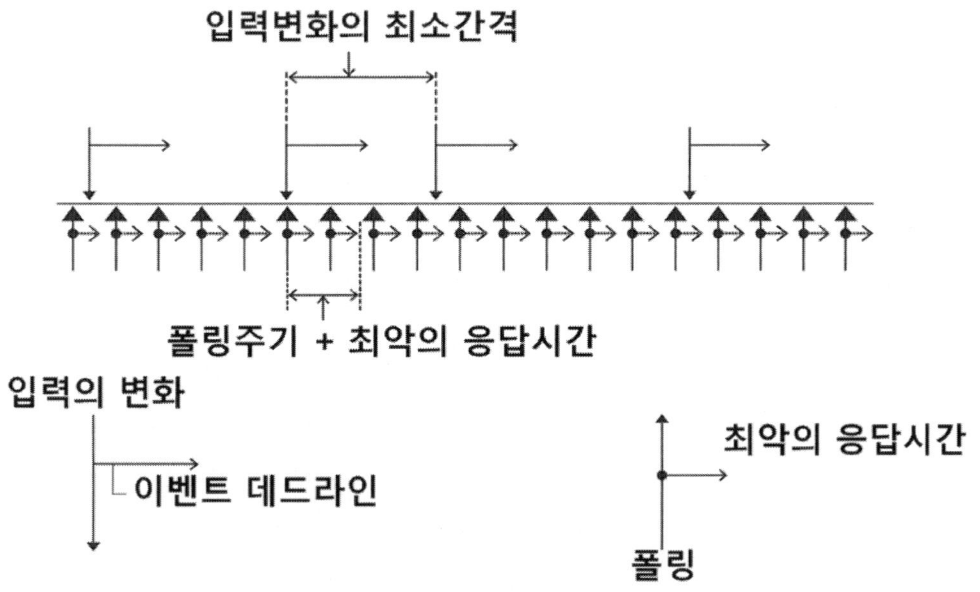

[그림 4.4.2] 폴링주기와 최소이벤트 간격

로 할 필요가 있다[그림 4.4.2]. Dpoll 은 폴링 태스크와 처리용 태스크의 최악 실행시간의 합은 아니고, 처리 전체의 데드라인이다. 즉, Dpoll 의 사이에는 우선도가 높은 태스크가 수행되거나 인터럽트가 들어가거나 한다.

예를 들면, 데이터 변화의 최소 간격이 50msec 의 경우에서도 입력에 변화가 있었을 경우

의 처리의 데드라인이 5msec 이면, 폴링 태스크는 50msec 보다 훨씬 짧은 주기에 폴링 하여야 한다. 입력의 변화가 있던 직후는 50msec 의 사이, 변화는 없지만 51msec 후 혹은 52msec 후에는 변화할지도 모른다. 그리고 변화가 있었을 경우는 56msec 후 혹은 57msec 후에는 처리를 종료하여야 하는 것이다. 이 때문에 오버헤드가 무시할 수 없게 된다. 따라서 데드라인이 어려운 경우에는 일정주기 입력 태스크는 향하지 않았다. 이 예의 경우, 데이터 처리의 최악 실행시간이 3msec 걸린다고 하면, 그 시간을 확보하기 위해서 Dpoll 은 3msec 이상으로 할 필요가 있다. 그 결과, 폴링주기는 2msec 이하로 하여야만 한다. 최악에서도 50msec 에 1 회 밖에 변화하지 않는 입력을 위해서 2msec 로 폴링하는 것은 상당히 쓸데없다. 따라서 이러한 경우는 비동기입력 태스크로 할 필요가 있다. 따라서는 인터럽트 회로의 추가 등이 필요하게 된다.

시간적 제약이 없는 동기 입출력 디바이스의 경우는 태스크로 하지 않고, 단순한 함수로 하는 경우도 있다. 그러나 복수의 입출력 요구가, 다른 내부 태스크에서 발생하는 경우에는 배타제어를 함수 내에 준비할 필요가 있다. 또는 요구를 받아들이기 위한 태스크를 준비할 필요가 있다. 이러한 태스크는 자원 모니터 등으로 처리된다.

4.4.3 내부 태스크 기준

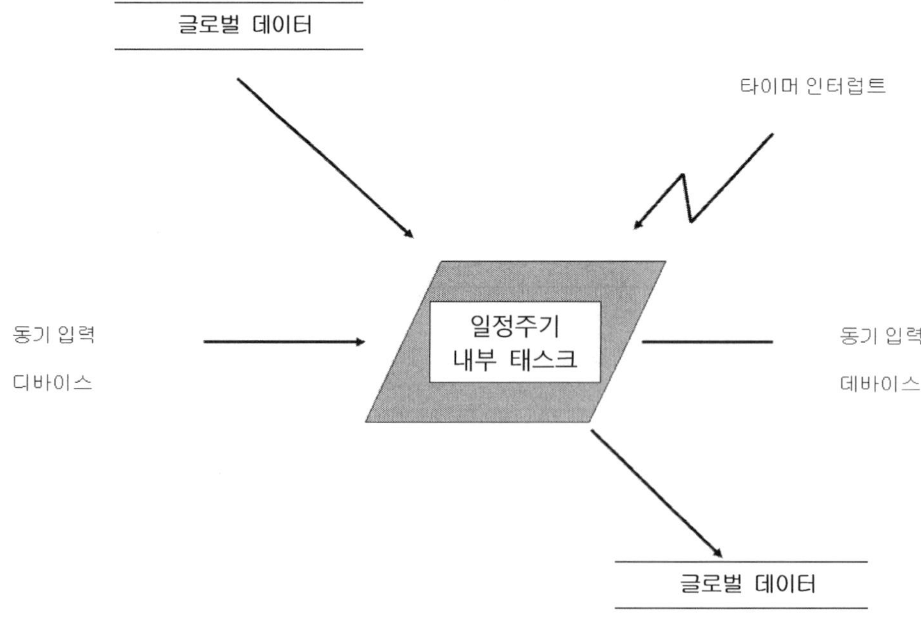

[그림 4.4.3] 일정주기 내부 태스크

수동적인 디바이스나 데이터를 처리에는 처리의 기점이 되는 일정주기 내부 태스크가 필요하게 된다[그림 4.4.3]. 예를 들면, 동기입력 디바이스에서 데이터를 읽어 들여, 계산 처리를 하고 그 결과를 동기 디바이스에 출력하는 처리는 일정주기 내부 태스크에 의하여 드라이브 된다. I/O 태스크와 달라, 복수의 동기 디바이스나 내부 데이터를 사용할 수 있다.

한편, 다른 태스크에서의 이벤트나 메세지에 의하여 기동되는 태스크는 비동기 내부 태스크가 된다[그림 4.4.4]. 서버/클라이언트 모델의 서버에 대응한다. 다른 태스크와의 인터페이스에는 비동기 태스크간 통신시스템콜이 이용된다.

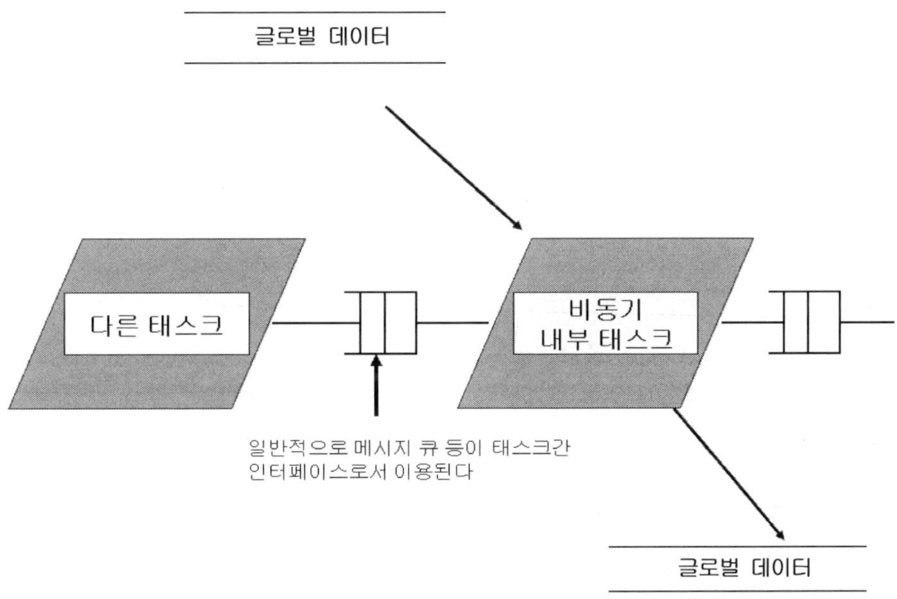

[그림 4.4.4] 비동기 내부 태스크

제어를 실행하는 임베디드 기기에서는 동작모델로서 상태머신이나 상태전이표를 이용하는 것이 많다. 이러한 상태 베이스의 제어를 실장 하는 태스크를, 컨트롤 태스크라고 부른다[그림 4.4.5]. 입력용 인터페이스로서는 비동기 태스크간 통신 시스템콜을 이용한다. 한편, 출력으로서는 동기 시스템콜이나 태스크내의 함수호출을 사용한다.

네트워크에 인터페이스하는 임베디드 기기로, 리모트에서 제어 또는 감시하는 기능을 제공하는 경우, 혹은 리모트 단말에 대해서도 로컬 조작 패널과 동등의 기능을 제공하는 경우가 있다. 이 때, 커맨드를 받아들이기 위해서 태스크를 이용하는 일이 있다. 사용자 인증 등도 실행하므로 시큐리티 상 중요하다. 이러한 태스크를 사용자 인터페이스 태스크라고 부른다.

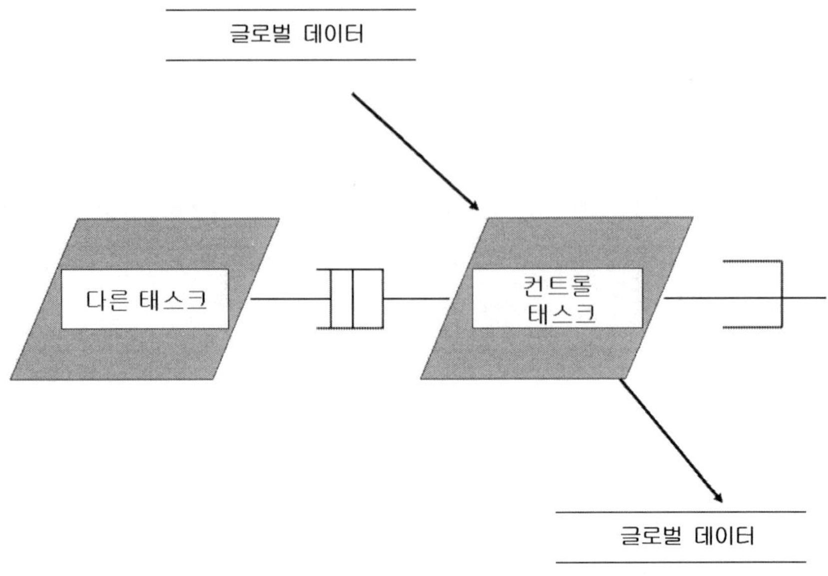

[그림 4.4.5] 컨트롤 태스크

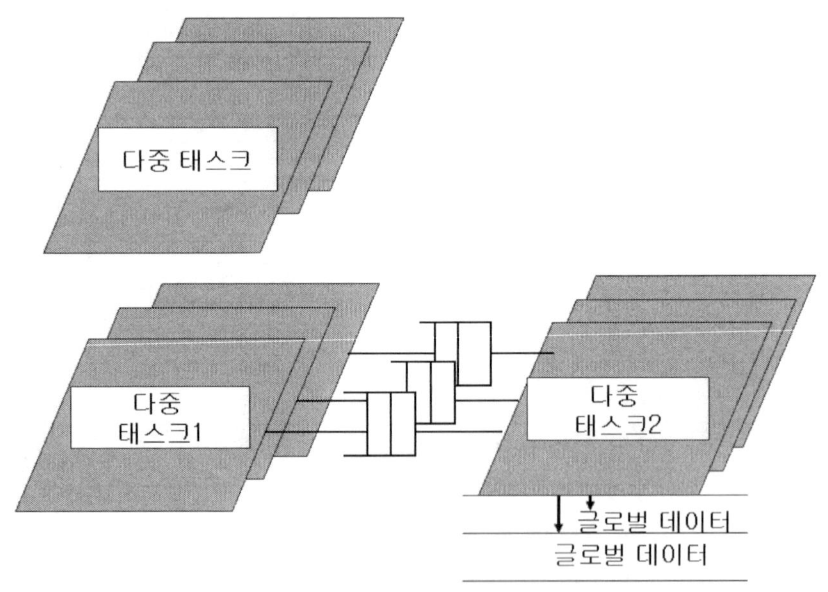

[그림 4.4.6] 다중 기동 Task Set

이러한 태스크는 사용자 세션 마다 기동되는 경우가 있다. 즉 동일한 태스크가 복수 기동된다. 하나의 함수에 대해서, 복수의 태스크를 대응시키는 다중 기동 Task Set 에 의하여 대응한다[그림 4.4.6].

4.4.4 태스크 결합기준

태스크 결합기준은 어느 처리와 어느 처리를, 하나의 태스크로 하여 정리하는 것이 적당한가를 나타내는 기준이다. 예를 들면, 동일 주기에 폴링의 필요한 동기입력 디바이스가 있었을 경우, 이러한 입력처리는 하나의 일정주기 태스크로 처리할 수가 있다. 이것은 시간적 결합으로 처리된다. 태스크 결합기준은 이와 같이 복수의 처리를 하나의 태스크에 결합하기 위한 기준이다. 결합기준에는 시간 결합, 순서 결합, 제어 결합, 기능 결합이 있다.

1) 시간 결합

동일한 이벤트에 의하여 기동되는 복수의 처리가 있어, 이러한 처리의 실행순서가 지정이 없는 경우, 이러한 처리는 하나의 태스크로 실행 할 수가 있다. 이 결합기준을 시간 결합이라고 한다. 동일한 이벤트로서 일정주기 타이머를 이용하는 것이 많기 때문에 이와 같이 처리된다. 그러나 시간 결합은 비동기 이벤트에 대해서도 적용할 수 있다.

결합하는 처리 안에 데드라인이 짧은 처리가 있는 경우에는 리얼타임성을 확보하기 위해서, 다른 우선도를 붙일 필요가 있으므로 다른 태스크로 한다. 이상적이기는 동일한 이벤트로 기동되는 처리로, 시간적 특성이나 처리의 중요도도 거의 동일하고 제공하는 기능에 관련이 있는 것을 결합하는 것이 바람직하다. 기동주기가 배수 관계에 있는 처리를 동일 태스크로 하는 일도 있다. 이 경우에는 각 기동주기의 공약수를 주기로 하는 일정주기 태스크에 결합할 수 있다. 그러나 시간 결합을 과도하게 사용하면 RTOS 를 이용하고 있는 장점이 없어져 유지관리의 유연성이 저하한다.

2) 순서 결합

결정된 순서로 실행하여야 하는 일련의 처리가 있었을 경우, 그것들을 하나의 태스크로 결합하는 것을 순서 결합[그림 4.4.7]이라고 부른다. 단순하게 순서 결합을 실행하면 이벤트 플로우 마다 태스크를 만들게 되어 버린다. 순서 결합은 결합이라고 하는 것보다는 이벤트 플로우와 같은 일련의 처리를 어디서 태스크에 분할하는가 하는 것에 관한 규칙이라고 생각하는 편이 좋다. 예를 들면, 다음과 같은 기준으로 분할한다.

a) 글로벌 데이터를 기록하는 처리를 순서의 최후로 한다.
b) 다른 태스크 등에서 메세지를 받는 처리를 순서의 최초로 한다.
c) 처리시간이 긴 것은 우선도가 낮은 태스크로 한다.
d) 타임 크리티컬인 처리의 뒤에 우선도의 낮은 처리가 계속되는 경우는 별도의 태스크로 한다.

3) 제어 결합

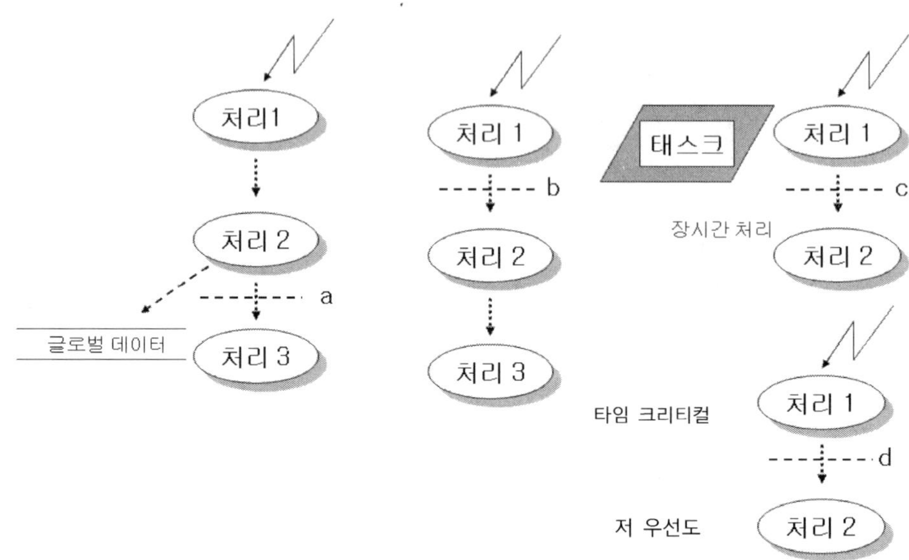

[그림 4.4.7] 순서 결합

상태머신과의 관계

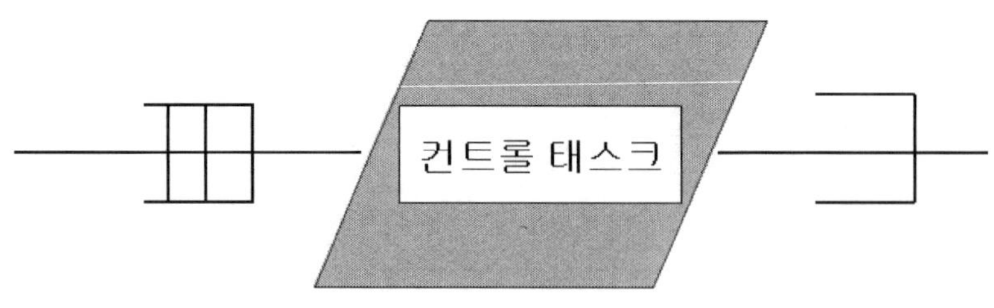

[그림 4.4.8] 제어 결합

동작모델로서 상태머신을 이용하는 경우가 많다. 상태머신을 태스크화 할 때에 제어 결합 [그림 4.4.8]이 이용된다. [그림 4.4.5]의 컨트롤 태스크 안에 어떠한 처리를 넣는 지라는 물음에 답하는 규칙이다.

　　a) 상태전이가 방아쇠(Trigger)가 되었을 때에 개시하고 전이중에 완료하는 처리는 같

은 태스크로 한다.

   b) 상태에 의하여 유효 혹은 무효로 되는 처리는 별도 태스크로 한다. 처리의 유효·무효를 판단하는 태스크와 실제로 처리를 하는 태스크로 나눈다.

   c) UML 스테이트 차트의 Do-액션의 경우로, Do-액션 측이 다음 상태전이의 방아쇠가 되는 경우는 동일 태스크로 한다. 그 외의 경우는 별도 태스크로 한다.

   d) 상태에 의존하지 않는 처리로, 상태머신에 대해서 방아쇠를 송신하는 것, 한편, 그것이, 그 상태머신에의 방아쇠인 경우에는 동일 태스크로 한다.

4) 기능 결합

밀접한 관계에 있는 기능을 제공하는 처리의 취급에 대한 기준이다. 밀접한 관계란, 유사한 기능이나 의존관계(Dependencies)가 있는 기능이라는 것뿐만 아니라, 배타적인 기능 등의 관계도 포함한다.

기능의 유사성이나 의존성은 동작모델이 아니고, 정적인 데이터 모델과 관계가 깊고, 태스크 분할과의 직접적인 관련은 약하다. 객체지향에 있어서의 유스케이스 모델과 같은 형태로 최초로 고려되어야 할 것이다. 기능적인 관계의 고찰에서 순서 결합에서 제어 결합, 시간 결합으로 이끌린다. 즉 기능적인 관계에서 태스크 분할되는 것은 거의 없고, 다른 기준에 breakdown 되고 나서, 태스크 분할에 간접적으로 이용되는 것이 많다. 직접, 태스크 설계에 이용할 수 있는 기능 결합은 배타적인 기능은 동일한 태스크로 할 수 있다고 하는 것이다. 이와 같이 하는 것으로 불필요한 배타제어를 하지 않아도 된다.

4.4.5 태스크 우선도 기준

이 기준은 태스크의 우선도를 검토하기 위한 기준이다. 시스템의 리얼타임성은 태스크의 우선도로 정한다. 임베디드 시스템에 있어, 리얼타임성은 중요한 요건이다. 따라서 개발의 초기 단계에서 리얼타임성을 판정하고 싶지만, 태스크 분할이 종료하지 않으면 판정할 수 없다. 또한, 개발하는 시스템이 갖추지 않으면 안 되는 특성, 혹은 성질 안에는 안전성이나 퍼포먼스 등 여러 가지 것이 있다. 이러한 성질 속에서, 시스템을 구성하는 각 컴퍼넌트에서 성립하면, 그것들을 조합한 시스템 전체에서도 성립하는 것과 각 컴퍼넌트로 성립하여도 시스템 전체에서는 반드시 성립이 보증되지 않는 성질이 있다. 퍼포먼스나 리얼타임성은 후자에 속한다. 따라서 리얼타임성의 검토는 시스템 전체가 보이고 나서 검토하게 된다.

전 절까지 설명한 기준을 적용하여 태스크 설계를 실행하면, 타임 크리티컬인 태스크와 그렇지 않은 태스크가 명확하게 된다. 타임 크리티컬인 태스크에는 높은 우선도를 준다. 우선도는 태스크 단위로 주어진다. 순서 결합으로, 하나의 태스크로 정리된 처리에 타임 크리티컬인 처리와 그렇지 않은 처리가 혼재하고 있는 경우는 이 단계에서 재차 분할할 필요가 있을지도 모른다. 일반적으로 비동기 I/O 처리는 타임 크리티컬인 경우가 많다. 비동기 I/O 태스크로 하여도 리얼타임성이 확보 가능한 경우, 즉 태스크 우선도에 의하여 대응할 수 없는 경우에는 ISR 과의 역할 분담을 다시 살펴볼 필요가 있다.

4.4.6 태스크 인버전

태스크 인버전(Task Inversion)은 태스크를 머지(Merge)하는 기법이다. 태스크 결합과 같게 태스크 수를 줄인다. 그러나 설계수단으로서 줄이는 것이 아니라 오버헤드를 줄이기 위한 리팩터링(Refactoring) 수단으로서 이용하는 점이 다르다. [그림 4.4.6]으로 가리킨 Task Set 를 하나의 태스크로서 머지하는 것으로, 다중화에 대응하는 경우도 있다.

1) 다중기동 태스크의 합성

다중기동 태스크와는 철학자의 식사문제(Dining Philosopher Problem)의 철학자 태스크와 같은 태스크이다. 이 문제는 동일한 동작을 하는 5 명의 철학자의 배타제어에 있어서 데드락이라는 문제의 발생을 제기하고 있다. 동일한 동작이므로 하나의 함수에 대해서 5개의 태스크를 기동하는 것이 많다. 이러한 5개의 태스크를 1개에 합성한다고 하는 것이 다중기동 태스크의 합성이다[그림 4.4.9]. 태스크가 줄어들므로 메모리 사용량이 적게 된다. 특히, 스택 영역을 절약할 수 있다. 또한, 병행성이 없어지므로 배타제어도 불필요하게 된다. 다만, 병행성이 없어지므로, 항상 1 명의 철학자만이 식사할 수 있게 되어, 다른 철학자는 식사를 하지 못하고 사멸하여 버린다는 문제를 포함하고 있다. 그러나 이 경우 동시에 식사가 가능한 철학자의 수는 2명이므로, 태스크를 2개로 하면 병행성을 확보하고 System Resource 를 절약할 수가 있다.

다중기동 태스크의 태스크수를 줄이는 경우에는 개개의 태스크의 정보를 스택 상에 둘 수 없게 되므로, 태스크 외부에 낼 필요가 있다. 이 결과 태스크 함수 자신은 복잡하게 되고 다중도의 변경 시에 공정수가 걸리게 된다.

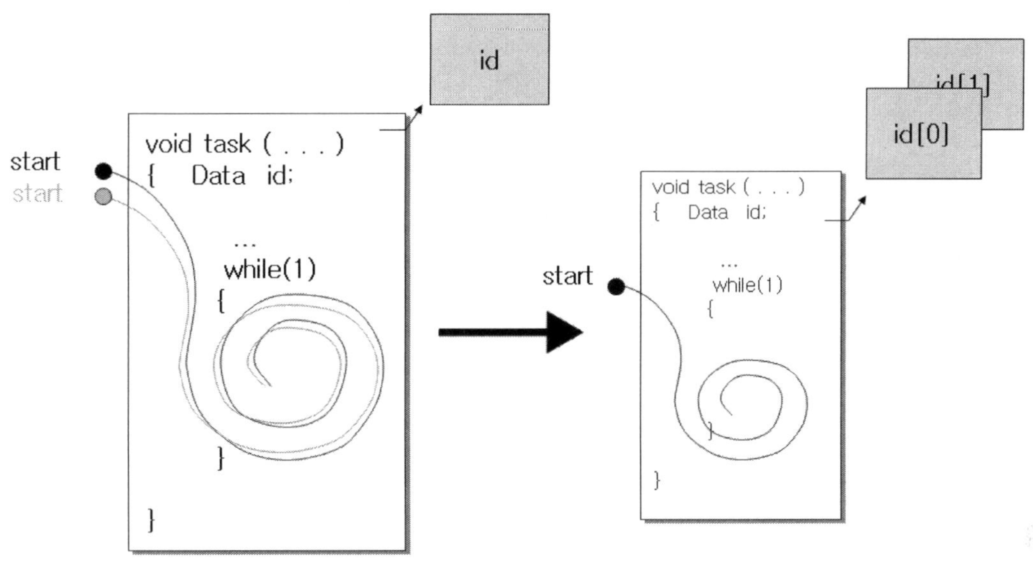

[그림 4.4.9] 다중기동 태스크의 합성

2) 순서 태스크의 합성

동기 메세지통신 등의 밀결합 태스크간 인터페이스를 사용하고 있는 태스크끼리는 하나의 태스크에 합성할 수 있는 경우가 있다. 동기 메세지를 송신하는 대신에 함수호출을 사용하면 좋다. 송신 메세지의 종류 마다, 수신측 태스크에 함수를 준비하고 메세지 데이터는 함수 인수로서 건네주도록 한다[그림 4.4.10].

3) 시간 태스크 합성

이것은 벌써 설명한 처리를 시간결합하고 주기태스크로 하는 것으로 기본적으로 같다. 시간 결합의 경우는 기능적으로 관련이 있는 처리를 결합하지만, 태스크 합성의 경우는 퍼포먼스 튜닝이 주된 목적이므로, 같은 방아쇠를 이용하고 있으면 합성하여 버린다.

다만, 유지보수성이나 재 이용성은 나빠진다[그림 4.4.11].

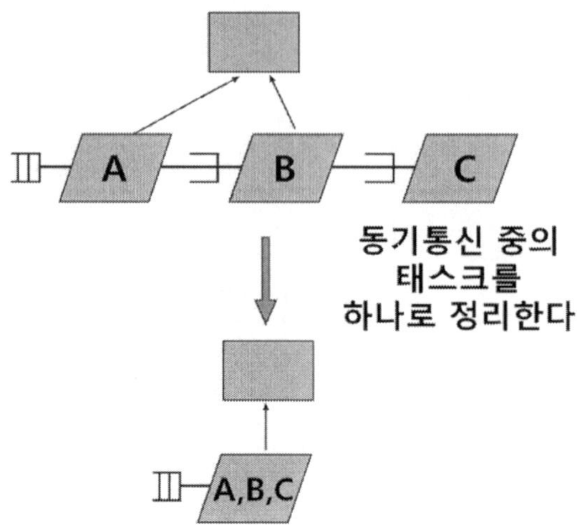

[그림 4.4.10] 순서 태스크의 합성

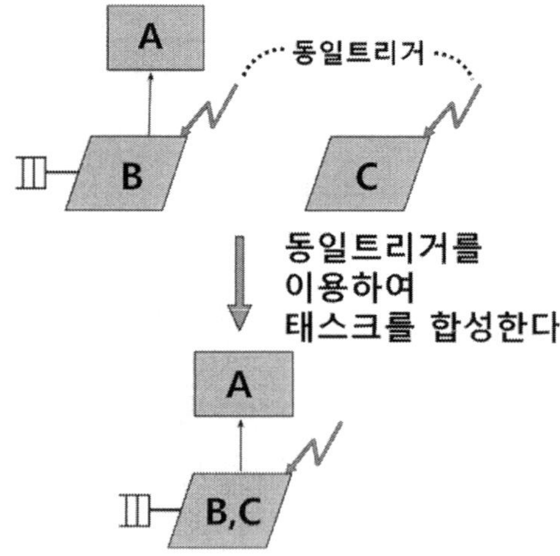

[그림 4.4.11] 시간 태스크의 합성

 정 리

이 장에서는 다음의 내용을 설명하였다.

1) OS 의 장점

① CPU 사용률에서 데드라인 보증성 판정을 할 수가 있다.
② 프리엠프션에 의하여 CPU 를 효율적으로 이용할 수 있다.

2) 태스크의 개념

① 태스크의 개념은 OS 에 의하여 만들어지는 태스크 마다 상태를 변화시킬 수가 있다.
② RTOS 에서는 우선도 베이스 스케쥴링 방식이 사용된다.
③ 태스크 우선도에 의하여 태스크 동작을 설계할 필요가 있다.

3) 시스템콜

① 멀티태스킹 환경에서는 스레드 세이프, Re-Entrant 성에 주의하여야만 한다.
② Re-Entrant 화할 수 없는 경우에는 세마포어에 의한 배타제어가 필요하게 된다.
③ 배타제어에 의하여 데드락 등이 복잡한 문제가 발생하는 것에 주의하여야만 한다.
④ 복사 베이스의 메시지 통신을 이용하는 것으로 프로그램 디자인의 자유도가 커진다.

4) 태스크 분할

① 태스크 분할에는 분할 기준이 있다. 기준을 이용하는 것으로 태스크 설계가 하기 쉬워진다.
② 태스크 분할 후, 태스크 합성(태스크 결합과 태스크 인버전)에 의하여 태스크 설계를 다시 볼
  필요가 있다.

05

디바이스 드라이버

이 장에서는 임베디드 시스템의 중요한 구성요소인 디바이스 드라이버를 설명한다. 디바이스 드라이버(Device Driver)란, 컴퓨터시스템에 인터페이스된 주변 디바이스(Peripheral Device)를 제어하기 위한 소프트웨어이다. PC 와 같은 범용 시스템의 경우, 디바이스 드라이버는 구입한 주변기기의 부속품으로서 제공된다. 임베디드 시스템에서도 디바이스 드라이버는 중요한 구성요소가 된다. 그러나 임베디드로 사용되는 디바이스 드라이버는 PC 와 같이 처음부터 각 디바이스 마다 딸려서 오는 것은 아니다. 많은 경우, 자작(自作)하거나, 개발을 위탁하게 된다.

디바이스 드라이버를 만들거나 개발을 위탁한다고 하여도 목표시스템이 되는 시스템, 어플리케이션 구성에 적절한 디바이스 드라이버를 준비하기 위해서는 디바이스 드라이버에 대한 기초지식이 필요하다. 이하의 절에서는 그러한 지식에 대하여 설명한다.

5. 1 디바이스 드라이버의 기능과 구조

　범용 시스템과 임베디드 시스템으로 사용되는 디바이스 드라이버의 기능적인 차이와, 디바이스 드라이버의 기본적인 구조에 대하여 설명한다.

5. 2 디바이스 드라이버와 어플리케이션의 인터페이스

　어플리케이션이 디바이스 드라이버를 조작하기 위해서 필요한 인터페이스와 그 실장방법에 대하여 설명한다.

5. 3 디바이스 드라이버의 인터럽트 처리

　디바이스 드라이버로 필수의 인터럽트 처리에 대한 설명과 디바이스 드라이버와 인터럽트 처리의 동기 방법 등에 대해서 설명한다.

5. 4 디바이스 드라이버의 구체적인 예

　디바이스 드라이버의 구체적인 예로서 USB 호스트 환경을 지원하는 디바이스 드라이버와 블럭형 디바이스를 관리하는 디바이스 드라이버를 설명한다.

5. 5 디바이스 드라이버의 개발과 유의점

　MMU나 캐시 등을 사용한 시스템으로 디바이스 드라이버를 개발할 때에 유의하여야 하는 점에 대하여 설명한다.

5.1　디바이스 드라이버의 기능과 구조

　디바이스 드라이버는 임베디드 소프트웨어의 하층에 위치하고 하드웨어를 직접 조작하기 위해서 사용되는 소프트웨어이다. 달리 표현을 하자면, 어플리케이션이나 미들웨어와 같은 상위의 소프트웨어와 하드웨어 사이를 중개하는 소프트웨어라는 것이다.

　디바이스 드라이버는 상위의 소프트웨어와의 인터페이스를 실행하는 부분, 하드웨어와의 인터페이스를 실행하는 부분의 2가지 기능으로 구성된다. 여기에서는 이 디바이스 드라이버의 기능과 구조에 대하여 설명을 한다.

5.1.1 임베디드 시스템의 디바이스 드라이버

범용 시스템의 경우, 디바이스 드라이버는 OS 가 제공하는 파일관리기능 하단에 실장된다. 범용 시스템에서는 [그림 5.1.1]와 같이 OS 가 통일된 파일액세스 기능을 제공한다. 어플리케이션에서의 리퀘스트는 시스템콜(System Call)로 커널(Kernel)을 경유하고 파일시스템으로 전달할 수 있다. 파일시스템은 사용자의 리퀘스트에 따라서, 파일액세스 기능의 필요에 따라 디바이스 드라이버를 호출한다. 범용 시스템에서는 디바이스 드라이버를, OS 의 문맥(Context)으로서 실행하는 것이 많다.

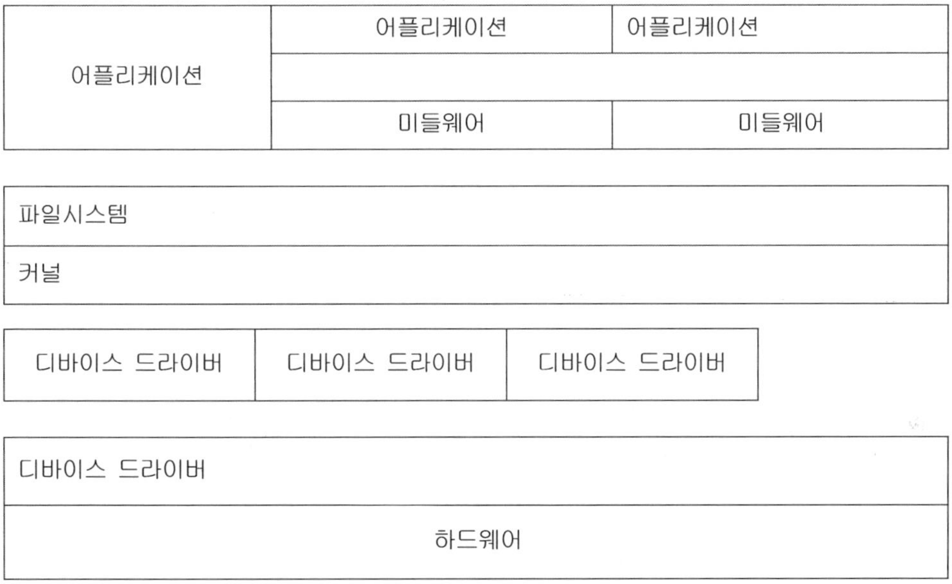

어플리케이션	어플리케이션	어플리케이션
	미들웨어	미들웨어

파일시스템
커널

디바이스 드라이버	디바이스 드라이버	디바이스 드라이버

디바이스 드라이버
하드웨어

[그림 5.1.1] 범용 시스템의 디바이스 드라이버

이와 같이 범용 시스템에 있어서 디바이스 드라이버는 커널이나 파일시스템(File System)에 의하여 은폐된 존재이다. OS 가 파일시스템의 기능으로서 디바이스 드라이버에 대한 범용적인 액세스 수단을 제공한다. [파일을 연다, 읽고 쓴다, 닫는다] 고 하는 인터페이스이다. 범용 시스템에서는 이러한 범용 인터페이스를 사용하고 캐릭터형이나 블럭형의 디바이스라고 하는 디바이스의 종류에 관계없이 데이터 입출력을 실행할 수 있는 어플리케이션을 개발할 수가 있는 것이다.

임베디드 시스템에서도 디바이스 드라이버는 RTOS 가 제공하는 기능이나 구조 아래에 실장된다. 그러나 임베디드 시스템에서는 범용 시스템과 같이 디바이스 드라이버를 은폐된 존재로서 취급할 것은 없다.

임베디드 시스템의 경우, 디바이스 드라이버는 [그림 5.1.2]와 같이 실장되는 것이 많다. 임베디드 시스템의 디바이스 드라이버는 직접 어플리케이션이나 미들웨어에서 호출되는 인터페이스를 제공한다. 이것은 범용 시스템과 비교하면 큰 차이점이라고 할 수 있다.

범용 시스템의 경우, 디바이스 드라이버는 커널이나 파일시스템에 은폐된 존재이며, 어플리케이션은 반드시, 커널이나 파일시스템을 통하여 디바이스 드라이버에 액세스하여야 했다. 그러나 임베디드 시스템에서는 디바이스 드라이버는 어플리케이션의 일부로서 조립되어지거나 또는 독립된 드라이버 태스크(Driver Task)로서 실장되거나 한다. 즉, 임베디드 시스템에서는 디바이스 드라이버는 OS 기능으로서가 아니고, 어플리케이션의 일부인 것 같이 보다 밀접한 관계로 실장되는 것이다.

그러나 임베디드 시스템에 있어서도 범용 시스템과 같이 디바이스 드라이버의 존재가 은폐되는 경우도 있다. 그것은 하드디스크 등이 같은 블럭 디바이스의 경우로, 임베디드 시스템에서도 이러한 경우는 파일시스템 아래에 디바이스 드라이버가 실장된다. 이러한 경우, 어플리케이션은 파일시스템이 제공하는 API 를 사용하여 디바이스 드라이버를 호출하게 된다.

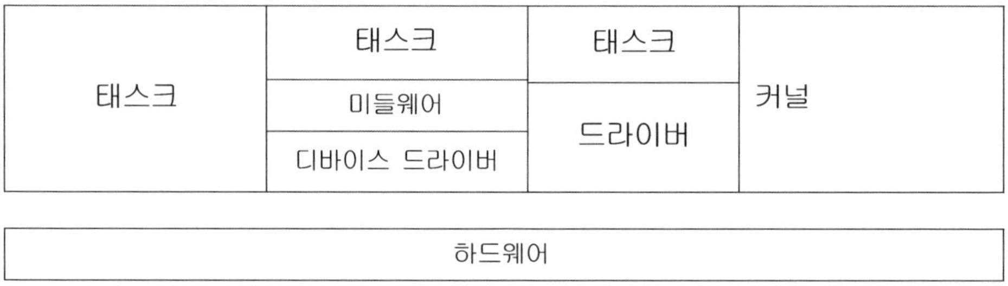

태스크	태스크	태스크	커널
	미들웨어	드라이버	
	디바이스 드라이버		

| 하드웨어 |

[그림 5.1.2] 임베디드 시스템의 디바이스 드라이버

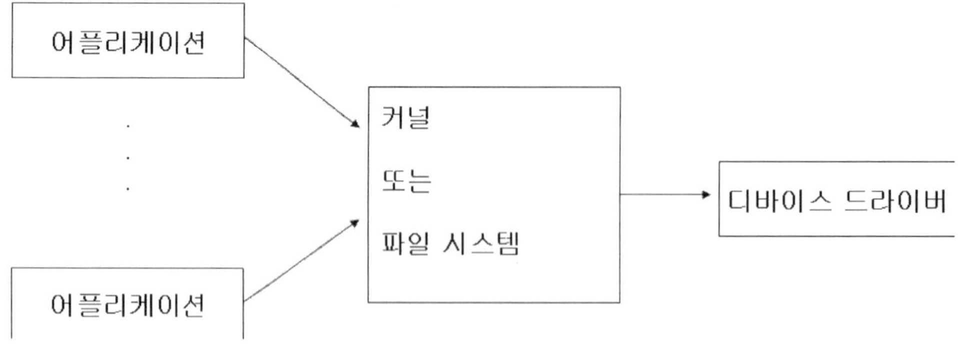

[그림 5.1.3] 범용 시스템의 디바이스 드라이버 호출

또한, 하나의 디바이스를 복수의 어플리케이션이 공유하는 일이 있다. 예를 들면, 하드디스크를 복수의 어플리케이션이 동시에 사용하는 일도 드문 것은 아니다. 이러한 경우에 범용 시스템에서는 [그림 5.1.3]과 같이 커널이나 파일시스템이 디바이스나 파일액세스에 대한 직렬화(Serializing, 순서대로 액세스, 배타제어)를 실행한다. 따라서 디바이스 드라이버가 복수의 어플리케이션에서 동시에 불려지는 것을 고려할 필요는 없다.

임베디드 시스템의 경우에서도 디바이스 드라이버가 복수의 어플리케이션에서 불려지는 것은 적지는 않다. 그러나 임베디드 시스템의 경우, 디바이스 드라이버 액세스를 직렬화하는 파일시스템 등이 존재하는 것은 아니기 때문에 어플리케이션 또는 디바이스 드라이버가 독자적인 직렬화 기구로 생각하면 안 된다.

5.1.2 디바이스 드라이버의 기본 기능

범용 시스템으로 동작하는 디바이스 드라이버와 임베디드 시스템으로 동작하는 디바이스 드라이버의 차이에 대하여 설명을 하였다. 다음에 디바이스 드라이버의 기능에 대하여 설명한다.

우선, 디바이스 드라이버가 실행하는 기본적인 기능에 대하여 설명을 한다. 이러한 기능은 어플리케이션이나 미들웨어 등의 상위의 처리가 필요로 하는 기능으로, [그림 5.1.4]로 나나내는 4가지로 대별된다. 디바이스의 초기화, 입출력(읽기, 쓰기) 디바이스 상태취득·설정, 디바이스의 정지가 기본의 기능이다.

디바이스 드라이버가 제공해야 하는 기본적 기능은 범용 시스템에서도 임베디드 시스템에서도 다를 것은 없다. 그러나 범용 시스템에서는 특수한 디바이스가 아닌 한은 디바이스 드라이버의 기능이 직접 어플리케이션에 제공될 것은 없다. 다음에 디바이스 드라이버의 4가지 기능에 대하여 설명을 한다.

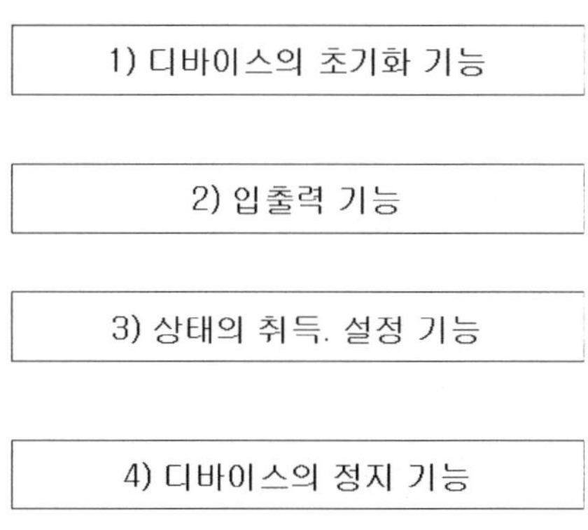

[그림 5.1.4]   디바이스 드라이버의 기본 기능

1) 초기화 기능

초기화 기능은 디바이스의 사용에 앞서 처리된다. 이 기능을 호출하기 전에 다른 기능이 호출되어선 안 된다. 이 기능 내에서는 다음의 일을 한다.

- 디바이스 드라이버의 데이터 영역의 초기화
- 디바이스의 초기화
- ISR 의 등록

전술했던 대로, 디바이스 드라이버는 주변기기나 디바이스를 조작·제어하는 프로그램이다. 다른 프로그램과 같이 디바이스 드라이버도 독자적인 변수영역을 가진다. 디바이스 드라이버의 초기화 기능 이외의 기능이 사용 가능하게 되기 위해서는 이 변수영역을 초기화하여야 한다. 또한, 어플리케이션이나 미들웨어와의 교환을 실행하기 위해서 자원의 확보도 실행하지 않으면 안 되는 경우가 있다. 우선, 디바이스 드라이버의 데이터구조, 환경 등을 정리하는 것이 초기화 기능의 역할이다.

다음에 입출력 하드웨어의 초기화이다. 대상이 되는 디바이스의 인식, 초기화를 디바이스 드라이버는 실행해야만 한다.

더욱이 효율적으로 디바이스에서 데이터를 읽어 들여, 시스템 전체의 성능을 향상시키고 리얼타임처리를 실현하기 위해서는 인터럽트의 사용은 불가피하다. 주변기기, 디바이스에서의 인터럽트를 처리하기 위해서, 디바이스 드라이버는 인터럽트 처리루틴(Interrupt Service Routine, ISR)을 제공한다. 그러나 ISR 은 작성한 것만으로는 인터럽트가 발생하여도 자동적으로는 처리되는 것은 없다.

대상이 되는 인터럽트를 ISR 로 처리하기 위해서는 사용하고 있는 RTOS 가 제공하는 기능을 사용하여 ISR 의 등록을 실행해야만 한다. 이것도 디바이스 드라이버의 초기화 루틴의 중요한 일 중 하나이다.

ISR 의 등록을 실행하기 전에 디바이스의 인터럽트를 허가해서는 안 된다. 혹은 인터럽트 마스크 등에 의하여 인터럽트를 보류하여 둘 필요가 있다. 인터럽트 처리가 등록되지 않은 상태로 인터럽트가 발생하면, 터무니없는 처리가 실행되어, 시스템이 행업(Hang Up)하는 등, 예기치 못한 상태에 빠지는 일이 있다.

범용 시스템에서는 시스템이 기동한 후, 동적으로 디바이스 드라이버의 추가를 실행하는 것이 가능하다. 그러나 시스템의 구성이 동적으로 변경되지 않는 임베디드 시스템에서는 초기화 기능은 시스템이 기동된 시점에서만 가능하고 동적인 추가를 행하는 것은 많지 않다.

2) 입출력기능

입출력은 디바이스 드라이버의 중심적 기능이다. 입력만, 혹은 출력만을 실행하는지, 입출력을 실행할 수 있을지는 디바이스의 속성에 의존한다.

① 입력

입력 기능은 디바이스에서 데이터를 읽어내기 위한 기능이다. 순차적(Sequential)인 데이터를 취급하는 디바이스, 하드디스크나 CD-ROM 과 같은 블럭단위의 데이터를 뽑아 취급하는 디바이스 등에서 데이터를 읽어낼 때 사용된다.

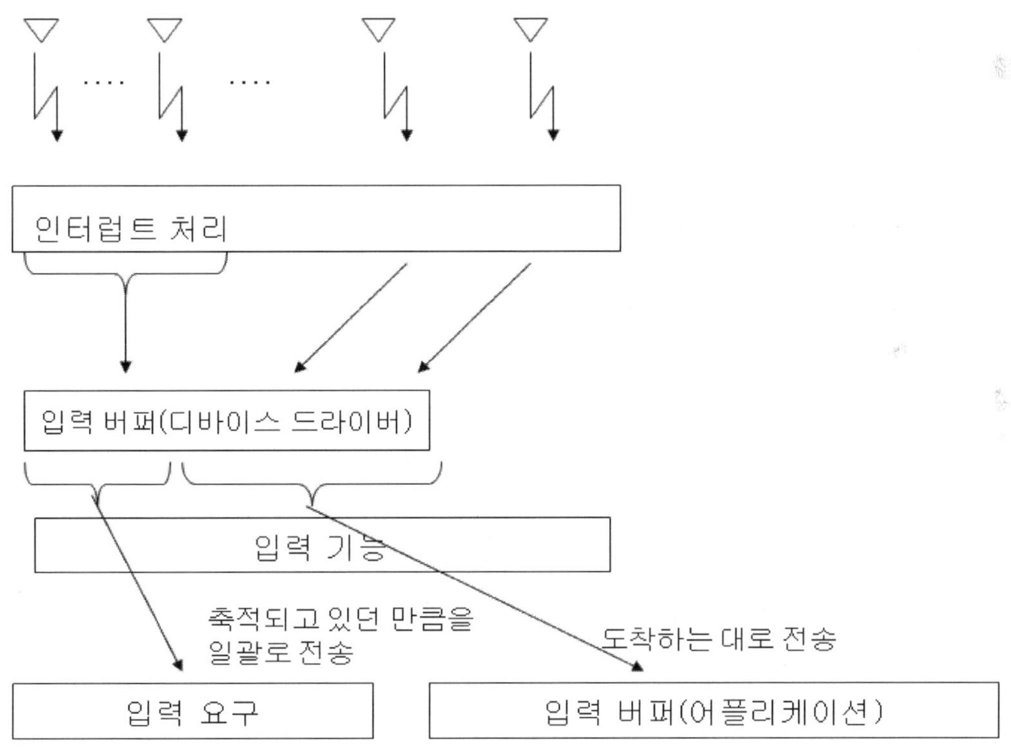

[그림 5.1.5] **입력 데이터의 전송**

데이터 읽기는 반드시 입력요구가 있을 때에 행하여지는 것은 아니다. 예를 들면, 키보드 입력과 같은 직렬 디바이스에서의 데이터 입력의 경우, [그림 5.1.5]와 같이 요구가 없는 경우에 발생한 데이터를, 인터럽트 처리가 버퍼에 저장하여 두어, 읽기 요구가 있던 시점에서

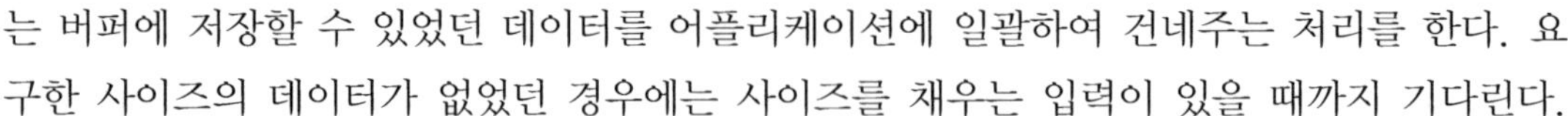

는 버퍼에 저장할 수 있었던 데이터를 어플리케이션에 일괄하여 건네주는 처리를 한다. 요구한 사이즈의 데이터가 없었던 경우에는 사이즈를 채우는 입력이 있을 때까지 기다린다.

② 출력

출력기능은 어플리케이션이나 미들웨어에서 제공된 데이터를 디바이스에 기록하는 기능을 제공한다. 읽기 처리와 같이, 기록 처리도 요구를 받은 시점에서 즉시 써내지 않는 경우가 있다. 즉, 데이터의 기록 전송이 인터럽트에 의하여 행하여지는 경우이다. 예를 들면, 직렬 회선에의 기록 처리에서는 요구된 데이터를 디바이스 드라이버의 로컬 버퍼에 복사하고 요구를 완료한다. 그 후, ISR 이 그 버퍼에서 인터럽트가 발생하는데 맞추어, 순서대로 데이터를 회선에 써내 간다.

3) 상태의 취득·설정 기능

상태의 취득·설정 기능은 디바이스를 제어하기 위해서 사용되는 기능이다.

① 상태의 취득

상태의 취득은 디바이스 드라이버에 의하여 관리되는 주변기기나 디바이스 상태를 취득하기 위한 기능이다. 이 기능은 디바이스의 물리적인 설정상태, 예를 들면, 직렬 디바이스 등에 있으면, 회선의 스피드, 반송파 상태 등을 취득할 수 있다. 또한, 디바이스 드라이버 자신이 가지고 있는 논리적인 정보, 예를 들면, 로컬버퍼에 몇 바이트의 데이터가 수신이 끝난 상태로서 저장되고 있을지 등의 정보를 취득하기 위해서도 사용된다.

임베디드 디바이스의 어플리케이션은 끊임없이 외계의 변화를 감시하고 상황에 따른 동작을 실행할 필요가 있다. 감시하여야 하는 정보는 임베디드 시스템에 의하여 천차만별이다.

임베디드 시스템의 디바이스 드라이버는 상태취득 기능을 활용하는 것으로, 외계에서의 이벤트의 취득을 편리하게 하고 어플리케이션이 유연하게 디바이스를 조작하는 것을 가능하게 한다.

② 상태설정

상태설정은 상태취득과 대칭을 이루는 기능이다. 상태설정은 디바이스 드라이버에 의하여 관리되는 주변기기나 디바이스의 조건설정을 변경하기 위해서 사용된다. 예를 들면, 직렬 디바이스의 회선스피드, 데이터의 사이즈 등을 변경하기 위한 기능은 이 안에 실장할 수 있다.

이 기능도 어플리케이션이 디바이스를 직접 조작하여야 하는 임베디드 시스템에는 중요한 기능이다. 예를 들면, 최근의 임베디드 시스템에서는 소비전력의 컨트롤 기능을 가지는 것이 많아지고 있다. 특히 휴대가능한 시스템의 경우, 이러한 기능이 부각되고 있다. 디바이스드라이버가 관리하고 있는 디바이스도 당연히 소비전력 컨트롤의 대상이 된다. 전력 공급이나, 저소비전력 모드에의 이행 등, 디바이스의 전력상태를 변경하는 기능은 이 상태설정 기능을 이용하여 실장되는 일도 많다.

4) 디바이스의 정지기능

디바이스의 정지처리는 일반적으로, 디바이스의 제거 때에 사용되는 기능이다. 초기화 기능과 대칭이 되는 기능으로, 인터페이스 되고 있는 주변기기를 떼어내기 전에 디바이스 드라이버의 서비스를 정지시키기 위해서 처리된다.

이 기능의 내부에서는 초기화 처리로 행하여진 것과 반대를 수행한다.

- 디바이스의 정지처리
- ISR 의 등록말소
- 획득한 자원의 개방

디바이스의 정지처리로, 디바이스에서의 인터럽트를 정지시켜, 인터페이스 되고 있는 주변기기 등에 대해서 서비스의 정지의 지시를 받은 것을 통지한다. 인터럽트를 정지시키면, 디바이스 드라이버는 불필요하게 된 ISR 의 등록을 삭제한다. 마지막으로, 디바이스 드라이버가 사용하고 있던 자원의 개방을 실행하고 초기화되기 전 상태로 복귀한다.

일반적으로, 임베디드 시스템에서는 조립하여진 디바이스가 문리도거나 도중에 사용되지 않게 되는 일은 발생하지 않는다. 따라서 디바이스의 정지처리가 조립과 관련되는 것은 적다.

5.1.3 디바이스 드라이버의 하드웨어인터페이스

여기서는 디바이스 드라이버의 조작대상이 되는 하드웨어의 기초지식에 대하여 설명한다.

1) 인터럽트 처리

인터럽트 처리는 하드웨어와의 인터페이스 중에서, 가장 중요한 처리이다. 특히, 리얼타임처리를 하기위해서는 필수가 되는 처리이다. 디바이스 드라이버는 디바이스나 주변기기 상태변화를 감시하고 거기에 대응한 처리를 하여야만 한다. 예를 들면, 디바이스에서의 데이터 읽기가 가능하게 되면, 즉시, 그 데이터의 읽기를 실행하여야만 한다.

이러한, 하드웨어 상태변화를 디바이스 드라이버가 검출하기 위해서 사용하는 것이 인터럽트이다. [그림 5.1.6]과 같이 ① 디바이스가 발생시킨 인터럽트 요구는 ② MPU에서 검출되어 ③ RTOS 커널에 의하여 제공되는 인터럽트 처리(또는 예외처리)의 구조를 통하여서 ④ 대상이 되는 디바이스 드라이버에 통지된다.

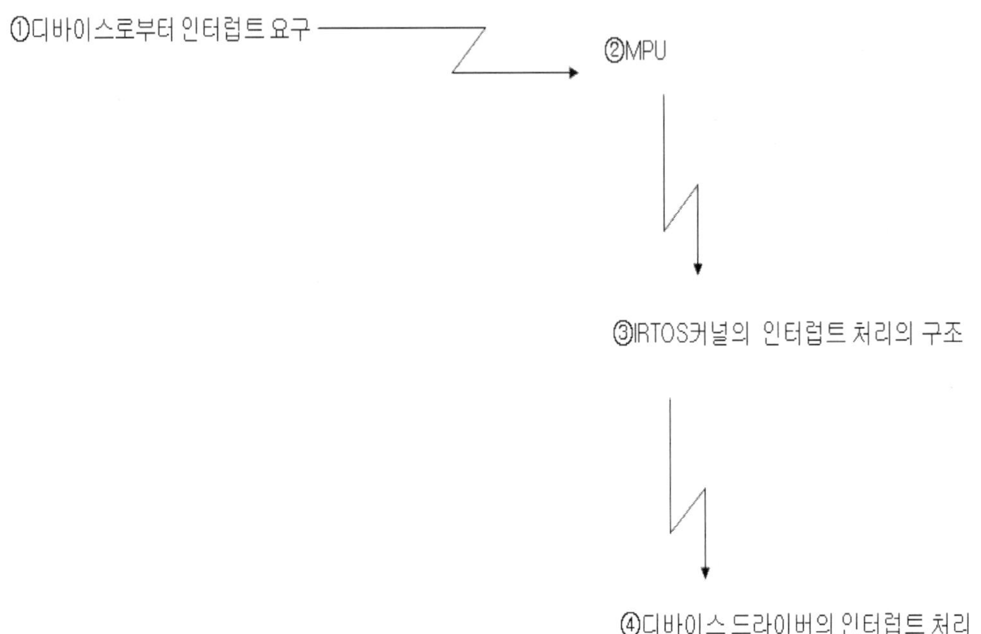

[그림 5.1.6] 인터럽트의 통지 경로

이 통지를 받아들이는 것이 인터럽트 처리이며, 통지된 인터럽트에 대응한 처리를 실행한다.

지금까지도 말했던 대로, 임베디드 시스템의 어플리케이션은 시스템에 인터페이스 되고 있는 디바이스를 세세하게 감시, 조작하는 것이 요구된다. 디바이스나 주변기기 상태의 변화를 받아, 그것을 제한시간 내에 처리하는 리얼타임처리에 있어, 인터럽트는 필수적인 기능이다. 디바이스 드라이버에 내포되는 인터럽트 처리기능은 리얼타임성을 필요로 하는 임베디드 시스템에는 빠뜨릴 수 없는 기능인 것이다.

2) I/O Mapped I/O와 메모리 Mapped I/O

프로그램이 디바이스에 액세스 하는 방법으로서 2가지 방법이 준비된다. 1가지는 MPU 에 특별한 명령을 내리는 방법이며, 또 하나는 특별한 주소를 디바이스에 할당하는 방법이다.

전자의 경우, MPU 에는 디바이스에 액세스하기 위한 명령으로서 IN, OUT 등의 명령이 준비된다. 디바이스 드라이버는 그 명령을 사용하여 디바이스에 액세스 하게 된다. 이 액세스 방법을 I/O Mapped I/O 라고 부른다.

후자는 디바이스에 특유의 주소, 예를 들면 0x80000070 등의 주소를 할당한다. 이 주소로, 디바이스에 대한 액세스인가, 메모리에 대한 액세스인지를 구분한다. 예를 들면, 0x80000000 이상의 주소라면 디바이스에 대한 액세스로 한다. 이 방법은 메모리 Mapped I/O(Memory Mapped I/O)로 처리된다. 이 방법에서는 디바이스 드라이버는 디바이스에 메모리액세스와 같은 명령(Move, Load, Store 등)을 사용하여 액세스 하게 된다.

3) 하드웨어 인터페이스의 프로그램 예

디바이스 드라이버를 작성하는 경우에는 하드웨어 인터페이스의 차이를 수용할 수 있도록 고려할 필요가 있다. 그렇지 않으면 범용성을 빠뜨린 디바이스 드라이버를 작성하여 버리게 된다. 다음에 그러한 주의점을 포함하여 간단한 샘플 코드를 예로서 소개한다.

[그림 5.1.7]은 직렬 드라이버의 디바이스의 초기화 처리를 간단하게 처리한 코드이다. 이 코드에서는 우선, initData( ) 로, 디바이스 드라이버가 사용하는 변수영역의 초기화를 실행하고 있다. 즉, 디바이스 드라이버가 동작하기 위해서 필요한 환경설정을 실행하고 있는 것이다. 다음에 조작대상이 되는 디바이스의 초기화 처리를 실행하지만, 이 디바이스 드라이버에서는 그 전에 인터럽트의 마스크를 실행하고 있다. 이 시점에서는 조작대상이 되는 디바이스의 ISR 은 등록되지 않기 때문에 인터럽트가 발생하여도 잘못한 처리를 하지 않게 방지하는 조치이다. 인터럽트 마스크의 방법에는 MPU 를 인터럽트 금지 모드로 하고 모든 인터럽트 발생을 없애 버리는 방법, MPU 의 상태레지스터 등에 있는 인터럽트 수준 플래그에 값을 설정하고 어느 수준 이하의 인터럽트를 금지하는 방법, 특정의 디바이스만의 인터럽트를 금지하는 방법 등이 준비되어 있다. 인터럽트를 마스크 하는 기능은 RTOS 커널에 의하여 제공되고 있는 경우도 있다. 사용 방법 등에 대해서도 커널에 규정되어 있는 일이 있다. 인터럽트의 마스크는 시스템에 중대한 영향을 미치기 때문에 충분히 주의하여 실행할 필요가 있다.

프로그램은 인터럽트 마스크의 설정에 이어, 디바이스의 초기화, 통신 파라미터의 설정 등을 실행하는 initHW( ) 를 콜 하고 regISR( ) 로 ISR 를 등록하고 그 후, 인터럽트 마스크를 해제하고 디바이스의 기동을 실행하고 있다.

이 프로그램에서는 디바이스의 레지스터에의 액세스를, IN( )/OUT( ) 라고 하는 매크로를 사용하고 있다. 이 매크로를 샘플과 같이 정의하면, 하나의 소스코드로 메모리 맵트 I/O, I/OMapped I/O 의 양쪽 모두의 시스템 구성에 대응할 수 있게 된다.

```
ERR drv_iniz(...)
{
        ...
        initData( );/* initialize driver data structure */
        currentMask  = mask_irg( );
        initHW( ); /* initialize Hardware  Device */
        err = regISR(isr, ...)/* Activate ISR routine */
        if( err )
        {
                restore_irg(currentMask);
                return err;
        }
        restore_irg(currentMask);
        cmdReg = IN(pCMDreg); /* read command register */
        cmdReg I=START_DEVICE;
        OUT(pCMDreg, cmdReg); /*start device */
}
#if defined(IOMAPPED_IO)
#define IN(pReg) port_in(preg)
#define OUT(pReg,data) port_out(pReg, data)
unsigned char port_in(char *pReg)
{
        unsigned char data;
        data = in(pReg);
        sync( );
        return data;
}
void port_out(char *pReg, unsigned char data)
{
        out(pReg, data);
        sync( );
}
#else
#drfine IN(pReg) (*(unsigned char *)pRge)
#define OUT(pReg, data) (*(unsigned char *)pReg = date
```

[그림 5.1.7] 드라이버의 초기화 처리예와 I/O처리

또한, MPU 에 따라서는 I/O 에 대한 액세스 명령(로드나 스토어)등의 실행차례가 보증되지 않는 것도 있다. 예를 들면, 레지스터 A 에 액세스 한 후, 레지스터 B 에 데이터를 기록하지 않으면 안 되는 경우, 레지스터 B 의 액세스의 전에 레지스터 A 의 액세스는 종료하고 있지 않으면 안 된다. PowerPC 등의 프로세서에서는 이 액세스 순서가 보증되지 않는다.

여기에, 디바이스 드라이버의 개발자는 이 액세스 차례가 보증되도록, 레지스터 B 의 액세스전에 레지스터 A의 액세스를 완료시키지 않으면 안 된다. 샘플 코드안의 sync( ) 함수는 이 처리를 실장하기 위해서 존재하고 있다.

여기에 올린 I/O액세스에 관한 제한이나 기능, 명령의 실행 차례 등에 관한 주의점은 매우 일부의 것이다. 디바이스 드라이버를 실제로 개발할 때는 특수한 기능이나 제한이 MPU 에 존재하고 있지 않는지, 또한, 어떠한 회피책이나 기능이 RTOS 개발환경에 준비되어 있는지를 자주 확인하고 가능한 한 재이용성의 높은 디바이스 드라이버의 개발을 실행하여야 하는 것이다.

─○ 5.2 디바이스 드라이버와 어플리케이션의 인터페이스

여기서는 어플리케이션과 디바이스 드라이버의 인터페이스의 실장이나 동기화방법에 대하여 설명을 한다.

5.2.1 인터페이스부의 실장방법

범용 시스템의 경우, 벌써 설명한 것처럼 디바이스 드라이버는 커널이나 파일시스템에 은폐된 존재였다. 어플리케이션은 디바이스 드라이버를 호출하기 위해서 시스템콜을 발행할 필요가 있었다. 따라서 어플리케이션이 직접 디바이스 드라이버를 조작한다고 하는 일은 거의 없었다.

임베디드 시스템으로 사용되는 디바이스 드라이버의 실장방법은 사용하는 RTOS 의 사양, 지원되는 디바이스 종별이나 상위의 미들웨어의 기능에 의하여 결정된다. 복수의 미들웨어를 내장하는 시스템의 경우, 복수의 다른 인터페이스의 실장을 실행하지 않으면 안 되는 것도 적지 않다.

임베디드 시스템에서도 범용 시스템과 같은 커널이나 파일시스템을 경유한 인터페이스를 제공하는 RTOS 도 존재하지만, 많은 경우, 디바이스 드라이버는 [그림 5.2.1 다음의 방법 중에서 1개를 택하여 실장된다.

- 서브루틴형
- 태스크형

서브루틴형 디바이스 드라이버의 실장에서는 디바이스 드라이버의 제공하는 각 기능은 어플리케이션이나 미들웨어의 서브루틴으로서 실장된다. 이 때 사용되는 문맥은 디바이스 드라이버의 기능을 호출한 어플리케이션이나, 미들웨어의 문맥이 된다. 즉, 디바이스 드라이버의 기능이 어플리케이션이나 미들웨어의 일부로서 실행되게 된다.

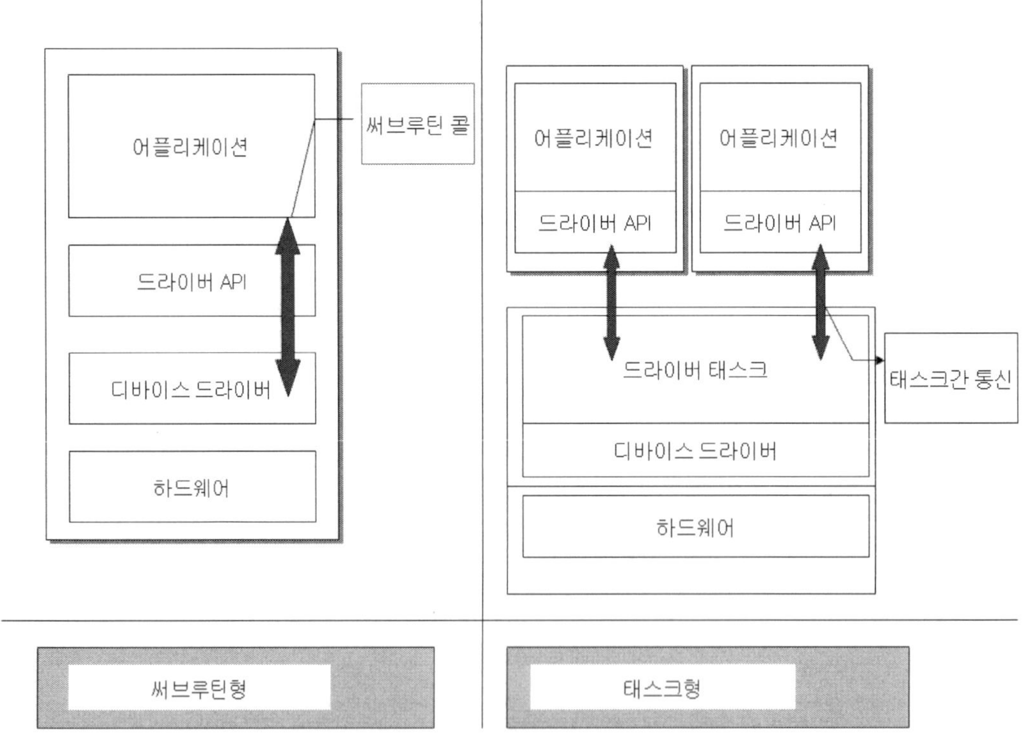

[그림 5.2.1] 디바이스 드라이버의 인터페이스 부의 실장방법

태스크형 디바이스 드라이버는 디바이스 드라이버를 독립된 태스크로서 실장한다. 이 실장의 경우, 어플리케이션이나 미들웨어는 RTOS 가 제공하는 태스크 간 통신기능을 사용하여 디바이스 드라이버와의 대화를 한다. 이 실장에서는 디바이스 드라이버는 독자적인 문맥을 가지고 동작한다. [그림 5.2.2]에 태스크형으로 디바이스 드라이버를 실장 했을 경우의 어플리케이션과 디바이스 드라이버의 인터페이스의 예를 나타낸다. 이 예에서는 직렬 디바이스 드라이버에 캐릭터 라인의 쓰기를 요구하고 있다. 그 때문의 파라미터의 받고 건네는 것은 msg-Send ( ) 와 wait-msg( ) 라고 하는 커널의 메세지통신 기구를 이용하고 있다. 여기에서는 생략하고 있지만, 결과의 수신도 같은 인터페이스로 실행할 필요가 있다.

```
어플리케이션 태스크

ERR write_data(char *buf , int *size)
{
Drv_msg msg;
msg, function = F_WRITE;
msg.buf =buf;
msg size = size;
msg_send(qID, &msg);
 :
}
```

```
드라이버 태스크

msg_loop( )
{
Drv_msg msg;
msg = wait_msg( );
switch(msg. function)
{
  :
  case F_WRITE:
        driver_write_func(msg->buf, msg->size);
}
```

```
int driver_write_func(char *buf, int size)
{
}
```

[그림 5.2.2] 태스크형의 예

[그림 5.2.3]에 서브루틴형의 실장 예를 나타낸다. 이 예에서는 디바이스 드라이버의 호출은 서브루틴콜로 행하여지고 있다.

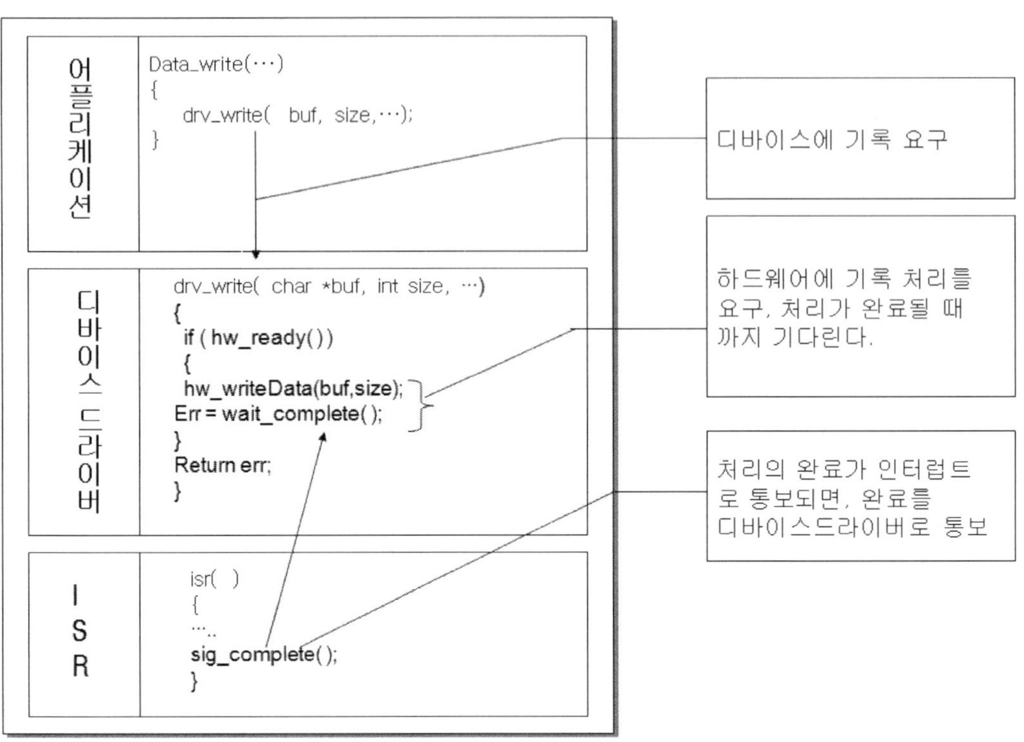

[그림 5.2.3] 서브루틴형의 실장의 예

5.2.2 직렬화(순서대로 처리의 실장)

직렬화(Serialize)란, 하나의 자원에 대해서 어떤 시점에 복수의 요구가 있었을 때, 요구를 한 개씩 처리할 수 있도록 조정하는 것이다. 이 경우, 복수의 요구는 순서대로 처리되게 된다. 이러한 조정을 실행하는 2가지 방법을 [그림 5.2.4]에 나타낸다.

하나의 방법은 세마포어(semaphore)나 이벤트 플래그(event Flag) 등을 사용하고 배타제어를 실행하여 디바이스 드라이버를 사용하는 방법이다. 세마포어나 이벤트 플래그는 공유자원을 이용하는 소프트웨어간의 경합을 조정하는 배타제어를 실행하는 기능이다. 디바이스 드라이버도 시스템 내의 자원이다. 이러한 기능을 이용하여 항상 하나의 어플리케이션이나 미들웨어만이 이용하도록 배타제어를 하는 것이 가능하다. 특히, [그림 5.2.4]에 나타내고 있도록, 서브루틴으로서 실장되고 있는 디바이스 드라이버는 이 방법으로 직렬화(Serialize) 하여야 한다.

또 다른 방법은 메시지큐(Message Queue)나 메일박스 등의 태스크 간 통신을 이용하는 방법이다. 태스크형으로 실장된 디바이스 드라이버의 경우, 어플리케이션과 디바이스 드라이버 태스크간의 인터페이스는 태스크 간 통신 등을 이용하여 실장된다. 이 경우, 어플리케이션에서의 요구는 태스크 간 통신을 개입시켜 한 개씩 디바이스 드라이버에 송신된다. 디바이스 드라이버는 요구를 한 개씩 태스크 간 통신에서 꺼내 실행하여 나간다. 이 기구에 의하여 복수의 어플리케이션에서 동시에 요구가 발행되었을 경우에서도 그러한 요구는 큐에 저축할 수 있어 디바이스 드라이버로 순서대로 처리되게 되는 것이다.

디바이스 드라이버를 개발하는 경우는 이와 같이 실장이나 시스템의 요건에 있던 직렬화의 방법을 적절히 선택하는 것이 중요하다.

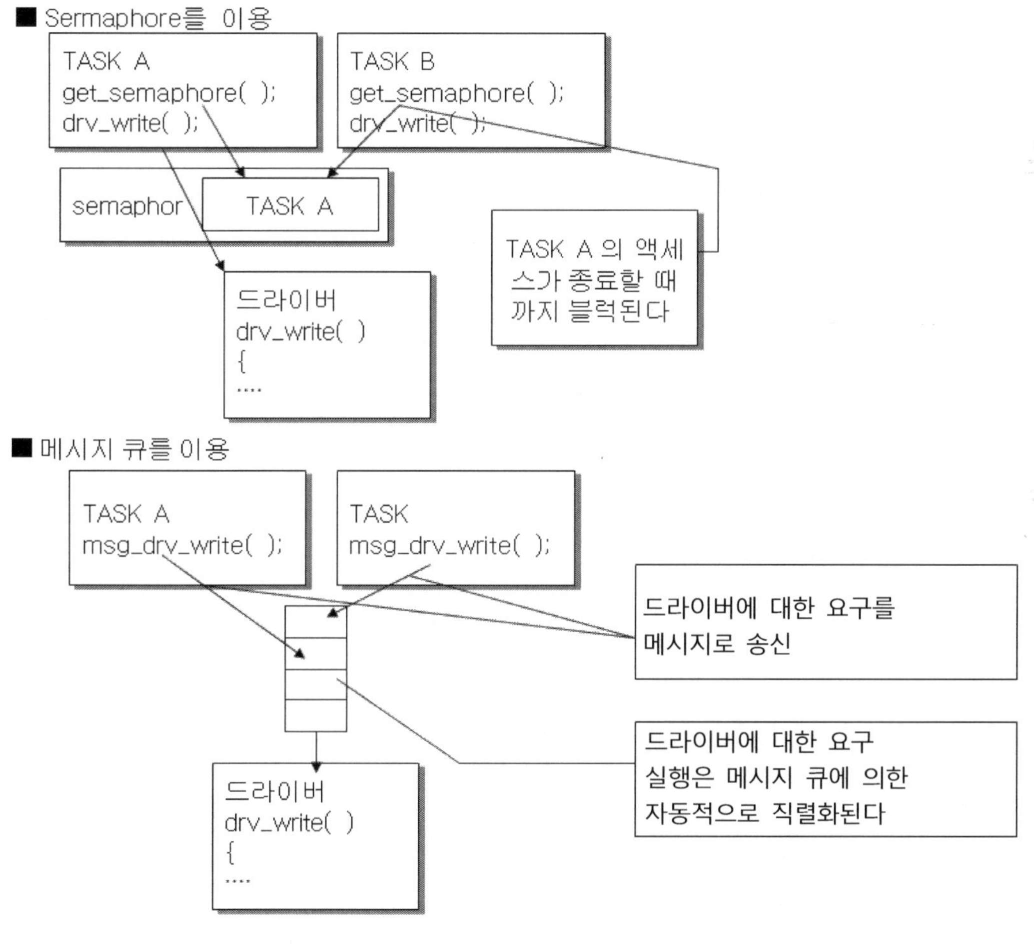

[그림 5.2.4] **직렬화**

5.2.3 완료 복귀형 I/O

어플리케이션과 디바이스 드라이버가 협조하여 동작하여 나가려면, 동기처리가 매우 중요하게 된다. 어플리케이션과 디바이스 드라이버간의 동기화 방법에는 디바이스 드라이버가 어플리케이션에서 요구된 리퀘스트를 종료하고 나서 어플리케이션에 복귀하는 완료 복귀형 I/O(Blocking I/O)라고 요구를 받아들인 것만으로 어플리케이션에 복귀하는 비동기형 I/O(Non Blocking I/O)가 존재한다. 우선, 완료 복귀형의 동기화 방법에 대하여 설명을 한다.

완료 복귀형이란, [그림 5.2.5]와 같이 어플리케이션의 입출력 요구를 실행 끝마치고 나서, 어플리케이션에 제어가 돌아오는 방법이다. 어플리케이션이 입출력을 의뢰하고 다음의 스텝에 진행되었을 때에는 의뢰한 입출력은 실행되고 있다고 생각하여 상관없다.

어느 디바이스 드라이버에 대해서 데이터의 입출력 요구를 실행했을 경우, 호출된 디바이스 드라이버의 입출력기능은 그 데이터가 입출력되는 것을 기다리고 나서, 어플리케이션에 복귀한다. 이 때, 입출력을 의뢰한 어플리케이션은 디바이스 드라이버의 입출력이 완료할 때까지, 다음의 처리를 실행할 수 없게 된다.

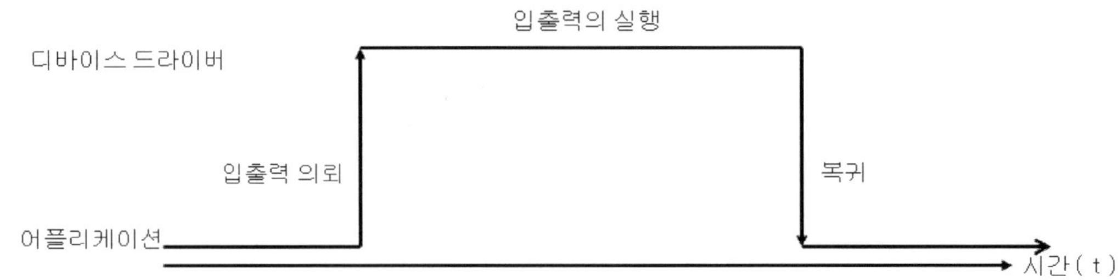

[그림 5.2.5] 완료 복귀형

완료 복귀형의 인터페이스의 출력기능에 관해서는 한층 더 다음의 2가지의 실장방법이 있다. 1개는 완전하게 처리가 완료하고 나서 복귀하여 오는(완전 완료) 경우, 또 하나는 비동기에게 처리가 계속되고 있는 경우이다.

완전완료는 문자대로 데이터의 출력이 완전하게 완료할 때까지, 디바이스 드라이버에서 복귀하지 않는 인터페이스이다. 디스크 장치(하드디스크나 메모리카드) 등에의 데이터의 출력이 이것에 해당한다. 이 인터페이스에서는 어플리케이션에 복귀를 한 시점에서는 디바이스에서 데이터가 출력되었던 것이 보증된다. 또한, 출력 중에 에러가 발생했을 경우도 어플리케이션은 그 정보를 확실히 취득할 수가 있다.

간주 완료는 직렬 디바이스로 통신을 실행하고 있는 경우 등이 예로서 들 수 있다. 이 경우, 디바이스 드라이버는 어플리케이션이나 미들웨어에서 보내져 온 데이터를 디바이스 드라이버 자신이 가지고 있는 내부 버퍼에 복사한다. 이 때, 내부 버퍼에 충분한 여유가 있어, 상위에서 건네 받은 데이터를 모두 기록할 수가 있으면, 그 시점에서 출력 완료로 하고 상위의 프로그램에 복귀하는 것이다.

실제의 데이터의 송신은 그 후 인터럽트를 사용하여 행하다. 따라서 어플리케이션이 인식하는 데이터의 쓰기 종료와 실제로 그 데이터가 디바이스에 써내지는 타이밍은 일치하지 않는다. 또한, 디바이스에의 데이터의 쓰기로 에러가 발생했다고 하여도 상위의 소프트웨어는 그 상태를 확인할 수 없다.

5.2.4 비동기형 I/O

비동기형이란, [그림 5.2.6]과 같이, 입출력을 의뢰한 어플리케이션에 그 입출력의 의뢰를 접수한 시점에서 복귀하는 방법이다. 실제의 입출력은 어플리케이션과 병행하고 디바이스 드라이버가 실행한다. 즉, 의뢰한 입출력의 완료를 기다리지 않고, 어플리케이션에 복귀하는 인터페이스이다.

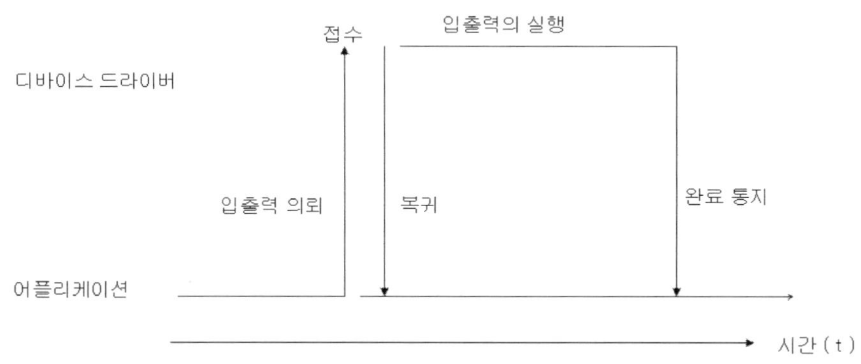

[그림 5.2.6]   비동기형

이 인터페이스의 사용법의 예에 직렬 회선에서의 데이터의 도착을 대기 경우에 그 데이터가 언제 도착할지 모르는 경우가 있다. 이 경우 우선 입력요구만 내보내고, 도착할 때까지는 다른 처리를 실행한다. 데이터가 도착한 시점에서, 그 데이터의 처리를 실행한다.

비동기형에서는 입출력 완료의 통지방법을 입출력 의뢰 시에 디바이스 드라이버에 통지하여 둘 필요가 있다. 비동기형에서는 다른 처리를 하면서 디바이스 드라이버에서의 입출력 완료의 통지를 대기하는 것이다.

데이터 스트림 등의 대용량 데이터의 입출력을 실행하는 경우, 데이터의 입력, 가공, 출력의 병행처리(Concurrent Processing)이 요구된다. 비동기형 인터페이스는 그러한 시스템에서는 매우 유효하다. 어플리케이션에서 비디오나 오디오 스트림의 입출력을 어플리케이션과 디바이스 드라이버를 공유할 수 있는 메모리를 지정하여 요구한다. 디바이스 드라이버는 스트림의 입출력을 실행하기 시작하지만, 어플리케이션도 다른 데이터의 가공처리를 실행할 수 있다. 어플리케이션과 디바이스 드라이버간의 데이터의 받고 건네는 것은 공유 메모리를 개입시켜 행하여지게 된다.

비동기형에서는 실제의 입출력의 완료를 디바이스 드라이버가 어플리케이션에 통지하는 완료통지 방법으로 연구가 필요하다. 다음에 비동기형 인터페이스에서의 완료통지 방법을 2가지로 설명한다.

우선 첫번째의 방법은 커널의 제공하는 태스크간 통신이나 동기기능 등의 시스템콜을 이용하는 방법이다. 이러한 시스템콜에 의하여 어플리케이션과 디바이스 드라이버 태스크 간에 동기가 잡힌다. [그림 5.2.7]에 이벤트 플래그를 사용하고 완료통지를 실행하는 방법을 나타낸다.

① 그리고 완료 복귀에 사용하는 이벤트 플래그를 클리어하여 둔다. 이것에 의하여 완료 통지를 하고 처음으로, 이벤트 플래그가 세트 되는 상태를 보증한다.

② 그리고 msg_send( ) 를 실행한다. 이 시스템콜이, 상대가 그 메세지를 받아들이지 않아도 복귀하여 오는 기능이라면, 그 요구가 태스크간 통신의 메시지 큐에 들어가는 것만으로 어플리케이션 태스크는 다음의 처리를 실행할 수 있다. 즉, 비동기형을 실장할 수 있다. 만약, msg send( ) 가, 상대가 메세지를 받아들일 때까지 기다리게 되는 기능이라면, 완료 복귀형 밖에 실장할 수 없다.

③ 그리고 디바이스 드라이버 태스크는 요구의 처리를 개시한다. 데이터는 요구된 파라미터의 버퍼를 사용하여 입출력된다.

④ 그리고 입출력이 완료하면, 지정된 이벤트 플래그를 세트 한다. 동시에 결과가 지정된 에리어에 세트 할 필요도 있다.

어플리케이션은 ⑥ 과 같이 이벤트 플래그를 읽고, 지정한 플래그가 ON 되는 것을 감시한다. 혹은 ⑤ 과 같이 이벤트 플래그가 ON 이 되는 것을 만나는 시스템콜을 사용할 수도 있다. ON 이 된 시점에서는 결과가 통지되어 정상적이면 버퍼의 데이터가 입출력 완료하고 있다.

RTOS 에 따라서 준비되어 있는 태스크간 통신이나 동기 방법의 기능은 다르다. 퍼포먼스의 열화 등을 일으키지 않게, 어플리케이션과 디바이스 드라이버의 인터페이스에 적절한 태스크간 통신 방법을 선택하는 것이 중요하다.

2번째의 방법은 콜백함수(Call-Back Function)를 이용하는 방법이다. 이 방법은 디바이스 드라이버가 완료통지를, 어플리케이션 함수의 일부를 호출하는 것에 의하여 실행한다. 호출되는 함수를 콜백함수라고 부른다. 콜백함수의 코드는 어플리케이션 태스크에 속하고 있다고 하여도 그 함수는 디바이스 드라이버의 일부로서 실행되는 것에 세심의 주의가 필요하다. 콜백함수는 디바이스 드라이버에 처리를 의뢰할 때의 파라미터로서 디바이스 드라이버에 통지된다.

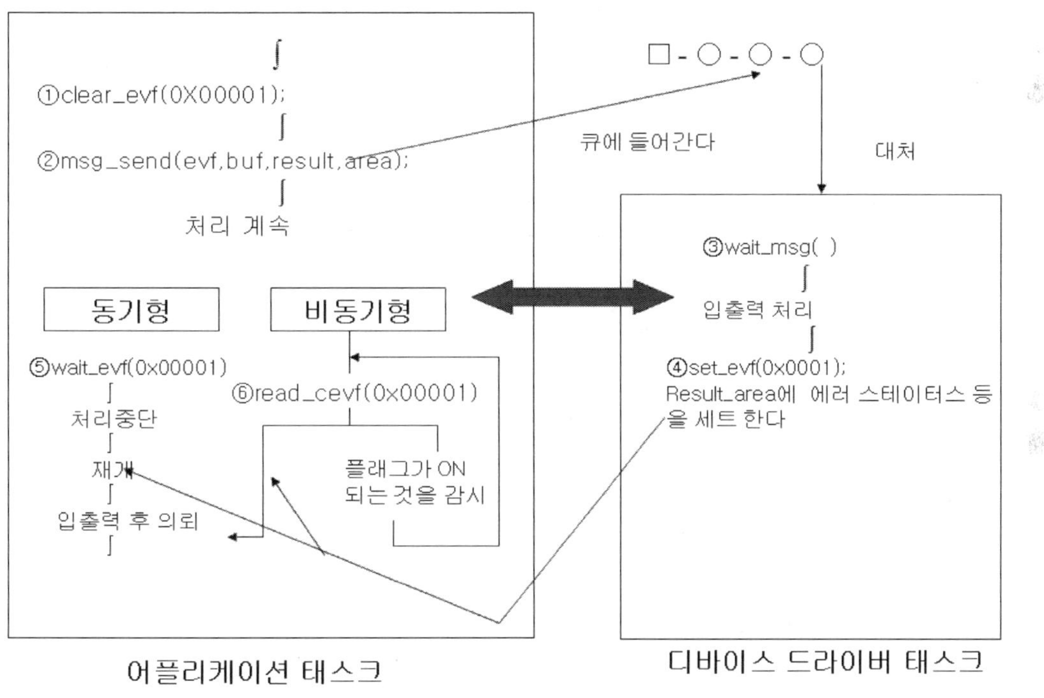

[그림 5.2.7] 시스템콜을 이용한 완료통지

[그림 5.2.8]에 콜백함수의 사용 방법을 나타낸다. 이 그림에서는 데이터의 송신을 실행하는 함수 send_data( ) 의 파라미터로서 어플리케이션의 콜백함수를 디바이스 드라이버에 통지한다. 디바이스 드라이버의 송신 처리 drv_senddata( ) 는 데이터의 송신이 종료하면, 어플리케이션의 콜백함수를 호출하고 결과를 통지하고 있다. 콜백함수의 이용 방법의 예는 USB 드라이버의 부분에서도 간단하게 설명을 한다.

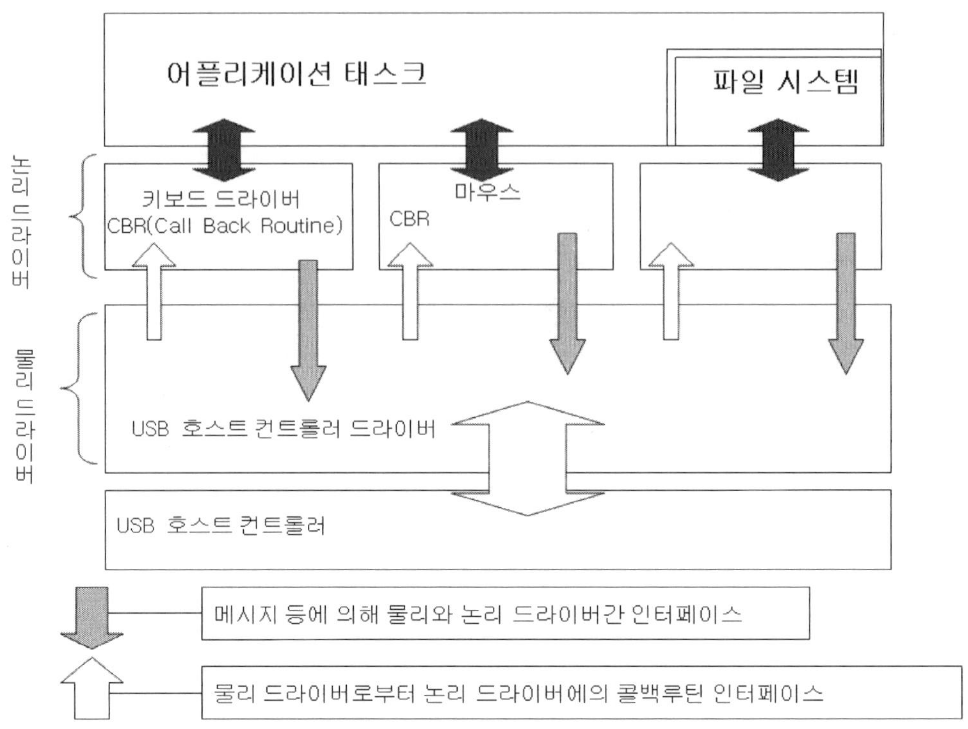

[그림 5.2.8]　콜백함수를 사용한 완료통지

5.3　디바이스 드라이버의 인터럽트 처리

여기에서는 인터럽트 처리로 유의하여야 하는 점이나, 인터럽트 처리와 디바이스 드라이버의 태스크부분(디바이스 드라이버 태스크, 또는 디바이스 드라이버 서브루틴)과의 동기방법 등에 대해서 설명을 한다. 덧붙여 이 절의 전제가 되는 인터럽트의 개요에 대해서는 3.4 절을 참조하면 좋다.

5.3.1 인터럽트의 문맥

인터럽트 처리의 문맥에는 독자적인 문맥으로 실행하는 경우와 직전까지 실행되고 있던 문맥을 차용하여 실행하는 경우의 2가지가 있다. 독자적인 문맥의 경우는 인터럽트가 발생하면 스택을 그 인터럽트 처리 고유의 스택으로 전환한다. 한편, 차용하는 경우는 인터럽트 발생시점의 스택을 그대로 계속 사용한다.

직전의 스택을 계속 사용했을 경우의 스택의 사용상황을 [그림 5.3.1]에 나타낸다. 태스크 A ①가 실행되고 있을 때 인터럽트가 발생하자, 곧바로 커널의 제공하는 인터럽트 처리 핸들러 ② 또는 예외처리 핸들러가 처리된다. 인터럽트 처리 핸들러는 이후의 처리로 파괴될 가능성이 있는 레지스터의 대피를 실행한다. 그리고 인터럽트 요인의 해석을 실행하고 등록되어 있는 인터럽트 처리 핸들러 ③을 호출한다. 즉, 인터럽트 처리는 그때까지 태스크가 동작하고 있던 환경을 계승하여 동작하게 된다.

잠시 후에 또 인터럽트가 발생하고 인터럽트 처리 ⑤가 실행된다. 이 상태로 우선도가 높은 인터럽트가 발생했다고 한다. 다중 인터럽트를 허가하는 시스템에서는 [그림 5.3.1]과 같이 ISR ⑥이 호출되어 우선도가 높은 인터럽트가 우선 처리되게 된다.

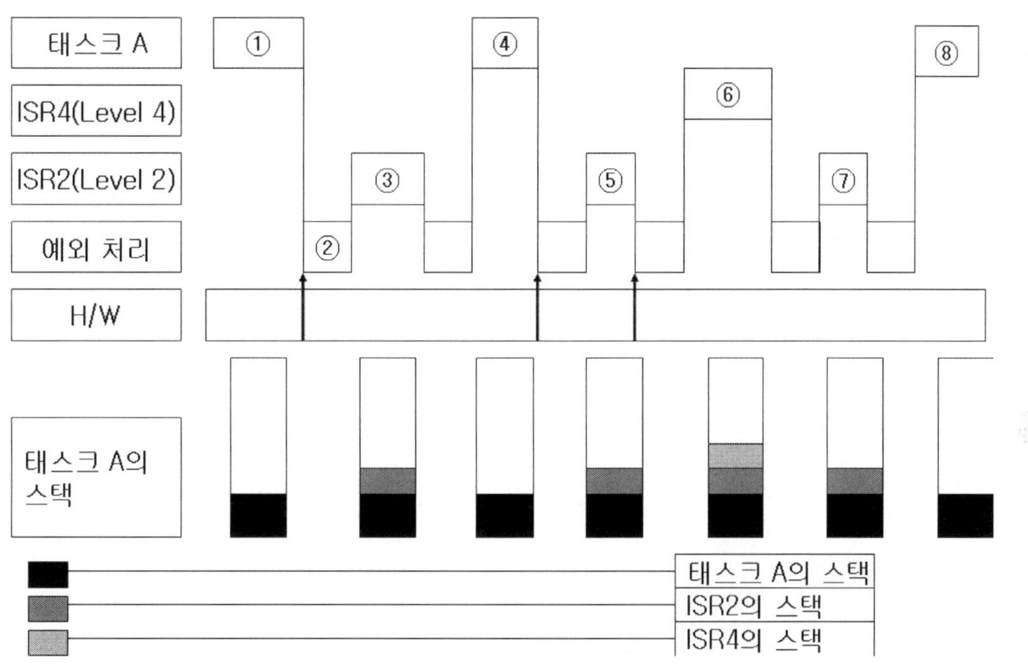

[그림 5.3.1] 인터럽트 처리에서의 스택 상태

이와 같이 직전의 스택을 차용하는 방법에서는 ISR 로 사용하는 자동변수 등도 보지 않고 모르는 태스크의 스택에서 획득되는 것이다. ISR 에서의 스택 사용법에 대해서는 세심한 주위를 기울일 필요가 있는 것을 이해할 수 있을 것이다. ③의 인터럽트 처리가 종료하고 ④ 그리고 처리는 태스크 A 에 복귀한다. ISR 에서는 커널의 제공하는 시스템콜의 사용에 관하여서도 주의가 필요하다.

시스템콜에는 ISR 로 사용 가능한 것과 그렇지 않은 것이 있다. 인터럽트 처리에서는 태스크를 전제로 한 시스템콜, 예를 들면, 태스크 상태를 변경하는 것을 사용할 수 없다. 커널의 실장방법에 따라, 어느 시스템콜이 태스크를 전제로 하고 있을지는 다르다. 따라서 커널의 설명서에 의하여 인터럽트 처리에서 사용할 수 있는 시스템콜을 확인할 필요가 있다.

5.3.2 인터럽트 처리의 실장방법

RTOS 의 인터럽트 처리 실장의 구조에 관한 생각(Concept)에 따라서, 인터럽트 처리로 하여야 할 처리의 방법에는 여러 가지 방법이 존재하고 있다. 여기에서는 인터럽트와 거기에 따르는 데이터 처리를 인터럽트 처리 내에서 실행하여 버리는 방법과 인터럽트 요인만을 철회하여 실제의 데이터 처리를 인터럽트 태스크(Interrupt Service Task)로 실행하게 하는 방법을 설명한다.

전자의 경우, [그림 5.3.2]와 같이, 인터럽트 처리는 디바이스 드라이버의 태스크부가 실행한 처리상태를 계승하고 실행 상황의 상태의 갱신, 입출력 버퍼에서의 데이터 추출, 입출력 버퍼 위치의 갱신 등의 디바이스 드라이버가 하여야 할 처리를 모두 실행한다. 인터럽트 처리는 이 처리를 필요한 회수, 즉, 요구를 채울 때까지 반복한다. 그 결과, 입출력 요구가 완료할 때까지, 디바이스 드라이버의 태스크 부분이 기동될 것은 없다.

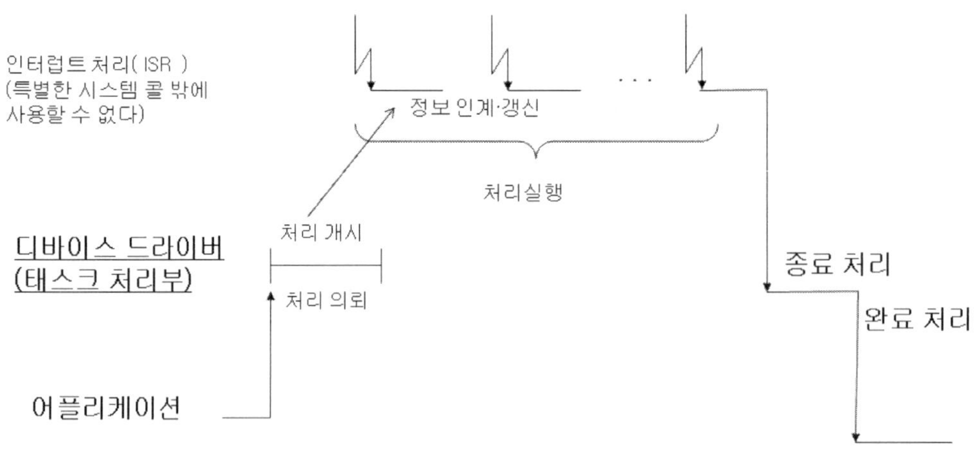

[그림 5.3.2] 인터럽트 처리에 의한 입출력의 실행

후자의 경우, [그림 5.3.3]과 같이, ISR 은 인터럽트 요인이 철회만을 실행한다. 인터럽트 처리에서는 최저한의 인터럽트 처리 밖에 하지 않고, 인터럽트 요인으로 대응한 인터럽트 태스크(IST, Interput Service Task)로 불리는 태스크를 기동한다. 인터럽트 태스크는 우선도가 높은 태스크이지만, 커널에서 태스크로서 제어되기 때문에 모든 시스템콜을 이용할 수 있다. 이 경우, 디바이스의 데이터 처리나 입출력 요구의 버퍼갱신 등은 인터럽트 태스크로 행하다. ISR은 인터럽트 태스크를 실행하는 처리만을 제공하는 것이다.

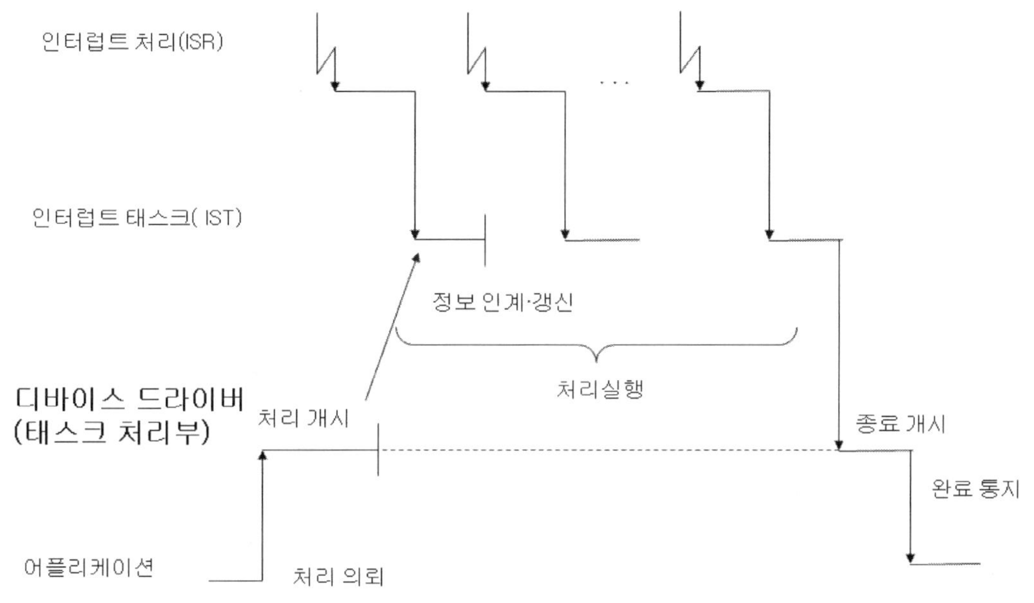

[그림 5.3.3] 인터럽트 태스크에 의한 입출력의 실행

이 방법에 준하는 방법으로서 디바이스 드라이버와 인터럽트 태스크와 같은 것으로 하는 방법도 있다.

각 실장방법에는 각각 단점·장점이 있다. 예를 들면, 인터럽트 태스크를 이용하면, 디바이스 드라이버는 작성하기 쉬워져, 처리를 유연하게 실행할 수 있지만, 태스크 스위칭의 오버헤드가 인터럽트 마다 필요하기 때문에 처리효율은 떨어지게 된다. 커널이 무엇을 장점이라고 보고, 무엇을 단점이라고 생각하고 있을지에 의하여 인터럽트 처리의 구조는 달라진다. 디바이스 드라이버의 인터럽트 처리는 커널의 컨셉에 의존하여 실장해 나갈 수밖에 없다.

5.4 디바이스 드라이버의 구체적인 예

여기에서는 USB 와 블럭형 디바이스 드라이버의 구체적인 예에 대하여 설명을 한다. USB 디바이스 드라이버는 2 계층구조를 가지는 디바이스 드라이버이다. 2 계층구조란, 물리적인 처리를 실행하는 디바이스 드라이버와 논리적인 처리를 실행하는 디바이스 드라이버가 계층구조를 취하여 협조하여 동작하는 것을 나타내고 있다.

다음에 블럭형 디바이스를 취급하는 디바이스 드라이버를 설명한다. 블럭형의 디바이스 드라이버는 파일시스템과 협조하여 동작하는 디바이스 드라이버이다. 여기에서는 임베디드 시스템에 있어서의 블럭형의 디바이스 드라이버는 어떠한 기능을 제공하는지를 설명한다.

5.4.1 USB 호스트 컨트롤러 드라이버

2 계층의 디바이스 드라이버란, 데이터의 전송을 맡는 물리층을 관리하는 디바이스 드라이버와 물리층을 통하여 송수신 된 데이터를 논리적으로 취급하는 논리층의 디바이스 드라이버로 구성된다. 물리층과 논리층의 디바이스 드라이버는 계층구조를 취하고 물리층의 디바이스 드라이버는 복수의 다른 논리층의 디바이스 드라이버와 인터페이스 되어야 한다. USB 호스트의 디바이스 드라이버는 [그림 5.4.1]에 나타내는 2 계층의 디바이스 드라이버다.

USB (Universal Serial Bus) 호스트 환경에서는 USB 프로토콜을 지원하는 물리 인터페이스 위에 키보드, 마우스, 프린터, 스토리지등의 논리 디바이스가 인터페이스 된다. 논리 디바이스를 디바이스 클래스(Device Class)라고도 부른다. USB 호스트 환경을 지원하는 소프트웨어는 물리 디바이스를 조작하는 USB 호스트 컨트롤러 드라이버와 디바이스 클래스를 지원하는 복수의 논리층의 드라이버로 구성된다.

USB 물리층의 관리는 USB 호스트 컨트롤러 드라이버에 의하여 행하다. USB 호스트 컨트롤러 드라이버는 USB 호스트디바이스를 제어하고 USB 디바이스와의 데이터의 송수신이나, USB 디바이스의 토폴로지 관리 등을 실행한다.

USB 에 인터페이스 된 디바이스와의 입출력은 물리층 드라이버와의 사이에 송수신 된다. USB 컨트롤러의 제어는 USB 호스트 드라이버에 의하여 수행한다. USB 에 인터페이스 된 디바이스 고유의 데이터를 뽑아 취급하기 위한 기능은 논리층 드라이버가 제공한다.

논리층 드라이버(클래스 드라이버)에게 건네진 데이터는 디바이스 클래스의 데이터 사양에 근거하여 처리된다. 클래스 드라이버는 디바이스 클래스마다의 인터페이스(직렬이나 스토리지등)를 어플리케이션에 제공한다. 어플리케이션은 사용하는 디바이스가 USB 에 인터페이스되고 있는 것을 의식하지 않고, 디바이스 조작을 실행할 수가 있다.

이와 같이 2 계층 디바이스 드라이버는 USB 나 IEEE 1394와 같이 복수 타입의 디바이스가 하나의 물리층을 공유하고 있는 경우에 사용된다.

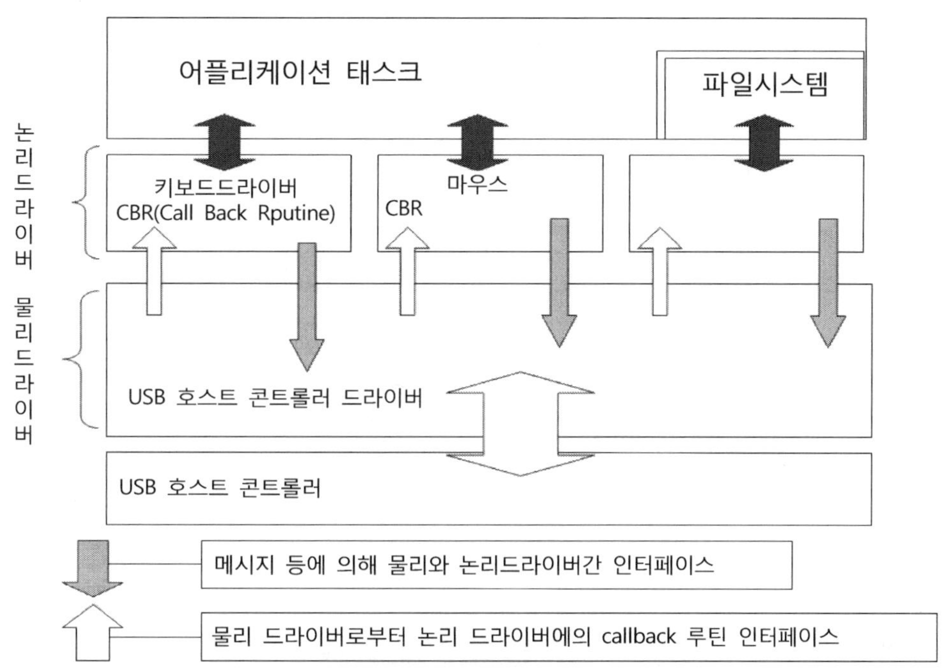

[그림 5.4.1] USB 드라이버 실장의 예

5.4.2 블럭 디바이스

블럭형 디바이스란, Floppy Disk 나 하드디스크 등의 Storage Device 이다. 블럭형 디바이스의 경우, 읽기, 쓰기의 단위는 디스크의 기본 관리 단위인 섹터로 행하다.

블럭형 디바이스 상의 데이터는 미들웨어에 의하여 제공되는 파일시스템으로 불리는 논리 구조에 의하여 관리된다. 파일시스템의 관리기능에 의하여 어플리케이션은 파일이나 디렉토리 데이터라고 한 논리적인 입출력을 실행할 수가 있다. 블럭형 디바이스 만큼은 PC 등의 범용계 시스템과 같이 [그림 5.4.2]와 같이, 파일시스템에 의하여 은폐되고 있다.

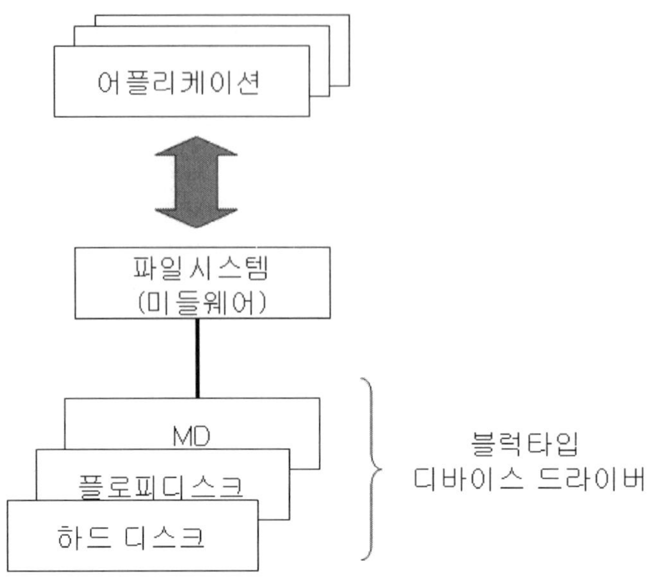

[그림 5.4.2]　파일시스템에 은폐된 블럭형 디바이스 드라이버

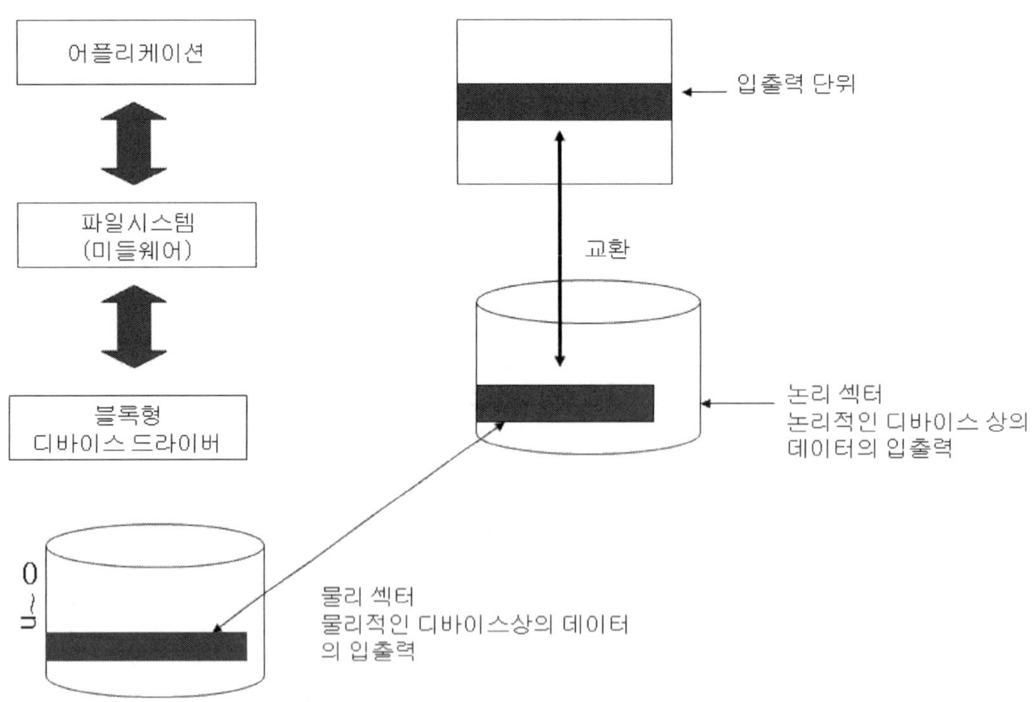

[그림 5.4.3]　블록형 디바이스의 입출력 단위의 변화

블럭형 디바이스를 관리하는 디바이스 드라이버는 파일시스템의 관리기능을 제공하는 미들웨어 아래에 실장된다. 미들웨어는 이 디바이스 드라이버를 개입시켜 디스크상의 섹터를 읽고 쓰기 하는 것으로, 어플리케이션으로 지정된 입출력을 실행한다.

파일시스템은 복수의 다른 블럭형 디바이스에 대응하여야 한다. 따라서 파일시스템은 블럭형 디바이스상의 데이터를 논리섹터 단위로 관리한다. 파일시스템은 블럭형 디바이스를 관리하는 디바이스 드라이버에 논리섹터 단위에서의 입출력을 요구한다. 요구된 논리섹터를, 실제의 미디어상의 물리섹터에 대응시키는 것은 각 블럭형 디바이스를 관리하는 디바이스 드라이버의 역할이다.

미들웨어(파일시스템)는 섹터 데이터의 읽어내기를 실행하는 경우, 디스크상의 물리적인 주소(PSN, Physical Sector Number)를 지정하는 것이 아니라, 논리섹터 번호(LSN, Logical Sector Number)를 이용한다. 논리섹터 번호는 미들웨어에 의하여 관리되고 있는 파일시스템의 선두섹터에서의 섹터 번호이다. 이와 같이 지정된 섹터 번호를 디바이스 드라이버는 디스크의 물리주소로 변환하고 적절한 물리섹터에 대한 처리를 실행한다. [그림 5.4.3]에 그 모습을 나타낸다.

하드디스크상에 다른 파일시스템의 데이터 구획(파티션)이 복수 존재하는 경우도 있다. 이러한 경우도 디바이스 드라이버는 어느 파티션에 대한 입출력인가를 판단하고 적절한 물리섹터에의 액세스를 실행한다.

블럭형 디바이스 드라이버는 파일시스템을 제공하는 미들웨어와 밀접하게 인터페이스 할 필요가 있는 드라이버이다. 블럭형 디바이스는 2 차 기억장치로서 파일구조를 취할 수 있다는 점에 큰 특징이 있다. 임베디드 소프트웨어에서도 어플리케이션이, 물리섹터를 의식할 필요는 거의 없다. 따라서 어플리케이션에서 블럭형 디바이스 드라이버가 직접 사용되는 일도 거의 없다.

⊸◯ 5.5 디바이스 드라이버의 개발과 유의점

MPU 의 고성능화나 임베디드 시스템의 대규모화에 수반하고 임베디드 시스템을 둘러싸는 환경이 크게 변화되고 있다. 예를 들면, MMU 를 사용한 메모리 보호기능 등이 예로 들 수 있다. 임베디드 시스템에서도 MPU 의 고도의 기능을 사용하기 위한 요구가 높아지고 있다.

이러한 변화는 커널이나 어플리케이션, 미들웨어에 영향을 주는 것만이 아니다. 당연히,

동작하는 디바이스 드라이버에도 강하게 영향을 준다. 이 절에서는 이러한 영향도 포함하여 디바이스 드라이버의 개발 작업과 개발 시의 유의점 등에 대해서 다루어 본다.

5.5.1 프로그램 I/O 방식과 DMA 방식

디바이스 드라이버 내에서, 디바이스와의 데이터의 송수신을 실행하는 방법에는 프로그램 I/O (Program I/O) 방식과 DMA(Direct Memory Access)를 사용하는 방식이 있다. 프로그램 I/O 방식은 입출력을 실행하는데, 프로그램이 디바이스의 데이터포트와 데이터를 레지스터 폭 단위로 입출력하는 방식이다. 즉, 개개의 데이터 전송을 프로그램이 실행하지 않으면 안 되는 것이다.

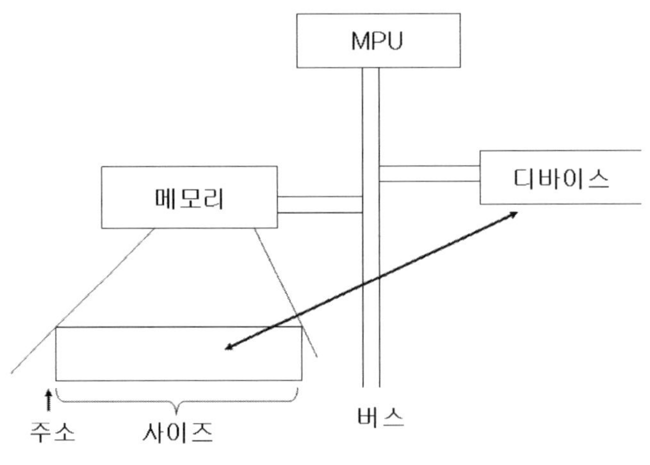

[그림 5.5.1]   DMA

DMA 방식은 [그림 5.5.1]과 같이, Bus Master 가 될 수 있는 디바이스에 데이터 전송을 실행하는 메인메모리의 주소와 데이터의 사이즈를 설정하는 것으로, 프로그램의 개입 없이 데이터의 입출력을 실행하는 방법이다.

프로그램 I/O 방식은 소량 데이터의 입출력으로는 유효한 방법이다. 그러나 대용량의 데이터 입출력을 실행하게 되면, 전송 때 마다 프로그램을 동작시키지 않으면 안 되게 되어, MPU 를 사용하는 오버헤드가 걸리게 된다.

DMA 방식의 경우는 전송은 프로그램으로 행하여지는 것이 아니기 때문에 데이터가 디바이스에 전송 되고 있는 한 중간이라도 MPU 는 다른 처리를 실행할 수가 있다. 따라서 MPU 를 효율적으로 사용할 수가 있게 된다. 다만, DMA 에서도 메모리나 버스 등의 시스템 자원을 점유하여 사용하기 위하여 그것들을 사용하는 프로그램과 버스나 메모리의 자원경합이 발생한다. 그 경우, DMA 내의 프로그램 실행은 지극히 늦어지는 결과가 된다. DMA 를 사용하려면, 리얼타임 성능에의 영향 등, 시스템 전체의 효율을 생각할 필요가 있다.

5.5.2 MMU 를 이용한 시스템과 디바이스 드라이버

최근의 대규모 소프트웨어를 내장하는 임베디드 시스템에서는 메모리관리 유니트(MMU, Memory Management Unit)를 사용한 메모리 보호기능이 도입되는 일도 많다. MMU 를 사용한 메모리 보호에서는 프로세스나 태스크가 사용하고 있는 메모리 공간에의 액세스를, 다른 프로세스나 태스크에서 액세스 할 수 없게 하는 것으로, 각 프로세스나 태스크의 안전한 동작환경을 제공하는 기능이다. 이 기능은 커널에 의하여 제공되고 있다.

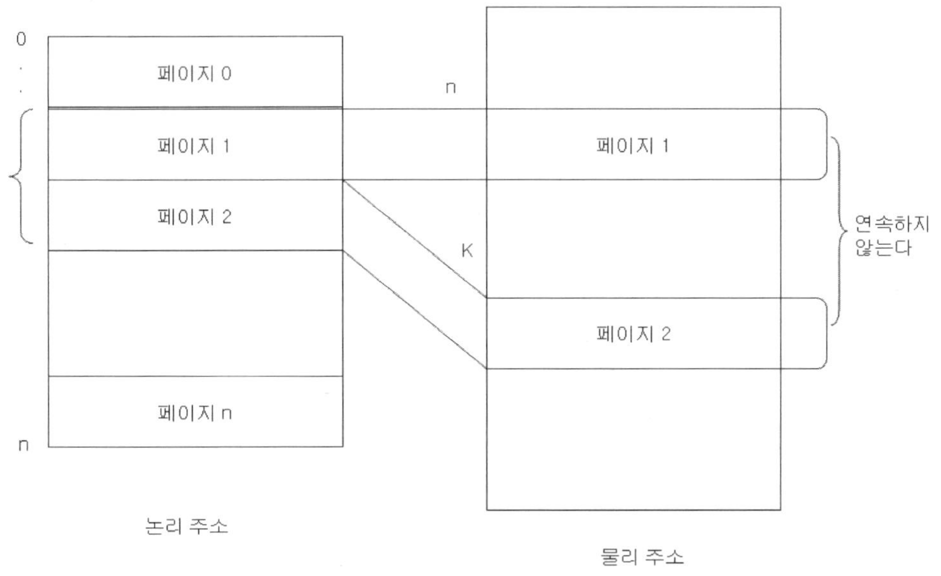

[그림 5.5.2] 가상주소

커널의 메모리 보호기능의 실장방법에는 몇 가지의 종류가 있다. 그 중, 가상주소를 사용하고 있는 시스템으로 DMA 방식을 이용하는 경우에는 주의가 필요하다. 가상주소를 사용하고 있는 시스템에서는 메모리는 통상 페이지 단위로 관리되고 있어, 복수의 페이지에서 구성된 논리 메모리 영역은 [그림 5.5.2]와 같이, 물리 메모리로서 연속이 아닐 가능성이 있다.

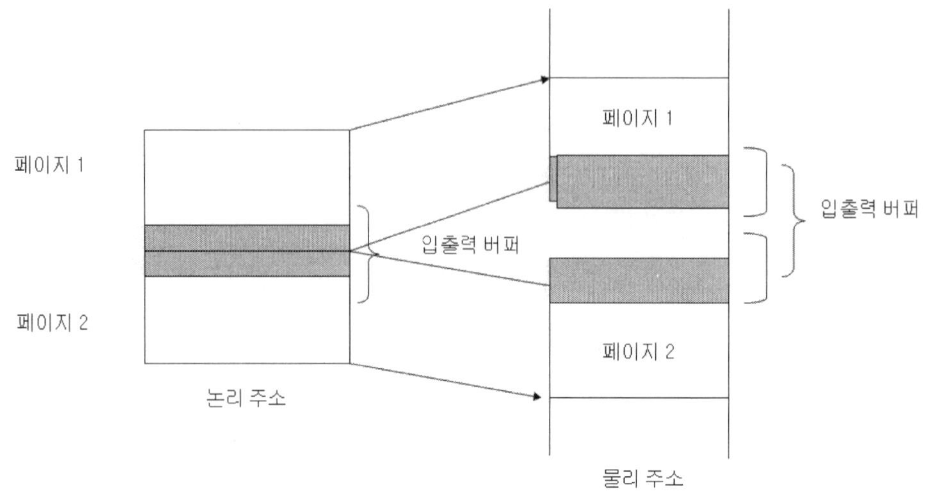

[그림 5.5.3] 연속하지 않은 버퍼

MMU 를 사용하지 않는 시스템에서는 입출력 버퍼가 주소와 사이즈로 지정되었을 경우, 그 사이즈 크기의 메모리는 연속하고 있는 것이 전제이다. 그런데, 가상주소를 사용하고 있는 시스템에서는 [그림 5.5.3]과 같이 이 연속성이 보증되지 않게 된다. 디바이스 드라이버가 DMA 전송을 실행하는 경우는 물리적인 메모리의 경계를 계산하면서 전송을 실행하여야만 한다.

가상주소를 사용하는 커널은 일반적으로, 논리 메모리를 물리 메모리로 변환하는 기능이나, 물리적으로 연속적인 버퍼를 획득하기 위한 기능 등을 제공하고 있다. 디바이스 드라이버는 이러한 기능을 이용하여 최적인 버퍼관리 방법을 설계할 필요가 있다.

5.5.3 MPU 캐시기능과 디바이스 드라이버

최신의 32bit/64bit 의 고성능 RISC 프로세서의 능력을 최대한으로 살리기 위해서는 MPU 가 제공하는 캐시(Cache) 기능을 활용하는 것이 필수이다. 실제로, 캐시를 유효하게 하는 경우와 무효로 하는 경우에 믿을 수 없을 만큼의 퍼포먼스의 차이가 생긴다.

캐시를 사용하는 경우, 캐시의 정합성(Coherency)은 소프트웨어가 보증하여야 한다. 캐시의 정합성의 문제는 MPU 의 내부에 있는 캐시 기억장치와 대응하는 물리 메모리의 내용이 달라져 버렸을 경우에 발생한다.

[그림 5.5.4]와 같이, MPU 가 캐시에 데이터를 읽어 들인 후에 그 메모리 상의 데이터가 캐시를 통하지 않고 갱신되면, MPU 가 캐시의 데이터를 메모리에 써 되돌린 시점에서, 메모리 상에서 갱신되고 있던 값은 소실하여 버린다. 디바이스 드라이버가 DMA 를 사용하고

있는 경우에 대상으로 하고 있는 물리 메모리가 캐시에 읽혀오는 것과 같은 사태에 빠져 버린다. 디바이스 드라이버는 이러한 문제가 발생하지 않도록, DMA 를 실행하는 경우에는 캐시가 될 수가 없는 물리 메모리를 사용하는 등의 주의를 기울이지 않으면 안 된다.

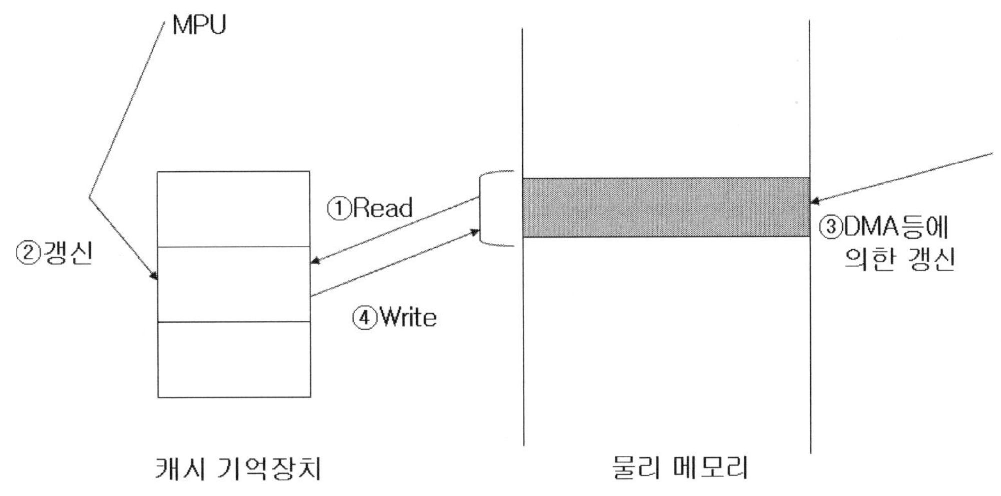

[그림 5.5.4] 캐시와 메모리의 데이터 부정합

정 리

이 장에서는 다음의 내용을 설명하였다.

1) 디바이스 드라이버의 기능과 구조

　① 범용 시스템의 디바이스 드라이버는 어플리케이션에 있어 은폐된 존재이지만, 임베디드 시스템의 디바이스 드라이버는 태스크의 일부로서 실장되는 어플리케이션과 밀접한 관계에 있다.

　② 디바이스 드라이버는 어플리케이션과 하드웨어의 사이에 존재하는 소프트웨어이다.

　③ 디바이스 드라이버는 하드웨어를 조작하고 싶은 어플리케이션에 대해서 초기화, 입출력, 상태 확인·설정, 디바이스의 정지 등 인터페이스를 제공한다.

　④ 디바이스 드라이버는 디바이스나 주변기기 상태변화에 의하여 발생하는 인터럽트를 처리하기 위한 인터페이스를 제공한다.

2) 디바이스 드라이버와 어플리케이션의 인터페이스

　① 디바이스 드라이버와 어플리케이션의 인터페이스 부의 실장방법으로서 서브루틴 형과 드라이버 태스크 형이 있다.

　② 서브루틴 형의 경우, 디바이스 드라이버는 디바이스를 조작하는 어플리케이션의 일부로서 실장되어 어플리케이션에서 서브루틴으로서 호출된다.

　③ 드라이버 태스크 형의 경우, 디바이스 드라이버는 하나의 독립한 태스크로서 실장되어 태스크 간 통신에 의하여 다른 어플리케이션에서 처리를 접수하여 디바이스의 조작을 실행한다.

　④ 복수의 어플리케이션에서 호출되는 디바이스 드라이버는 배타적 처리를 실장하고 한 번에 복수의 요구가 발생했다고 하여도 각각의 처리를 순서대로 처리할 수 있도록 하고 있음.

　⑤ 어플리케이션과 디바이스 드라이버 처리의 동기방법에는 완료 복귀형과 비동기형이 존재한다.

　⑥ 비동기형의 인터페이스는 드라이버 태스크 형의 실장에서만 실장가능하고 어플리케이션과 디바이스 드라이버가 병렬로 동작하는 편이 효율이 좋은 처리에 대한 대책으로 유효하다.

　⑦ 비동기형의 인터페이스를 사용하는 경우, 어플리케이션은 태스크 간 통신이나 이벤트 플래그, 콜백함수 등을 이용하여 입출력의 완료통지를 실행한다.

3) 디바이스 드라이버의 인터럽트 처리

　① 인터럽트 처리는 독자적인 스택을 가지고 독립한 문맥으로 실행되는 경우도 있지만, 독자적인

스택을 가지지 않고 태스크의 스택 등을 차용하여 동작하는 경우도 있다.

② 디바이스의 인터럽트 처리의 실장에서는 ISR 만으로 처리를 완결하는 경우도 있지만, 특별한 태스크를 준비하는 경우도 있다.

③ 어플리케이션 인터페이스를 실행하는 부분과 인터럽트 처리동안에서는 이벤트 플래그 등을 이용하여 동기화 된다. 또한, 데이터의 수신에는 링 버퍼 등이 이용된다.

4) 디바이스 드라이버의 구체적인 예

① 디바이스 드라이버의 실장에는 정해진 형식은 없다. 조작의 대상이 되는 디바이스에 있던 구조, 기능을 가진 디바이스 드라이버를 구축하는 것이 중요하다.

② USB 나 SCSI 등과 같이 하나의 하드웨어에 복수의 디바이스가 인터페이스 가능한 경우, 디바이스 드라이버를 물리층·논리층으로 나누는 것으로, 범용성의 높은 시스템을 구축하는 것이 가능하게 된다.

5) 디바이스 드라이버의 개발과 유의점

① 가상주소의 시스템에서는 디바이스 드라이버에도 주의가 필요하다.

② 캐시 기억장치를 사용하는 경우, 디바이스 드라이버에서도 그 정합성을 보호할 책임이 발생한다.

임베디드 시스템과 미들웨어

휴대폰, 정보가전으로 대표되는 최근의 임베디드 시스템의 기능은 더욱 더 고도화 되고 있다. 그렇지만, 이와 같은 고도의 기능을 실현하기 위한 개발기간은 기능의 규모에 맞추어 길어진 것은 없고, 격화하는 제품의 개발경쟁에 맞추어 반대로 짧아지고 있다. 이러한 것에 대해서 고기능의 소프트웨어 부품을 이용하는 것은 보다 효율 좋게, 보다 단기간에 개발을 진행시키기 위한, 효과적이며 유효한 수단이 될 수 있다. 특히, 어떤 정도 규모의 소프트웨어 부품을 이용하면, 이 경향은 현저하게 된다.

예를 들면, 본래라면 새로이 작성해야 하는 소프트웨어를, 극히 단기간에 준비할 수 있거나, 동일한 소프트웨어 부품채용에 의하여 완전한 호환성을 얻거나, 현시점에서는 보유하고 있지 않는 새로운 기술의 도입을 실행하거나, 그 외에도 다양한 장점을 얻을 수 있다. 이와 같은 소프트웨어 부품을 미들웨어라고 하며, 본 장에서는 이 미들웨어의 분류에 대하여 알아보고, 대표적인 미들웨어에 대하여 설명한다.

6. 1 임베디드 시스템과 소프트웨어 부품(미들웨어)

미들웨어라고 부르는 소프트웨어 부품의 위치설정이나, 어떠한 제품이 있을까를 설명한다.

6. 2 임베디드 시스템과 Java

임베디드 시스템으로 사용되기 시작한 Java 에 관하여서 설명한다. 우선 Java 는 어떠한 것인지를 설명하고, 다음에 Java 어플리케이션의 실행환경의 기반이 되는 JavaVM 의 구조에 대하여 설명한다.

6. 3 임베디드 시스템과 프로토콜 스택

임베디드 시스템에서도, 정보가전 등 네트워크에 인터페이스 하는 제품이 증가하고 있다. 향후, 폭발적으로 네트워크 대응기기가 출현한다고 생각된다. 여기에서는 프로토콜 스택에 관하여서 해설하고, TCP/IP 를 예를 들어 설명을 한다.

6. 4 임베디드 시스템과 파일시스템

임베디드 시스템에 있어서의 파일시스템은 옵션인 것이 많다. 이 때문에, 여기에서는 임베디드 시스템에 있어서의 파일시스템의 개요, 구조, 기능을 설명한다.

6. 5 임베디드 시스템과 JPEG, MPEG 라이브러리

본 절에서는, 정지화면과 동영상을 취급하는 라이브러리를 설명한다. 우선, 정지화면의 압축과 복원 방식인 JPEG 를 취급하는 라이브러리에 대해서 설명하고, 그 후, 이 라이브러리의 구조에 대하여, 임베디드 시스템 고유의 상황을 곁들여서 설명한다. 다음에, 동영상의 압축 방식인 MPEG 의 라이브러리에 대해서도 같이 설명하고, 라이브러리의 구조에 대하여 설명한다.

6.1 임베디드 시스템과 소프트웨어 부품 (미들웨어)

임베디드 시스템의 설계·개발·판매 등을 실행하는 업계에서는 어느 정도의 기능단위를 가지는 소프트웨어 부품을 미들웨어라고 칭하고 유통되고 있다. 이러한 소프트웨어 부품은 목표시스템으로 하는 시스템의 기능을 실현하는 부품으로서 사용된다. 이러한 소프트웨어 부품을 제1장에서 말한 기능 레이어에 따라 분류한 것을 [표 6.1.1]에 나타낸다.

임베디드 시스템에 대해서는 [표 6.1.1]과 같이 리얼타임 커널을 사용하고, 어플리케이션으로서는 리얼타임 어플리케이션과 비리얼타임 어플리케이션이 존재한다.

이 어플리케이션 레이어에는 각각, 어플리케이션용의 라이브러리가 존재하고 어플리케이션 구축에 사용한다. 예를 들면, 비리얼타임 용도에서는 데이터 베이스나 XML 등이 해당한다. 덧붙여 리얼타임 용도 전용에는 프로그래머블 컨트롤러 등을 구축하기 위한 엔진 부분의 라이브러리 등도 있다. 비리얼타임 용도 전용인 라이브러리를 리얼타임 용으로 확장한 것도 존재한다.

어플리케이션 레이어의 소프트웨어 부품은 임베디드 시스템 그 자체의 기능을 실현하고 있기 때문에 예를 들면, Web Browser 를 내장한 휴대폰을 사용하는 경우는 이 레이어로, Web Browser 를 선택하게 된다. 대상이 되는 임베디드 시스템이 제공하는 기능이 특수한 경우, 이 레이어에서의 미들웨어가 존재하는 것은 거의 없고, 자체 개발해야 한다. 이것은 특수하지만 미들웨어 시장을 형성하지도 않고, 결과적으로, 제품도 유통되지 않는 것으로 나타나고 있다.

이 밖에도 여러 가지 특수한 라이브러리나 미들웨어가 생각되지만, 이것들은 자체로 개발하는 것이 많아, 미들웨어의 시장도 존재하지 않기 때문에 [표 6.1.1]에는 나타내지 않았다. 이 표가, 시판제품의 시스템 구성을 나타내고 있는 것은 아닌 것에 주의하면 좋겠다.

미들웨어 레이어로서는 프로토콜 스택이나 파일시스템이 존재한다. 이것들은 범용계 OS 에서는 OS 의 구성부품으로서 초기부터 제공되고 있지만, 임베디드 시스템에서는 구입하는 소프트웨어의 부품인 것이 많다. 이 레이어의 소프트웨어 부품은 어플리케이션 레이어로 실현되는 기능의 필요성에 대응하여 선택된다. 예를 들면, 앞의 Web Browser 의 예에서는 프로토콜 스택, TCP/IP 등이 필요하기 때문에 선택된다. 이 층에서만 완결하는 기능을 제공하는 것은 없다.

OS 레이어에는 범용계 OS 에서는 OS 에 포함되어 있는 것이 많은 디바이스 드라이버를 대상으로 하는 소프트웨어 부품도 존재한다. 예를 들면, PCMCIA CARD Enabler, 802.11g 무선 드라이버나 Bluetooth 등이 해당한다. 이것은 기능 확장이나, 새로운 디바이스의 등장에 따라 증가한다. 이 레이어는 새로운 디바이스의 등장이나, 생산중지에 근거하는 대체품에의 이행 등에 의하여 기능확장, 개선변경을 한다. 또한, 새로운 미디어에 대응하기 위해서, 이 레이어의 소프트웨어 부품을 도입하는 일도 있다. 구체적으로는 플래시 파일시스템으로 사용하고 있는 FlashROM 이 변경이 되었을 경우 등도 이 레이어의 드라이버가 필요하게 된다.

이러한 소프트웨어 부품을 판매하는 시장도 크고 있다. 또한, 모든 소프트웨어 부품을 사내에서 작성하는 것이 아니라, 기성부품과 조합하여 제품을 개발하는 사례가 많아지고 있다. 이러한 조합개발의 사례 등장에서 소프트웨어 부품과 미들웨어의 판매방법이 통합이 필요하다. 소프트웨어 부품의 판매에서 그대로 짜 넣을 수 있는 부품으로 변화하고 있는 일도 그 이유의 하나라고 생각된다. 이와 같이 임베디드 시스템의 주목적이 되는 어플리케이션 구축에 주력할 수 있는 환경이 계속 갖추어지고 있다.

[표 6.1.1] 소프트웨어 부품의 기능

<table>
<tr><td rowspan="4">어플리케이션</td><td colspan="2">비리얼타임 어플리케이션</td></tr>
<tr><td>Web Browser
Web Server
JavaVM
라이브러리</td><td>데이터베이스 엔진라이브러리
XML 엔진라이브러리
ORM 라이브러리
연산 라이브러리
화상처리 라이브러리</td></tr>
<tr><td colspan="2">리얼타임 어플리케이션</td></tr>
<tr><td>메카트로닉스 제어(어플리케이션)
PLC(프로그래머블 콘트롤러) 엔진
라이브러리</td><td>PLC용 라다언어엔진 라이브러리
고속연산 라이브러리</td></tr>
<tr><td rowspan="2">OS</td><td colspan="2">미들웨어</td></tr>
<tr><td colspan="2">프로토콜 스택
  TCP/IP스택과 TCP/IP 주변프로토콜 스택
  (FTP, HTTP, NFS, SMB 프로토콜)
  USB스택과 USB 디바이스 고유의 드라이버
  Bluetooth 프로토콜 스택과 Bluetooth 프로파일

파일시스템
  FAT 파일시스템
  CD-ROM, DVD-RAM/ROM 등의 파일시스템
  저널링 파일시스템</td></tr>
</table>

<table>
<tr><td colspan="2">임베디드 OS</td></tr>
<tr><td colspan="2">커널

디바이스 드라이버
  무선드라이버
  시리얼드라이버
  USB 디바이스 드라이버
  Bluetooth 드라이버
  터치판넬 드라이버
  미디어 테크놀로지 드라이버(파일시스템)</td></tr>
</table>

6.2 임베디드 시스템과 Java

임베디드 시스템으로 사용되기 시작한 Java 에 관하여서 설명한다. 우선 Java 는 어떠한 것일까를, 임베디드 시스템에 있어서의 특징을 일반적 설명도 포함하여 설명한다. 구체적으로는 Java 를 사용하는 장점과 사용형태 등을 설명한다.

다음에 Java 어플리케이션의 실행환경의 기반이 되는 버추얼 머신 JavaVM(Java Virtual Machine)의 구조에 대하여 설명한다. 구조에 관한 설명에서는 JavaVM 의 구조를 기능요소로 나누어 각각의 기능을 실현하는 원가요소 마다 설명을 한다. 특히 성능에 크게 영향을 주는 Iinterpreter 와 컴파일러, 가베지 콜렉터에 관해서는 절을 나누어 설명한다.

마지막으로, 임베디드 시스템에서 Java 를 사용하는 경우, 이식(移植)이 필요하기 때문에 이식방법에 관해서 설명을 더하고 있다.

6.2.1 Java

Java 언어는 Java 언어를 실행하는 JavaVM, 실행을 지원하는 클래스 라이브러리로 구성된다. 우선, Java의 언어 환경, Java 언어를 사용하는 목적은 3 가지가 있다. 그것은 생산성의 향상, 보수성의 향상, 시큐리티의 향상이다.

Java 언어에는 이 목적을 완수하기 위해서 필요한 환경과 기능이 제공되고 있어 종래부터 임베디드 시스템으로 사용되고 있는 C/C^{++} 언어와 비교해도 생산성도 보수성도 향상시킬 수가 있다. Java 환경의 획기적인 점은 임베디드 시스템 내에 이 객체지향 언어를 실행가능한 환경을 준비한 점에 있다[그림 6.2.1].

원래, Java 언어, JavaVM 은 임베디드 시스템 용도전용으로 개발된 Oak 라고 하는 언어가 바탕으로 되어 있지만, 실제로는 임베디드 시스템 용도, 특히 리얼타임 용도에 적합하지 않다. 이것은 Java 언어가 [Write Once, Run Anywhere] 를 실현하기 때문에 Operating System 에도 하드웨어에도 의존하지 않는 설계가 되고 있기 때문이다. 예를 들면, 스레드의 행동과 동기의 개념, 인터럽트의 개념, 메모리 메니지먼트, 입출력이라고 하는 부분이 애매한 사양이 되고 있다.

이러한 부분을 보충하고 사용하는 메모리용량, 실행속도를 개선한 JavaVM 이 임베디드 용도 전용으로 제공되고 있다. 이후, 이러한 개선을 한 Java 를 도입하는 이유를 설명한다.

일반적으로, 실행환경으로서의 JavaVM 을 임베디드 시스템에 내장하는 경우, C 언어로 기술된 어플리케이션보다 단위시간의 처리능력은 뒤떨어져, 사용하는 메모리 용량도 많지만, 장점도 많다. 예를 들면, 객체지향 언어를 베이스로 했기 때문에 생산성이 높은 점, 또

네트워크를 전제로 한 시스템이기 때문에 어플리케이션의 갱신이나, 전달도 가능한 점을 들 수 있다.

[그림 6.2.1] Java 의 실행환경과 Java 어플리케이션

종래, 어플리케이션은 ROM 상에 기술되어 문제가 있는 경우 이외는 고쳐 쓰는 것은 생각할 수 없었다. 불편함이 있는 C/C^{++} 의 어플리케이션을 수정하고 Flash ROM 을 고쳐 쓸 필요가 있었다. 또한, 갱신 시에는 해당하는 제품을 수중에 두어 직렬포트 등을 이용하여 내장의 ROM 를 고쳐 쓸 수 있다.

Java 실행환경을 시스템에 내장하는 것으로, 비싼 생산성에 근거하는 다양한 어플리케이션 시스템의 기능의 변경·추가를 쉽게 실행하는 것이 가능하다. 이것은 네트워크를 개입시키는 것으로, 원격지에 있는 시스템의 갱신이 가능하기 때문이다. 즉, 기능의 변경·추가시에 시스템이 개발자의 수중에 존재하지 않고 끝나게 된다.

예를 들면, 홈게이트웨이, 셋탑박스, 휴대폰, PC, 자동차용 컴퓨터, 브로드밴드 라우터, TV, 하드디스크 레코더, 그 외의 홈네트가전 등의 제품 중에 JavaVM 을 실장하고 네트워크를 개입시켜 어플리케이션을 다운로드하는 것에 의하여 새로운 서비스의 추가나 기능의 변경, 사용자의 요구에 대응한 커스터마이즈, 또 불편함의 요구사항 등을 쉽게 실현될 수가 있게 된다[그림 6.2.2].

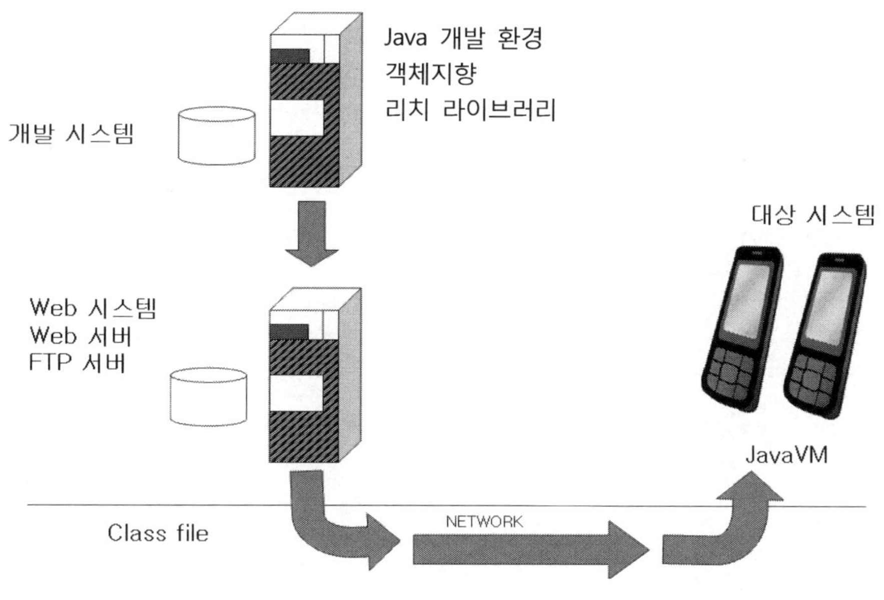

[그림 6.2.2] 어플리케이션 배송방법

특히, 임베디드 시스템의 소프트웨어 기능의 확장, 업데이트 등으로, 이 장점은 발휘되어 목표시스템으로 하는 시스템 자체의 특징도 바꾸어 버릴 가능성을 갖고 있다.

JavaVM 을 채용한 시스템에서는 프로그램을 한 번 쓰면, 다른 곳에서도 이용할 수 있는 것을 목표로 하고 있다. 실제의 환경에 의존은 하지만, 이러한 개념을 가진 실행환경은 없었다. 이식에 의한 갱신은 필요 없고, 클래스 파일을 네트워크를 통하여 전달하는 등 방법을 이용할 수가 있다.

이러한 Java 환경을 실제로 사용하는 경우, 임베디드 시스템에서는 JavaVM 의 이식이 필요하게 된다. 다만, 이식방법을 이해하기 위해서는 Java 실행환경의 구조에 대하여 이해하여 둘 필요가 있다. 이하의 항에서는 임베디드전용 JavaVM 의 특징을 섞어 가면서, 기능 설명을 한다.

6.2.2 Java VM의 개략 구조

임베디드 시스템으로 사용하는 JavaVM 은 하나의 프로그램은 아니고, 복수의 컴퍼넌트에서 성립되고 있다. 이것은 Sun Microsystems 사가 제공하는 JavaVM 도 마찬가지이다.

예를 들면, 클래스 로더(Class Loader), 바이트 코드 Interpreter(Byte Code Interpreter), 시큐리티 매니저(Security Manager), 가베지 콜렉터(Garbage Collector), 스레드 관리, 그래픽스 등으로 분할할 수 있다[그림 6.2.3]. 각각, 범용계 OS 전용의

JavaVM 과 동일한 정도의 기능이 제공되고 있어 임베디드 시스템 전용으로 튜닝이나 기능 확장이 전개되고 있다. 이하, 각각 분할한 기능 마다 설명을 한다.

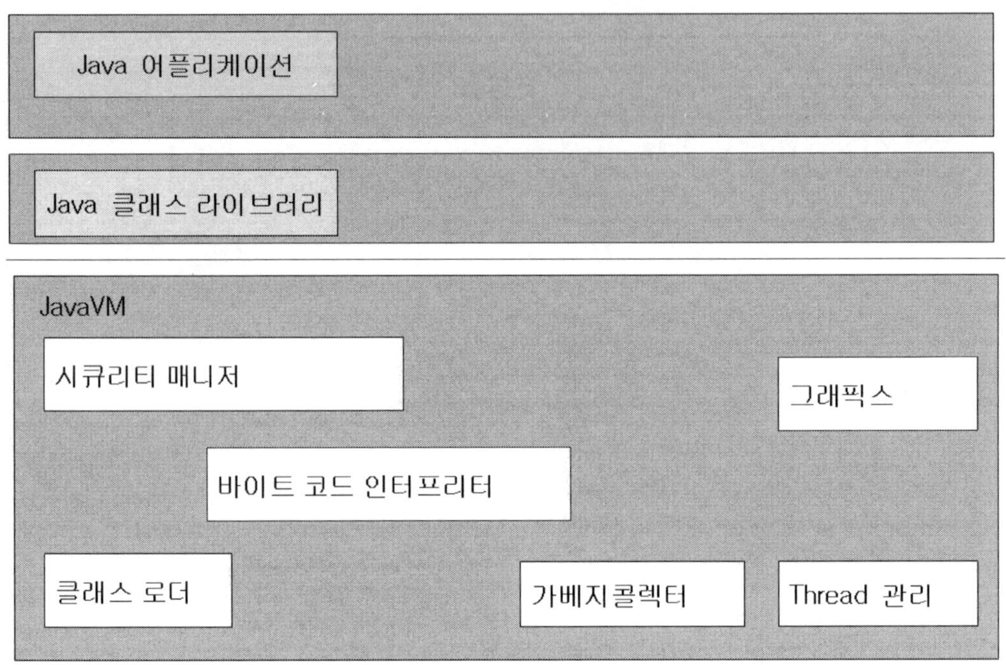

[그림 6.2.3] JavaVM 의 내부 구조

6.2.3 클래스 로더

처음으로 사용하는 클래스는 클래스 로더가, 디스크나 ROM 에서 클래스 파일을 읽어내, 이 클래스를 클래스베리파이어(Class Verifier)를 통해 문제가 없으면 사용가능으로 한다. 이 때, 클래스 로더는 이 클래스 중에서 사용하는 모든 클래스를 읽어 들여, 같은 클래스베리파이어에 걸치게 한다.

클래스베리파이어에서는 클래스 파일인 것, 각 메소드가 유효한 것을 검증한다. 이 검증은 4개의 패스에서 실행되어, 이 안에서 클래스 파일내의 바이너리를 해석하고 다른 클래스에 악영향을 주지 않을까 확인하고 있다.

임베디드 시스템에서는 이 클래스베리파이어에 걸치는 시간을 문제시하고 개선을 꾀하고 있다. 예를 들면, CLDC(Connected Limited Device Configuration) 사양에서는 클래스의 로드시에 클래스베리파이어는 불리지 않고, 실행 전, 컴파일 시 베리파이어에 걸치는 구조를 취하고 있다.

클래스베리파이어 이외의 개선점으로서 특정의 JavaVM 에서는 ROMizing 라고 부르는 어떤 클래스를 프리로드/프리링크 하는 기능이 제공되고 있는 경우가 있다. 이 기능을 이용하는 것으로, 특정의 클래스를 최초로 로드하고 어플리케이션의 기동을 고속으로 할 수가 있다. 이러한 생각을 진행하여 실행하고 있는 상태 그대로를 ROM 에 보존하는 방법도 있다.

그 외, 작은 VM 의 실장에서는 특정의 클래스 만이 아니고, 모든 시스템 클래스를 프리로드 하여 어플리케이션 실행까지의 시간을 상당히 단축할 방법을 택하는 경우도 있다.

6.2.4 바이트코드 인터프리터와 컴파일러

바이트코드 인터프리터는 JavaVM 이 정의하는 오퍼레이션 코드를 실제로 해석하고 실행하는 기능을 제공하고 있다. 임베디드 시스템 전용 JavaVM 으로 한정하지 않고, 범용계 OS 용의 JavaVM 에서도 프로세서의 특성을 살리는 최적화나, 캐시를 고려한 최적화나, MPU 레지스터에 관한 최적화를 실행하는 것으로 평균 성능의 개선을 꾀하고 있다. 튜닝에 대해서는 최저한, 어셈블러언어를 이용한 바이트코드 인터프리터의 사용에서, 인터프리터는 아니고 컴파일러의 사용에 이를 때까지, 개선의 범위는 넓다.

컴파일러는 Java 클래스 라이브러리의 코드를 MPU 의 명령으로 변환한다. 변환이 끝난 코드를 Native 코드라고 하며, 변환을 컴파일이라고 부른다. 컴파일 방법은 대략적으로 3 가지로 분류된다. 시판되고 있는 JavaVM 에서는 이 중에 어떤 것을 채용하고 있는 경우가 많다.

1. 최초로 실행하는 클래스 파일을 모두 컴파일 하는 AOT(Ahead-Of-Time)
2. 실행시에 필요하게 되었을 때에 컴파일 하는 JIT(Just-In-Time)
3. 그 자리에서는 곧바로 컴파일하지 않고, 정리정보에 의거하여 컴파일하는 Hotspot

덧붙여 JIT, Hotspot 에 관해서는 양쪽 모두의 성격을 가지는 컴파일러도 많아, 예를 들면 JIT 라고 하면서도 실행회수에 제한값을 마련하여 넘었을 경우에 컴파일 하는 등 Hotspot 에 가까운 방법을 채용하고 있는 경우도 있다.

다만, Native 코드로 변환하면 실행 속도는 빨라지지만, 각각 문제가 있다. 우선 AOT 에서는 실행 직전에 실행하는 컴파일에 시간이 걸리는 점을 들 수 있다. 다음에 JIT 에서는 AOT 와 같이 최초로 실행하는 컴파일 시간을 싫어했으므로, 기동시간은 AOT 에 비하여 빠르지만, 작은 단위에서의 컴파일 실행의 반복으로, 광역의 튜닝은 어려워지고 있다. 마지막에 Hotspot 는 JIT 에 대해서 정리정보를 살려, 어느 정도의 광역의 튜닝도 행해지지만, 역시, 극히 짧은 처리나, 반복하지 않고, 다종다양한 클래스를 호출하는 경우는 단점이 된다.

보충하여 AOT 에서는 어플리케이션 내에서 거의 사용하지 않는 부분이 있어도 모든 것을 컴파일 한다. 실제의 어플리케이션의 실행에서 보았을 경우, 쓸데없는 컴파일이 발생할 수도 있는 점에도 주의가 필요하다.

마지막으로, 순수한 Java 실행환경이라고 하지만, AOT 에 의하여 어느 정도 성능 향상을 전망할 수 있는 경우, 개발 시에 컴파일을 실행하고 이 컴파일 결과를 ROM 에 기록하여 실행하는 등 대책을 세우는 일도 있다. 이 경우, 동적으로 Load 한 클래스 이외는 Native 코드로 실행할 수도 있다.

[그림 6.2.4]에 JIT 또는 Hotspot 를 사용했을 경우의 실행상황을 나타낸다. 파일시스템에서 읽힌 Java 클래스 파일은 클래스 로더에서 바이트코드 인터프리터에게 건네져 JavaVM 의 메모리 공간상에 배치되어 순서대로 실행된다. 이때, 어느 통계정보에 따라, 이 클래스 파일을 추출, 컴파일 한다. 이 통계정보는 예를 들면, 실행 시에 몇 번이나 호출되고 있는 등, 빈도 정보를 참고로 하고 있다. 컴파일 결과는 JavaVM 의 메모리 공간과는 다른, 물리적인 메모리 환경하에 MPU 의 Native 코드로서 보존한다. 이 보존된 결과는 해당하는 부분을 실행하는 경우에 사용할 수 있도록, JavaVM 의 메모리 공간상에 배치한 코드를 Hook 하고 있다. 이 경우, 동일한 Java 소스이면, 얼마나 인터프리터가 고속인가, 얼마나 컴파일 끝난 코드를 실행할까에 의하여 성능이 바뀐다.

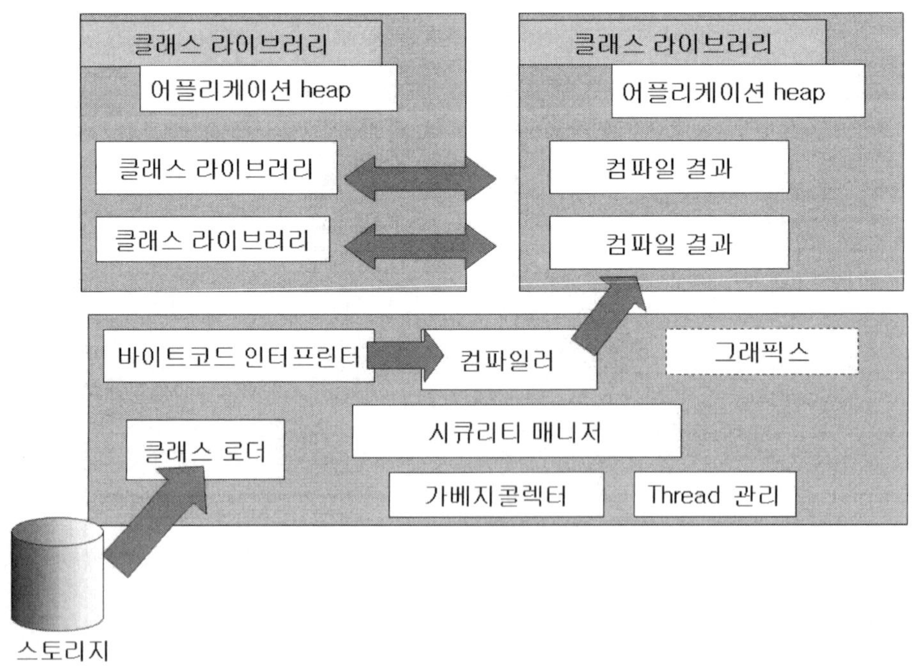

[그림 6.2.4] 컴파일 시의 상황

6.2.5 시큐리티 매니저

시큐리티 매니저는 신뢰할 수 없는 코드가 시큐리티 규약을 깨고 실행되는 것을 방지한다. 임베디드 시스템에 대하여도 일반적인 시큐리티 매니저로서 샌드박스가 사용되고 있다. 이것은 모래 밭에서 성이나 터널을 만들거나 부수거나 했다고 하여도 모래 밭 이외에 영향을 주지 않는 것에서 이러한 이름을 붙이고 있다. 즉, 허가되어 있지 않은 액션을 일으키려고 하여도 실제로는 실행할 수 없게 격리되고 있어 시스템에 영향을 줄 수가 없다. 파일시스템에의 액세스나 I/O 등, 시스템에 영향을 주는 처리를 실행하려면, 시큐리티 매니저에 허가를 요구하게 된다.

이 시큐리티 매니저는 클래스 로더, 바이트코드 인터프리터와 제휴하여 시스템의 시큐리티를 확보하고 있다. 이 예로서 우선, 네트워크를 통하여 입수한 클래스 파일은 신용할 수 없는 코드로서 시스템에 영향을 주는 조작을 금지하고 있다. 네트워크를 통하여 보내는 클래스 파일로, 시스템에 영향을 주는 조작을 실행하고 싶은 경우는 사전에 클래스 파일에 서명을 실행하여 둘 필요가 있다. 시큐리티 매니저는 이 서명과 코드의 출처를 바탕으로 조작의 허가를 내준다.

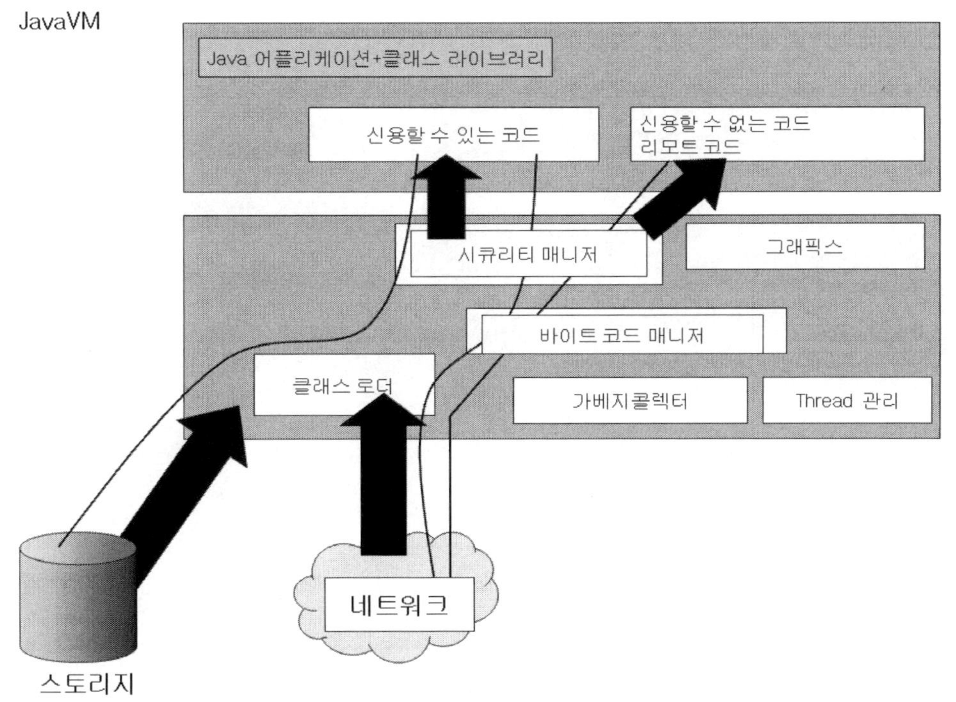

[그림 6.2.5] 시큐리티 매니저의 처리

임베디드 시스템은 다종다양하고 프로그램의 실행환경으로서 보았을 경우, 메모리 보호가 없기도 하고, 모두 MPU 의 특권모드로 실행되어 있거나 시큐리티의 기본이 되는 기능이 없는 경우도 있다. 다만, 이러한 경우에서도 JavaVM 을 내장하는 경우에는 메모리보호나, 실행권한 기능 등과 조합하여 시큐리티를 확보할 수 있다. [그림 6.2.5]에 실제로 시큐리티를 고려하면서 실행하고 있는 장면을 나타낸다. 이 그림에서는 코드의 출처에 근거하고 신뢰할 수 있는 코드일지 어떨지를 시큐리티 매니저가 대략적으로 판단하고 있어 기본적으로 네트워크 너머로 입수한 코드는 신용할 수 없는 코드로 보고 있다. 다만, 서명이 있는 경우, 네트워크 너머로 입수한 코드도 신뢰할 수 있는 코드로 보고 권한이 주어진다.

6.2.6 가베지 콜렉터

가베지 콜렉터는 사용되지 않은 오브젝트를 검출하고 풀(Pool)에 돌려주는 작업을 실행한다. 컴파일러를 사용하는 경우는 컴파일러가 사용하는 Native 코드의 메모리 공간의 객체가 가베지 콜렉터의 관리 대상이 된다. 다만, 어느 가베지 콜렉터도 외부에서 타이밍에 실행시키지 못하고, 실행의 추천, 이른바 실행하여 두는 편이 좋다는 어드바이스만을 줄 수가 있다. 즉, 가베지의 타이밍은 가베지 콜렉터가 계산하고 있다.

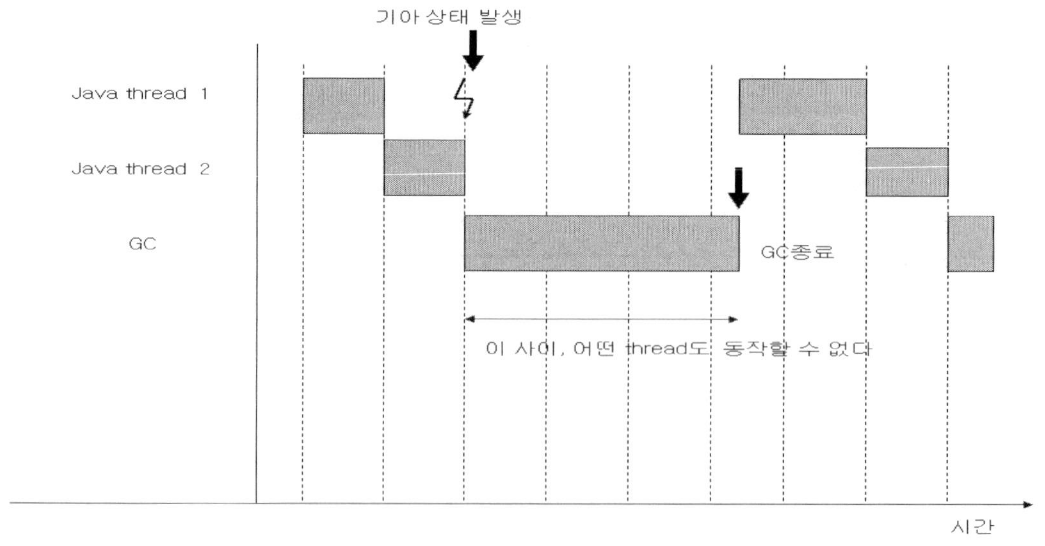

[그림 6.2.6] 기아 상태

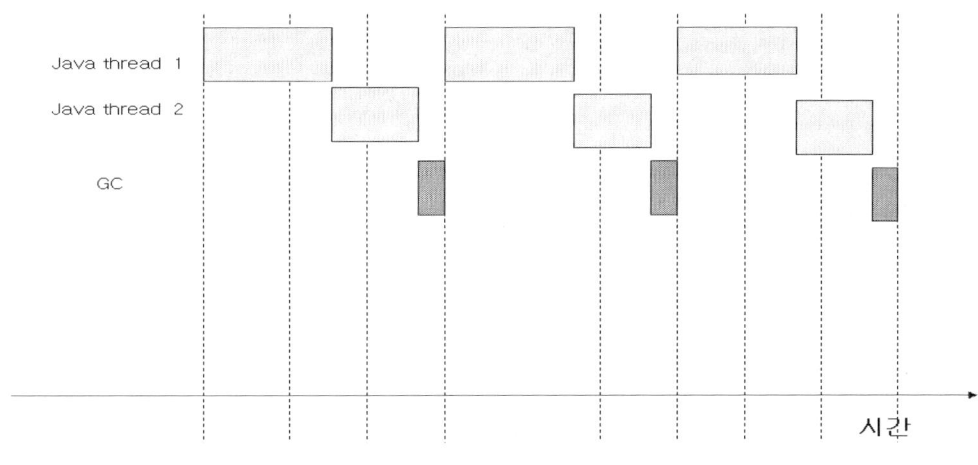

[그림 6.2.7] 인크리멘탈 형 가베지

어떠한 이유로써, 사용되지 않은 오브젝트를 적절한 타이밍에 회수할 수 없었던 경우, 당연한 것은 아니지만, 사용 가능한 메모리가 부족하게 된다. 거의 모든 오브젝트는 메모리가 필요하기 때문에 이러한 기아상태가 되고 나서 가베지 콜렉터가 동작하면, 가베지 콜렉터 이외의 처리는 모두 멈추어 버리게 된다[그림 6.2.6].

임베디드 시스템에서는 모든 처리를 멈추어 가베지콜렉션을 실행하는 것은 JavaVM 의 치명적인 문제가 된다. 이 때문에 어플리케이션에서 보아서 영향이 적은 인크리멘탈형 가베지 콜렉터가 채용되는 것이 많다[그림 6.2.7]. 이것은 통상의 가베지콜렉션에 가세하여 조금씩 정기적으로 가베지콜렉션을 실행할 수 있는 기능을 갖는다.

덧붙여 인크리멘탈형의 가베지 콜렉터를 채용하는 경우, 메모리 메니지먼트의 방법에도 조금씩 가베지를 실행할 수 있도록 개선이 더해지고 있다.

6.2.7 스레드 관리

JavaVM 내에서, Java 언어의 스레드(Thread)를 관리하는 컴퍼넌트가 있다. 이 컴퍼넌트는 실제로 Java 스레드를 바꾸는 기능을 제공하는 경우와 리얼타임 커널의 기능을 사용하는 경우가 있다. 이 컴퍼넌트로 Java 스레드를 관리하는 경우는 리얼타임 커널상의 하나의 태스크로 복수의 Java의 스레드를 관리한다. 반대로 리얼타임 커널의 기능을 사용하는 경우는 리얼타임 커널의 태스크와 Java의 스레드가 일대일로 대응한다. 스케줄러가 Java 스레드를 관리한다. 개념적으로는 [그림 6.2.8]과 같이 된다.

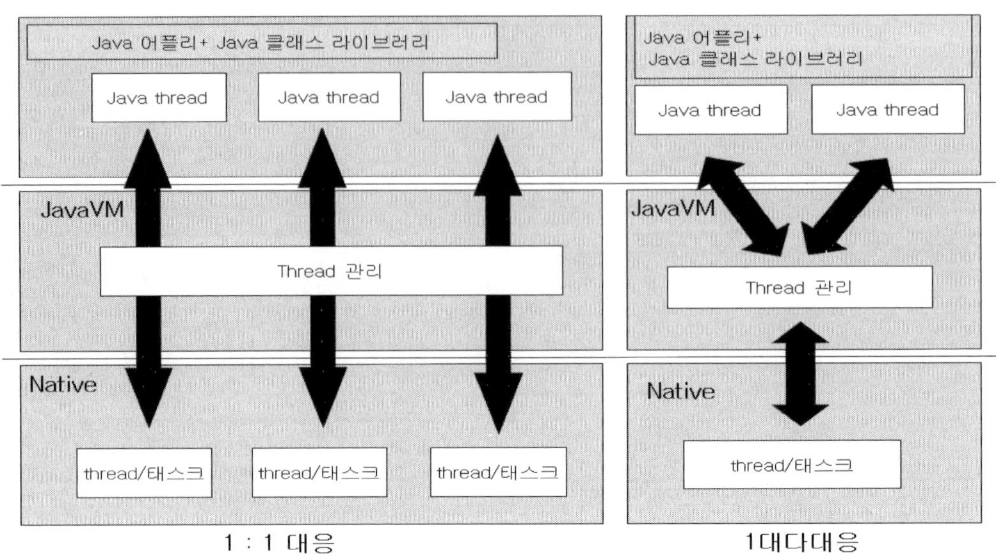

[그림 6.2.8] 스레드관리의 방법

이것은 범용계 OS 의 JavaVM 에서도 거의 같은 상황에 있다. OS 의 스레드를 사용하는 경우를 Native 스레드라고 하고 OS 의 스레드를 사용하지 않고, 스레드 관리의 컴퍼넌트가 Java 스레드를 관리하는 경우를 Green 스레드 라고 한다.

성능면으로는, Native 스레드를 사용하면 스레드수가 적은 경우의 오버헤드는 적지만, 매우 많은 Java 스레드를 만드는 Java 프로그램의 경우, 자원이 부족하게 되거나 스케줄링의 오버헤드가 문제가 되거나 한다. 반대로 Green 스레드는 초기의 오버헤드가 크다고 하는 문제가 있다. Green 스레드 방식은 JavaVM 의 내부의 스레드를, 타이머 인터럽트와 setjump/longjump 를 사용하는 데, 시분할로 실행하고 있는 것이 요인이 되고 있다. 또한, 이 실장을 위한 스케줄링은 JavaVM 이 임의에 컨트롤 할 수 있지만, 치밀한 이벤트 처리는 할 수 없는 부분이 있다. 임베디드 시스템 전용의 JavaVM 에서는 목표시스템으로 하는 어플리케이션 규모에 맞추어 어느 쪽인지를 선택할 수 있는 제품도 존재한다. 이러한 경우, 구축하는 시스템의 특징에서 어느 쪽인지를 선택할 필요가 있다. 덧붙여 주의할 점으로서 어느 쪽의 구성에서도 Native 코드 부분의 스레드/태스크가 사용하는 스택, 자원은 실행 시에 고정이 되기 때문에 오버플로우를 일으키지 않는 정도로 여유를 갖게 하여 둘 필요가 있다.

6.2.8 그래픽스

Java 1.2 사양에서는 AWT(Abstract Window Toolkit) 이외에 AWT 를 확장한 Swing 이라는 그래픽 환경이 제공되고 있지만, 임베디드 시스템에서의 Java 의 그래픽 환경으로서는 주로 AWT 가 채용되고 있다. 이 AWT 사양과 데스크탑 판의 사양에는 차이는 없다.

덧붙여 임베디드 시스템에서는 반드시 그래픽스를 지원할 필요는 없다. 다만, JavaVM 을 내장하는 기기는 어느 정도 리치인 환경을 제공하는 것이 많은 데, 여기서는 임베디드 전용의 AWT 에 대하여 설명을 한다.

기본적인 AWT 의 구성을 설명한다. AWT 는 컴퍼넌트라고 부르는 부품군에서 구성되어 있다. 컴퍼넌트는 주로 3개가 라이브러리에서 있다.

1. java.awt   기본 컴퍼넌트
2. java.awt.event   이벤트 처리 클래스
3. java.applet   애플릿 처리용 클래스

컴퍼넌트에는 자기 자신 중에 컴퍼넌트를 임베디드 할 수 있는 컨테이너라고 부르는 것이 있다. AWT 에서는 윈도우를 맡는 컨테이너에 필요한 버튼이나 라벨 등을 짜 넣는 것으로, GUI 부분을 만들어낼 수가 있다.

Sun Microsystems 사가 실장한 AWT 는 어느 정도의 부분이 Java 로 실장되고 있다. 임베디드 시스템에 대하여 사용하는 AWT 는 Native 의 부분이 많은 것으로, 표시속도를 향상시키고 있다. 예를 들면, AWT 의 최하층은 JNI(Java Native Interface)로 기술되고 있다. JNI 와는 Java Class Library 가 Native 처리를 호출하는 경우에 사용하는 인터페이스이다. JNI 기술을 늘리는 것으로 성능을 개선하고 있다. 예를 들면, 컨테이너 자체를 Native 화하는 것은 어렵지만, 컨테이너에 짜넣는 컴퍼넌트를 Native 화하는 것은 가능하다. 이러한 컴퍼넌트를 Native 화하는 것으로 표시속도를 확보하고 있다.

6.2.9 Java VM의 이식 방법

AWT 의 최하층은 JNI 를 이용하여 실현되고 있다고 말했지만, 다른 최하층도 JNI 로 실현되고 있다. 즉, 각각의 클래스 라이브러리가 실행하는 처리 중, 외부 환경에 의존하는 처리는 모두 Native 처리로 연결되어 있어 JNI 를 이용하여 Native 처리를 호출하고 있다.

예를 들면, 파일에의 액세스나, 소켓을 사용한 통신 등이 있다. 이것들은 OS 가 제공하고 있는 파일시스템이나, TCP/IP 프로토콜 스택에 인터페이스 되고 있다. 임베디드 시스템에 대해서는 이것들이 미들웨어로 제공되고 있는 경우도 있어, 미들웨어와의 인터페이스가 되는 경우도 있다.

JNI 자체는 Java 부분과 C/C^{++}등으로 기술하는 Native 부분으로 나누어져 있어 Java 측에서의 호출로, 어느 Native 의 처리를 실행하는지를 기술하고 있다. 구성으로서는 [그림

6.2.9]를 참고로 하면 좋겠다. 여기에서는 파일시스템을 예로 이식 부분을 나타내고 있다. Java 어플리케이션에서 java.io.File 클래스를 호출하면, 최종적으로는 JNI를 경유하여 파일시스템에 접속된다. 이 Native 부분과 JavaVM 부분과의 인터페이스 부분이 JavaVM 의 이식에 대하여 변경이 필요한 부분이 된다.

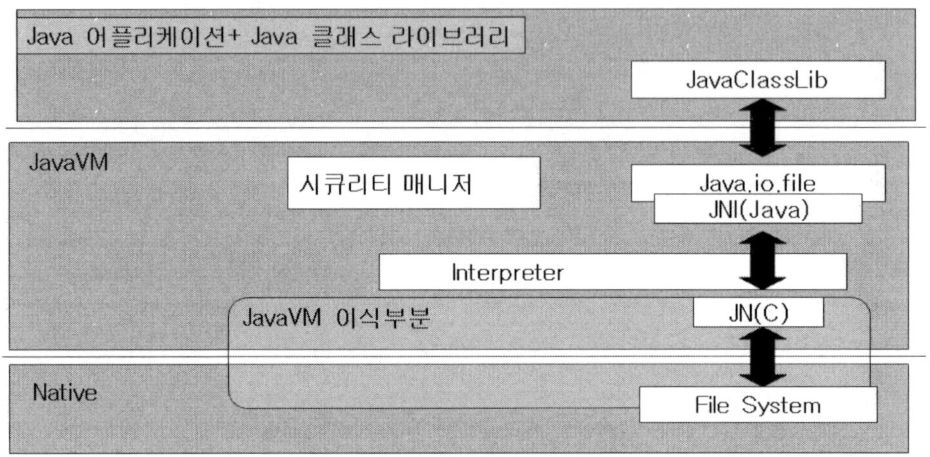

[그림 6.2.9] 이식(移植)부분

임베디드 시스템전용의 JavaVM 에서는 ? 개의 리얼타임 커널전용으로, 이 변경 부분을 제공하고 있는 경우도 많다. 제공되어 있지 않은 경우는 이 인터페이스 부분의 사양에 맞추어, 인터페이스 논리부분을 작성할 필요가 있다.

구체적인 인터페이스 부분의 사양은 JavaVM 의 각 제품에 의존하지만, 특정의 리얼타임 커널 사양을 지원한 제품 이외는 레퍼런스로 한 실장을 닮은 예가 많다. 예를 들면, Sun Microsystems 사가 제공한 JavaVM 의 레퍼런스 실장은 Solaris, Windows 등이 있지만, 이러한 파일시스템, 프로토콜 스택은 POSIX 사양이나 Win32API 등이다. 임베디드 시스템으로 사용하는 JavaVM 은 이 레퍼런스 실장을 개조, 또는 참고로 한 제품도 많아, 리얼타임 커널과의 인터페이스 부분에 이러한 사양을 요구하는 예도 있다. 예를 들면, POSIX 사양을 요구하는 등이다. 이 경우의 이식작업은 리얼타임 커널에 POSIX 사양 어플리케이션을 이식하는 경우의 작업과 같은 내용이 된다.

6.3   임베디드 시스템과 프로토콜 스택

임베디드 시스템에서는 종래, 독립한 기기가 많아 직렬통신 등 간단하고 쉬운 통신방식에서, 한정한 범위 내에서만 통신을 실행하고 원격지에서의 조작 등은 고려하고 있지 않는 기기가 대부분을 차지하고 있었다. 그러나 최근의 경향으로서 정보가전 등 네트워크에 인터페이스 하는 제품이 증가하고 있다. 특히 정보의 공유나 보수를 생각했을 경우, 네트워크에 대응하는 장점은 많다. 향후, 폭발적으로 네트워크 대응기기가 출현할 것에 대비하여 네트워크에 관한 지식을 가질 필요가 있다.

여기에서는 우선, 프로토콜 스택에 관하여서 설명하고 TCP/IP 를 예로 임베디드 시스템에 있어서의 고려할 점 등의 설명을 한다. 마지막으로, 프로토콜 스택의 이식 방법에 관하여서 설명을 한다.

6.3.1 프로토콜 스택이란

네트워크를 개입시켜 통신을 실행하는데, 통신을 실행하기 위한 과정을 프로토콜이라고 하고 프로토콜을 실현하는 소프트웨어 모듈을 계층장에 쌓아올린 소프트웨어군을 프로토콜 스택이라고 한다. [그림 6.3.1]과 같이, 각 층간에는 인터페이스라고 부르는 조작과 서비스를 정의하고 있다. 이 프로토콜 스택의 각층은 각각 고유의 역할이 주어지고 있다.

6.3.2 OSI 참조모델

임베디드 시스템으로 자주 사용되는 TCP/IP 스택을 설명하기 전에 OSI 참조모델을 설명한다. 이 모델은 거의 사용되지 않지만, 프로토콜 스택을 이해하기 위해서는 유용하다.

OSI 참조모델은 7개의 층으로 되어, 각각 다음의 역할이 있다. 이하, 통신매체에 가까운 편부터 순서대로 열거한다.

1. 물리층   실제의 통신 매체를 정의한다
2. 데이터 · 링크층   장치간의 통신을 관리하고 에러 수정을 한다
3. 네트워크층   경로결정을 한다
4. 트랜스포트층   데이터의 분할과 End to End 통신을 보증한다
5. 세션층   대화제어, 토큰관리, 동기관리를 한다
6. 프리젠테이션 층   정보의 표현을 규정한다
7. 응용 계층   사용자가 필요로 하는 프로토콜을 제공한다

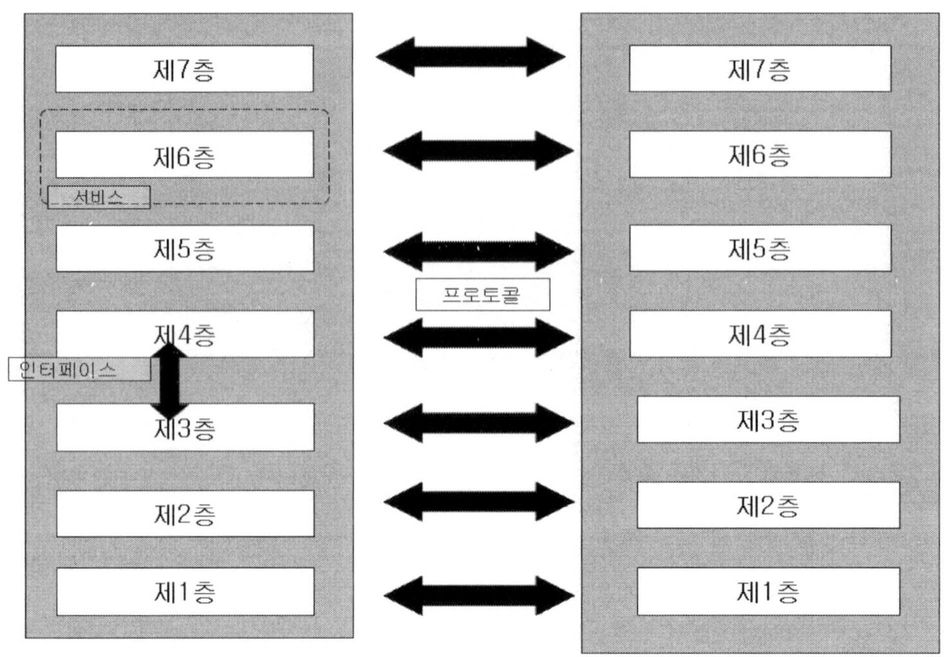

[그림 6.3.1] 프로토콜과 계층

이와 같이 OSI 참조모델에서는 각각의 기능이 중복되지 않고, 개개의 기능을 다른 층에서 제공하고 있다. 이 OSI 참조모델의 중심적인 개념은 서비스, 인터페이스, 프로토콜을 나눈 점에 있다.

서비스는 상위층에 제공하는 기능을 나타내, 인터페이스는 어떻게 액세스 하는지를 나타내고 있다. 여기에는 하위층이 구체적으로 제공하는 통신의 순서 등에 관계하여 규정하고 있지 않다. 즉 하위층을 은폐하고 있게 된다.

임베디드 시스템에 대해서는 독자적인 프로토콜을 작성하는 장면도 있다. 프로토콜의 개발 시에는 OSI 참조모델의 생각에 따르는 것을 권한다. 덧붙여 OSI 참조모델은 표준화가 되지 않았다. 이 역할은 현재 TCP/IP가 담당하고 있다. 표준화가 되지 않았던 이유로서 다음 일이 생각된다.

1. 제안 시기에는 TCP/IP 가 넓게 사용되고 있었다
2. 일부의 실장이 어렵다
3. 실제로는 몇 번이나 필요 없는 처리가 각층에 있었다(오류제어 처리가 이것에 해당)
4. 실장 예의 품질이 나쁘고, 채용되기 어려웠다.

이것은 가능한 한 기존의 것을 이용하고 간단한 실장으로, 심플하게, 품질 좋게 만드는 필요성을 나타내고 있다. 이러한 교훈은 일반의 소프트웨어 개발에서도 같은 것으로 주의하였으면 한다.

6.3.3 TCP/IP 란

여기에서는 LAN(Local Area Network)이나, 인터넷으로 사용되고 있는 프로토콜 TCP/IP 를 설명한다.

TCP/IP 는 크게 나누어, TCP 와 IP 의 프로토콜에서 성립되고 있지만, 실제로 사용하는 프로토콜은 TCP 와 IP 뿐만이 아니라, 이것들을 포함한 프로토콜 스택군을 가리키고 있다 [그림 6.3.2]. 이것은 임베디드 시스템에 대해서도 상황은 같다. 나중에 설명하는 TCP/IP 와는 TCP/IP 를 포함한 프로토콜 스택을 대상으로 한다.

7	어플리케이션	Mailer, Browser···			Browser···
6	프리젠테이션	Mime, Html, ISO2020···			WML
5	세션	SMTP, HTTP···			WSP
		SSL			WTLS
		TCP			WTP
4	트랜스포트	IP			WOP
3	네트워크	LLC<IEEE802.3>		PPP	
2	데이터 링크	CSMA/CD <IEEE802.3>	CSMA/CA <IEEE802.11>	RFCOMM,SDP L2CAP,LMP	RLC
1	물리	케이블 10BASE-T 100BASE-T	전파 DS,FH	전파 FH	전파 MC-CDMA (CDMA2000)

[그림 6.3.2] TCP/IP 와 주변 프로토콜

TCP/IP 는 먼저 말한 OSI 참조모델에 할당하여 설명되는 것이 많지만, 정확하게 1 대 1로 대응하는 것은 아니다. 어느 정도 대략적으로 할당한다고 [그림 6.3.3]과 같은 구성이 된다. 이 그림과 같이 일부 대응하지 않는 부분이 있지만, 응용 계층 이하는 TCP/IP로 불만은 없는 것, OSI 참조모델이 너무 자세한 것에서 이러한 구성이 되고 있다고 생각된다. 반대로, 예를 들면 Ethernet 의 경우, TCP/IP 의 네트워크 인터페이스 층은 2 층으로 하여야 할 물리층과 데이터·링크층의 2개의 기능을 한데 합쳐 버렸다고 생각된다.

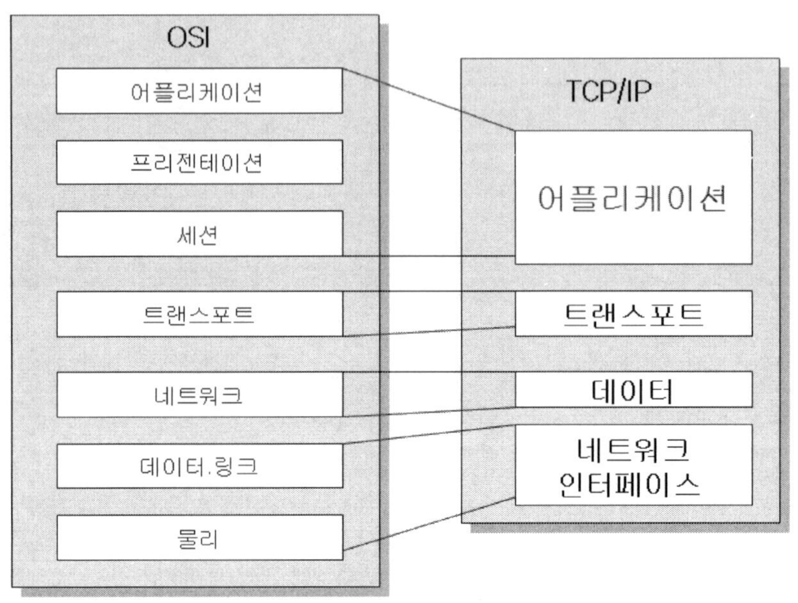

[그림 6.3.3] OSI 와의 대비도(Ethernet의 경우)

6.3.4 IP 란

TCP/IP 의 프로토콜의 최하층에 위치하고 데이터의 전송제어를 실행하는 프로토콜이다. 배송의 제어나 에러에의 대응은 실행하지 않는다.

IP는 데이터를 패킷화하여 전송하기 위한, 패킷에 송부처 주소가 필요하게 된다. 이 주소를 IP 주소라고 하고 [그림 6.3.4]의 구조를 가진다. 4 바이트 IP 주소는 네트워크부와 호스트부로 나누어져 각각 네트워크와 네트워크의 기기를 지정하고 있다. 선두 비트의 패턴에 의하여 클래스 A~E 로 나누어져 통상은 A~C 까지를 사용하고 클래스 D 는 멀티 캐스트, E 는 예비가 되고 있다. 멀티 캐스트는 네트워크의 기기 전체를 지정하고 멀티 캐스트 주소의 범위의 기기 전부가 패킷을 받는 방식을 말한다.

정보가전 제품이 폭발적으로 증가한 경우, IP 주소가 고갈되는 위기가 있다. 여기까지의 설명은 IPv4 에 근거하는 설명이었지만, 이 위기 때문에 IPv4 에서 IP 주소를 거의 무제한하게 사용할 수 있는 IPv6 에의 이행, 대응이 검토되고 있다.

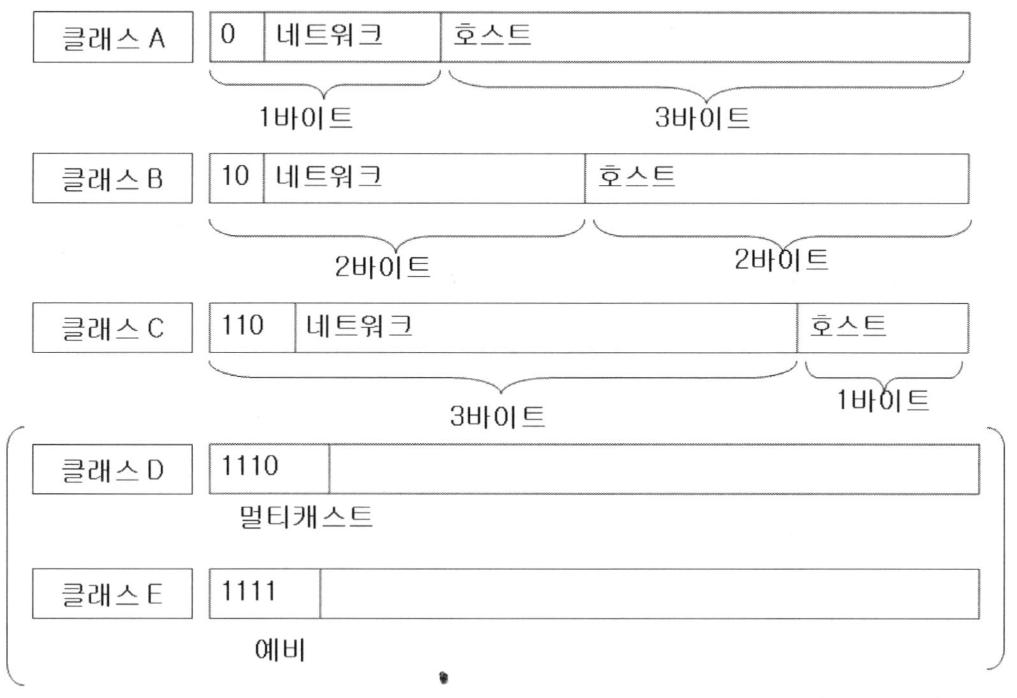

[그림 6.3.4] IP 주소의 구조

6.3.5 TCP 란

TCP 란, 신뢰성의 높은 통신을 물리적인 네트워크에서 떼어내 제공하는 프로토콜이다. 이 층에서는 이하의 기능을 제공한다.

1. Connection의 관리
2. 에러 검출과 정정
3. Flow Control
4. 패킷의 순서 제어

IP 와의 큰 차이는 패킷의 경로를 규정하고 있지 않는 것에 있다. 경로의 선택에 관해서는 IP에 맡기고, Connectionless 통신인 IP 위에 Connection 형의 TCP 의 통신을 제공하는 것으로, 통신의 신뢰성을 확보하고 있다.

이 Connection 형의 통신을 실행하기 때문에 TCP 패킷의 헤더 부분에는 패킷의 순서를 나타내는 순서번호가 들어가 있다. TCP의 통신에서는 이 패킷의 순서번호와 응답을 보고 있으며, 수신측은 정상적으로 수신할 수 있었을 경우, ACK 를 돌려준다. 실패했을 경우나, ACK 가 닿지 않았던 경우는 타임아웃 하고 재 발송을 한다.

[그림 6.3.5]에 정상적으로 수신할 수 있었을 경우를 나타낸다. 이 예는 3 방향 핸드쉐이크 라고 하고 TCP의 Connection 의 확립을 실행하기 위해서 사용한다.

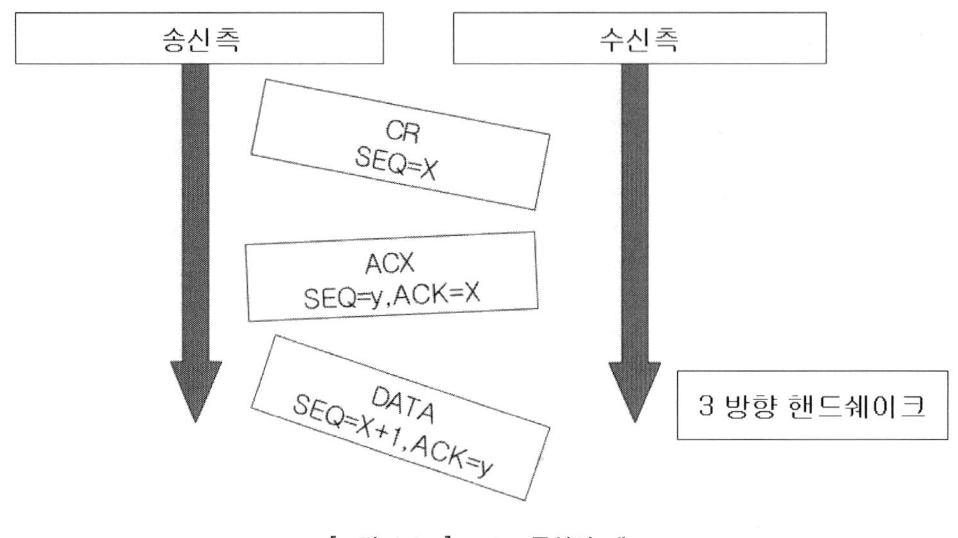

[그림 6.3.5] TCP 통신의 예

6.3.6 TCP 의 효율화

TCP 층의 통신을 효율적으로 실행하기 위한 방법이 몇 가지가 존재한다. 이 중, 임베디드 시스템에서도 대응하고 있는 것이 많은 기능을 설명한다. 여기에서는 1) 슬라이딩 윈도우와 Flow Control, 2) 킵얼라이브, 3) 동적인 설정의 변경을 채택한다. 덧붙여 지원하고 있는 사례는 1), 2), 3)의 순서이다.

1) 슬라이딩 윈도우(Sliding Window)와 흐름제어(Flow Control)

TCP 의 통신에서는 통신의 효율을 올리기 때문에 Sliding Window 라고 하는 방법을 사용하고 있다. 이것은 하나하나의 패킷에 대하여 ACK 를 기다리는 것이 아니고, ACK 를 기다리지 않고 복수의 패킷을 보내 버리는 방법이다. 이 방법을 사용하면, 정리하여 복수의 패킷을 송신할 수 있어 데이터의 전송 효율을 향상시킬 수가 있다[그림 6.3.6].

한 번에 보낼 수 있는 범위를 윈도우 폭이라고 하고 이 수를 0 으로 하면, 다음의 패킷의 송신을 멈출 수가 있다. 이것은 수신측의 버퍼가 가득하게 되었을 경우에 멈추게 하는 용도로 사용하며, 이것을 Flow Control 이라고 한다.

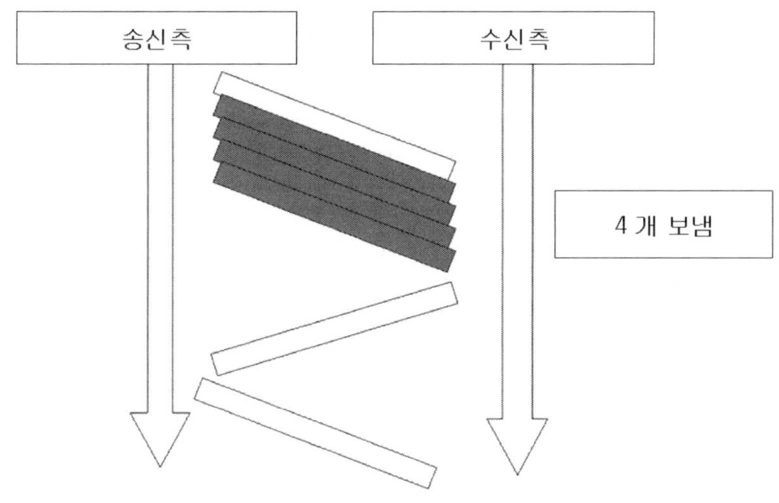

[그림 6.3.6] 슬라이딩 윈도우(Silding Window)

2) 킵얼라이브

Keepalive)는 응답이 없는 경우, 정상 종료하고 있지 않는 것인지, 단지 오랫동안 데이터가 존재하지 않는 것인지를 확인하기 위한 것이다. TCP의 통신에서는 Connection 형의 통신을 하기 때문에 Connection 를 길게 붙어 버리는 것을 막기 위해서 준비되어 있다.

이것을 반대로 이용하고 상위층에서 응답을 낼 수 없는 경우에 존재하지 않게 되었다고 판단되는 것을 막기 위해서도 이용된다. 이 경우, 재차 Connection 하는 시간을 절약할 수 있다.

3) 동적인 설정의 변경

TCP 에서는 복수의 재발송 회수, 윈도우폭, 타임아웃 값 등이 준비되어 있지만, 이러한 값은 통신의 효율을 올리기 때문에 동적으로 변경할 수 있다. 변경의 기초 데이터로서 패킷의 왕복시간을 재는 등을 TCP 의 스택 내에서 실행하고 결과를 반영하고 있다.

임베디드 시스템용의 프로토콜 스택에서는 일부, 자동적으로 변경되지 않는 파라미터가 있는 제품도 존재한다. 이 때문에 목표시스템인 임베디드 시스템의 용도에 따라서 필요한 사양과 기능에 따라서 제품을 선택할 필요가 있다.

6.3.7 TCP/IP 상의 어플리케이션 프로토콜

어플리케이션 프로토콜의 하나로서, HTTP 에 관련되어 있다. 이것은 범용 시스템, 임베디드 시스템 모두, 자주 사용되게 된 프로토콜이다. 이 프로토콜은 원래 Web Server 와 Web Browser 와의 사이에 사용하고 필요한 표시 데이터를 뽑아 내거나, 혹은 응답을 돌려주기 위한 프로토콜이었다.

이 프로토콜로 들여올 수 있는 컨텐츠는 HTML(Hyper Text Markup Language)를 바탕으로 기술되고 있다.

HTML 은 구조를 태그, 링크 형식으로 보여 주고 있다. HTML 중에서는 문자뿐만이 아니라, 화상, 동영상 등도 취급할 수가 있다. Web Browser 가 직접 표시할 수 없는 확장된 컨텐츠에 관해서도 고려되고 있어 플러그 인(Plug In) 이나, 헬프 어플리케이션(Help Application)의 기동 등의 방법으로, 확장성이 확보되고 있다.

HTTP 의 주의해야 할 점은 이 프로토콜 위에 메세지를 싣는 것으로, 언어나 어플리케이션에 의존하지 않는 원격수속 호출 RPC(Remote Procedure Call)를 실현했던 것에 있다. 이 원격지 호출을 SOAP(Simple Object Access Protocol)라고 부른다. 이 SOAP 메세지는 Web Browser로 사용하고 있던 HTML 대신에 XML 를 사용하고 있다. XML(eXtensible Markup Language)이란, HTML 도 포함되는 마크업 언어의 하나로, 의미나 구조를 기술한다. 이 때, 의미와 구조를 나타내는 장면에서, 임의의 데이터를 HTML 과 같은 감각으로 송수신 할 수 있는 것을 목표로 작성되었다. SOAP 에서는 이 임의의 데이터 안에 RPC 의 요구내용을 기술하고 있다.

✺ 보충 : RPC 원격수속 호출이란, 네트워크상에 있는 멀어진 2개의 머신 사이에서, 프로그램의 수속을 호출하는 것이다. 프로그램의 함수호출과 같이 수속을 호출하고 그 결과를 이미 한 쪽의 머신에 돌려주는 처리가 된다.

6.3.8 프로토콜 스택의 이식(移植) 방법

TCP/IP 의 프로토콜 스택은 복수의 프로토콜이 층위에 겹쳐있는 매우 대규모 소프트웨어 부품이라고 할 수 있다. 통신에 도움이 되고 실적이 있는 부품을 사용하였으면 한다.

이러한 생각에서 프로토콜 스택을 이식하게 되지만, 대략적으로는 2가지 점을 고려하여야 한다. 그것은 프로토콜 스택의 동작환경과 드라이버에 관해서이다.

동작환경은 프로토콜 스택의 구성에 관련하고 있다. 임베디드 시스템 전용의 프로토콜 스택은 대략적으로 프로토콜 스택 자체가 하나의 태스크 또는 태스크군이 되는 것과 라이브러리와 같이 호출원의 태스크의 문맥으로 동작하는 것이 있다[그림 6.3.7]. 라이브러리 상태의 프로토콜 스택은 간단하게 이용할 수 있는 반면, 그 어플리케이션 동작 중 이외에는 프로토콜을 사용할 수 없다. 따라서 ICMP 를 이용한 ping 의 응답을 할 수 없는 등의 제한 사항을 받아들일 필요가 있다. 선택에 있어서는 그러한 기능이 필요한지 어떤지 검토하여야만 한다.

드라이버의 기능에 관해서도 고려할 필요가 있다. 프로토콜 스택의 이식에 관해서는 드라이버를 작성하거나 이식하거나 하게 되지만, 이더넷(Ethernet)의 드라이버층은 사용하는 CHIP 에 의하여 제공되는 기능이 큰 폭으로 다르다. 이 디바이스가 제공하고 있는 기능에 주의가 필요하다. 예를 들면, 이더넷 프레임이 충돌했을 경우의 재발송 기능을 하드웨어가 제공하고 있는지, 소프트웨어로 실현될까에 의하여 필요한 기능이 크게 다르다. 소프트웨어로 실현되는 경우, 이더넷의 감시와 충돌 회수에 대응하여 재발송 간격을 늘리는 처리 등을 드라이버에 실장할 필요가 있다.

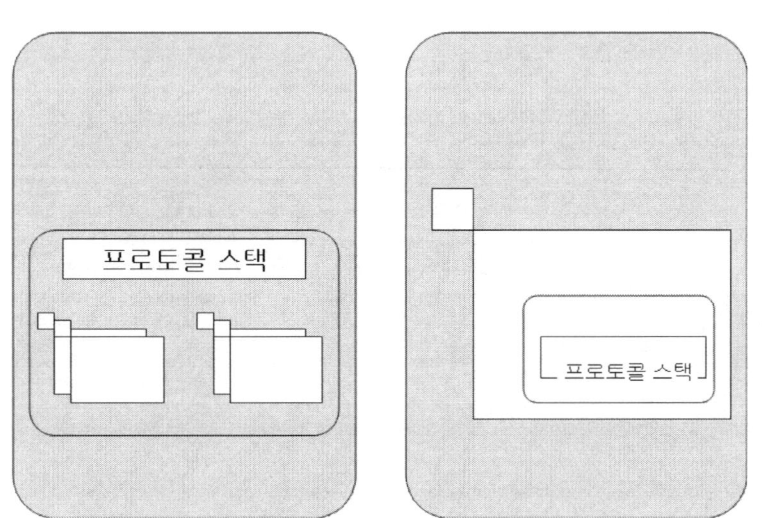

[그림 6.3.7] 프로토콜 스택

6.4 임베디드 시스템과 파일시스템

범용계 OS 를 내장한 PC 등의 파일시스템에서는 주변기기 등에 영속적으로 다량의 데이터를 보관할 수가 있다. 임베디드 시스템에 대해서도 디스크나 메모리카드 등의 기억장치에 보관하는 요구가 있다. 예를 들면, 디지털카메라, DVD 레코더 등은 보관하는 기능을 가지는 임베디드 시스템의 최첨병이다.

　여기에서는 임베디드 시스템에 있어서의 파일시스템의 개요, 구조, 기능을 설명한다. 특히, 임베디드 시스템에 있어서의 파일시스템은 옵션인 것이 많은데다가, 시스템을 구축하기 위해서, 복수의 소프트웨어 부품을 조합하는 경우가 있다. 이러한 상황 하에 있기 때문에 일반적으로, 파일시스템은 계층구조를 채택하고 있어, 바꿔 넣기가 가능해지고 있다. 이와 같은 임베디드 시스템 고유의 특징을 설명한다.

6.4.1 파일시스템의 개요

　파일시스템은 일반적으로, 이하의 파일정보와 디렉토리 정보를 관리한다. 이러한 관리 정보를 이용하고 정보를 넣은 파일을 관리한다. 덧붙여서, 디렉토리와 관련하는 복수의 파일을 분류·정리하기 위한 보관장소에서, 하나의 디렉토리 하부에 파일을 정리하는 것으로 관리를 쉽게 한다.

1. 파일명　　　　　　보관하는 파일의 이름, 보관하는 정보의 편의상의 이름
2. 파일의 종류　　　통상의 파일과 디렉토리, 특수파일 등
3. 파일의 속성　　　파일의 작성일시, 파일의 크기 등 부가 정보
4. 파일의 조작　　　작성, 소거, Open, Close, Read, Write 등의 조작
5. 디렉토리 정보　　디렉토리의 계층구조 정보

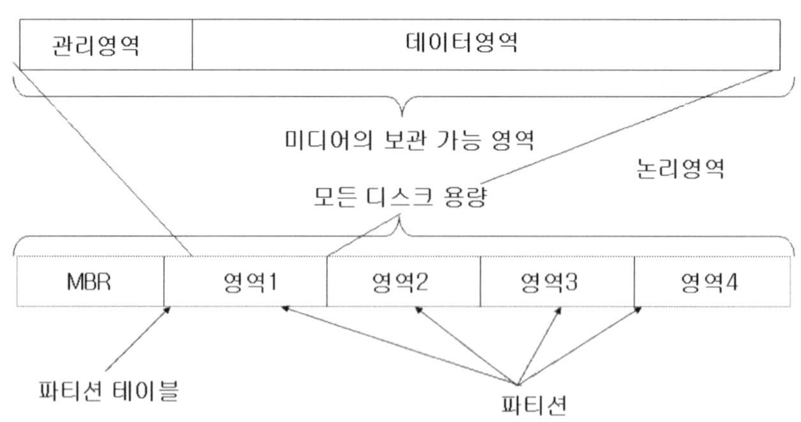

[그림 6.4.1]　디스크의 구조

　파일을 관리하는 정보도 보관하여 둘 필요가 있어, 일반적으로는 파일시스템의 관리 영역이라고 하는 특수한 에리어에 보관한다. 이 때문에 파일시스템은 [그림 6.4.1]과 같은 구조

를 취하는 것이 많다. 이하는 하드디스크의 예이다.

이 데이터 영역내의 사용방법은 각 파일시스템에 맡기고 있다. 예를 들면, FAT 파일시스템에서는 부트 영역과 디렉토리 엔트리, File Allocation 테이블, 데이터 영역으로 구분하여 사용한다. 각각, 다음의 기능을 제공하고 있다.

1. 부트 영역

   디스크에서 OS 를 기동하기 위한 프로그램 내장 영역
2. 디렉토리 엔트리

   파일의 개시 위치, 파일명, 파일의 사이즈를 보관하고 있다
3. File Allocation 테이블

   디스크의 읽기 쓰기의 단위와 엔트리 테이블을 1 대 1로 대응시킨 테이블. 사용과 종료는 표시를 하여 둔다.
4. 데이터 영역

   기록한 파일의 실체인 데이터를 보관하고 있다

6.4.2 임베디드 시스템에 있어서의 파일시스템의 구조

[그림 6.4.2]에 파일시스템의 예를 나타낸다. 이 파일시스템의 예에서 FAT 파일시스템을 최종적으로 제공하고 있지만, 그 아래의 층에서는 통상 블럭 밖에 소거할 수 없는 FlashROM 을, 외관상 자유롭게 읽기 쓰기 할 수 있도록 Flash File System 에 내장하고 있다. 이 부분의 층은 미디어의 관리를 실행하고 있는 층이라고 볼 수도 있다.

또 최하층에는 실제로 FlashROM 을 소거하는 디바이스 드라이버, 미디어 테크놀러지 드라이버를 사용하고 있다. 이 디바이스 드라이버는 파일시스템에 은폐되어 직접 조작할 것은 없다.

이러한 구성으로, 아래와 같은 기능확장, 사양변경, 여러가지 OS 에의 이식이 가능하게 된다.

1. FlashROM 의 제품번호 변경

   소거루틴을 변경하는 미디어 테크놀러지 드라이버
2. 리무버블 미디어(PCMCIA, CF 등)의 지원

   Flash File System 이하에 PCMCIA enabler 를 만듦

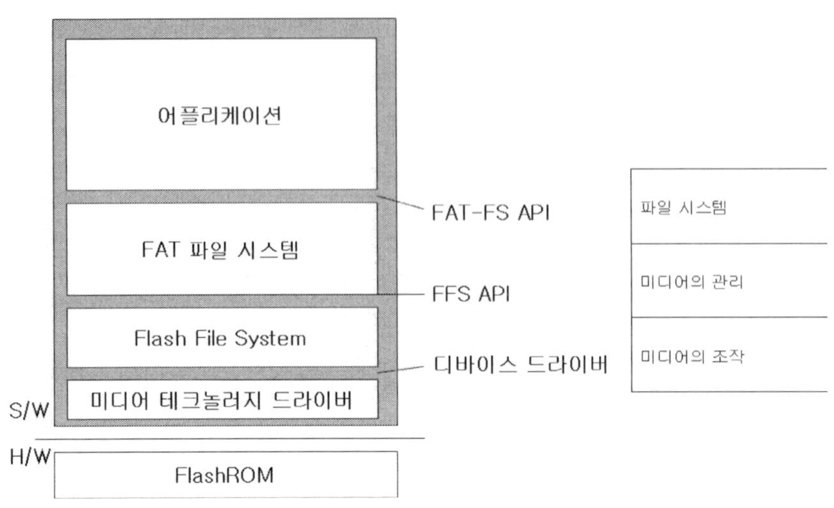

[그림 6.4.2] 파일시스템

3. 파일시스템의 변경

　　FAT 파일시스템과 다른 파일시스템을 바꿔 넣는다.

4. OS 의 변경

　　FAT 파일시스템을 다른 파일시스템으로 바꾸어 넣는다. 또는 실장으로 사용하고 있는 OS 의존 인터페이스를 변경한다.

여기서 든 각층은 교체가 가능한 소프트웨어 부품으로서 제공되고 있다. 특히 파일시스템과 미디어 테크놀러지 드라이버는 용도에 대응하여 복수의 기업에서 제공되고 있다. 실제의 개발에서는 이러한 각각의 층을 작성하거나 바꿔 넣거나 하는 것으로 목적의 기능을 실현한다.

6.4.3 파일시스템의 소개

일반적인 파일시스템의 예로서 FAT 파일시스템, ISO9660 파일시스템, 저널링 파일시스템의 간단한 소개를 한다.

1) FAT 파일시스템

디스크 Operating System MS-DOS 로 사용된 파일시스템이다. 매우 간소한 구조이지만, PC 도 포함하면, 대응하는 기기가 다수 있기 때문에 지원 대상으로 하는 것이 많다. 다만, 파일시스템 자체의 설계는 낡고, 적은 디스크를 효율적으로 사용하도록 설계되었기 때문에 속도나, 안전면, 대용량 디스크에서의 문제가 많다. 이러한 문제를 가지면서도 데이터의 수도에 편리하기 때문에 임베디드 시스템으로 가장 자주 사용되는 파일시스템이 되고 있다. 안전하게 기록하기 위해서는 기록 도중에 미디어삽입, 전원차단을 피할 필요가 있다. 파생한 파일시스템에 VFAT, FAT32 등이 있다.

2) ISO 9660 파일시스템

CD-ROM 에 사용되는 ISO 9660 파일시스템은 문자종류·문자수의 제한을 엄격하게 하는 것으로, 특정의 플랫폼에 의존하지 않는 사양이 되고 있다. 복수의 디렉토리 계층·파일 분할·인터리빙 기록·확장 속성·관련 파일등의 확장 기능을 제공하고 있다. 상세한 기술이 가능한 내용에 의하여 3 종류의 수준으로 나누고 있다. 각각의 수준에서도 사용가능 문자는 영문과 숫자 언더 스코어만으로 정의하여 있다.

- Level 1: 디렉토리명은 8 문자, 파일명은 8 문자 이하＋확장자(extension) 3 문자까지
- Level 2: 디렉토리명은 31 문자까지, 파일명은 27 문자 이하＋확장자(extension) 3 문자 이하
- Level 3: 사용 가능 문자는 Level 2 상당. 하나의 파일을 불연속인 복수의 영역에 분산하여 기록할 수가 있다(Multi Extent)

덧붙여 호환성보다 편리성을 중시하고 ISO 9660 파일시스템의 문자종·문자수의 제한을 완화한 Rock Ridge 나 Joliet 사양도 정의되고 있다.

3) 저널링 파일시스템

저널링 파일시스템이란, 갱신이력을 저널이라고 하는 영역에 보관하고 디스크 장애 등에서의 복구를 재빠르게 할 수 있도록 하는 기능을 가진 파일시스템을 말한다. 고유의 파일시스템은 아니지만, 복수의 기업에서 미들웨어로서 판매되고 있다. 예를 들면, Flash File System 에 저널링 기구를 추가한 것이 JFFS 로서 이용되고 있다. 덧붙여 UNIX 등, GPL 에 근거하는 소스가 존재하는 파일시스템을 이식하여 시스템에 짜넣는 경우도 있다. 이 경우, 라이센스에 주의할 필요는 있지만, 실적이 있는 파일시스템을 이용할 수 있는 장점이 있다.

6.5　임베디드 시스템과 JPEG, MPEG 라이브러리

　　본 절에서는 정지화면과 동영상을 취급하는 라이브러리에 대해서 설명한다. 여기에서는 우선, 정지화면의 압축 방식인 JPEG 를 취급하는 라이브러리에 대해서 설명하고 그 후, 이 라이브러리의 구조에 대해서 임베디드 시스템 고유의 상황을 섞어서 설명한다. JPEG 라이브러리는 사진 등을 표시하는 임베디드 시스템에서는 필수의 기능이라고 하여도 좋다. 복수의 처리 방식이 있어, 각각 특징이 있다. 특징도 섞어서 기본 방식을 주로 설명한다.

　　다음에 동영상의 압축 방식인 MPEG 의 라이브러리에 대해서 같이 설명하고 라이브러리의 구조에 대하여 설명한다. MPEG 은 규격에 의하여 목적도 용도도 다르다. 여기에서는 MPEG-1 Encode 방식에 관하여서 주로 설명을 한다. 덧붙여 MPEG 의 라이브러리에 관해서는 다른 소프트웨어 부품과 밀접하게 관련하는 경우가 많다. 이 점도 설명한다.

6.5.1 JPEG 라이브러리의 개략

　　JPEG 라이브러리와는 JPEG 압축 방식을 지원하는 라이브러리에서, 주로 정지화면을 대상으로 하고 있다. JPEG 은 압축 방식의 이름이며, 이 방식을 정한 조직의 이름이 유래가 되고 있다. 이 조직은 ISO 로 ITU-TS(구 CCITT)의 합동 조직으로, JPEG 란, Joint Photographic Experts Group의 약칭이다.

6.5.2 JPEG 압축 방식의 특징

　　JPEG 압축 방식은 아래와 같은 특징을 가진다.

　　1. 비가역압축으로 압축률이 매우 높다
　　2. 화상품질이 조정가능하다
　　3. 넓게 이용되고 있다.

　　항번 1, 2의 압축율과 품질은 연동하고 있다. JPEG 압축 방식은 4개의 처리 방식이 있어, 화상품질 조정이 가능하다. 덧붙여 JPEG 화상에서는 일반적으로는 비가역압축을 주로 하는 JPEG 압축을 선택하지만, 가역압축도 선택 가능하다.

　　JPEG 압축의 특징인, 비가역압축의 대범한 처리의 흐름은 [그림 6.5.1]과 같이 되어 있다. 이것은 기본 방식이라고 부르는 처리 방식을 나타내고 있다. 그림 중의 화소는 JPEG

로 사용하는 블록단위로, 비트 맵 상의 화상에서 8 × 8 사이즈의 크기로 잘라낸 영상조각을 가리키고 있다. 다음에 그림 중의 DCT 는 이산(離散) 코사인 변환을 나타내고 있다. 양자화 에서는 DCT 로 얻을 수 있던 계수를, 인간의 눈으로 구별이 어려운 주파수 성분을 대략적으 로, 구별 하기 쉬운 성분을 상세하게 취하도록 테이블을 사용하여 변환한다. 이 변환의 과정 에서 정보의 압축을 실행하고 있다.

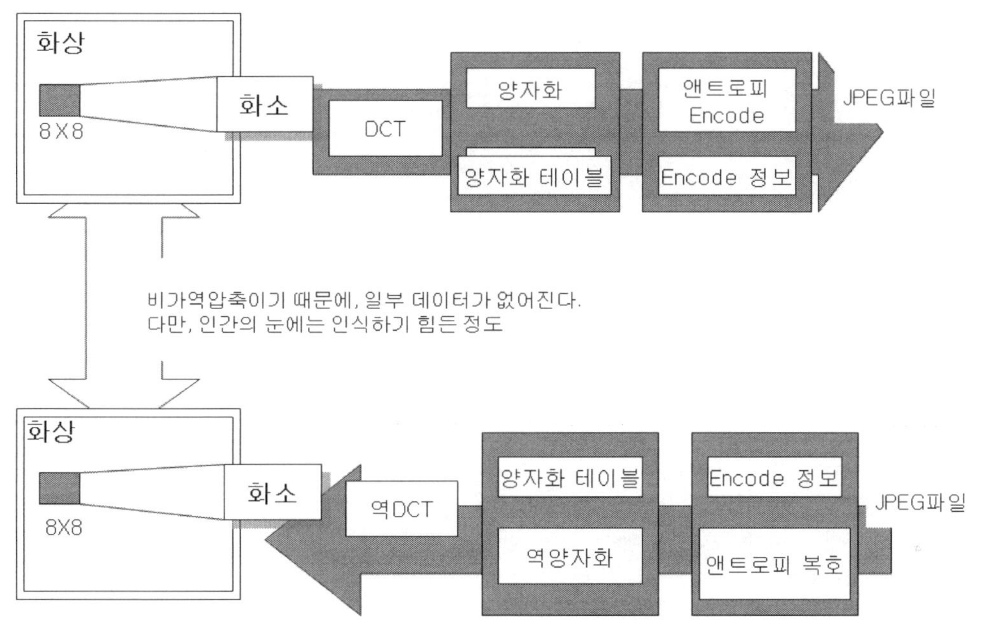

[그림 6.5.1] JPEG 의 압축 과정

　이산 코사인 변환은 푸리에 변환의 일종으로, 이산량(디지털량)을 취급하고 주기함수에 코사인을 사용하는 변환을 가리킨다. 이 변환에서는 화상압축에 대하여 압축하기 쉬운 데이 터로 변환 후, 압축을 걸치면 압축률이 높은 것을 이용하고 있다. 또한, 이산 코사인 변환을 사용하는 이유는 화상 데이터의 변환에 의한 압축의 효과가 크고, 계산량이 적은 것을 들 수 있다. 결점으로서는 화상 데이터 전체에 이 변환을 걸치는 것이 어려운 일로, 작은 블럭 단위 밖에 적응할 수 없는 것이다. 이 때문에 얻을 수 있는 압축 후의 화상에 블록단위 마다 의 경계가 가능하게 되는 결점을 가진다. 또한 JPEG 로 바뀌는 새로운 규격 JPEG2000 에 서는 이산 코사인 변환 대신에 블럭단위로 분할하지 않아도 되는 웨이블릿(Wavelets) 변환 을 채용하고 있다.

6.5.3 처리 방식

JPEG 에서는 전술의 이산 코사인 변환을 사용한 기본 방식 이외의 처리 방식도 있어, 각각 다음의 특징이 있다.

1. 기본 DCT 방식

전술한 이산 코사인 변환을 이용하는 JPEG 의 기본 변환 방식

2. 확장 DCT 방식

기본 방식으로 프로그레시브 방식을 추가한 방식. 기본 방식으로는 구석에서 1 라인씩 화상이 표시되어 가지만, 이 방식으로는 우선 불선명한 화상이 표시되어 서서히 화상 전체가 선명히 되어 간다. 외관상, 기다리는 감각이 적기 때문에 인터넷상의 Web Site 로 자주 사용되고 있다.

3. 가역 방식

압축률은 낮지만, 가역 변환을 실행하고 변환전과 변환 후에 얻을 수 있는 데이터에 다름이 없는 압축 방식

4. 계층 방식

원의 화상을 1/2,1/4,1/8,1/16 …라고 복수의 해상도로 나누어 복수의 화상 해상도를 갖게 하는 방식.

6.5.4 JPEG 라이브러리의 구조

JPEG 라이브러리에는 Encode 와 복호화의 2가지가 존재한다. 예를 들면, 디지털카메라 등으로는 양쪽 모두의 라이브러리를 가진다. 반대로, 다른 한쪽 밖에 라이브러리를 갖지 않는 Web Browser 등의 예도 있다. Web Browser 에는 JPEG 복호화 라이브러리가 내장되고 있다. 이 라이브러리의 사양은 일반적으로 단순한 구조가 되어 있어, 입력한 비트 스트림을 Encode/복호화 하여 출력하는 기능을 가진다. 압축 복원은 쌍방향으로 할 수 있다. 출력처는 메모리 사용량을 억제하기 때문에 LCD 컨트롤러 등이 표시에 사용하는 Frame Buffer

에 직접 그려내는 경우도 있다. 다만, 이 경우에서도 내부에 화상 사이즈 분의 변환용 버퍼
는 가지고 있다[그림 6.5.2].

　덧붙여 먼저 스트림장의 데이터를 변환할 수가 있다고 말했지만, JPEG 의 처리 내에 동적
인 부분은 적기 때문에 이 변환 부분을 하드웨어화 하고 성능 향상을 꾀하는 사례도 많다.
디지털카메라 등에는 이 경향이 현저하고 표시속도, 촬영에 걸리는 시간, 저소비전력화 등
의 효과를 얻을 수 있다. 덧붙여 이 변환처리는 일반화하고 있기 때문에 ASIC, G/A 등으로
실현되지 않고도 전용 LSI 가 시판되고 있다. 범용계 OS 상에서는 소프트웨어만으로 실현
되고 있지만, 임베디드 시스템에서는 변환성능이 제품의 가치를 결정하는 일도 있기 때문에
이러한 어프로치가 취해지고 있다고 생각된다.

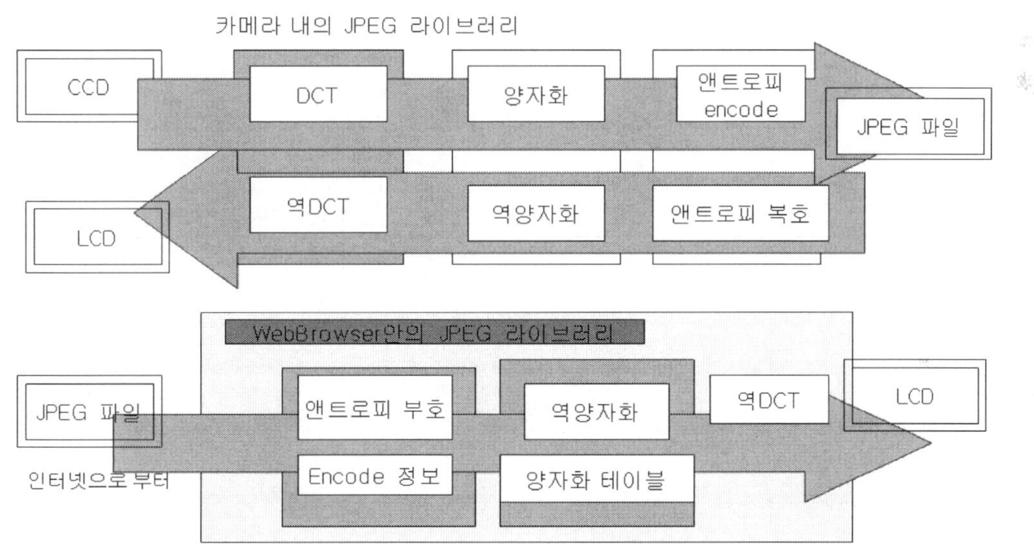

[그림 6.5.2] JPEG 의 라이브러리

6.5.5 MPEG 라이브러리

　MPEG 라이브러리란, MPEG Encode 방식을 지원한 동영상용의 라이브러리이다. MPEG
에는 MPEG-1, MPEG-2, MPEG-4, MPEG-7 등, 카테고리별로 규격이 존재한다.

1) MPEG의 규격

　ISO/IEC 에서, 이하의 규격이 규정되고 있다.

① MPEG-1

비교적 저 Bit Rate 의 동영상을 대상으로 하는 Encode 방식으로 오디오용 음성압축 방식에서 유명한 MP3(MPEG Audio Layer-3)는 이 규격의 일부에 해당한다.

② MPEG-2

TV, HDTV 전용 Encode 방식

③ MPEG-4

차세대 단말기기, 동영상의 편집 기능 등 많은 기능을 가지는 범용 Encode 방식

④ MPEG-7

동영상 검색을 대상으로 한 메타데이터 표현기능의 표준

MPEG-1, MPEG-2 에서는 JPEG 와 같이 이산 코사인 변환을 사용하고 있어, 음성 등도 포함한 동화상을 대상으로 하고 있다. 이것에 대해서 MPEG-4 는 멀티미디어 오브젝트를 대상으로 하고 있다. 예를 들면, MPEG-4 에서는 애니메이션과 풍경의 합성 등, 복수 미디어의 합성을 실행할 수가 있다. 오브젝트란, 풍경이나 애니메이션의 화상 등을 가리키고 있다. MPEG-4 의 개념을 한층 더 진행하여 MPEG-7에서는 멀티미디어 오브젝트 검색을 위하고 이름을 붙여 관리하는 기구가 추가되고 있다.

2) MPEG-1 Encode 방식

MPEG Encode 방식의 대표적인 예로서 MPEG-1에 대하여 설명한다. MPEG-1은 Motion Compensation 예측과 2 차원 DCT 를 조합한 하이브리드(Hybrid) 방식이 되고 있다.

MPEG Encode 방식의 기본적인 생각은 프레임이라고 부르는 복수 매의 정지화면에서 동화상을 구성하게 되어 있다. 프레임을 연속하여 표시시키는 것으로 동화상을 보일 수가 있다.

MPEG Encode 방식으로는 이 연속하는 프레임의 연결되는 부분에서는 상관성이 높게 이용하고 있다. 또한, 움직이고 있는 부분의 표현에도 Motion Compensation 예측을 이용하는 것으로 차이를 작게 하여 정보압축을 실행하고 있다.

복호 처리에 관하여서, [그림 6.5.3]에 나타낸다. 이와 같이 Encode 시에는 차분을 취하고 있기 때문에 Motion Compensation 예측을 이용하는 경우는 얻을 수 있던 화상에 가산하여 출력하고 있다.

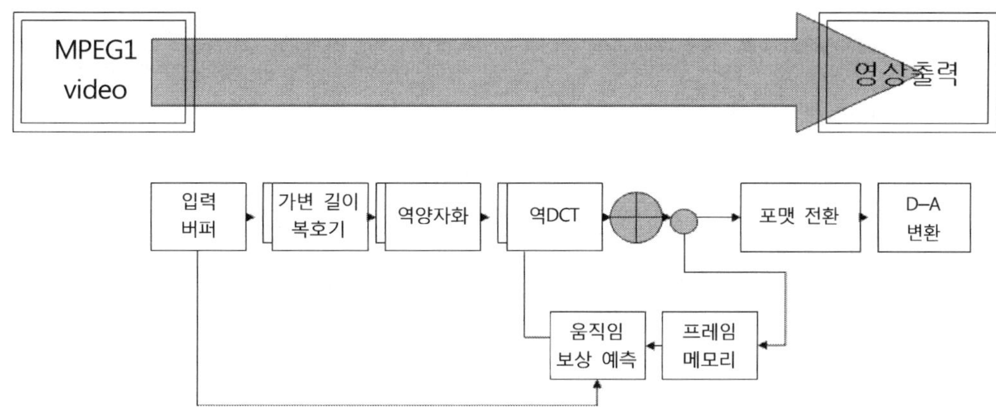

[그림 6.5.3] MPEG-1 Encode 방식

6.5.6 MPEG 의 라이브러리

MPEG 복합화 방식으로는 일정시간 내에 복수 매의 동화상을 복호화 하고 LCD 등의 표시 장치를 통하여서 표시할 필요가 있다. 이 때문에 시간적인 제약이 강하고, 표시 기구의 성능에 영향이 좌우되기 쉽다. Window System 이나 리얼타임 커널과 세트로 제공되어 있거나, 사용 환경이 지정되고 있는 경우가 많다. 이 때문에 Window System 선택시 등에 MPEG 에의 대응을 고려하여야 한다.

또한, Window System 의 같은 소프트웨어뿐만이 아니라, 임베디드 시스템으로 동영상을 취급하는 경우는 DSP(Digital Signal Processor)나 전용 하드웨어를 이용하는 것이 많다. 따라서 MPEG 라이브러리의 사용에서는 하드/소프트 혼성의 부품을 구입하는 일도 많다. 이 경우, 도중의 변환 과정은 하드웨어 내에 은폐되어 출력처도 Frame Buffer 에 직접 출력하고 처리속도를 달라지는 경우가 많다. 이 때문에 동영상 재생 중에 표시 Window 의 이동을 금지하지 않으면 안 되는 등, 소프트웨어의 제약이 있는 경우도 있다.

정 리

본절에서는 미들웨어라고 부르는 소프트웨어 부품의 위치설정이나, 어떠한 제품이 있을지를 살펴보고 설명하였다. 특히 여기에서는 고기능의 어플리케이션 구축에 필요한 임베디드 전용 Java나, 네트워크 가전 등 외부와의 통신에 필요한 프로토콜 스택, 송수신한 데이터를 보존하는 파일시스템이나, 정지화면, 동영상을 표시시키는 JPEG, MPEG 의 화상 라이브러리의 4가지를 설명했다. 이것들은 부품이지만, 각각이 고도의 기능을 갖고, 임베디드 시스템개발자의 개발에 걸리는 부담을 줄이는 것이라고 생각된다.

1) 임베디드 시스템과 소프트웨어 부품(미들웨어)

　① 임베디드 시스템의 미들웨어는 기능을 실현하는 부품으로서 사용된다.

　② 리얼타임 커널을 사용하여도 어플리케이션으로서는 리얼타임 어플리케이션과 비리얼타임 어플리케이션이 존재한다.

2) 임베디드 시스템과 Java

　① 임베디드 시스템 전용 JavaVM 은 용도에 맞도록 개선되고 있다.

　② JavaVM 은 복수의 모듈에서 성립되고 있다.

　③ JavaVM 의 이식은 JNI 기술을 이용하여 행하여지고 있다.

3) 임베디드 시스템과 프로토콜 스택

　① 프로토콜 스택의 개념에 대해서는 OSI 참조모델이 참고가 된다.

　② TCP/IP 각층은 각각 역할을 갖고, 전체적으로 기능을 제공하고 있다.

4) 임베디드 시스템과 파일시스템

　① 파일시스템은 3 층 정도의 층 구조를 이루고 있어 각각 고유의 기능을 제공한다.

5) 임베디드 시스템과 JPEG, MPEG 라이브러리

　① JPEG 라이브러리와는 주로 정지화면을 대상으로 하고 있다.

　② JPEG 압축 방식은 압축률이 높고, 품질이 조정가능하다.

　③ MPEG 라이브러리란, 동영상용의 라이브러리이다.

　④ MPEG 압축방식은 목적별로 복수의 규격이 있다.

07

임베디드 어플리케이션

임베디드 어플리케이션이란, 임베디드 시스템에 요구되는 목적·사양을 달성하기 위한 소프트웨어다고 정의할 수 있다. 실세계나 외계와의 상호작용을 실현하는 임베디드에 대해서 엄격한 제약조건 아래, 높은 안전성과 신뢰성을 확보하여 개발하는 것이 요구되고 있다.

여기에서는 임베디드 어플리케이션을 「임베디드 소프트웨어의 레이어모델」로 설명한다. 임베디드 소프트웨어는 상술한 바와 같이 목적·사양을 달성하는 데, 각종 고려가 필요하다. 안전성과 신뢰성을 실현하는 지원기능이나, 임베디드 소프트웨어가 동작하는 전제가 되는 설정이나 구성 등 각종 고려사항을 레이어모델에 따른 형태로 설명한다. 그리고 이 레이어모델의 PDA, 디지털카메라, 리모콘의 어플리케이션에 대하여 설명한다.

7. 1 임베디드 어플리케이션의 특징

임베디드 어플리케이션은 임베디드 시스템의 기능요구를 실현하는 것이며, 많은 제약사항 아래에서 개발을 한다. 특히 안전성과 신뢰성에 대해서는 높은 수준이 요구되는 특징을 갖고 있다.

7. 2 임베디드 소프트웨어의 레이어모델 설명

임베디드 소프트웨어의 기능이나 실장을 정리하는 방법인 임베디드 소프트웨어의 레이어 모델에 따라 설명한다.

7. 3 임베디드 어플리케이션 예

구체적인 임베디드 어플리케이션의 예로서 제2장에서 소개한 PDA, 디지털카메라, 리모콘을 예로, 7.2 절에서는 임베디드 소프트웨어의 레이어모델에 따라 소프트웨어 구성이나 개발에 있어서의 고려사항 등을 설명한다.

7.1 임베디드 어플리케이션의 특징

여기에서는 임베디드 어플리케이션을 기능사양, 각종 제약사항, 안전성과 신뢰성의 측면에서 설명한다. 또한, 최근의 경향과 Usability 의 중요성, 소프트웨어 규모와 소프트웨어 구성에 대해서도 설명한다.

7.1.1 기능사양을 실현

임베디드 어플리케이션은 임베디드 시스템의 기능사양을 실현하는 것이다. 여기에서는 그 목적, 실세계와의 상호작용, 시장유통에 대하여 설명을 한다.

1) 목적을 위한 소프트웨어

어플리케이션(Application)은 응용을 의미한다. 범용계의 컴퓨터시스템에서는 기본 소프트웨어(OS 등) 위에 계산 처리 등 목적의 소프트웨어를 내장하여 동작시키고 있기 때문에 응용 소프트웨어로 처리된다.

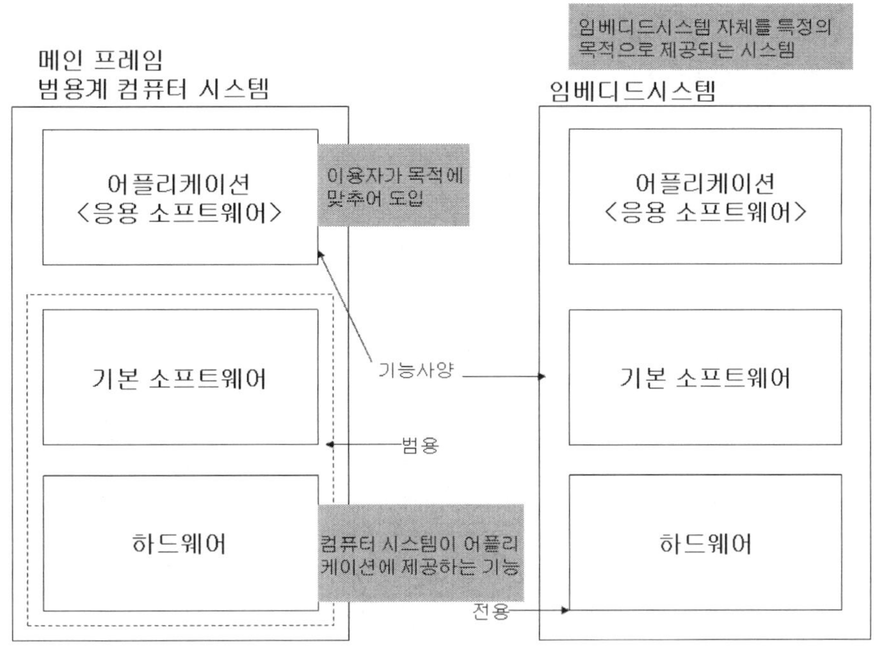

[그림 7.1.1] **범용계와 임베디드 시스템의 어플리케이션**

범용계 컴퓨터시스템의 기능사양은 고속의 계산성능을 어플리케이션에 제공하는 것이다. 컴퓨터시스템의 사용자는 어플리케이션이 내장되는 것으로, 사용자가 요구하는 본래의 목적을 실현하는 기능을 얻을 수 있다.

임베디드 시스템의 경우도, 특정한 목적을 달성하기 위한 소프트웨어를 어플리케이션이라고 부르고 있다. 임베디드 시스템은 범용의 컴퓨터시스템과 달리, 특정의 목적을 위해서 설계되고 있는 컴퓨터시스템이다. 따라서 임베디드 시스템에 있어서의 어플리케이션[그림 7.1.1]은 시스템 전체가 기능사양이라고 말할 수 있다.

임베디드 시스템의 목적은 제품이나 시스템에 따라 매우 다방면에 걸쳐 있다. 임베디드 시스템은 세상의 대부분의 산업에서 이용되고 있기 때문에 있다.

> 농업, 임업, 어업, 광업, 건설업, 제조업, 전기·가스·열공급·수도업, 정보통신업, 운송업, 도매·소매업, 금융·보험업, 부동산업, 음식점·숙박업, 의료·복지, 교육·학습 보조업, 서비스업 등

상기의 산업 분류 각각에서, 어떠한 임베디드 시스템이 이용되고 있을지 상상 하여 주었으면 한다. 농업에 있어서의 농기계나 감시·제어 시스템, 임업에 있어서의 공작기기나 감

시 시스템 등, 다방면에 걸친 목적이 존재하는 것을 상상할 수 있을 것이다. 친밀한 어플리케이션의 예에서는 휴대폰에서는 통화나 메일, 디지털카메라에서는 촬영, 에어콘에서는 냉방·난방이나 타이머라는 어플리케이션을 들 수 있다.

2) 실세계와의 상호작용

임베디드 어플리케이션의 기능적인 특징으로서는 컴퓨터시스템외의 세계(실세계)와의 상호작용을 취급하는 것을 들 수 있다. 구체적으로는 휴대폰에서는 무선을 개입시킨 인프라측과의 통신, 디지털카메라에서는 광량이나 렌즈, 에어콘에서는 실온이나 냉매 등이다[그림 7.1.2].

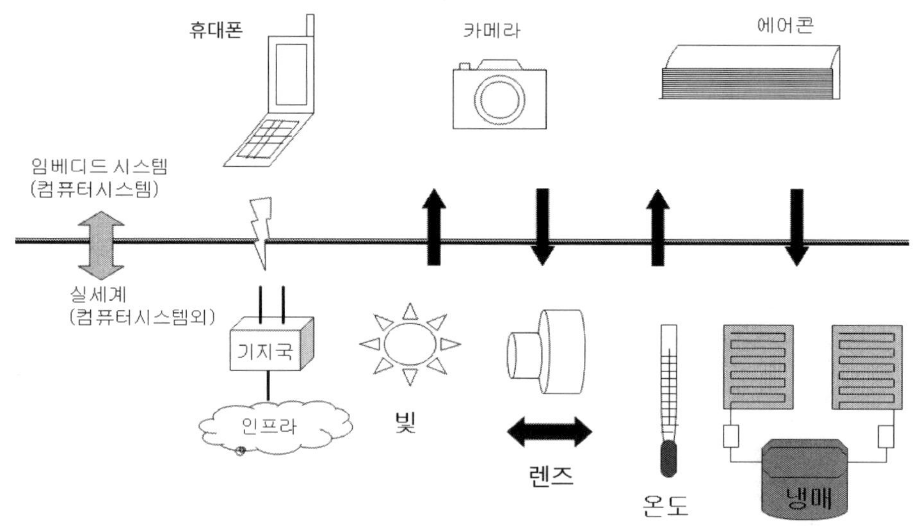

[그림 7.1.2] 실세계와의 상호작용

범용계에서는 컴퓨터시스템 내부에 잠궈진 정보(데이터)를 취급하는 특징이 있다. 이것들 시스템의 경우, 외계와의 인터페이스를 실행할 때는 인터페이스 부분에 임베디드 시스템이 인터페이스되어 물리 사상에서 컴퓨터시스템이 제어 가능한 정보(데이터) 형식으로 변환된다.

CD-ROM 에서 데이터를 읽어내 인쇄하는 경우, CD-ROM 드라이브라고 하는 임베디드 시스템이 CD-ROM에 레이저 광선을 이용하여 데이터를 읽어낸다. 인쇄시에는 잉크젯 프린터가 잉크 입자를 발사하고 용지에 도트(dot)로 기록한다[그림 7.1.3].

최근에는 하드웨어의 성능 향상이나 사용자 요구에 의하여 임베디드 어플리케이션에 있어서의 정보처리의 비율이 높아지고 있다. 친밀한 예로 말하면, 휴대폰에서의 메일 작성이나 화상처리 등이다. 이것들은 컴퓨터시스템의 내부에 닫힌 정보(데이터)의 작성이나 처리라고 하는 기능이며, 범용계의 컴퓨터시스템과 같이 외계와의 관계나 물리적 사상은 취급하지 않는다.

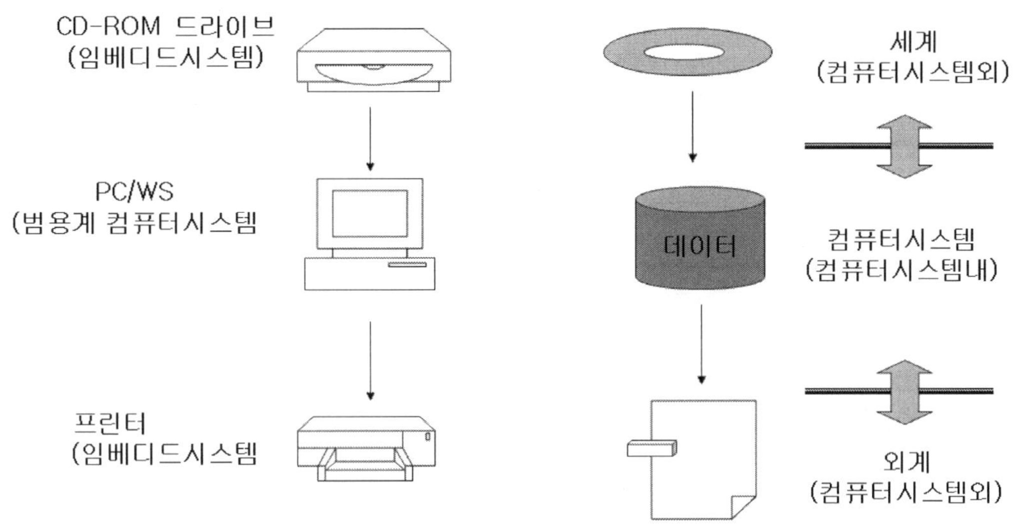

[그림 7.1.3] 범용계 컴퓨터시스템과 임베디드시스템

3) 어플리케이션 소프트웨어의 유통

임베디드 어플리케이션은 범용계의 어플리케이션과 같이 시장에서 유통하는 것은 드물다. Web 브라우저 등 일부의 어플리케이션 소프트웨어가 유통되고 있지만, 이것은 각종 기기의 공통 기능이며, 미들웨어나 소프트웨어 부품으로서 유통하고 있다[그림 7.1.4].

유통이 드문 이유로서는 임베디드 어플리케이션 자체가 제품이나 시스템의 목적 그 자체로서 개발기업의 노하우와 기밀정보라고 할 수 있는 것, 임베디드 어플리케이션이 동작하는 하드웨어가 범용적이지 않은 것을 들 수 있다.

임베디드 어플리케이션은 전술한 바와 같이 제품이나 시스템의 기능사양을 실현하는 것이며, 이것들은 제품이나 시스템의 특징 그 자체이다. 사용자에 대해서 고품질(고기능, 고성능, 고신뢰성 등)인 제품이나 시스템을 제공하는 것은 임베디드 시스템개발에 종사하는 기업이 목표로 하고 있다. 경합 타사 제품과의 차별화를 꾀하고 설계·개발을 실행하고 있기 때문에 하드웨어 사양을 포함하여 기밀성이 높고, 기업에 있어서의 노하우의 집합체라고도 할 수 있다.

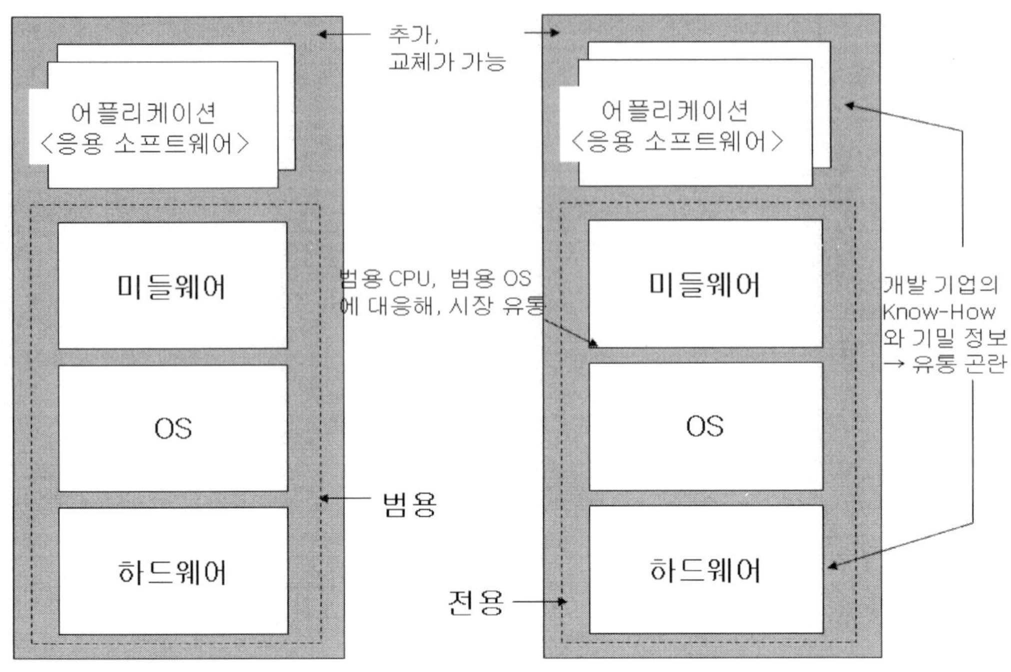

[그림 7.1.4]　어플리케이션 소프트웨어의 유통

또 하나의 이유로는 임베디드 시스템은 목적을 위해서 하드웨어를 포함하는 커스터마이즈 된 컴퓨터시스템이며, 임베디드 어플리케이션은 특정의 하드웨어상에서 동작하도록 설계되고 있기 때문에 있다. 목적을 달성하기 위해서, 어려운 제약조건하에서 최고의 퍼포먼스를 실현하는 하드웨어 구성이 되고 있다. 임베디드 어플리케이션에서도 일부가 시장에 유통하는 것도 있다. 이 소프트웨어는 동작하는 하드웨어나 OS 등에 한정하지 않고, 특정기능을 제공하는 것이며, 미들웨어로 불리고 있다. 임베디드 어플리케이션은 제품이나 시스템의 차별화가 포인트이며, 제품이나 시스템 그 자체라고 하여도 과언은 아니다. 기기 메이커로는 OS 나 미들웨어는 부품으로서 외부조달을 꾀하고 어플리케이션 개발에 주력 하는 곳이 증가하고 있다.

7.1.2 제약조건

임베디드 어플리케이션은 각종 제약조건아래에 설계 · 개발되는 특징을 가진다. 이하에 대표적인 제약조건을 나타낸다.

- 리얼타임성
- 메모리 용량

- 전력절약
- 하드웨어와의 병행(Concurrent) 개발

이상과 같은 제약조건 아래, 최적인 임베디드 어플리케이션을 실현할 필요가 있다.

1) 리얼타임성

임베디드 어플리케이션의 큰 특징이 리얼타임성이며, 어플리케이션 동작 시, 모든 페이스로 요구되는 것이다. 구체적으로는 시스템이 기동할 때(Power On Reset 시, Reset/Re-Boot 시), 어떠한 요구사상 발생 시에, 장애 리액션(Re Action) 시 등의 장면이 생각된다.

리얼타임성을 확보하려면, 리얼타임을 고려한 설계를 실행하는 것으로, 작성한 어플리케이션을 튜닝할 필요가 있다.

튜닝은 기동시간, 선회타임이나 응답시간의 최적화를 꾀한다. 프로그램을 고쳐 쓰는 것이나, 어셈블러에서 고쳐 쓰기 이전에 다시 봐야 할 사항이 있다. 예를 들면, 타 시스템이나 하드웨어와의 제휴를 다시 보는 것이나, 태스크의 우선도나 통신 방법을 다시 보는 것이다.

2) 메모리 용량

임베디드 어플리케이션에서는 메모리 용량의 절감이 요구되는 케이스가 많다. 왜냐하면 메모리 용량은 제품 가격에 크게 영향을 주는 것이며, 대량생산 되는 제품에서는 특히 현저하다. 메모리 용량은 실장공정 이후의 개발과정에서, 매일이나 매주 감시·체크할 만큼 중시되고 있다.

임베디드 시스템에서는 ROM, Flash ROM, RAM 등의 메모리가 내장된다. ROM 용량에 대해서는 OS나 어플리케이션에서 임베디드 소프트웨어 전체의 코드 용량과 데이터 용량에서 견적이나 산출이 가능하다. 그러나 RAM 을 사용하는 데이터에 관해서는 동적으로 변동하는 것이나, SRAM 은 고가임으로 최적화가 필요하다. 특히 RAM 을 사용하는 데이터 중에서, 용량의 견적이나 감시·체크가 어려운 것이 스택 영역이다.

스택용량은 태스크마다 소프트웨어 전체의 필요 스택용량을 추측할 필요가 있다. 구체적으로는 함수의 콜 트리의 작성과 함수마다 인수나 로컬메모리를 추측하는 것에서 시작한다. OS 를 사용하려면, 태스크 마다 견적을 실행하고 OS 의 오버헤드를 더하여 태스크 마다 스택 용량을 추측한다[그림 7.1.5].

상류 공정에서는 개산(概算) 수준으로 견적을 한다. 혹은 과거의 유사 시스템의 데이터를 이용하여 견적을 한다. 하드웨어와 병행개발하는 케이스가 많기 때문에 견적의 미스는 최저한으로 억제할 필요가 있다. 이후, 설계를 진행시킬 때마다 상세화를 꾀하고 견적 정밀도를 높인다.

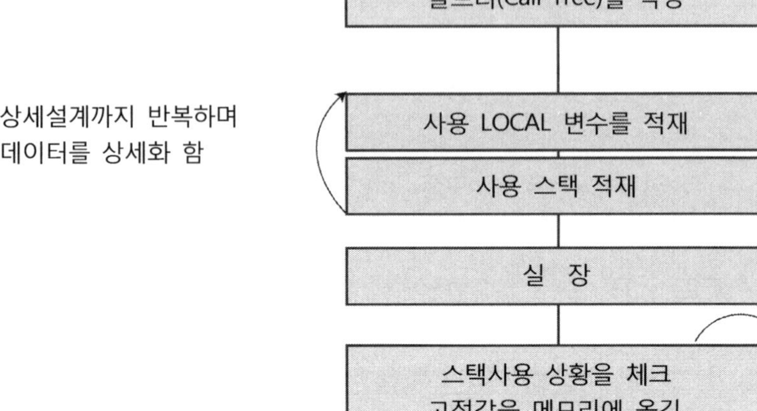

[그림 7.1.5] 스택 용량의 견적 순서

어셈블러 수준으로 확인을 실행하고 문제가 있는 경우에는 함수의 콜수를 경감하는 것이나, 인수나 로컬메모리를 절약하는 것으로 대책을 세운다.

실장공정 이후에서는 메모리 오염 툴(자작하는 수준의 것. ICE 의 매크로 등으로 실장한다)을 이용하고, 스택메모리 공간을 특정의 값으로 전부 체크하여 둔다. 테스트 실행 후에 스택 영역을 초과하고 있지 않는가를 체크하는 것으로, 스택 오버플로우를 감시·체크하는 것이 가능하다.

인터럽트 발생 시의 스택조작에 관해서는 특히 주의가 필요하다. MPU 에 의하여 인터럽트의 스택포인터 사양이 다른 것(어셈블러에서 기술되는 케이스도 많다.)과 스택 파괴를 하지 않는 것을 설계 단계에서 충분히 주의하는 것 등을 테스트 단계에서 충분히 확인할 필요가 있다. 인터럽트 발생 시에 디바이스 드라이버가 사용하는 스택 사이즈에 대해서도 주의가 필요하다. 부품으로서 도입하는 소프트웨어가 사용하는 스택 영역에 대해서는 정보의 입수나 동작확인을 유의하여 최적인 메모리 용량의 확보를 한다.

3) 전력절약

임베디드 시스템은 폭넓은 산업으로 다방면에 걸치는 장치나 시스템으로서 이용되고 있다.

이용되는 전원으로서는 태양전지, 건전지, 충전지에서 100V나 200V의 전원까지 다방면에 걸친다. 전력절약화는 배터리 구동시간의 연장에 의한 편리성의 향상이나, 전력절약화에 의한 환경생태학 대응의 실현과 운용비(전기요금) 절감이라고 하는 관점에서 중요한 과제이다.

범용계 시스템에서는 소비전력보다 계산능력을 최우선으로 하는 케이스가 보이지만, 임베디드 시스템의 경우에는 주어진 조건하에서 최대의 퍼포먼스를 내면서 전력절약이 요구된다.

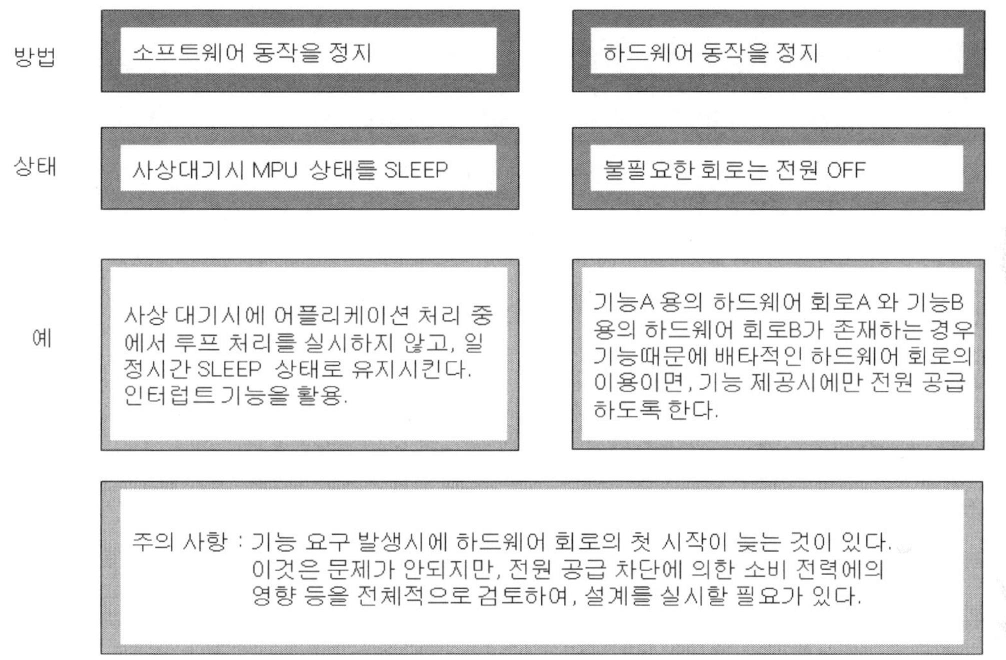

[그림 7.1.6] 전력절약을 실현하는 연구

전력절약의 실현 방법으로서는 가능한 한 소프트웨어 동작을 정지하는 연구와 가능한 한 하드웨어 회로의 동작을 정지하는 연구의 2가지 방안이 존재한다[그림 7.1.6].

가능한 한 소프트웨어 동작을 정지하는 연구로서는 MPU 를 SLEEP 상태로 할 기회를 늘리는 것이다. 사상이나 데이터의 입력이나, 응답대기의 경우에는 MPU 를 SLEEP 상태로 하는 것이다. 예를 들면, 사상(事象) 대기 시에 일정시간 SLEEP 상태가 되는 처리로 하는 것이나, 인터럽트를 활용하는 것이다.

가능한 한 하드웨어 회로의 동작을 정지하는 연구로서는 동작상 불필요한 하드웨어 회로에의 전원공급을 커트 할 기회를 늘리는 것이다. 예를 들면 기능 A 용의 하드웨어 회로 A와 기능 B 용의 하드웨어 회로 B 가 존재하는 경우, 기능 마다 배타적인 하드웨어 회로를 이용이면, 기능제공 시만 전원공급을 하도록 한다.

디지털카메라와 같이 소형이고 전력절약의 MPU 를 메인의 MPU 이외에 내장하는 경우. 소비전력의 큰 메인의 MPU 나 디바이스 처리의 동작에 전원·클럭 공급을 제한하는 방법도 있다.

주의사항으로서는 기능요구 발생시에 하드웨어 회로의 첫 시작이 늦은 것이 있다. 이러한 문제가 없는 것이나, 전원공급 컷에 의한 소비전력에의 영향도를 함께 토탈로 검토하고 설계를 실행할 필요가 있다.

4) 하드웨어와의 병행개발

임베디드 어플리케이션의 개발은 하드웨어와의 병행개발이 많다. 이것은 임베디드 시스템의 목적으로 최적화된 하드웨어와 소프트웨어를 개발하기 위한 것이다. 다양한 하드웨어 사양이 존재하고 이것에 맞추어 최적화된 임베디드 어플리케이션을 개발하게 된다.

임베디드 어플리케이션의 소프트웨어 수행에 필수인 프로세서에 관해서도 목적에 적절한 프로세서가 선택된다. PC의 경우, Windows 사양으로 내장되고 있는 Intel 사와 Motorola 사나 IBM 사의 프로세서가 유명하다.

임베디드 시스템에서는 이것들 PC 로 이용되는 프로세서 이상으로, 각 반도체 메이커가 제공하는 CISC 프로세서나, 프로세서 IP 벤더로 제공하는 RISC 프로세서가 이용되고 있다.

이러한 프로세서에서는 많은 차이점이 존재하기 때문에 주의가 필요하다. 특히 임베디드 어플리케이션 개발에 관하여 유의해야 할 차이점으로서는 메모리 공간이나 제어의 차이, 명령 사양의 차이, 버스나 인터럽트 방식 등이다. 여기에서는 메모리나 명령에 관계하는 엔디안(Endian)의 차이에 대하여 설명한다.

엔디안에는 Little 엔디안(Endian)과 Big 엔디안이 존재한다. Little 엔디안에서는 최하위 바이트(LSB : Least Significant Byte)에서 오름 순으로 데이터를 내장한다. Big 엔디안은 최상위 바이트(MSB : Most Significant Byte)에서 오름 순으로 데이터를 내장하는 방식이다[그림 7.1.7].

Byte 나 Char 에서는 문제가 되지 않지만, Short 나 Long 의 데이터 선언이나, 이것들을 포함한 구조체를 사용할 때에 주의가 필요하다. 임베디드 시스템으로 동작하는 소프트웨어의 모든 것을 Recompile 하는 경우는 좋지만, 어셈블러 코드가 혼재하고 있는 경우나, 라이브러리나 오브젝트 공급의 모듈을 이용하려면 주의가 필요하다. 네트워크상에 데이터를 흘리는 경우는 Big 엔디안이 기본이다. 덧붙여서, 최근의 RISC 프로세서에서는 엔디안의 선택이 가능하다.

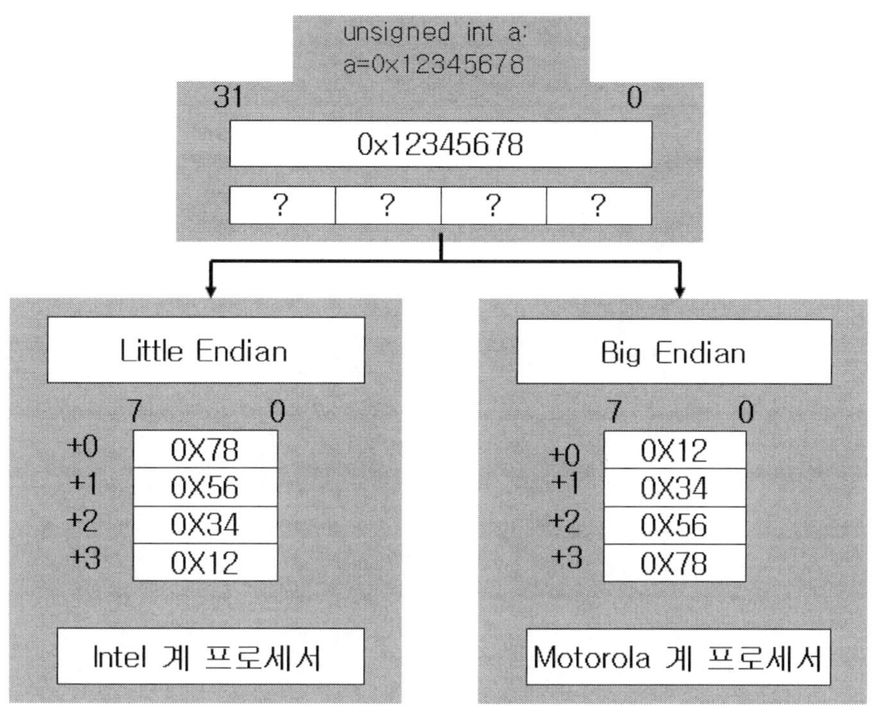

[그림 7.1.7] Little 엔디안과 Big 엔디안

7.1.3 높은 신뢰성과 안정성

임베디드 어플리케이션에는 높은 신뢰성과 안전성이 요구된다. 신뢰성과 안전성을 실현하는 방법은 기능으로서 임베디드 어플리케이션에 실장하는 방법과 개발공정에 대한 신뢰성과 안전성을 보증하는 방법을 들 수 있다[그림 7.1.8].

신뢰성과 안전성을 실현하기 위하여 임베디드 어플리케이션에서는, 목적을 지원하는 기능이 내장된다. 구체적으로는 아래의 3개 기능을 내장한다.

- 장애감시 기능
- 시험·진단 기능
- 문제해석 기능

상기한 3개의 기능에 더하여 장애발생 방지와 장애발생 후의 리액션이 중요하다.

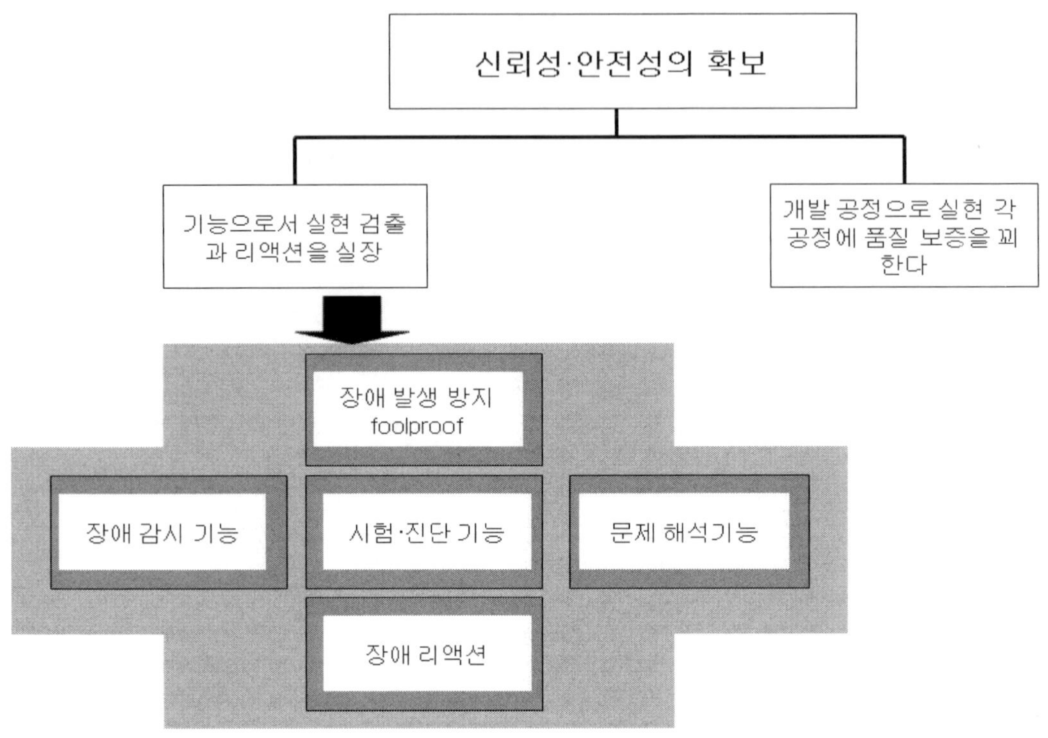

[그림 7.1.8] 신뢰성 · 안전성의 확보방안

1) 장애감시 기능

장애감시 기능은 기기나 시스템의 장애나 고장의 발생을 감시하는 기능이다. 장애나 고장의 검출에는 2개의 방법이 있으며, 인터럽트로서 하드웨어에서 통지되는 방법과 장애나 고장을 소프트웨어가 감시하는 방법이다. 이러한 방법은 고장이나 장애에 의한 영향을 고려하여 선택된다.

WDT(Watch Dog Timer)는 시스템의 정상 동작을 지켜보는 집 지키는 개라는 의미로, 소프트웨어의 폭주나 정지를 감시하는 기능이다. 시스템 기동 후에 WDT 는 스타트 하고 소프트웨어는 이 WDT 를 정기적으로 클리어 한다. 소프트웨어의 폭주나 정지에 의하여 이 클리어 동작을 하지 않는 경우에는 인터럽트를 발생하여 장애통지를 실행하거나 시스템을 리셋트 하거나 한다. 임베디드 시스템의 경우는 인간이 개입하지 않고 자율적으로 동작하는 케이스가 많기 때문에 이런 것이 필수이다.

디버그 작업 중에는 WDT 의 기능정지(무효화)가 필요한 경우가 있다. ICE 등으로 소프트웨어 브레이크시에 WDT 에 의하여 시스템 리셋트가 발생하여 버려, 문제해석에 필요한 데이터까지 리셋트 되어 버리는 일이 있다.

2) 시험·진단 기능

시험·진단 기능은 장애나 고장을 적극적으로 검출하는 것이며, 하드웨어의 부품 단위 등에 대해서 특정의 시험·진단 조작을 실행하여 실현된다. 하드웨어에 시험·진단 기능이 실장되고 있는 것도 있으며, 소프트웨어가 조작순서에 의하여 실현되는 방법도 존재한다.

이 기능은 보수작업으로 이용하는 경우 이외에 제조공정으로 이용하는 경우도 있다. 문제발생 시에 문제를 분리하고 보수하는 작업으로서는 전문의 보수자가 이 기능을 이용하는 경우와 일반의 사용자가 문제의 상황을 보수자에게 전하는 경우가 있다. 제조공정에서의 이용에 대해서는 제조·검사기기(호스트)에서 시험·진단의 방아쇠를 MPU 에게 전하여 MPU가 내부에서 각종 기능(주로 하드웨어)의 시험·진단을 한다. 이것에 의하여 제조·검사기기(호스트)와의 제휴를 최소한으로 억제하여 시험·진단 시간의 단축을 실현할 수 있다[그림 7.1.9].

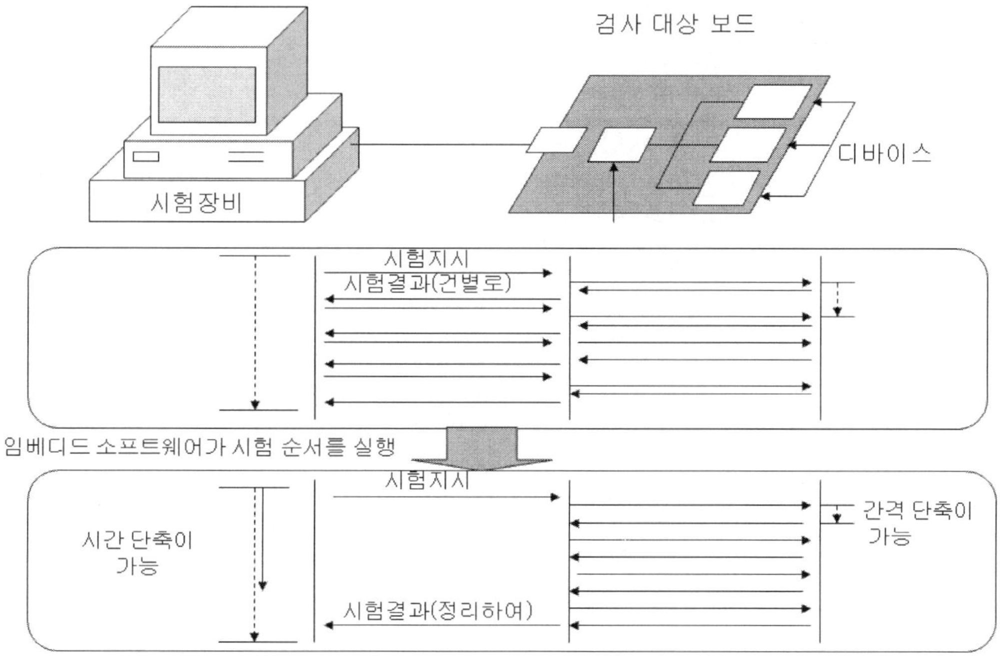

[그림 7.1.9] 시험·진단 시간의 단축

3) 문제해석 기능

문제해석 기능은 문제 발생 시의 정보 해석을 지원하는 기능이다. 테스트나 디버그에서도 이용되는 기능이며, 출하 후도 문제해석을 위해서 실장되고 있는 케이스가 있다. 로깅 (Logging)이나 모니터(Monitor : 메모리에 Read · Write)등을 들 수 있다[그림 7.1.10].

로깅은 ICE 등으로 수집 가능한 정보까지는 아니지만, 어떠한 모듈이나 함수가 동작했는지를 기록한다. print 문 등으로, 특정의 메세지를 로그 에리어에 기록하는 것이나, 외부에 메세지 출력을 한다. 내부 메모리에 확보한 로그 에리어에의 기록의 경우, 한정된 메모리 용량 내에 적절한 정보를 기록하는 연구가 필요하다. 출력하는 정보와 수집하는 기간, 메세지 사이즈(Byte 수)등의 트레이드 오프를 검토할 필요가 있다.

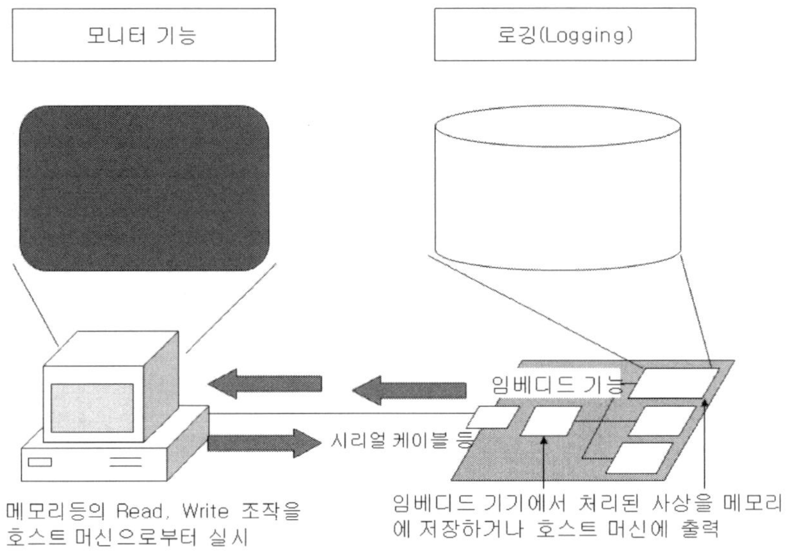

[그림 7.1.10] 모니터 기능과 로깅

외부에 메세지를 출력하는 경우에는 출력하는 메세지량과 인터페이스 속도의 튜닝을 실행할 필요가 있다. 직렬 인터페이스 등을 개입시켜 외부에 메세지 출력을 하는 경우에는 태스크 수준에서의 처리를 한다. 고수준의 태스크가 처리를 점유하면, 이 메세지 출력이 늦어 정상적으로 출력되지 않는 케이스가 발생한다. 우선도나 타이밍 등을 충분히 주의하여 실장한다.

이러한 기능은, 개발하는 장치가 달라도 공통으로 사용할 수 있다. 부품화나 문서의 정비를 꾀하고 작업효율의 향상을 꾀하면 좋겠다.

4) 장애발생 예방과 장애 리액션

신뢰성과 안전성을 확보하기 위해서는 장애나 고장을 발생시키지 않는 것과 장애나 고장 발생 후의 리액션도 중요하다. 장애나 고장을 발생시키지 않는 방법으로서는 Fool-Proof 가 있어, 시스템의 오동작이나 인위적인 미스가 발생하지 않게 고려할 필요가 있다. 조작상의 제한이나 연구, 경고 등에 의하여 실현된다.

장애나 고장 발생의 리액션에서는 Fail-Safe 나 Fail-Soft 라고 하는 설계 방침 아래, 최적인 리액션을 실행한다. 예를 들면, Fail-Safe 의 경우, 시스템을 완전히 동작시키지 않게 하는 것이나, 번잡한 구성으로 동작을 계속시키는(결함허용: Fault Tolerant) 것을 들 수 있다. Fail-Soft는 기능을 축소하여 동작을 계속하는 방법이다[그림 7.1.11].

개발공정에 대하여 신뢰성과 안전성을 보증하는 방법은 뒤의 제8장에서 상세하게 설명하지만, 미들웨어나 기존의 임베디드 어플리케이션으로 가동실적을 이 잇는 소프트웨어 부품을 도입하는 방법을 들 수 있다. 이러한 대처는 도입하는 소프트웨어 부품의 품질보증에 중요한, 신뢰성이나 개발효율의 향상 등을 기대할 수 있다.

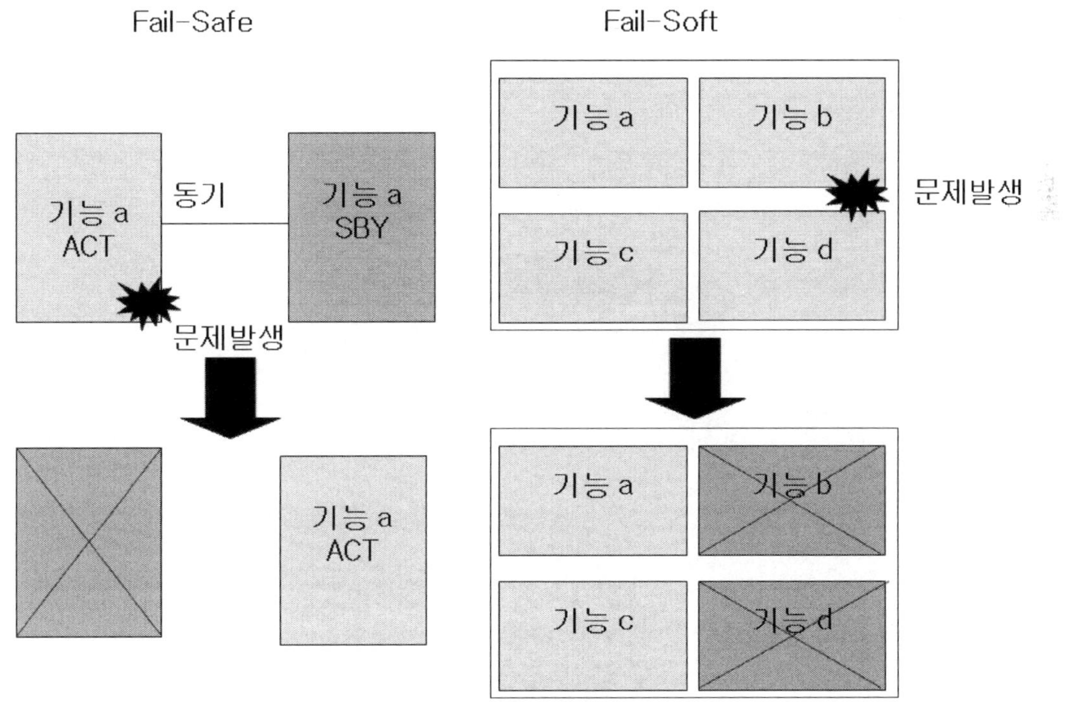

[그림 7.1.11] Fail-Safe 과 Fail-Soft

장애란

- ISO 에서는 장애에 대해서 다음과 같이 설명되어 있다.
- 계산기 프로그램 내의 부정확한 스텝, 프로세스 또는 데이터의 정의
- 요구된 기능을 수행하는 제품의 능력이 다하는 상태, 또는 사전에 사양화 된 제한 내에 기능을 수행하는 제품의 능력이 없는 상태(ISO8402 : 1994)
- 상기2개의 이유로 병기 되는 경우도 있다
- 고장(이라고 하는 사건)의 원인으로서의 장애
- 고장(이라고 하는 사건)에 의하여 일으켜지는 상태로서의 장애

7.1.4 Usability 의 중요성

임베디드 어플리케이션에는 반드시 사용자가 존재한다. 사용자의 속성은 이하와 같이, 다 방면에 걸치고 있다.

- 소비자(Consumer)전용 기기의 사용자 : 예 : 가전, AV 기기
- 산업 공작기계의 조작자 : 예 : LSI 제조 기계
- 사무기기의 조작자 : 예 : 복사기

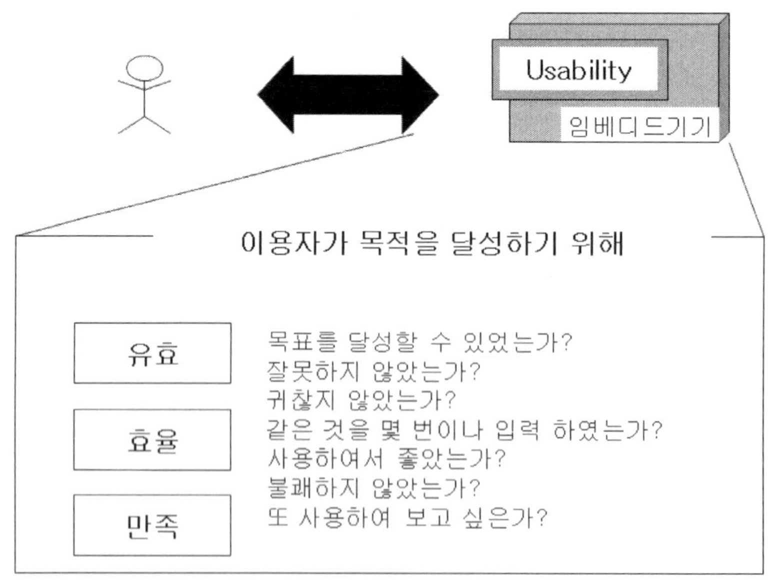

[그림 7.1.12] 임베디드 기기의 Usability

이상과 같이 사용자는 훈련된 사람에서 컴퓨터 기기에 관한 리터러시를 갖지 않는 사람까지 다방면에 걸쳐 있다. 임베디드 어플리케이션은 이러한 사용자에 대해서, 편리성을 제공할 필요가 있어, Usability 의 확보가 중요하다.

ISO9241-11에서는 Usability 는 이하와 같이 정의되고 있다.

「특정의 이용 상황에 있어, 특정의 사용자에 의하여 어느 제품이, 지정된 목표를 달성하기 위해서 이용될 때의, 유효함, 효율, 사용자의 만족도의 정도」

전문의 오퍼레이터를 상정할 수 없는 임베디드 어플리케이션에서는 뛰어난 UI(User Interface)를 제공하는 것은 필수 조건으로서 Usability 의 향상을 꾀할 필요가 있다[그림 7.1.12].

7.1.5 소프트웨어 규모와 소프트웨어 구성

임베디드 어플리케이션은 대규모의 것에서 소규모의 것까지 폭넓게 존재한다. 원칩 마이크로컴퓨터로 소규모의 소프트웨어를 실행시키는 것이나, 하나의 시스템 안에 복수의 프로세서(멀티 프로세서)를 준비하고 각각 대규모 소프트웨어를 실행시키는 것까지 다방면에 걸쳐 있다.

소규모의 임베디드 어플리케이션의 경우, 범용의 RTOS 가 아니고, 전용의 실행 제어기능을 내장하고 그 위에 어플리케이션을 실장하는 케이스가 많이 보인다. 전용의 실행 제어기능도 소규모이며, 어플리케이션에 필요 최저한의 기능을 심플하게 실장하고 있다. 내장하는 마이크로컴퓨터에 최적화된 튜닝이 이루어지고 있기 때문에 범용성이나 유통성이 부족하지만, 어려운 제약조건하에서는 최적인 퍼포먼스를 낼 수 있다.

대규모 임베디드 어플리케이션의 경우, OS 나 미들웨어를 포함한 플랫폼 상에 어플리케이션을 구축하고 있다. 어플리케이션에 적절한 OS 나 미들웨어를 선택하고 어플리케이션 자체도 별도 기종에의 유용을 전제로 개발하도록 하고 있다. 디지털 TV 의 경우, 소프트웨어 기종 공통부로서 OS 나 라이브러리를 실장하고 있다. 한국·일본·미국·유럽 등의 각 행선지전용의 어플리케이션을 개발하여 실장하는 것으로, 개발기간 단축, 가격 절감, 품질 확보를 꾀하고 있다.

실제로는 이러한 소프트웨어 구성의 선택은 소프트웨어 규모뿐만이 아니라, 개발의 각종 조건에서 선택된다. 기업전략, 가격(개발비, 메모리량 포함한 제품가격), 개발기간, 개발 체제(보유스킬, 아웃소싱 등), 가용시스템(하드웨어, 소프트웨어) 등 많은 파라미터에 의하여 판단된다.

7.2 임베디드 소프트웨어의 레이어모델 설명

여기에서는 제1장에서 소개한 임베디드 소프트웨어의 레이어모델을 상세하게 설명하고 맞추어 기술동향도 설명한다[그림 7.2.1].

7.2.1 기능-뷰의 레이어모델

기능-뷰의 레이어모델은 실행시의 기능 관점에서 임베디드 소프트웨어를 분류하는 것이며, 범용계에서도 임베디드계에서도 빈번하게 이용되는 소프트웨어의 레이어 구성에 따른 분류를 하는 방법이다. OS 나 미들웨어라고 하는 플랫폼층과 응용 계층으로 대별된다[그림 7.2.2].

OS 는 플랫폼, 임베디드 OS, 미들웨어 등을 가리켜, 임베디드 시스템에 공통된 기능을 가지고, 어플리케이션에 대해서 동작상 필요한 서비스를 제공한다. 어플리케이션은 전술과 같이 임베디드 시스템의 기능사양을 실현하는 소프트웨어이며, 리얼타임 어플리케이션과 비리얼타임 어플리케이션으로 정리할 수 있다.

예를 들면, 디지털 TV 에서는 기본 소프트웨어는 미들웨어가 탑재되어 있고, 그 위에 선국, 재생, 편성표, 편성예약 등 관련 어플리케이션을 탑재하고 있다[그림7.2.3].

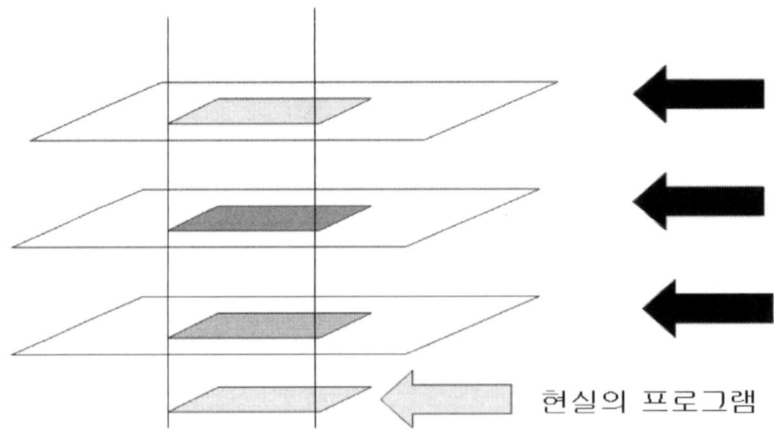

[그림 7.2.1] 임베디드 소프트웨어의 레이어모델

실행시의 기능면에 따른 뷰 모델

대분류	중분류	소분류
어플리케이션	비리얼타임 어플리케이션	비리얼타임 어플리케이션 태스크
		비리얼타임 어플리케이션 공유라이브러리
		비리얼타임 어플리케이션 공유루틴 인터페이스
	리얼타임 어플리케이션	리얼타임 어플리케이션 태스크
		리얼타임 어플리케이션 공유 라이브러리
		리얼타임 어플리케이션 공유루틴 인터페이스
OS	미들웨어	파일 · 통신 · 기타
	임베디드 OS	디바이스 드라이버
		커널
	플랫폼	하드웨어 의존

[그림 7.2.2] 기능 뷰 모델

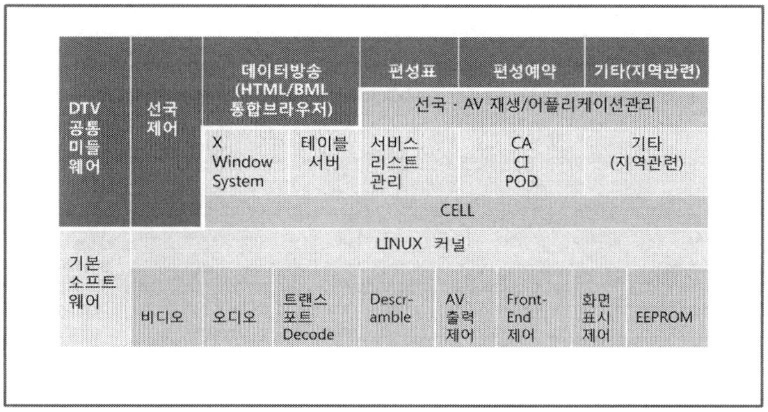

DTV 공통 미들웨어	선국 제어	데이터방송 (HTML/BML 통합브라우저)	편성표	편성예약	기타(지역관련)
		선국 · AV 재생/어플리케이션관리			
		X Window System / 테이블 서버	서비스 리스트 관리	CA CI POD	기타 (지역관련)
		CELL			
기본 소프트 웨어		LINUX 커널			
	비디오	오디오 / 트랜스 포트 Decode	Descr-amble	AV 출력 제어 / Front-End 제어	화면 표시 제어 / EEPROM

[그림 7.2.3] 디지털 TV의 기본 소프트웨어 구성

1) OS

OS 는 플랫폼, 임베디드 OS, 미들웨어 등을 가리키고, 임베디드 시스템에 공통적인 기능을 가지며, 어플리케이션 소프트웨어에 대해서 동작상 필요한 서비스를 제공한다.

① 플랫폼

플랫폼은 임베디드 소프트웨어가 동작하는데 있어서 필수인 하드웨어에 관계하는 기능을 제공하는 것이다. 플랫폼은 하드웨어를 직접 제어하는 기능·처리를 가리키며, 하드웨어 의존 처리가 명확하게 분리되고 인터페이스 경계점이 명확한 경우에는 디바이스 드라이버나 HAL(Hardware Abstraction Layer)로 처리된다. 반대로 인터페이스 경계점이 명확하지 않은 경우나, 성능을 중시한 임베디드 시스템의 경우에는 어플리케이션의 모듈 내에도 포함된다[그림 7.2.4].

하드웨어로서는 소프트웨어를 동작시키는데 필수인 프로세서 및 프로세서 주변에 관한 것과 개개의 임베디드 시스템으로 독자적인 하드웨어 디바이스를 들 수 있다.

프로세서 및 프로세서 주변에 관한 것은 커널이나 디바이스 드라이버의 모듈 내에 실장되고 있다. 개개의 임베디드 시스템으로 독자적인 하드웨어 디바이스에 관한 것은 미들웨어, 디바이스 드라이버, 어플리케이션에 각각 실장되고 있는 케이스가 많이 보인다.

기능적으로는 이것들을 하드웨어 의존부로서 최하위의 레이어에 속한다고 생각하는 것이 적절하다. 하드웨어 의존부는 다른 하드웨어에 이식할 때에는 모두 고쳐 쓸 필요가 있다. 갱신이나 설계 초기부터 복수 하드웨어에 대응시키는 경우에는 예를 들면 다음과 같은 방법이 있다.

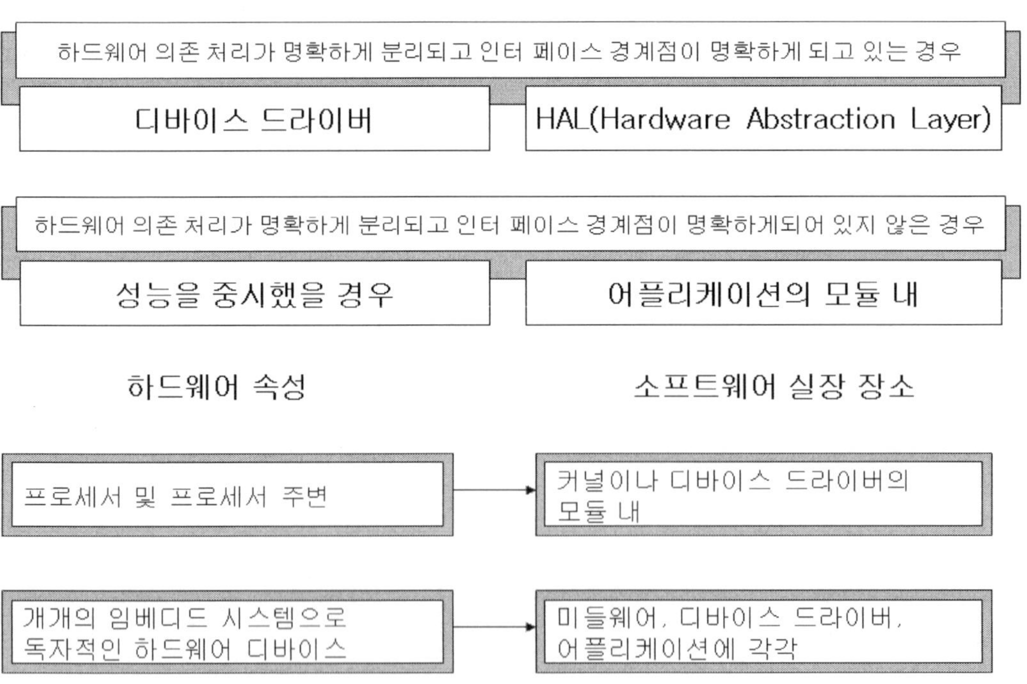

[그림 7.2.4] 하드웨어 제어기능과 처리

- 프로그램 중에서 하드웨어 종별을 나타내는 플래그를 판별하고 처리를 선택한다.
- 소스코드에 #ifdef 등의 여부에 각각 따라, 컴파일시에 처리를 선택한다.
- makefile 에 의하여 링크하는 하드웨어 제어 모듈을 선택한다.

② 임베디드 OS

임베디드 OS 는 소규모의 임베디드 어플리케이션이 동작에 필요한 최저한의 서비스를 제공하는 실행 제어부터, 커널과 디바이스 드라이버와 관련된 RTOS 나, 윈도우 시스템, 파일 시스템, 통신 프로토콜 그리고 내장하는 OS 까지 다방면에 걸친다.

임베디드 OS 라고 하면, 커널과 디바이스 드라이버와 관련된 RTOS 를 우선적으로 생각하게 된다. 그러나 최저한의 실행을 제어하는 OS 를 내장하는 임베디드 시스템도 많이 존재한다.

임베디드 시스템에 내장하는 OS 의 선택은 개발의 각종 조건에 따라서 선택된다. 기업의 기술전략, 가격(개발비, 라이센스 비용, 메모리량 포함한 제품 가격), 개발기간, 개발 체제(보유스킬, 아웃소싱 등), 유용 시스템(하드웨어, 소프트웨어) 등 많은 파라미터에 의하여 판단된다.

③ 미들웨어

미들웨어는 어플리케이션에 도움이 되는 기능을 OS나 하드웨어 등을 은폐 한 형태로 제공하는 소프트웨어이다. 다른 시스템에서도 공통으로 이용되는 기능을 유통 가능한 형태로 한 것이다. 엔타프라이즈 전용 시스템의 경우는 분산 객체 환경을 제공하는 CORBA (Common Object Request Broker Architecture)나 TP(Transaction Processing) 모니터, MOM(Message Oriented Middleware)등이 미들웨어로서 다루어지고 있다.

임베디드 시스템의 경우에는 임베디드 OS 의 기능제공 수준에 의하여 미들웨어의 기능 범위가 달라진다. 커널 수준의 OS 의 경우에는 TCP/IP 등의 통신 프로토콜 스택이나, 파일 시스템 등이 미들웨어로서 다루어진다. 범용계의 OS 의 경우에는 전술의 통신 프로토콜이나 파일시스템은 OS 의 기능으로서 다루어지고, X-Window 등의 GUI 윈도우 시스템이나, 한글 한자 변환 기능 등이 미들웨어로서 다루어진다[표 7.2.1].

임베디드 시스템에 있어서의 미들웨어의 구체적인 예로서는 아래와 같은 것을 들 수 있다.

- 통신 프로토콜(TCP/IP 등)
- 시큐리티 기능 사용자 인터페이스
- 미디어 압축/복원(MPEG, CODEC 등)
- 화상처리 · 인식

- 음성인식·합성
- 파일시스템
- 수학·통계 라이브러리
- 한글 처리
- 응용 소프트의 모듈(Web 브라우저, 메일기능 등)

[표 7.2.1]　OS 에 의한 미들웨어의 취급의 차이

	통신 프로토콜	파일시스템	윈도우 시스템	한글 한자 변환
커널 수준의 OS	미들웨어	미들웨어	미들웨어	미들웨어
범용계 OS 상당의 OS	OS 기능	OS 기능	미들웨어	미들웨어

2) 어플리케이션

어플리케이션은 리얼타임 어플리케이션과 비리얼타임 어플리케이션의 2개의 관점에서 정리할 수가 있다.

리얼타임 어플리케이션은 임베디드 시스템의 큰 특징인 즉시성의 필요한 시스템의 기능을 실현한다. 이것은 계측·제어 처리에 대해서 컴퓨터시스템의 외부와의 상호작용을 실현하는데 필수이다. CD-ROM 드라이브에 있어서의 센서와 액츄에이터의 제어나, 잉크젯 프린터에 있어서의 잉크 발사 제어 등은 리얼타임 어플리케이션이다.

비리얼타임 어플리케이션은 리얼타임성이 요구되지 않는 어플리케이션을 말하며, 사용자 인터페이스나, Interpreter 를 이용하여 실행되는 어플리케이션 등을 들 수 있다. PDA 나 휴대폰에 있어서의 PIM 기능이나, Browser 등은 비리얼타임 기능이라고 부를 수 있다.

7.2.2 개발-뷰의 레이어모델

개발-뷰의 레이어모델은 개발을 위해서 사용하는 툴이나 환경에서 임베디드 소프트웨어를 분류하는 모델이며, 크로스개발 전제의 임베디드 어플리케이션에서는 독자적인 것이라 말할 수 있다. 사용하는 프로세서나 하드웨어에 의존하는 개발과 의존하지 않는 개발로 대분류 된다[그림 7.2.5].

플랫폼의존 레이어는 하드웨어 툴 의존과 소프트웨어 툴 의존으로 분류할 수 있다. 하드웨어 툴 의존 레이어는 임베디드 시스템개발(디버그)의 특징이라고도 할 수 있는 ICE/JTAG 나 로직어낼라이저/오실로스코프 등을 이용하여 작업하는 것이 필요하다. 소프트웨어 툴 의존 레이어는 하드웨어 툴 의존 레이어보다 레이어로서 상위라고 표현할 수 있지만, ROM 모니터나 시뮬레이터를 사용하여 작업하는 것이 필요하다.

[그림 7.2.5] 개발-뷰 모델

플랫폼비의존 레이어는 stab의존 레이어와 환경비의존 레이어로 분류할 수 있다. Stab의존 레이어는 하드웨어 환경을 이용하지 않고, PC/WS 상에서 하드웨어 환경을 시뮬레이트할 수 있는 환경을 구축하고 프로그램 개발하는 것이다. 환경비의존 레이어는 임베디드 시스템개발의 특징인 크로스개발을 필요로 하지 않는 환경에서 개발할 수 있다. 임베디드 시스템에 PC/WS 를 빌트인 한 시스템 구성인 경우나, Java 등의 어플리케이션 플랫폼을 내장하는 경우 등을 상정할 수 있다.

1) 플랫폼의존 레이어

플랫폼의존 레이어는 하드웨어 툴 의존 레이어와 소프트웨어 툴 의존 레이어로 나누어 정리할 수 있다. 하드웨어 툴 의존 레이어는 임베디드 시스템개발(디버그)의 특징이라고도 할수 있는 ICE/JTAG 나 로직어낼라이저/오실로스코프 등을 이용하여 작업하는 것이 필요하다. 소프트웨어 툴 의존 레이어는 하드웨어 툴 정도로는 엄밀한 데이터 수집이 필요 없는 레이어이지만, ROM 모니터나 시뮬레이터를 사용하고 타이밍조정이나 리얼타임성의 검증을 할 필요가 있다.

개발 현장에서는 제조공정 이전부터 하드웨어 담당자와 함께 개발환경 구축과 사전검증의 작업을 시작할 필요가 있다. 임베디드 시스템의 경우, 하드웨어와의 병행개발이 많아, 임베디드 어플리케이션 개발로 사용하는 하드웨어는 동작실적이 없는 것이 제공되게 된다. 본격적으로 하드웨어 환경의 이용을 시작하기 전에 기본적인 동작확인을 하는 것으로, 작업 효율을 올릴 필요가 있다.

개발환경 구축과 사전검증(기본 동작확인)으로서는 소프트웨어 검증에 필요한 하드웨어 기능의 확인과 ICE/JTAG 나 모니터용의 인터페이스(직렬 인터페이스등)의 접속확인을 한다.

이들 작업은 하드웨어에 관한 높은 스킬이 요구된다. 인원수는 적어서 좋지만, 하드웨어 및 소프트웨어에 관한 높은 스킬을 가진 요원을 할당할 필요가 있다.

① 하드웨어 툴 의존 레이어

하드웨어 툴 의존 레이어는 임베디드 시스템개발(디버그)의 특징이라고도 할 수 있는 것이며, ICE/JTAG 나 로직어낼라이저/오실로스코프로 라는 기기를 사용하여 개발(검증) 작업한다.

ICE(In Circuit Emulator)는 임베디드 시스템의 MPU 를 가상하여 이하의 기능을 제공하는 임베디드 시스템의 검증지원 기기이다.

- MPU 레지스터나 메모리의 읽기/쓰기
- 명령의 스텝 실행이나, 프로그램의 정지(브레이크)
- 프로그램의 로깅이나 데이터의 변화 기록 등

디버그 시에는 상기의 ICE 기능을 구사하여 정보수집을 실행하여 문제를 해석한다. ICE 는 C 언어 등 고급 프로그램 언어를 지원하고 실제로는 기계어 수준으로 동작하는 프로그램을 호스트 머신(PC/WS 등)에 내장된 고급 프로그램 언어의 소스코드를 읽어 들여, 소스코드 수준에서의 실행이나 정지, 변수명에서의 메모리 읽기 쓰기 등 디버그 작업을 효율적으로 실행할 수 있다. 당연히, 어셈블러언어 수준에서의 조작도 가능하다.

한층 더 RTOS 대응의 ICE 도 존재하고 태스크의 실행상태가 타이밍 차트에서 가시화 되는 기능이나, 태스크마다의 프로그램 브레이크나 메모리 읽기/쓰기가 가능하다. 후술 하는 JTAG-ICE 는 Full ICE 로 불리고 있다.

JTAG(Joint Test Action Group)는 IEEE 1149.1 로서 표준화 된 바운다리스캔(Boundary Scan)용의 아키텍처와 직렬 포트이다. 바운다리스캔이란, IC 칩의 검사 방식중의 하나이며, JTAG 는 에뮬레이터 기능은 없고, 이 기구를 사용하여 ICE 에 상당한 에뮬레이션 기능을 실현하는 것을 JTAG 에뮬레이터라고 부르고 있다. Full ICE 는 MPU 를 대체하는 것이지만, JTAG 는 MPU 의 디버그 지원기능을 이용하고 있다[그림 7.2.6].

JTAG 에뮬레이터는 ICE(Full-ICE)와 비교하면, 이하의 특징을 가진다.

○ : 에뮬레이터에 MPU 를 내장할 필요가 없다.

○ : 목표시스템과 에뮬레이터의 인터페이스가 단순하다.

× : 버스트 레이스나 에뮬레이션메모리가 없다. 혹은 적다.

로직어낼라이저와 오실로스코프(Oscilloscope)는 2개 모두 임베디드 시스템의 테스트나 디버그 시에 이용되는 측정기이다[그림 7.2.7]. **로직어낼라이저**는 디지털에서의 타이밍이나 타이밍 차트를 볼 때에 사용되어 복수신호의 엣지(첫 시작. 내려감) 사이의 동기상태나 시간 등을 관측·열람할 수 있다. 이러한 정보를 기록하고 프린트아웃 하는 기능도 구비하고 있다.

오실로스코프(Oscilloscope)는 주로 아날로그 파형의 모니터링에 이용되어 주파적인 신호의 관측 등에 이용된다. 기본적으로 오실로스코프(Oscilloscope)는 하나의 신호를 관측하지만, Logic Analyzer는 복수의 신호를 동시에 관측하기 위해서 이용된다. 덧붙여서 로직어낼라이저는 오실로스코프(Oscilloscope)의 발전형이며, 오실로스코프(Oscilloscope)의 상당한 기능도 구비하고 있다.

임베디드 어플리케이션의 엔지니어는 디버그 등으로 문제원인을 특정하는 스킬이 요구된다. 하드웨어의 기능도나 회로도를 보면서, 문제원인의 특정을 할 수 있는 스킬은 하드웨어와의 협조검증으로 필요하게 되는 스킬이다.

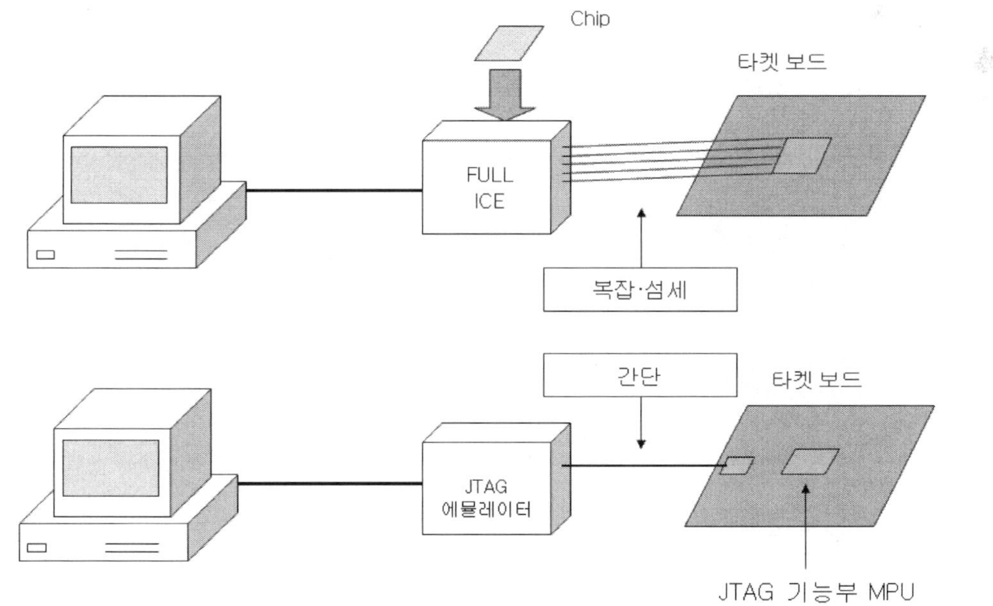

[그림 7.2.6] ICE 와 JTAG 의 차이

② 소프트웨어 툴 의존 레이어

소프트웨어 툴 의존 레이어는 하드웨어 툴 정도로는 엄밀한 데이터 수집이 필요 없는 레이어이지만, ROM 모니터나 시뮬레이터를 사용하여 타이밍조정이나 리얼타임성의 검증을 할 필요가 있다.

하드웨어가 실제품에 가까운 형태가 되면, ICE 나 JTAG 를 접속할 수 없는 경우가 적지 않다. 또 문제해석을 위해서 ICE 나 JTAG 를 접속하면 타이밍 등이 바뀌는 것으로, 문제 사상이 재현하지 않게 되는 경우도 있다. 이 때문에 UART 포트 등을 이용한 모니터 툴을 매립하여, 내부의 동작을 모니터링 하는 소프트웨어에 의한 디버그 기능을 이용한다.

소프트웨어 툴 의존 레이어는 OS 의존의 디버그가 가능하고, 하드웨어 기기가 불필요하다. 이것에 의하여 어플리케이션의 검증작업을 동시에 복수인이 작업하는 것이 가능하다. 모니터 툴은 통상 MPU 나 OS 의 개발환경에 포함되어 있는 것이 많아, 접속에 관해서는 시스템에 맞춘 수정이 필요한 경우도 있다. Open Source 로 GDB(GNU Debugger)라고 하는 디버거가 있어, 이러한 툴을 이식하여 사용할 수도 있다[그림 7.2.8].

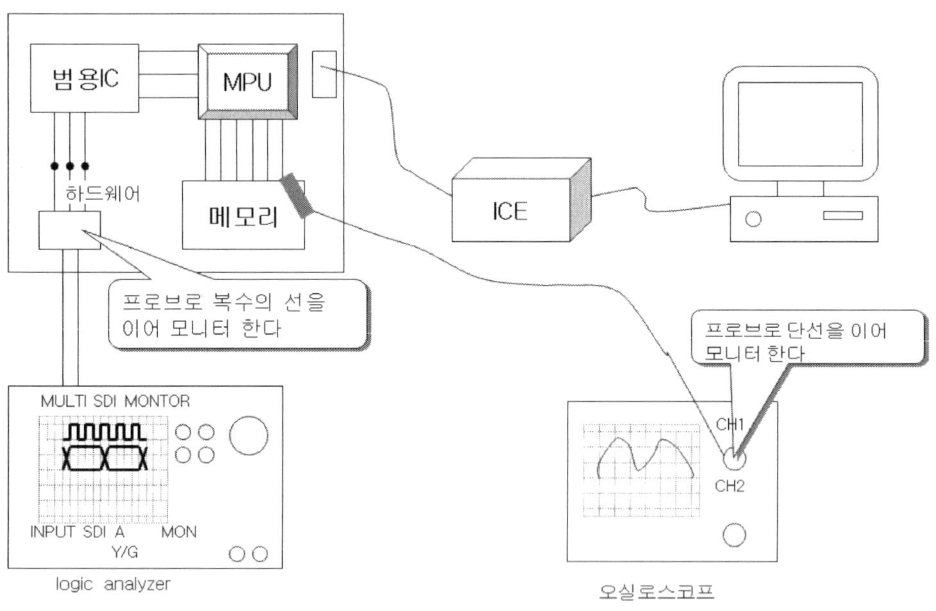

[그림 7.2.7] 하드웨어 툴

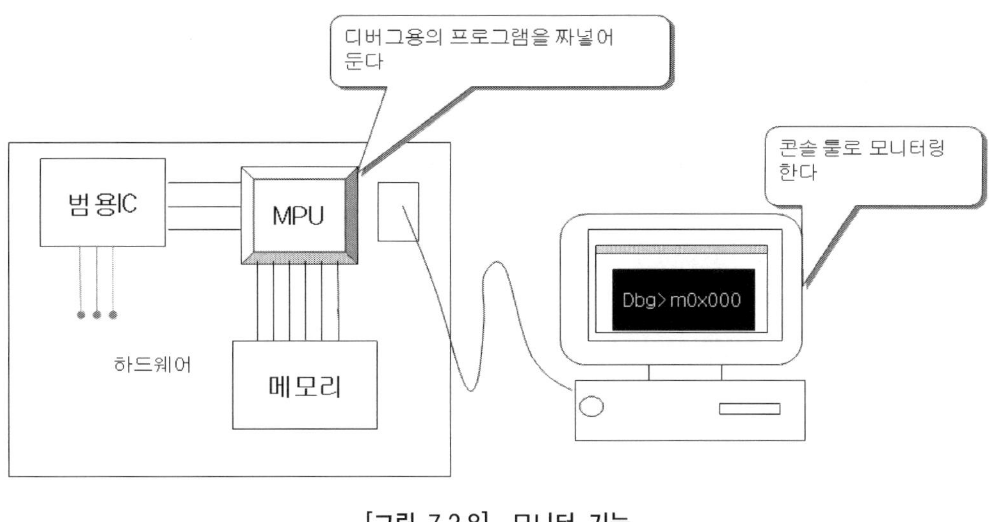

[그림 7.2.8] 모니터 기능

2) 플랫폼비의존 레이어

플랫폼비의존 레이어는 Stab의존 레이어와 환경비의존 레이어로 나눌 수가 있다. stab의존 레이어는 하드웨어 환경을 이용하지 않고, PC/WS 상에서 하드웨어 환경을 시뮬레이트 할 수 있는 환경을 구축하여 작업하는 것이다. 환경비의존 레이어는 임베디드 시스템개발의 특징인 크로스개발을 필요로 하지 않는 환경이다. 임베디드 시스템에 PC/WS 를 빌트인 한 시스템 구성이나, Java 등의 어플리케이션 플랫폼을 내장하는 경우에 이 레이어가 발생한다.

이 레이어의 개발현장에서는 플랫폼의존 레이어와 같이 하드웨어에 관한 높은 스킬은 요구되지 않기 때문에, 많은 요원확보나 할당이 가능하다. 또한, 환경 자체는 전용 하드웨어나 고가의 측정기기를 필요로 하지 않기 때문에 비교적 저가의 PC/WS 를 이용하고 복수의 환경 구축이 가능하다. 임베디드 어플리케이션의 소프트웨어 규모증대에 수반하고 요원수 증가와 이용환경의 관점에서, 문제를 해결하는 방책의 하나라고 할 수 있다.

또한, 하드웨어와의 병행개발에 의하여 불안정한 하드웨어를 사용하는 것보다도 소프트웨어로 실현되는 안정된 환경에서 테스트나 디버그를 실행하는 것은 작업효율을 높일 수가 있다. 실제의 하드웨어를 사용하지 않으면 테스트할 수 없는 테스트 항목을 남겨 놓고, 가능한 한 이 환경에서 품질을 높이는 것이, QCD(Quality・Cost・Delivery) 확보의 관점에서 필요한 대처이다.

① stab의존 레이어

임베디드 시스템이 동작하는 실제의 동작환경을 의사적으로 제공하는 것이며, 현재의 임베디드 시스템개발에서는 필수라고도 할 수 있다.

임베디드 시스템의 개발은 하드웨어와의 병행개발이 많이 행하여져서 개발기간을 단축하기 위해서 하드웨어가 완성되기 전에 소프트웨어의 품질을 높일 필요가 있다. 하드웨어와 소프트웨어 모두 품질의 수준이 낮은 경우에는 문제원인을 분리하는 데 많은 작업 공정수를 필요로 한다.

휴대폰의 경우[그림 7.2.9], 하드웨어 완성 전에 PC/WS 상의 시뮬레이션 소프트웨어로 어플리케이션의 기능을 테스트한다. 또 휴대폰이 통신하는 상대인 휴대폰 기지국에 대해서도 초기부터 실제의 시스템을 사용할 수 없기 때문에 기지국 시뮬레이터를 사용한다.

이러한 시뮬레이터를 사용하고, 사전에 품질을 높이는 것으로 실제의 목표시스템 환경(휴대폰의 경우는 하드웨어나 기지국을 포함한 휴대폰망 등)을 사용할 때의 작업효율을 높여 개발기간을 단축하는 것이 가능하다. 최근에는 개발 프로젝트에 참가하는 인원수도 많아져, 하드웨어나 ICE 가 부족한 문제도 발생하지만, 시뮬레이터를 이용하는 것으로 이러한 문제를 회피할 수도 있다.

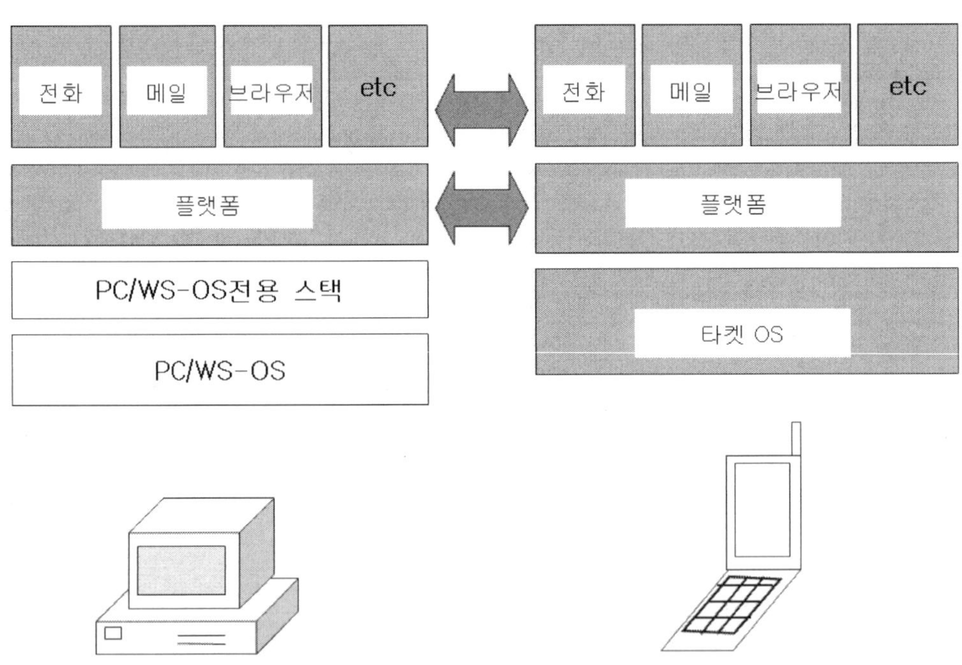

[그림 7.2.9] 휴대폰의 시뮬레이터 이미지

시스템 LSI 지향의 임베디드 소프트웨어의 경우에는 ISS(Instruction Set Simulator)를 이용한다. 이것은 MPU 의 명령실행을 의사(Simulate : 擬似)하여, 하드웨어 시뮬레이터 등, LSI 개발환경에서 MPU 를 의사할 때에 사용된다. 이것을 이용하는 것으로 MPU 를 내장하는 시스템 LSI 의 검증 시에 조기에 소프트웨어와 하드웨어의 논리검증이 가능하다. 시스템 LSI 개발의 경우, 하드웨어의 문제가 검출되면 재차 LSI 를 제조하지 않으면 안된다. LSI 가 완성되어 오기까지 수개월의 기간을 필요로 하기 때문이다. 이러한 대처로, LSI 제조에 품질을 높여 두는 것이, 개발기간의 단축[그림 7.2.10]이나 품질 향상으로 연결된다.

일반적인 LSI의 개발

시스템설계	하드웨어				
	회로설계	회로검증	시작		
		사양제시	사양변경	잔류 버그 수정	생산
	소프트웨어				
	소프트설계	단체테스트	통합테스트		

조기검증 실시의 LSI 개발

시스템설계	하드웨어		
	회로설계	회로검증	
	Simulation 용 파트 회로	생산	
	소프트웨어		
	소프트설계	통합테스트	

[그림 7.2.10] Simulation 도입과 개발기간의 단축

② 환경비의존 레이어

환경비의존 레이어는 임베디드 시스템개발의 특징인 크로스개발을 필요로 하지 않는 환경이다.

ATM(Automatic Teller Machine, 현금 자동지급기)나 측정기에서는 PC/WS 상당한 컴퓨터시스템, OS, 어플리케이션을 프론트엔드(Front End)에 빌트인(Built In) 실장한 시스템이 존재한다. 이러한 기기에서는 PCI 등의 확장 버스에 인터페이스 되는 전용 기기나 인터페이스 장치 이외에 관계되는 기기와 같은 OS 를 내장하는 PC/WS 환경에서, 실장 및 테스트가 가능하다[그림 7.2.11].

최근에는 Linux 를 내장하는 기기가 많이 등장하고 있지만, 커널이나 디바이스 드라이버를 포함하고 다시 만드는 개발 형태의 경우에는 환경비의존 레이어의 효과는 기대할 수 없다. 소프트웨어 모듈이나, 부품의 부족, 코드 전개의 이상 등, 문제 혼입의 가능성이 높기 때문이다. 이러한 경우에는 전술의 stab의존 레이어 상당한 개발이 필요하다.

Java 등의 어플리케이션 플랫폼을 내장하는 경우에는 목표시스템의 임베디드 시스템에 내장하는 VM(Virtual Machine)과 같은 사양의 VM 을 내장한 머신이면 테스트와 디버그가

가능하다. 이러한 어플리케이션 플랫폼은 휴대폰에서는 보급하고 있어, 향후, 휴대폰 이외에도 다기능인 임베디드 시스템개발의 효율화에 대해서 임베디드 어플리케이션의 유통이 기대된다.

[그림 7.2.11] ATM 의 개관도

7.2.3 보수-뷰의 레이어모델

보수-뷰는 소프트웨어의 실행환경 뷰라고도 할 수 있지만, 프로그램 수정의 용이성의 관점에 있어서의 레이어 분류이다. 범용계와 달리 목적을 위해서 전용으로 제공되는 임베디드 시스템에 있어, 소프트웨어 갱신은 중요한 키워드이다. 종래의 갱신 불가능한 임베디드 시스템과 소프트웨어 갱신이 가능한(갱신을 전제로 한) 시스템으로 대별된다.

종래의 갱신이 불가능한 임베디드 시스템을 「레지던트 레이어」라고 하며, 소프트웨어 갱신 가능한(갱신을 전제로 한) 시스템을 「리무버블 레이어」라고 부른다[그림 7.2.12].

1. 레지던트

레지던트는 하드보수와 소프트보수로 나눌 수 있다. 하드보수는 소프트웨어 갱신 시에 하드웨어 교환 등의 작업이 필요한 것이다. 반대로 소프트보수는 소프트웨어 갱신 시에 하드웨어 교환 등의 작업은 필요로 하지 않지만, 통신이나 인터페이스 등의 프로그램을 흘려 넣는 작업이 필요한 것이다.

① 하드 보수레이어

하드 보수레이어는 ROM 에 소프트웨어를 기록하지만, 소거 불가능한 ROM 과 소거 가능한 ROM 이 존재한다. 소거 불가능한 ROM 의 대표는 Mask ROM 이며 ROM 제조 단계에서 소프트웨어를 기록한다. 1회만 고쳐 쓸 수 있는 ROM 은 OTPROM(One Time Programmable ROM)으로 불려 하드웨어 기판에 실장 직전에 소프트웨어를 기록한다. MaskROM 과 OTPROM의 어느 쪽을 선택할 까는 하드웨어의 조달이나 제조 순서에 의존한다.

[그림 7.2.12] 보수-뷰 모델

ROM 에 내장하는 소프트웨어의 변경이 빈번하게 행하여지는 경우에는 OTPROM 을 채용하고 하드웨어 기판의 제조 시점에서 최신 소프트웨어를 OTPROM 에 내장하여 제조할 수 있다. 반대로 소프트웨어의 변경이 거의 없는 경우에는 최신의 소프트웨어로 MaskROM 을 제조하고 그 MaskROM 을 사용하여 하드웨어 기판을 제조한다. MaskROM 은 양산효과로 가격을 싸게 하는 것이 가능하다.

EPROM(Erasable Programmable Read Only Memory)은 자외선으로 소거가능한 ROM 이다. EPROM에의 기록에는 ROM 라이터(Writer)로 불리는 전용 툴이 사용된다. EPROM 은 하드웨어 기판 상에 직접 실장하는 케이스와 하드웨어 기판에는 소켓을 실장하고 EPROM 의 핀을 소켓에 꽂는 케이스의 2가지가 있다. 전자의 경우 EPROM 의 교환은 곤란하지만, 후자는 EPROM 의 교환은 쉽게 가능하다.

임베디드 소프트웨어로서는 MaskROM, OTPROM, EPROM 의 차이에 따라, 프로그램의 쓰는 법이 바뀌지만, 구성이 바뀐다고 했던 적은 없다. 그러나 소프트웨어의 변경에 따른 하드웨어의 제조·생산에 가격영향 등을 고려하여 개발을 실행할 필요가 있다.

최근에는 FlashROM 의 가격저하에 수반하고 MaskROM 을 채용하고 있던 조건에서도 FlashROM 을 채용하는 케이스가 많아지고 있다. 그러나 출하 대수가 많은 소비자 (Consumer) 기기 등으로는 품질이 안정되고 나서는 MaskROM 이나 OTPROM 을 이용하고 있는 케이스도 보인다.

② 소프트 보수레이어

소프트 보수레이어의 경우, EEPROM(Electrically Erasable Programmable Read Only Memory)이나 FlashROM 에 소프트웨어를 내장하고 특별한 기기를 사용하지 않고 소프트 웨어의 갱신이나 데이터 변경을 가능하게 하고 있다. 이러한 메모리는 메모리에 대해서 커 맨드 발행 등 제어를 하는 것으로 갱신이 가능하고, 앞에서 언급한 EPROM 과 같은 하드웨 어에 대한 작업을 필요로 하지 않는다.

그러나 EEPROM 이나 FlashROM 을 이용하려면, 갱신의 제어나 제한으로 주의가 필요하 다. FlashROM 의 경우, 소거의 단위가 수 Byte 에서 수십 KByte 의 블럭이나 세그먼트 (Segment) 단위가 된다. 한층 더 기록에는 전용 커맨드를 발행할 필요가 있다.

EEPROM 의 경우에는 Byte 단위에서의 소거나 기록이 가능하지만, 같은 장소를 몇 번이 나 고쳐 써, 갱신회수의 상한에 이르면, 그 주소부분 만큼 사용할 수 없게 되어 버린다.

하드보수에서도 소프트보수에서도 프로그램은 배치된 장소에서 실행하는 경우와 ROM 파 일과 같이 내장장소로서 ROM 을 사용하고 RAM 에 전송하여 실행하는 경우가 있다. 전자의 경우에는 프로그램 갱신에는 연구가 필요하지만, RAM 의 용량을 최소한으로 억제할 수가 있다. 더욱이 ROM 은 RAM 보다 Wait 시간이 짧고 액세스 속도가 빠른 것에서 프로그램 실행 속도의 향상을 기대할 수 있다.

2) 리무버블 레이어(Removable Layer)

최근의 임베디드 소프트웨어의 대규모화나 복잡화, 또 짧은 제품개발 사이클에 의하여 제 품 공급 시에는 충분한 검증기간이 확보 가능한 상태가 되어야 한다. 또 제품 공급 이후에 기능추가나 쓰기향상 등을 꾀하고 상품가치를 높인다고 하는 수요도 많아지고 있다. 이 때 문에, 임베디드 시스템에도 PC/WS 와 같은 리무버블 레이어가 채용되게 된다.

리무버블 레이어는 하드디스크 등의 기기에 삽입하는 외부기억 매체에 기록되어 실행되 는 미디어제공 레이어와 인터넷 등의 네트워크에서 다운로딩하여 실행되는 통신제공 레이어 로 분류할 수 있다.

① 미디어제공 레이어

미디어제공 레이어의 예로서는 디지털카메라나 DVD/HDD 레코더를 친밀한 예로서 들수 있다. 제품 릴리스 시점에서는 미제공인 기능이나 불편함의 수정을 메모리카드, CD/DVD 라는 미디어로 제공하고 임베디드 소프트웨어의 갱신을 실행한다[그림 7.2.13].

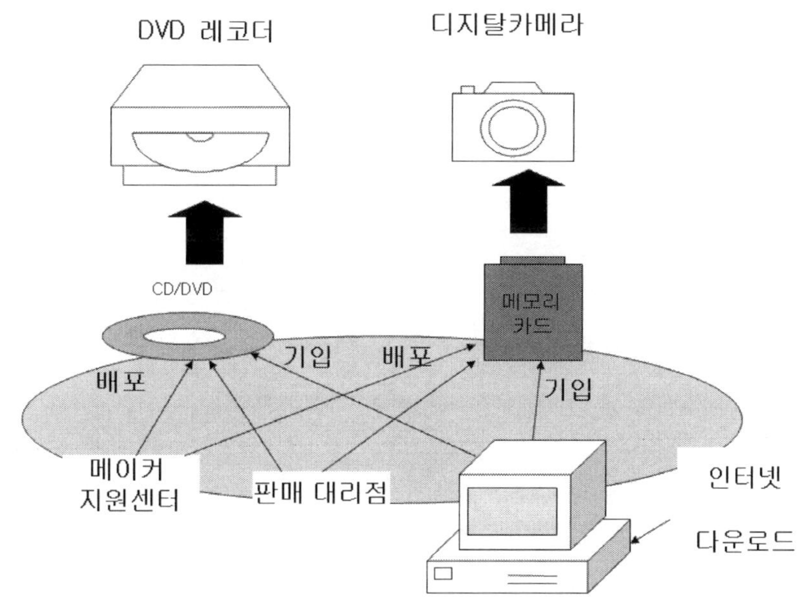

[그림 7.2.13]　미디어제공 방식에 의한 소프트웨어 갱신

② 통신제공 레이어

통신제공 레이어의 예로서는 디지털TV 가 친밀한 예로서 들 수 있다. 방송 사양변경에 대한 추가나 불편함의 수정을 디지털방송의 「다운로드 서비스(약 500Kbps 또는 약 2Mbps)」를 이용하여 실현되고 있다.

위성에서의 데이터 다운로드는 소프트웨어를 갱신하는 대상기기 상태에 영향을 준다. 기기를 사용 중인 경우나, 주전원이 끊어진 경우에는 다운로드를 할 수 없다. 다운로드 중에 기기의 사용을 시작하면 다운로드가 중단되어 버린다. Internet 경유의 다운로드에 관해서는 Internet 등의 리터러시가 낮은 사용자는 상정한 접속설정 등의 실현에 각종 허들이 존재한다.

L 모드 대응의 FAX 에서도 전화회선을 개입시킨 소프트웨어 갱신이 가능하다. 팩시밀리의 전송 모드(비표준) 통신 프로토콜을 사용하여 실현되고 있다.

DVD/HDD 레코더에서는 CD/DVD 에 의한 미디어제공과 Internet 를 개입시킨 통신제공의 양쪽 모두를 지원하고 있는 제품이 존재한다. 디지털 카메라의 경우에는 PC를 사용하여 Internet 경유로 소프트웨어를 다운로드 하여 메모리카드에 내장한다. 이 메모리카드를 본체에 삽입하는 것으로 프로그램 갱신하는 순서가 제공된다[그림 7.2.14].

미디어제공 방식의 경우, 메이커가 미디어를 송부하는 등 미디어 배포의 경비가 발생하는 문제가 있다. 그러나 통신제공 시에는 경비는 미디어제공 만큼 발생하지 않지만, 소프트웨어 갱신에 관하여서, 자동갱신이나 사용자가 갱신조작을 하는 등, 제품의 운용에 관해서 사용자에게 설명(주의)하는 것과 그것을 실행하는 사용자의 이해가 필요하게 된다.

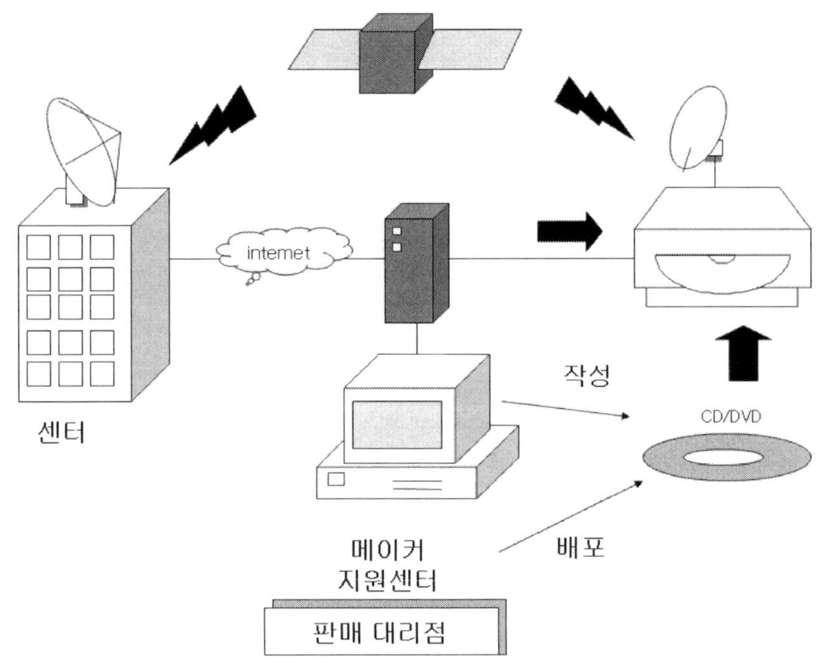

[그림 7.2.14] 소프트웨어 갱신의 각종 경로

■ 통신을 이용한 소프트웨어 갱신 시의 유의사항

리무버블 레이어로서 소프트웨어 갱신할 때에 가장 유의가 필요한 것은 소프트웨어 갱신 중의 장애·예외 발생이나 전원차단에 대한 대책이다. 소프트웨어 갱신에는 휴대폰의 경우, 몇 분부터 수십 분을 필요로 하고 있다. 전원차단 대책으로서는 절대로 전원을 뽑지 않고, 충분히 충전한 조건을 마련하고 운용하고 있다. 만약 전원차단 등이 발생하고 소프트웨어 갱신이 실패하면, 서비스 센터에의 반입 등으로 밖에 복구할 수 없게 되어 버려, 사용자의 수고와 시간을 낭비하고 메이커의 작업비용도 발생하여 버린다.

장애나 예외발생에 관해서는 소프트웨어 갱신의 범위를 가능한 한 최소한으로 하여 발생 확률을 가능한 한 낮게 하는 것이나, 운용계와 예비계의 에리어를 준비하여 두어, 소프트웨어 갱신작업 중이라도 복원 가능한 상태를 확보하여 두는 방법 등이 도입되고 있다.

소프트웨어 갱신의 범위를 최소한으로 하는 방법으로는 변경부분만을 갈아 넣는 논리로 실현된다. 수정된 프로그램 주소나 심볼의 주소가, 동적으로 변경 가능하면, 변경된 처리만 교체하면 대응이 가능하다. 덧붙여서, 소프트웨어 갱신기능의 소프트웨어 갱신도 당연히 고려해야 한다.

운용계와 예비계의 에리어를 준비하다 보면 메모리 용량이 증가되어 버린다. 메모리 용량은 하드웨어의 가격이나 실장 사이즈에 크게 영향을 주기 때문에 제품의 품질특성 등에서 판단할 필요가 있다. 휴대폰 등으로는 갱신 데이터를 수신하는 에리어도 상당한 메모리 용량이 필요해서 통상은 브라우저나 메일의 어플리케이션이 사용되는 워크용의 메모리 에리아를 사용하여 다운로드를 실행하고 있다. 이것에 때문에 전용의 메모리 공간확보를 실행하지 않고, 갱신 데이터를 수신가능하게 하고 있다. 그러나 소프트웨어 갱신 중에는 브라우저나 메일 기능은 사용할 수 없다는 사양적·기능적 제한을 붙이고 있다.

지금까지의 설명은 소비자 제품에 있어서의 소프트웨어 갱신을 중심으로 설명했지만, 산업 기계 등 특정 사용자전용의 시스템에서는 벌써 소프트웨어 갱신은 보급되어 있다. 대부분의 기기가 네트워크로 접속되는 유비쿼터스 시대에서는 이 네트워크를 사용한 원격의 제어, 감시·보수를 한다. 보수 센터 등에서 소프트웨어를 집중관리하고 보수의 하나로서 소프트웨어 갱신을 한다. 불편함을 포함한 소프트웨어의 운용되는 문제를 발생시키지 않기 위해서라도 이러한 대책이 중요하게 된다. 시스템으로 관리하는 대수나 설치 장소에 따라서, 레지던트 레이어의 ROM 교환 등을 실행하는 경우의 가격과 집중관리의 가격에서 큰 차이가 나게 된다.

─○ 7.3   임베디드 어플리케이션 예

여기에서는 구체적인 임베디드 제품의 어플리케이션에 대하여 설명한다. 제2장에서 설명한 4개의 친밀한 제품 속에서 「PDA」, 「디지털카메라」, 「리모콘」에 대하여 임베디드 어플리케이션의 구성이나 고려사항 등을 7.2절에서 설명한 「기능-뷰」, 「개발-뷰」, 「보수-뷰」의 관점에서 설명한다. 휴대폰은 시스템 아키텍처적으로 보면, PDA 와 디지털카메라의 사이에

위치한다고도 표현할 수 있으므로 설명할 대상 외로 하였다.

여기서는 친밀한 범용 PC/WS 에 사용하여 아키텍처의 순서로 설명한다. 따라서 제2장에서 설명한 차례와는 반대로 된다. PDA 는 범용계와 가까운 기능이나 컴퓨터 아키텍처를 가진다. 디지털카메라는 임베디드 시스템으로서, 센서와 액츄에이터를 가지면서 정보처리도 하고 있다. 리모콘은 심플한 임베디드 시스템이며, 4bit 에서 8, 16 비트의 마이크로컴퓨터가 이용되고 있다[그림 7.3.1].

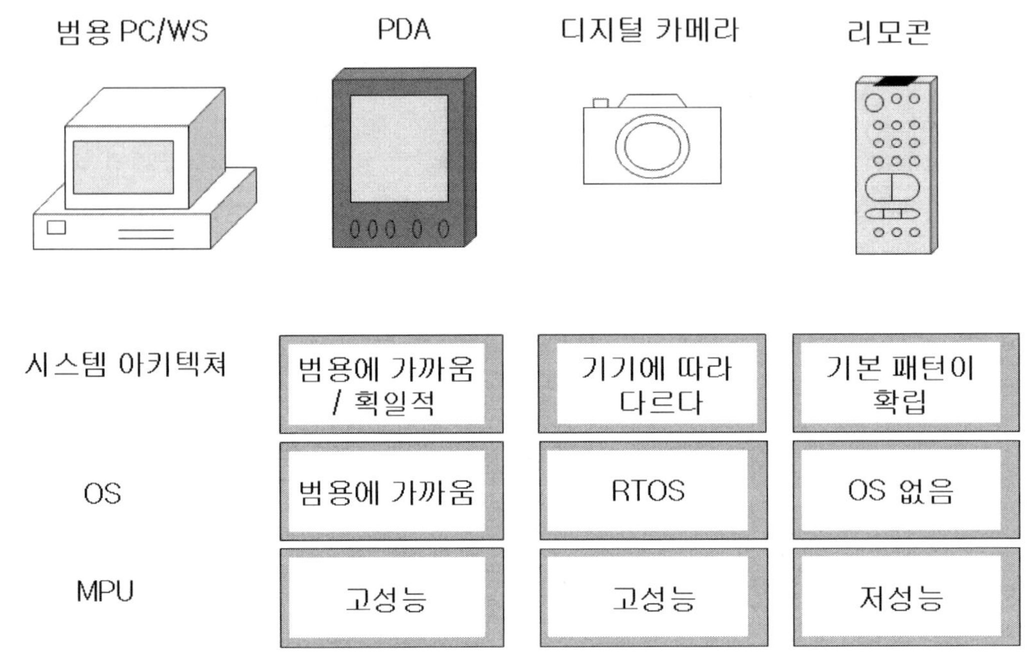

[그림 7.3.1] 시스템의 특징

7.3.1 PDA

PDA(Personal Digital Assistant)는 예정표나 주소록이라고 하는 장부와 같은 어플리케이션을 제공하는 것이다. 최근에는 하드웨어의 고성능화에 의하여 휴대폰과 같은 통신기능과 PC/WS 와 동등의 기능을 내장하고 전자메일이나 Web 브라우저라는 모바일 커뮤니케이션 툴로서 이용이 가능하다.

OS 의 API 사양이 공개되고 있으므로, 제조 메이커뿐만이 아니라, 소프트웨어 벤더나 사용자에 의한 어플리케이션 개발이 가능하다. 물류나 영업지원 시스템의 단말이라면 전용 어플리케이션을 도입하여 이용되고 있다.

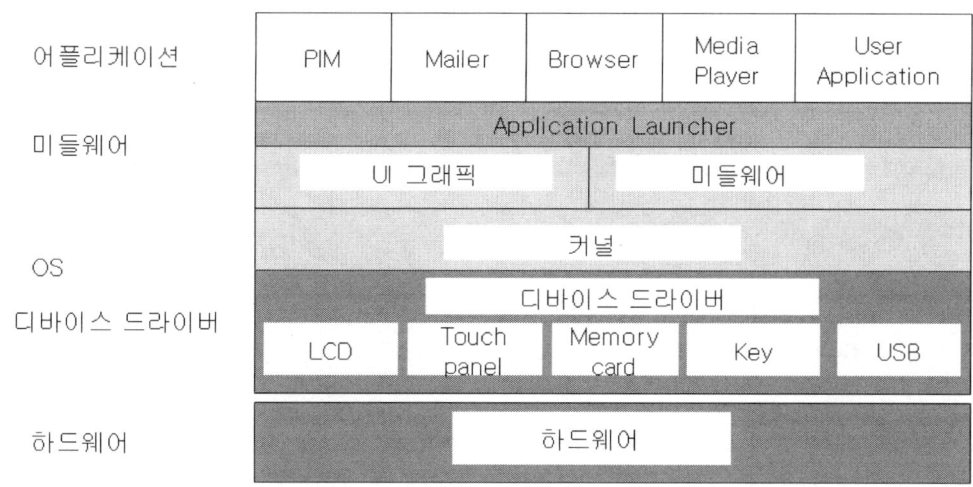

[그림 7.3.2] PDA 의 기본 소프트웨어 구성도

1) 기능-뷰

여기서는 PDA의 소프트웨어 구성 및 특징적인 기능에 대하여 설명한다.

① 소프트웨어 구성

PDA의 소프트웨어는 PDA 용 OS 를 베이스로 미들웨어, 어플리케이션을 구축하는 구성이 되고 있다[그림 7.3.2].

② 하드웨어 · 디바이스 드라이버

PDA 용 OS 제공 벤더에서 OS 를 구입하는 경우, MPU 가 한정된다. 한층 더 OS 표준이 아닌 디바이스를 내장하는 경우에는 해당 디바이스 대응하는 디바이스 드라이버 작성 등이 필요하게 된다.

PDA 에서는 모바일 기기로서 고기능 · 고성능인 기술이 도입되고 있다. 인터페이스는 직렬에서 USB, Bluetooth, 무선 LAN 으로 항상 진화하고 있다. LCD 패널도 고정밀화가 진행되고 있고, 메모리카드의 대용량 · 고속화도 진행되고 있다. PDA 의 경우, OS 나 미들웨어의 튜닝이나 어플리케이션 개발도 중요하지만, 이러한 디바이스의 고기능 · 고성능화에 대응한 디바이스 드라이버의 개발도 중요하다.

③ 어플리케이션

PDA 는 휴대폰과의 경계가 없어지고 있다. PDA 용 OS 는 휴대폰의 기능을 가지는 버전을 제공하고 있는 것이나, PDA 용 OS 를 베이스에 휴대폰용 OS 로서 전용인 OS 도 존재한다.

Mailer 나 Browser, Media Player 등 범용으로 제공되는 어플리케이션은 PDA 로 필수의 어플리케이션이 되고 있다. 실장 시에는 MPU 의 파워나 스토리지나 네트워크의 조건 등을 고려한 개발을 한다. 특히 LCD 사이즈, 터치 패널이나 수서문자입력 등, PDA 특유의 제약조건을 고려한 Usability 설계가 필요하다.

④ 전력절약의 실현

PDA 의 시스템 설계에서는 PDA 의 컴퓨터 아키텍처를 검토한다. 개발에 있어서의 특징을 명확하게 하여, 프로세서 성능, 버스, 메모리 용량, 외부 인터페이스, 멀티미디어 디바이스, 액정 디바이스 등을 선택하고 PDA 의 시스템을 구축한다. 전력절약에 대한 대책으로 동작상의 연구와 부품 선정의 2가지를 들 수 있다.

동작상에서는 멀티미디어 기능이나 외부 인터페이스 등의 기능을 사용하고 있지 않을 때에는 클럭 및 전원의 공급을 정지하는 등의 연구가 이루어지고 있다. 이 전원제어 프로그램은 어플리케이션의 프로세스나 태스크의 하나로서 실장되는 경우나, 범용계에 있어서의 BIOS 에 상당해서 실장 되는 경우가 있다. 이것들은 PDA 용 OS 에 따라서 다르다.

일정시간, 미사용인 것을 감시하고 하드웨어 플랫폼의 I/O 를 개입시켜, 하드웨어 회로의 전력절약 기능을 제어하고 있다[그림 7.3.3].

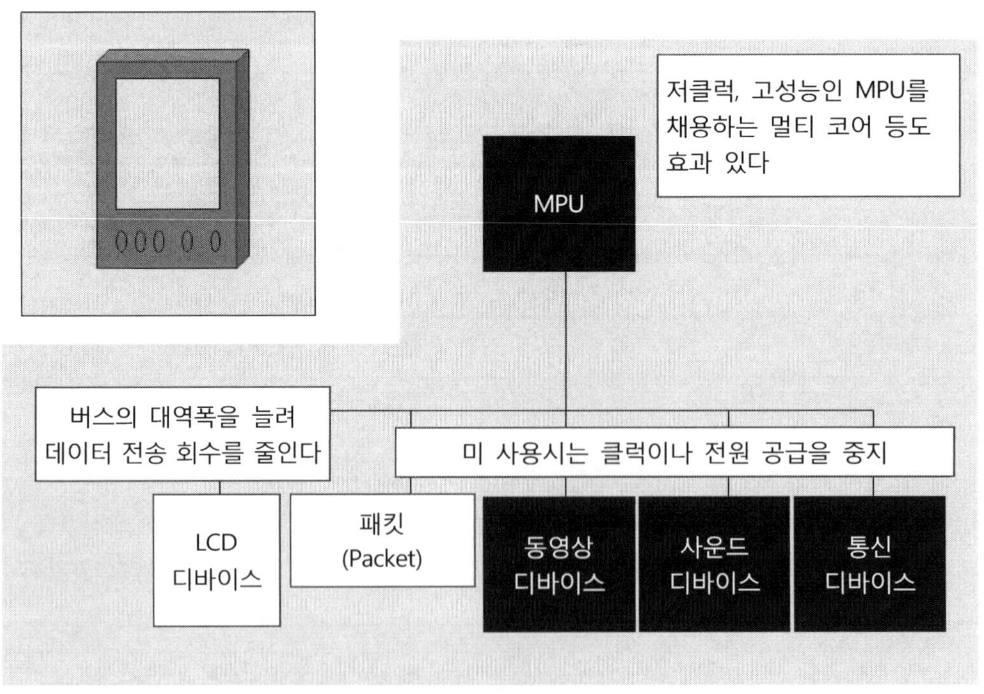

[그림 7.3.3] PDA 에서의 전력절약 실천

부품선정에 관해서는 가능한 한 소비전력의 낮은 부품이 선정되고 있다. 기본적으로는 성능과 소비전력의 트레이드 오프가 되지만, 성능을 유지한 채로 소비전력을 억제하는 부품도 꾸준히 개발·제공되고 있다. 예를 들면, LCD 디바이스의 경우에는 데이터 버스를 크게 하는 것으로, 필요로 하는 주파수를 저감 시키는 등, 품질향상 연구가 이루어지고 있다. 그러나 신 디바이스에 대해서는 성능과 소비전력의 트레이드 오프에 추가하여 가격과 리스크 등과의 트레이드 오프도 발생한다.

2) 개발-뷰

여기에서는 PDA 의 개발 및 검증의 환경에 대해서 설명한다.

① 어플리케이션 개발 언어

개발 언어는 C/C^{++} 언어, Java 언어 등 고급언어를 이용하고 있다. 사용자에 의한 어플어플리케이션의 개발에서는 Java 언어나 Basic 언어 등이 이용되고 있다. 이것들 프로그램 언어의 선택은 개발목적, 자원이나 보수·유지관리 등을 고려하여 선택된다. PDA 상의 어플리케이션이면, PDA용 OS 벤더나 제삼자(Third Party)에 의한 어플리케이션 개발환경(IDE 등의 지원)에 의존하지만, 많은 프로그램 언어가 제공되고 있다.

C/C^{++} 언어 등은 컴파일·어셈블(Assemble) 되어 Native Code 로서 실행가능하다. Java나 Basic 언어 등의 Interpreter 언어는 Native Code 를 생성하지 않는다. 이것들은 MPU 의존도 실행 속도 메모리 용량 등의 트레이드 오프를 고려하여 선택한다[표 7.3.1].

[표 7.3.1] 어플리케이션 개발 언어 선택의 트레이드 오프

	MPU 의존(이식성)	실행 속도	메모 리사이즈	그 외
C/C^{++}	고 (이식 곤란)	고	소	자유도가 높지만, 문제 혼입의 리스크도 있다
Java/Basic	저 (이식 용이)	저	대 (Interpreter가 수 MB)	시큐리티나 가베지콜렉션의 기능이 있다

② 개발환경

개발환경은 PDA 용 OS 제공 벤더나 제삼자가 제공하고 있다. 범용계 OS 와 동등의 IDE (Integrated Development Environment) 환경이나 SDK(Software Development Kit)가 제공되고 있다. 이것들은 범용계 OS 에 있어서의 어플리케이션의 개발과 동등의 조작성을 제공하고 PC/WS 계 엔지니어가 특별한 지식을 필요로 하지 않는 개발환경을 실현하고 있다.

프로그램 개발하는 머신과 실제로 동작하는 머신은 달라서, 크로스 환경에서의 개발이지만, 이와 같이 개발환경의 룩 앤 필(Look and Feel)을 통일하는 것으로 장애를 낮게 하고 있다. 이것에 의하여 개발 엔지니어의 증가를 꾀하고 동작하는 어플리케이션의 증가에 의한, PDA 용 OS 의 보급·계몽을 노리고 있다.

테스트나 디버그로 이용되는 검증환경은 시뮬레이션 환경을 많이 이용하고 있다. 기본적으로는 stab의존 수준에서의 시뮬레이션 환경이지만, 거의 환경비의존에 상당한 수준으로, 어플리케이션의 검증이 가능해지고 있다.

브레드보드도 작성하여 이용되지만, 브레드보드는 하드웨어에 의존한 기능의 검증으로 사용되는 것이 많다. 표준적인 하드웨어 구성(표준적인 디바이스 내장)의 경우에는 디바이스 메이커 등이 제공하는 BSP(Board Support Package)를 사용한 검증도 가능하다.

하드웨어 의존의 기능에 관한 디버그는 JTAG 접속이나 모니터 접속에 의한 프로그램이나 데이터의 모니터링에 의하여 정보 수집을 실행한다. 하드웨어에 거의 의존하지 않는 어플리케이션의 경우에는 IDE 에 부속되는 디버거를 사용하고 프로그램이나 데이터의 모니터링에 의하여 정보 수집을 실행한다.

3) 보수-뷰

PDA 에 있어서의 소프트웨어 갱신은 기종에 따라서 다르지만, 기본적으로 리무버블로 되어 있어, 출하 후의 소프트웨어 갱신이 가능하여지고 있다. PDA 의 경우에는 USB 등의 케이블 접속을 개입시킨 소프트웨어 갱신이 가능하다. PC/WS 등으로 입수한 갱신정보를, USB 등의 케이블 접속하고 PDA 의 소프트웨어를 추가·갱신한다.

갱신대상은 어플리케이션뿐만이 아니라, OS 자체의 갱신도 가능하다. OS 의 소프트웨어 갱신은 범용계의 OS 갱신과 같게, OS 의 파일을 덧쓰기 하는 것에 의하여 실현되고 있다.

7.3.2 디지털카메라

디지털카메라(디지털 카메라)는 광학계 기기이며, 렌즈의 입력을 전기신호로 변환하여 메모리에 내장하는 기기이다.

1) 기능-뷰

여기에서는 디지털카메라의 소프트웨어 구성 및 특징적인 기능에 대하여 설명한다.

① 소프트웨어 구성

디지털카메라의 소프트웨어는 RTOS 를 베이스로 미들웨어, 어플리케이션을 구축하는 구성이 되고 있다[그림 7.3.4].

OS 는 RTOS 를 내장하고 대량의 화상정보 처리나 정보내장, 렌즈 등의 구동부 제어를 리얼타임에 실현되고 있다.

미들웨어는 시판의 미들웨어나, 메이커에 있어서의 소프트웨어 부품을 도입하고 있다. 예를 들면, 화상소자 제어, 파일시스템이나 인쇄관련 기능 등이 이것에 해당한다.

디바이스 드라이버는 CCD 나 CMOS 등의 화상소자, 미디어 엔진, FlashROM 등, 하드웨어 디바이스의 제어를 실행하지 않으면 안 된다.

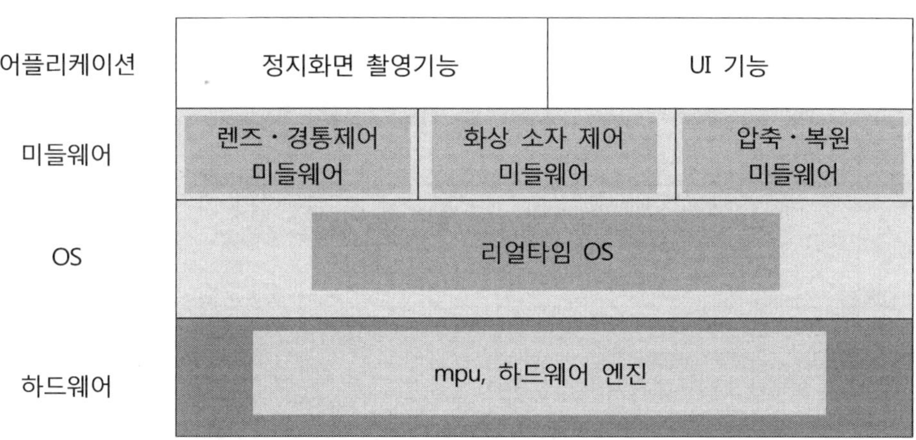

[그림 7.3.4]   디지털카메라의 소프트웨어 구성 이미지

② 고속 처리의 실현

디지털카메라에서는 조작의 즉시성이 요구된다. 전기적 논리가 적었던 필름카메라의 대체로서 등장한 기기이며, 필름카메라에 상당한 조작 리스폰스가 요구된다.

즉시성이 요구되는 조작으로서는 이하의 3 가지를 들 수 있다.

- 전원을 투입하자 마자 이용할 수 있을 때까지
- 릴리즈 타임락 : 셔터버튼 누름에서 실제로 촬영될 때까지
- 셔터버튼 누름에서 다음의 촬영이 가능하여질 때까지

여기서는 상기의 「셔터버튼 누름에서 다음의 촬영이 가능하여질 때까지」에 대하여 설명한다.

촬영 동작은 ① 정지화면 처리(노출, CCD 촬영) → ② 화상처리 → ③ JPEG 압축 → ④ 메모리카드 기록처리에 의하여 완결한다. 시간 단축의 방법으로서는 이러한 처리를 파이프라인 방식으로 병렬로 실행하는 것으로, 셔터버튼을 누르고 나서 다음 촬영가능 상태까지의

시간을 단축하고 있다[그림 7.3.5].

디지털 카메라의 경우, 버스폭(Bit 수)이나 속도(클럭)에 관한 설계가 중요하다.

CCD나 CMOS 등 화상 센서에서의 화상정보 출력은 대용량이다. 33 만 화소의 센서의 경우, 1 화소 16bit 로 하면 약 5. 2Mbit (약 660Kbyte)를 필요로 한다. 500 만 화소의 경우에는 약 160Mbit (약 20Mbyte)도 필요하게 된다. CCD 에서의 화상정보 출력은 고속이며, 일단 SRAM · SDRAM 등에 내장된다. 그 후, 화상처리, JPEG 압축처리, 메모리카드에의 내장을 한다.

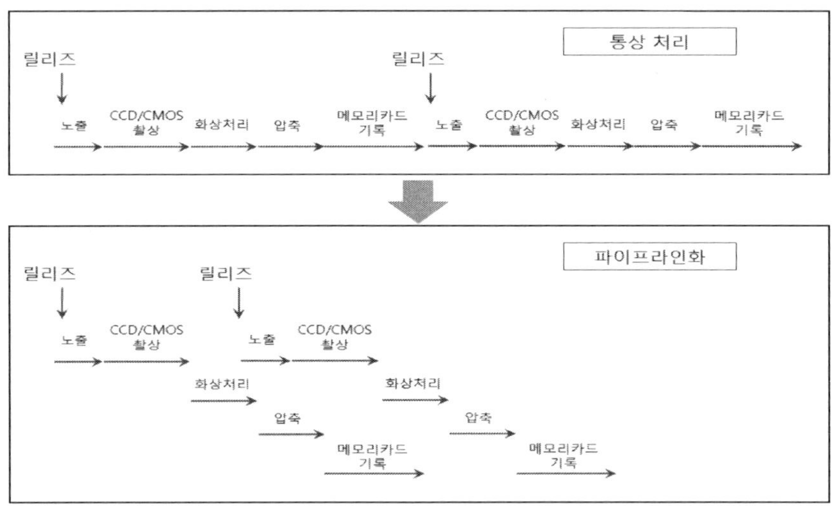

[그림 7.3.5] 촬영 간격의 단축

[표 7.3.2] 하드웨어/소프트웨어의 기능분담(예)

처리	하드웨어/소프트웨어 기능분담
정지화면 처리	하드웨어(화상처리엔진)
화상처리	하드웨어(화상처리엔진)
화상압축	하드웨어(화상처리엔진)
메모리카드 기록	소프트웨어
손떨림 보정	소프트웨어＋하드웨어 (화상처리엔진)
AF (자동초점)	소프트웨어＜거리측정, 렌즈이동 제어 등＞
AE (자동노출)	소프트웨어＜조리개 수치와 셔터속도의 제어 등＞
프린터 제어	소프트웨어
엄지손가락 표시	소프트웨어＋하드웨어(화상처리엔진)
사용자 인터페이스	소프트웨어

그러나 CCD 에서의 화상데이터 출력이나 압축을 위한 메모리, 읽고 쓰기 등의 액세스가 메모리 및 버스를 점유 하여 병렬동작하는 화상처리나 JPEG 압축처리를 동작할 수 없을 가능성이 생각된다.

이러한 일을 고려하여 버스 폭 및 버스 속도 제어순서 등을 설계할 필요가 있다. 브레드보드 등을 사용하여 검증을 반복하고 최적화를 꾀한다.

③ 전력절약과 고성능의 실현

디지털카메라에 있어서의 하드웨어와 소프트웨어의 기능분담 예를 [표 7.3.2]에 나타냈다. 손떨림보정은 AE(Auto Exposure ：자동 노출), AF(Auto Focus ：자동 초점)에 계속되는 카메라의 자동 제어기능이다. 종래의 기종에서는 소프트웨어로 처리하고 있었지만, 최근의 기종에서는 일부를 하드웨어로 고속처리하는 것으로, 보다 정밀도의 높은 손떨림 보정을 실현하고 있다.

촬영이 끝난 사진을 LCD 에 표시(재생) 하는 경우나 엄지손가락 표시하는 경우에는 하드웨어의 화상처리기능을 이용한다. 소프트웨어로 실행하는 것보다도 고속으로 실현할 수 있다.

이와 같이 소프트웨어 처리가 아니고 하드웨어 처리로 하는 것으로, 소비전력이 높은 프로세서의 사용을 최소한으로 억누르는 것이 가능하다. 하드웨어 처리는 반도체 제조기술의 진화에 의한 미세화(보다 작게 LSI를 만든다)에 의하여 고속·전력절약을 실현할 수 있다.

또한, 조작에 관한 UI 는 제품의 쓰기를 결정하는 중요한 항목이다. Usability 를 고려한 설계가 필수이며, 동일 제조메이커 내에서의 조작성 통일 등 프로덕트 라인적으로도 고려한 설계가 필요하다.

④ 전력절약의 실현

위에서 설명한 바와 같이 가능한 한 하드웨어 처리로 하는 것으로, 고성능과 전력절약의 트레이드오프를 실현하고 있다. 이것들은 실제로 촬영을 실행하고 있을 때의 조건이지만, 촬영을 하고 있지 않을 때도 전원이 투입되고 있다.

이러한 촬영대기 상태에 대해서는 사용하지 않은 하드웨어나 MPU 에는 전원이나 클럭 공급을 정지하고 소비전력을 가능한 한 저감 하고 있다. 릴리즈 키 등의 버튼이 누르면 하드웨어나 MPU 에 대해서 전원이나 클럭이 공급되고 처리가 실행되지만, 이 버튼 누름의 감시를 실행하고 전원이나 클럭 공급을 개시하기 위해서, 5bit 클래스의 전력절약 MPU 가 내장되고 있다.

2) 개발-뷰

개발 언어는 C 언어나 C^{++} 언어를 이용하는 것이 많다. ROM 이나 RAM 의 제약, 환약, 인원 등의 관점에서 이러한 선택을 하고 있다고 생각된다. 개발환경은 내장되는 MPU 에 의존된다. 반도체 제조메이커나 RTOS 가 제공하는 RTOS 대응의 IDE 가 사용되는 것이 많다.

테스트나 디버그로 이용되는 검증 환경은 시뮬레이션 환경도 준비되지만, 디바이스 제어가 대부분을 차지하기 위해서 브레드보드를 사용한 검증 환경이 많이 이용된다. 디지털카메라의 브레드보드는 PDA나 리모콘과 달라, MPU 주변장치 이외의 디바이스가 많이 내장된다. 전용 반도체를 중심으로, 경통, 액정 디스플레이, 메모리 등 많은 디바이스가 내장되어 브레드보드 초기의 시점에서는 불안정한 동작도 많고, 문제분리 등으로 많은 공정수를 필요로 하는 케이스가 보인다.

디버그시에는 JTAG 접속이나 모니터 접속에 의한 프로그램이나 데이터의 모니터링에 의하여 정보수집을 실행하는 것이 많다.

3) 보수-뷰

디지털카메라에 있어서의 소프트웨어 갱신은 기종에 따라서 다르지만, 고기능의 기종에서는 리무버블로 되어 있어, 출하 후의 소프트웨어 갱신이 가능하여지고 있다. 디지털카메라의 경우에는 SD 메모리카드 등의 메모리카드를 개입시킨 소프트웨어 갱신이 가능하다. PC/WS 등으로 작성한 갱신정보를 메모리카드에 내장하고 특정의 조작을 하는 것으로 소프트웨어 갱신을 한다. 갱신 시에는 배터리 동작이 아니고 AC 전원 접속 시만 소프트웨어 갱신가능으로 하는 등, 소프트웨어 갱신중의 전원차단 대책을 하고 있는 케이스도 있다.

7.3.3 리모콘

리모콘은 TV 나 비디오, 에어컨 등의 제어를 할 때에 이용하는 친밀한 임베디드 제품이다. 최근에는 본체에서의 조작보다, 리모콘에 의한 조작이 전제로 설계되는 제품도 많아, 빠뜨릴 수 없는 존재가 되고 있다.

덧붙여 여기서 대상으로 하는 리모콘은 고기능의 모델이 아니고, 2.2절에서 설명한 심플한 TV 용의 리모콘을 상정하고 있다.

1) 기능-뷰

여기서는 리모콘의 소프트웨어 구성 및 특징적인 기능에 대하여 설명한다.

① 소프트웨어 구성

리모콘의 소프트웨어는 커스터마이즈 된 전용 OS 를 중심으로, 인터럽트 지향의 처리를 배치하는 구성이 되고 있다.

OS 는 커스터마이즈 된 전용 OS 를 이용하는 것이 많아, 제조 메이커에서 프로덕트 라인으로서 공용된다. 미들웨어가 도입되는 케이스는 적고, 프로덕트 라인으로서 부품화 된 기능이나 처리를 이용하고 있다. 이들 소프트웨어의 재 이용률을 높이는 것으로, 가동실적이 있는 고품질인 소프트웨어를 사용하고 단기간으로 개발하는 것을 가능하게 하고 있다[그림 7.3.6].

② 상태전이를 기본으로 하는 제어

리모콘은 버튼 누름에 의한 이벤트를 상태전이 모델로 제어하고 있다.

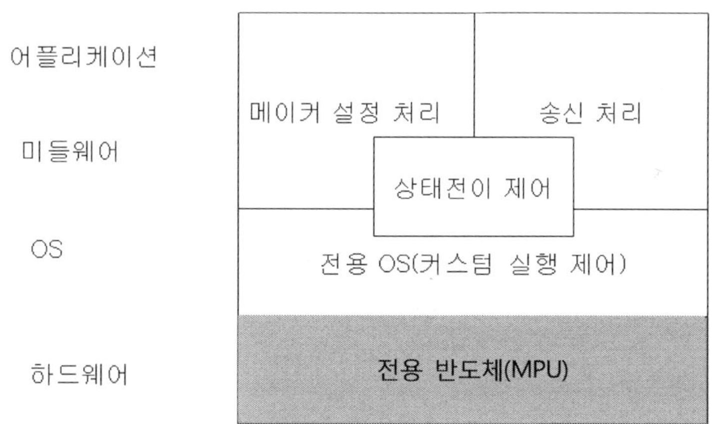

[그림 7.3.6] 리모콘의 소프트웨어 구성 이미지

특정 상태(대기상태나 연속 송신 상태 등)로, 버튼 누름이나 전원계의 이벤트를 검출하고 실행해야 할 처리가 결정된다.

2.4 절에서 설명한 리모콘에 있어서 상태전이에 대하여 설명한다. 또한, [표 7.3.3]에 상태전이표를 제시하였다.

상태전이표를 사용하면, 비어 있는 셀에 실제로 처리가 없는지 등, 누락의 체크도 실행할 수 있다. 또한, 테스트 항목의 누락도 체크할 수 있다.

소프트웨어를 개발하기 전에는 이러한 상태전이도 등을 활용하여 전체적인 움직임을 파악하고 나서 개발을 진행시키는 것을 권한다. 전문 프로그래머에게는 요구사양에서 곧 프로그램의 개발을 스타트 하고 있는 것처럼 보이는 사람도 있지만, 머릿속에서 이러한 프로세스를 실행하고 있는 것이다. 본래는 프로세스를 밟고 문서를 남겨 일을 하는 것이 올바르다. 익숙하지 않은 사람은 몇 번이나 프로세스를 밟아서 전체가 보이게 된 후에, 프로세스를 생략 하는 것을 생각하면 좋겠다.

[표 7.3.3] 리모콘의 상태전이표

	초기 상태	대기상태		연속 송신 상태
전지를 세트	→ 대기상태			
MUTE + 전원 키 누름			메이커 설정 후 전원 코드를 5회 송신 → 메이커 설정 상태	
전원 키 누름		연속 5회 전원 코드를 송신 → 대기상태	메이커 설정을 변경 하여 그 전원 코드를 5 회송신 → 메이커 설정 상태	
키를 떼어 놓는다			→ 대기상태	→ 대기상태
채널+키 누름				채널+코드를 송신 → 연속 송신 상태
채널 -키 누름				채널-코드를 송신→ 연속 송신 상태
MUTE 키 누름		연속 5회 소음 코드를 송신 → 대기상태		
VOL + 키 누름				음량 대 코드를 송신 → 연속 송신 상태
VOL - 키 누름				음량 소 코드를 송신 → 연속 송신 상태
LINE 키 누름		연속 5회 입력 변환 코드를 송신 → 대기상태		
전압저하	→ 초기 상태			

③ 전력절약의 실현

리모콘에서는 버튼누름에 의한 신호 송신 등의 처리를 실행 후에 SLEEP 상태에 전이한다. SLEEP 상태는 버튼누름의 검출회로 이외는 모두 전원공급을 정지한 상태이며, 버튼누름을 실행하지 않는 한 거의 전력을 소비하지 않는 상태가 된다. 이것에 의하여 버튼 전지나 건전지의 장기간 이용을 실현하고 있다.

2) 개발-뷰

개발언어는 C 언어나 어셈블러언어를 이용하는 것이 많다. 개발환경은 전용 반도체에 포함되는 MPU 에 의존한 개발환경을 이용한다. 반도체 제조메이커나 소프트웨어 공급자가 제공하는 컴파일러 등이 사용된다.

또한, 소프트웨어의 기본구조가 거의 같은 것이어서 소프트웨어의 자동생성도 보급되고 있다. 개발머신(범용)의 어플리케이션 소프트웨어로서 제공되어 버튼과 송출신호의 대응하는 조건을 입력하면, 소프트웨어가 자동 생성된다.

테스트나 디버그로 이용되는 검증환경에는 시뮬레이션 환경도 준비되지만, 소프트웨어의 부품화나 재이용이 많이 행해지고 있는 것에서 브레드보드를 사용한 검증환경이 많이 이용된다. 디버그시에는 ICE 를 접속하고 프로그램이나 데이터의 모니터링에 의하여 정보 수집을 실행한다. 이 브레드보드는 거의 전용 반도체와 동등의 기능을 구비하고 있다.

3) 보수-뷰

리모콘에 있어서의 소프트웨어 갱신은 리무버블은 아니고 레지던트이며, 출하 후의 소프트웨어 갱신은 고려되어 있지 않다.

정 리

이 장에서는 다음의 내용을 설명하였다.

1) 임베디드 어플리케이션의 특징

① 기능사양을 실현하는 것이 임베디드 어플리케이션이다.
② 임베디드 어플리케이션은 실세계와의 상호작용을 한다.
③ 임베디드 어플리케이션이 시장 유통하는 것은 드물다.
④ 임베디드 어플리케이션은 리얼타임성, 메모리 용량, 높은 신뢰성과 안전성, 전력절약, 하드웨어와의 병행개발 등, 많은 제약조건의 아래에서 개발한다.
⑤ 임베디드 어플리케이션은 Usability의 실현이 중요하다.
⑥ 소프트웨어 규모는 소규모로 부터 대규모까지 다방면에 걸친다.

2) 임베디드 소프트웨어의 레이어모델 설명

① 기능–뷰 모델은 플랫폼, 임베디드 OS, 미들웨어, 어플리케이션에서 구성된다.
② 하드웨어의존 처리는 디바이스 드라이버에 정리 내장되는 케이스와 어플리케이션에 각각 내장되는 케이스가 있다.
③ 범용계 OS 상당한 경우와 커널 수준의 OS 의 경우로, 미들웨어로 불리는 범위가 다르다.
④ 기능–뷰 모델은 플랫폼의존과 비의존으로 분류하여 정리할 수 있다.
⑤ ICE/JTAG 나 로직어낼라이저/오실로스코프를 사용한 하드웨어상에서의 검증을 하고 있다.
⑥ 시뮬레이터를 사용한 검증은 작업효율이나 개발기간의 관점에서 유효하다.
⑦ 보수–뷰모델은 레지던트와 리무버블로 나누고 정리할 수 있다.
⑧ 레지던트에서는 ROM 교환 등을 따르는 하드 보수레이어와 FlashROM 갱신등의 소프트 보수레이어로 나누고 정리할 수 있다.
⑨ 리무버블에서는 미디어를 이용하는 방법과 네트워크를 개입시킨 방법이 존재하고 양쪽 모두를 가능한 기기나, 양쪽 모두를 조합하고 실현되는 방법도 있다.

3) 임베디드 어플리케이션 예

① PDA 의 기본 소프트웨어 개발은 OS 제공사에서 제공되는 개발 킷을 사용한 개발을 한다.
② PDA 의 어플리케이션 개발은 IDE 를 사용한 범용계 어플리케이션과 같다.
③ 디지털카메라에서는 각종 고속화의 연구를 하고 있다.
④ 디지털카메라에서는 소프트웨어와 하드웨어에서의 기능분담이 되어 고성능과 소비전력 절감이 되고 있다.
⑤ 리모콘에서는 상태전이를 기본으로 제어를 실장하고 있다.

08

임베디드 시스템의 품질

앞장까지는 임베디드 소프트웨어 기술에 관하여서 중점적으로 설명하였다. 8장에서는 임베디드 소프트웨어의 개발에서는 일반적으로 중요한 품질로 정의되는 품질특성을 이용하면 품질에 대한 이해도가 깊어진다. 품질의 정의를 감안하여, 일반적인 품질특성에서는 안 보이는 임베디드 시스템 특성에 관하여서 설명한다. 임베디드 시스템의 개발을 진행시켜 나가는데 지침이 되고 있고, 소프트웨어공학으로 정의되는 개발프로세스에 대한 깊은 이해가 필요하다.. 소프트웨어공학의 개발프로세스를 거치고 난 후에도 관리할 수가 없는 임베디드 소프트웨어의 특성이 되는 부분을 설명한다. 그 밖에 개발프로세스를 실행하는데, 필요한 관리 기술이나, 설계 기법에 관하여서 소개를 한다.

개발프로세스의 최후가 되는 테스트는 일반적인 소프트웨어공학상의 테스트 기법을 이용한 테스트 방법에 관한 설명과 더불어, 임베디드 특유의 테스트 방법이나, 특유의 기술에 관하여서 설명을 한다.

8. 1 품질의 중요성

임베디드 소프트웨어의 개발에 있어서 중요한 품질에 대하여 설명한다. 일반적인 품질의 정의나, 품질을 확보하기 위한 개발프로세스 관리에 대하여 설명한다. 또한, 임베디드 시스템 특유의 고려하여야 할 사항에 대하여 설명한다.

8. 2 개발프로세스

개발프로세스 및 개발프로세스에 있어서의 액티비티(Activity)를 설명한다. 일반적으로 정의되고 있는 개발프로세스의 정의나, 프로세스 모델에 관한 설명을 한다. 또한, 하드웨어와의 관계를 중점적으로 하여 임베디드 시스템 특유의 고려가 필요한 사항에 관하여서 설명을 한다.

8. 3 테스트와 디버그

품질을 확인하는 작업인 테스트와 버그를 찾아내는 작업인 디버그에 대하여 설명한다. 임베디드 소프트웨어에 있어서의 테스트와 디버그가 하드웨어에 의존한다는 것과, 일반적으로 정의되는 테스트 기법을 사용한 테스트 방법에 관하여서 설명한다.

8.1 품질의 중요성

품질의 향상, 품질의 개선이라고 일반적으로 말하는 품질이란 무엇인지를 알 필요가 있다. 제품의 품질을 검토하는 경우는 우선 사용자의 관점에서 생각할 필요가 있다.

사용자의 관점에서 보면, 한마디로 고장 나지 않고 오래 사용할 수 있는 제품이, 좋은 품질이라고 생각된다. 사용자의 관점에서 요구되는 품질을 확보하기 위해서, 개발자 측면에서 품질목표를 정의하여 품질목표를 달성하기 위해서 무엇을 고려하고 개발을 진행시키는 것이 중요한지를 소개한다.

8.1.1 임베디드 시스템에 요구되는 품질이란?

사용자가 요구하는 품질은 고장 나지 않고 오래 사용할 수 있는 제품이다. 이 사용자의 품질관점을 개발하는 측에서 생각했을 경우, 품질의 최종 목표는 안정하게 동작하고 스펙과 다르지 않아야 한다. 범용계의 소프트웨어 개발과 달라, 임베디드 소프트웨어 개발에서는 다종다양한 요구가 요구된다. [표 8.1.1]은 최근 발생한 임베디드 소프트웨어의 품질문제를 나타내고 있다.

임베디드 소프트웨어는 공급된 후에 소프트웨어를 갱신하는 기능이 없는 경우나, 소프트웨어를 갱신할 수 있는 기능은 있지만 갱신 처리가 제품에 대한 마이너스 이미지를 만드는 것이 많다. 예를 들면 PC가 최적이다. BIOS, 드라이버, 그리고 OS 등 모든 소프트웨어는 갱신을 할 수 있게 되어 있다. PC 에서도 불편에 따른 소프트웨어 갱신은 마이너스 이미지를 주지만, 사용자에게 있어서는 보유하는 시스템의 품질이 향상되므로 큰 마이너스 이미지는 되지 않는다.

한편, 임베디드 소프트웨어는 소프트웨어 갱신기능이 있어도 소프트웨어 갱신이 허용되지 않는 시장이나 환경에서 사용되는 것이 많다. 이것은 임베디드 소프트웨어의 응용범위가 넓고, 또 사용자의 정보 리터러시 수준이 PC 이상으로 폭이 넓은 것에 기인하고 있다.

8.1.2 제품에 의한 품질 요구의 차이

품질이라고 하여도 제품의 차이에 따라 요구되는 내용이나 수준이 다르다. 예를 들면, 일반소비자 전용 디지털 카메라와 의료용 디지털 카메라는 화상품질이 다르다. 「예쁘게 찍힌다」와 「틀림없이 확실히 찍다」 등의 요구되는 품질의 내용이 달라진다. 통신기기의 경우에서도 112 번, 119 번등의 긴급 전화를 제공하는 교환시스템과 메일이나 Web 등, 인터넷에 접속하는 통신시스템에서는 신뢰성 품질이 크게 다르다.

[표 8.1.1] 실제로 일어난 현상 예

제 품 명	일어난 현상
TV	리모콘으로 전원을 끄면, 다음부터 기동할 수 없다
휴대폰	특정 조작 후에 특정의 어플리케이션의 기동을 할 수 없다
전화기	커서 조작 후에 기동할 수 없다
전자화폐	이중 지불이 발생 한다

임베디드 소프트웨어가 적용되는 제품의 특성에 의하여 요구되는 품질이 바뀌는 것에 유의하여 개발을 실행하는 것이 필요하다. 인명과 관계되는지 아닌지, 사회생활에 관련된 인프라인지, 얼마나 많은 제품이 출시되는지 등과, 문제가 발생했을 때의 영향을 고려하여 품질을 확보할 수 있는 개발을 할 필요가 있다.

8.1.3 품질목표

품질의 최종 목표는 안정적으로 동작하고, 스펙(Spec.)과 다르지 않게 관리하는 것이 된다. 그러나 안정적으로 동작하고 스펙과는 다르지 않게 하기 위하여 무엇을 목적으로 개발·실현되면 좋은가에 대한 내용에 관하여서 소개한다.

1) 품질특성

[표 8.1.2]는 ISO9126로 정의되고 있는 품질특성이다. 여기서 나타나는 용어만으로는 추상적이며 구체성이 부족할지도 모른다. 그러나 일반적으로 정의되고 있는 품질이란 어떤 것인지를 이해하는 의미에서는 기준이라고 생각하여도 좋다.

ISO9126에 정의되고 있는 품질특성의 용어가, 구체적으로는 무엇을 나타내고 있는지를 이해하는 것이 품질확보의 교두보가 된다. 여기서 정의된 품질특성의 의미를 해석하고 실제로 개발하는 시스템에 적응되는 것을 선택하여, 디자인 리뷰 때의 체크 시트로 하고 개발시에 편리한 도구로서 사용하는 것이 바람직하다. 모든 품질특성에 대해서 완벽하게 대응하는 것은 현실적으로는 불가능한 것이 많다. 비용이나 개발기간과의 트레이드오프(Trade Off)에 의하여 기능의 실장 판단뿐만이 아니라, 어느 품질특성을 어느 수준까지 요구하는가 하는 판단을 하는 것이 필요하다.

[표 8.1.2] ISO9126로 정의되고 있는 품질특성

용 어	정의되고 있는 일
기능성	목적부합성, 정확성, 상호 운용성, 표준 적합성, 보안(Security)
신뢰성	성숙성, 장애 허용성, 회복성
사용성	이해성, 습득성, 운용성
효율성	시간 효율성, 자원 효율성
보수성	해석성, 변경성, 안정성, 시험성
이식성	환경 적용성, 설치성, 규격 적합성, 치환성

2) 시스템의 이해

실제로 개발하는 문제가 발생했을 경우, 개발하는 시스템이, 무엇을 실현하는지, 무엇이 요구되고 있는지를 검토하게 된다. 시스템에 요구되는 사항에서, 요구되고 있는 사항을 추상적인 것을 구체적인 것으로 하기 위한 검토나, 이해 관계자(Stakeholder)와 조정을 반복하면서 의견을 정리하여 문제가 되는 사양을 시스템 규격서라고 하는 문서로서 명문화한다.

이 문서는 이후의 공정으로 중요하고, 특히 최종적인 공정이 되는 시스템 검증에서는 시스템 요구사항이라는 확인을 위한 테스트 항목 추출에 이용되게 된다.

시스템 규격서를 기본으로, 시스템에 요구되는 품질이 어떠한 것일까를 검토한다. 품질의 검토에 관해서는 품질특성 마다 표현된 품질목표 등을 구체화하게 된다. 구체화하는 것으로써, 개발프로세스나 관리에 있어서의 유의사항(프로세스 선택이나 리스크 관리 등)이나, 최적인 설계의 기법 선택이 가능하다.

3) 버그는 완전히 제거할 수 없다

"버그를 완전히 0으로 제거할 수 없다."라고 일반적으로 말한다. 그 근거는 1940 년대에 괴델이 증명한 불완전성 원리에 근거하고 있다. 즉, 정수의 세계에 있어서, 어느 문제에 대한 하여답을 작성했을 때, 그 하여답의 올바름을 증명할 수가 없는 문제가 존재하는 것이다. 바꾸어 말한다면, 어느 문제집에 대하여 하여답집을 작성했을 때, 그 하여답집이 올바르다고 하는 것을 누가 어떻게 하여 증명할 수 있는가 하는 것이며, 그 하여답 속에는 올바름을 증명할 수 없는 것도 포함되어 있을 가능성이 있다고 하는 것이다. 이것을 소프트웨어 개발에 비유한다면, 어느 요구에 대한 하여답으로서의 소프트웨어를 개발했을 때, 그 소프트웨어가 올바른 것인지 아닌지를 증명하는 것은 극히 어려운 일이다고 하는 것이 된다. 소프트웨어의 버그의 발생 원인은 버전 업 등을 포함하여 말하자면 요구 사양의 변경에 의하여 발생하는 등, 다종다양하다. 이상적이기는 소프트웨어 개발에 있어서의 궁극의 목표는 버그를 완전히 제거하는 것이며, 그것이 고품질의 증거로도 된다. 그러나 괴델의 불완전성 원리의 저주와 기간/비용이라고 하는 제약사항이 있어, 버그를 0으로 하는 것은 어렵다. 버그를 0으로 하는 것이 제약사항으로서 달성할 수 없는 것을 전제로, 제품 출하 후에 버그를 수정하는 방법도 생각하여 두는 것이 필요하다. 최근, 소비자(Consumer)전용 기기에는 소프트웨어 갱신기능을 구비하고 있는 것이 증가하고 있다.

4) 유사 시스템의 버그 정보의 이용

버그수습 곡선(신뢰성성장 곡선)을 이용하는 것에 의하여 개발하는 시스템에서 문제가 되는 부분의 들추어내기가 생긴다[그림 8.1.1]. 그러나 실제 작업시간이나 작업품질 수준 등에 의하여 곡선 자체의 신뢰성이 바뀌기 때문에 절대적인 신뢰를 줄 수 있는 것은 아닌 점에 주의할 필요가 있다.

또한, 불편이 발생하는 추세를 잡기 위해서 불편정보 리스트를 이용하는 것을 추천한다. 이 문서를 이용하는 것으로, 상세한 정보를 수집할 수가 있어 품질대책 수립에 이용할 수 있다. 예를 들면, 불편이 포함된 공정을 파악하는 것, 불편이 어떤 추세로 발생하고 있는지를 확인하는 것에 의하여 사전에 대응책을 세우는 것이 가능하게 된다.

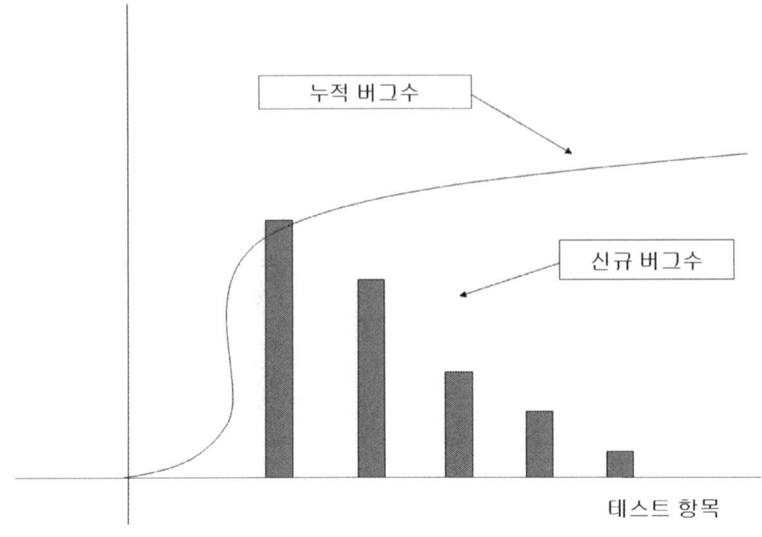

[그림 8.1.1] 버그수습 곡선

8.1.4 개발프로세스의 관리

품질을 높이기 위해서는 품질목표를 설정하는 것만으로는 불충분하다. 개발프로세스라고 하는 긴 터널을 빠져 가는 동안, 그 개발을 진행하기 위해서 개발프로세스를 관리한다고 하는 또 하나의 품질 향상에 빼놓을 수 없는 기술이 있다.

1) 소프트웨어공학에서의 개발프로세스의 관리

소프트웨어 개발을 실행하려면, 다양한 개발프로세스의 관리 기법이 있다. 일반적으로, 소프트웨어공학으로 정의되고 있는 개발프로세스 관리 기법의 대표예로서 폭포수(Waterfall)형 개발프로세스와 반복형 개발프로세스가 있다.

① 폭포수형 개발프로세스

소프트웨어 개발공정을 요구정의/외부설계/내부설계/프로그래밍/테스트라고 하는 공정에 분할하고 이것들을 차례로 실행한다. 이 차례는 한 방향으로, 폭포의 물이 위에서 아래로 흘러 떨어지도록 개발공정을 진행시켜 나가는 것이기에 폭포수형[그림 8.1.2]으로 불리고 있다.

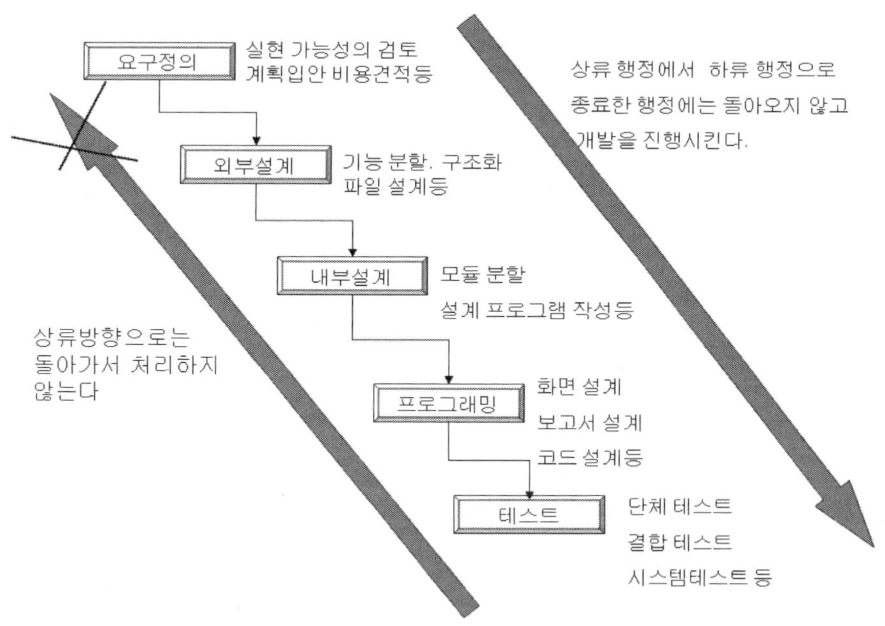

[그림 8.1.2] 폭포수형 개발프로세스

폭포수형의 프로세스는 개발의 초기의 단계에서 사용자요구(User Requirements)가 모두 정하여져 있는 경우에는 효율적인 방법이다. 종래의 소프트웨어 개발프로세스에서는 폭포수형이 주류였다. 폭포수형에서는 한 번 종료한 공정에는 돌아가지 않는 것이 전제이다. 그러나 최근의 개발에서는 개발의 도중에 사양변경이 발생하고 이전의 공정으로 돌아갈 필요가 생기는 것이 많이 있다. 이러한 경우에는 이전의 공정으로 돌아갈 수가 없기 때문에 개발 도중에 발생하는 사양변경에 유연하게 대응할 수 없다. 또한, 개발 규모가 커지는 만큼 막대한 비용이 드는 단점이 있다.

② 반복형 개발프로세스

반복형 개발프로세스[그림 8.1.3]는 시스템의 개발 대상(Scope)을 미리 분할하고 그 중에 요구정의에서 실장까지의 공정을 반복하여 실행한다. 폭포수형과 달리, 분할된 시스템을 반복하면서 개발하기 때문에 사양변경에도 유연에 대응할 수가 있다. 이 반복형 프로세스는 객체지향에 이용되는 것이 많아, 시스템을 객체(Object)로 구성할 수가 있다. 책임 범위가 명확하게 분할되고 있으므로, 객체지향에 쉽게 적용할 수 있다.

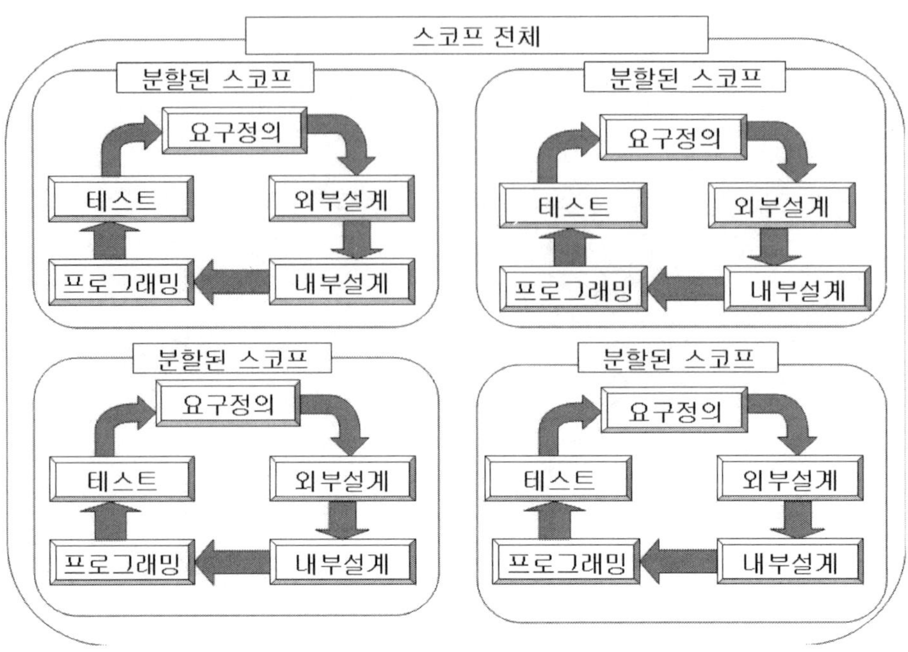

[그림 8.1.3] 반복형 개발프로세스

2) 임베디드 개발에 있어서의 프로세스와 관리

임베디드 소프트웨어의 개발에서는 소프트웨어공학의 성과를 충분히 다 살릴 수 없는 면이 있다. 이것은 임베디드 소프트웨어의 개발은 범용계 소프트웨어 개발과 다른 측면이 있어, 임베디드 특유의 문제가 유발되기 때문이다.

임베디드 소프트웨어의 개발은 범용계의 소프트웨어 개발과 달리, 제약사항이 많이 존재하고 있다. 이것은 임베디드 소프트웨어에 요구되는 요구 사항이 다종다양하기 때문인 점을 들고 있지만, 그 중에서도 하드웨어에서 받는 제약이 큰데, 이는 임베디드 소프트웨어의 개발 프로세스는 하드웨어에 의존하고 있기 때문이라고 말할 수 있다. 또한, 단기간에 대규모로 복잡한 개발이 요구되기 때문에 사양변경이 많아, 공정의 후퇴가 생길 가능성이 높다. 후퇴가 있는 것으로 인하여 공정관리에 있어서 관리에 대한 특유의 스킬이 요구된다.

3) 임베디드 소프트웨어 개발에 관한 제약사항

임베디드 소프트웨어는 하드웨어에 내장되는 소프트웨어이기 때문에 많은 제약사항이 있다. 여기에서는 임베디드 소프트웨어의 제약사항에 관하여서 소개한다.

이 제약은 크게 나누어 세 종류가 존재하고 플랫폼에 기인하는 제약, 하드웨어에 기인하는 제약, 실세계와의 상호작용에 기인하는 제약으로 분류할 수 있다.

[표 8.1.3]에 제시한 제약사항은 임베디드 소프트웨어의 개발을 진행시켜 나가는데, 다양한 요구 부분에 영향을 준다. 예를 들어서 제약사항이 어떤 경우에 영향을 줄까를 아래와 같이 설명한다.

[표 8.1.3] 임베디드 소프트웨어의 제약사항

제약사항	개 요
플랫폼에 기인하는 제약 (사용하는 기기의 선택사항에 있어서의 영향)	임베디드 소프트웨어는 플랫폼의 자유도가 넓기 때문에 많은 일에 개발이 좌우된다. 예를 들면, 리모콘 장치와 같이 단순한 플랫폼의 경우, OS 소프트는 사용하지 않는 개발이 된다. 또한, 휴대폰, PDA와 같이 복잡한 플랫폼에서는 OS, 미들웨어 등의 선정에서 어플리케이션 개발까지와 폭넓은 개발이 요구된다.
하드웨어에 기인하는 제약 (하드웨어 스펙에 의존한 소프트웨어 개발)	임베디드 소프트웨어는 사용하는 하드웨어 기기에 의하여 소프트웨어의 스펙이 좌우된다. 예를 들면, MPU나 메모리에는 많은 선택사항이 있어, 그 하드웨어에 의하여 소프트웨어의 실행 속도나 사이즈, 소비전력 등의 일이 크게 바뀐다.
실세계와의 상호작용에 기인하는 제약 (외부 환경 등의 영향, 프로그램 동작환경의 차이)	「임베디드 소프트웨어」가 서비스를 제공하는 경우, 실세계와의 상호작용(Interaction)이 영향을 준다. 예를 들면, 냉장고 등에 내장되었을 경우에는 외부의 기온 등이 소프트웨어의 동작에 중대한 영향을 미치는 경우가 있다. 그 외에도다양한 외부 환경 데이터나 조건이 동작 사양에 큰 영향을 미치는 경우가 많다.

소프트웨어 구조(아키텍처)의 설계의 경우에서는 플랫폼이나 하드웨어에 기인하는 제약을 제거(Clear)할 필요가 있다. 이 제약에 의하여 예전보다도 이상으로 임베디드 소프트웨어에는 복잡한 구조, 메카니즘이 요구된다.

검증·테스트에서는 플랫폼이나 하드웨어에 대응한 테스트 환경을 준비할 필요가 있다. 하드웨어나 실세계와의 상호작용이 제약에 대응한 테스트가 요구된다.

소프트웨어의 사양 면에서는 하드웨어나 플랫폼의 제약을 받기 때문에 소프트웨어 사양의 불확정성이 초래되기 쉽다.

8.1.5 임베디드 소프트웨어의 관리

임베디드 소프트웨어는 단기간에 대규모이며 복잡한 상반되는 일을 해결하는 것이 요구된다. 임베디드 소프트웨어의 개발에서는 상반되는 일에 대응하기 위해서 사양변경이 많아져, 개발의 공정의 후퇴가 일어난다. 후퇴가 일어나는 일은 당연히 수정이 요구되게 된다.

임베디드 소프트웨어 개발에서는 소프트웨어공학에 있어서의 각종의 기법을 도입하여도 대응 할 수 없는 경우가 많아, 「임베디드 소프트웨어」특유의 관리기법이 요구된다. 그러나 임베디드 소프트웨어에 적용할 수 있는 관리 기법은 확립되어 있지 않다. 이 문제를 해결하기 위해서는 경험칙을 쌓는 것 외에 해결할 방법이 없다고 생각하지만, 경험칙은 당연히 경험하지 않으면 안 되는 일이다. 경험칙을 쌓으려면, 많은 시간을 필요로 하기 때문에 관리기법의 확립이 곤란하게 된다.

이러한 상황에서는 전체적인 스킬을 동일하게 하고 많은 프로젝트에서의 노하우를 살리는 활동이 필요하게 된다. 항상 스킬과 노하우를 전하기 위한 활동을 실행하고 그 전한 내용을 표준화하여 나가는 것으로, 관리 기법을 확립하는 것이 현실적이다[그림 8.1.4].

8.2 개발프로세스

개발프로세스란, 개발공정과 그 공정관리를 가리키고 있다. 개발프로세스는 일반적으로 소프트웨어공학으로 정의되고 있는 기법을 이용하고 있는 것이 여러 분야에서 보인다. 여기에서는 일반적으로 정의되고 있는 소프트웨어공학의 개발프로세스와 임베디드 소프트웨어에 특유인 개발프로세스에 관하여서 소개한다.

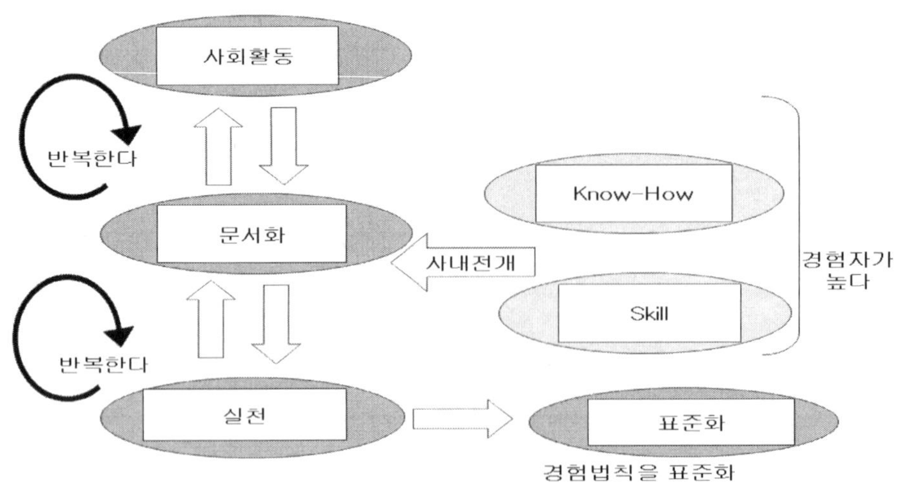

[그림 8.1.4] 관리의 표준화 활동

8.2.1 개발프로세스의 인식 방향

소프트웨어공학에서의 개발프로세스 이미지를, V모델로서 정의하고 있다. [그림 8.2.1]에 나타내는 V모델은 요구정의에서 프로그래밍까지의 전반의 공정에서는 개발프로세스가 진행되는 것에 따라, 단계적으로 상세하게 순차 분하여(Breakdown) 된다. 프로그래밍에서 운용테스트까지의 후반의 공정에서는 테스트공정이 진행되는 것에 따라, 단계적 통합화에 의하여 정리하는 구조가 되어 있다.

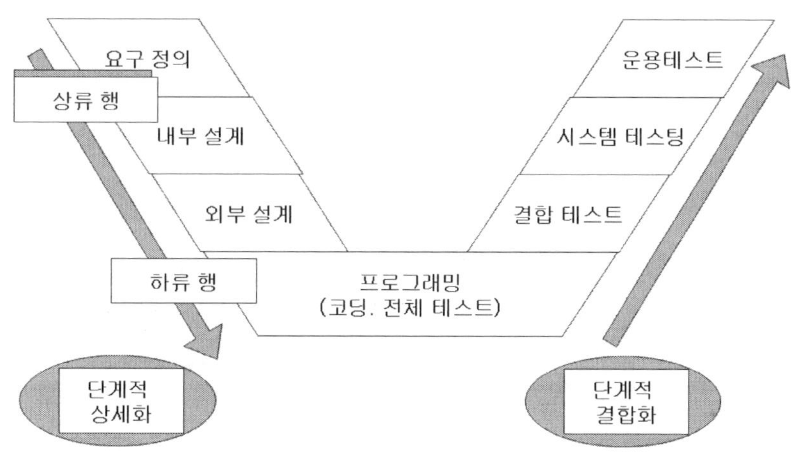

[그림 8.2.1]   V모델

소프트웨어공학에서는 V모델로 정의하여 있는 개발프로세스를 실행하기 위해서 다양한 개발프로세스 모델이 제안되고 실천되고 있다. 8.1.4 절에서도 소개했지만, 개발프로세스의 대표적인 것으로 폭포수형 개발프로세스와 반복형 개발프로세스가 있다. 여기에서는 그 이외에 소프트웨어공학으로 정의되고 있는 다양한 프로세스 모델을 [표 8.2.1] ~ [표 8.2.3]으로 [그림 8.2.2] ~ [그림 8.2.4]를 이용하여 소개한다.

1) 프로토타입 모델

[표 8.2.1] 프로토타입 모델 설명

프로토타입	요구정의의 단계에서 간단한 시작 소프트웨어인 프로토타입(Prototype)를 작성한다. 시작 소프트웨어를 이용하고 사용자 평가·피드백을 얻어, 프로토타입을 몇 번이나 개선하는 것으로서, 확실히 사용자 요구를 파악하는 것을 노린 프로세스 모델이다. 폭포수모델의 상류 공정에 프로토타입을 활용하여 개량한 모델이라고 생각할 수가 있다. 비교적 소규모의 시스템개발에 적합하다고 하는 평가가 있다.
장 점	간단한 프로토타입을 사용하는 것으로, 시스템의 이미지가 사용자에게 확실히 전하여져, 상호의 커뮤니케이션이 개선되어 최종 단계에서의 사용자와의 어긋나는 점을 큰 폭으로 줄일 수가 있다.
단 점	프로토타입의 작성에 시간이 걸리는 경우에는 적합하지 않다. 사용자의 의견을 너무 받아들이면, 일반적이 아닌 시스템이 되어 버릴 가능성이 있다.

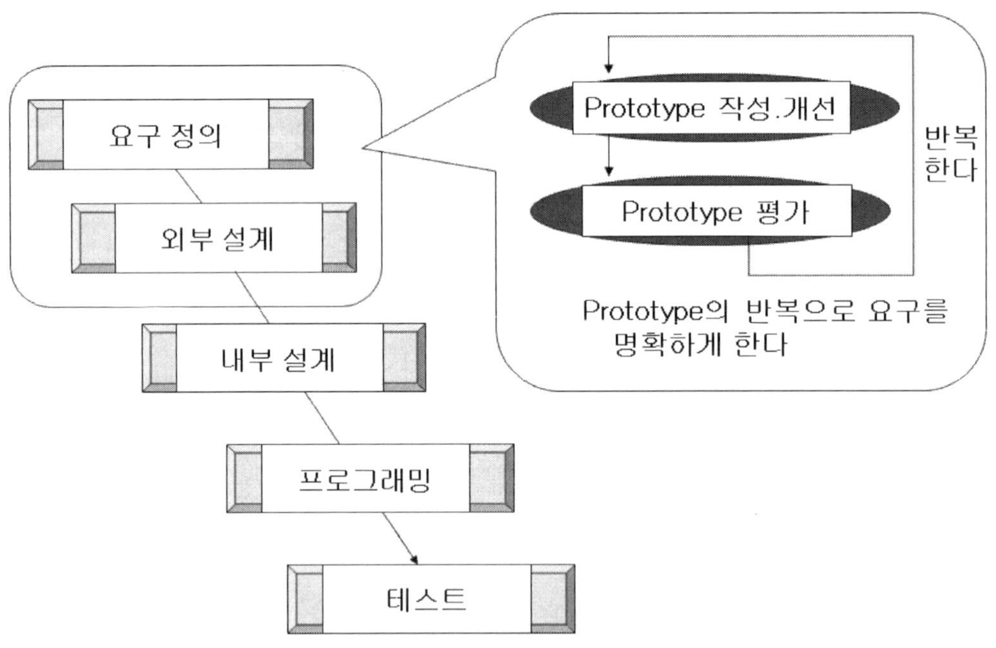

[그림 8.2.2] 프로토타입 모델의 예

RAD (Rapid Application Development)

단기간에서의 개발을 중시한 개발기법의 하나이다. 개발기간을 수개월로 한정하고 소수의
시스템 작성자와 사용자의 그룹이, CASE 툴이나 각종의 개발환경을 구사하고 그 사이에 최
대한이 성과를 올리도록 한 방법이다.

RAD는 다음과 같은 순서로 작업을 진행시킨다.

시스템 분석가(System Analyst)가 사용자 요건을 기본으로 시스템 규격서를 작성한다

시스템 엔지니어가 프로토타입을 작성한다

프로토타입을 사용자에게 테스트시켜 평가와 확인을 한다

사용자가 프로토타입에 만족할 때까지 ① ~ ③을 반복하여 행동 개발하는 작업이 무제한
으로 계속되지 않게, 일정기간을 설정(타임 박스)한다.

2) 성장 모델

[표 8.2.2] 성장 모델 설명

성장 모델	소프트웨어 개발의 프로젝트를 몇 개로 분할하고 처음은 작은 소프트웨어를 완성하고 서서히 성장시켜 가는 프로세스 모델이다. 작은 소프트웨어 개발프로세스를 몇 번이나 반복하여 실행하고 그 각각의 프로세스로 소프트웨어가 성장한다.
장 점	조금씩 재시도가 가능하고 유연성이 풍부한 개발프로세스 모델이다.
단 점	진척이나 비용관리 등의 프로젝트 관리가 어렵다.

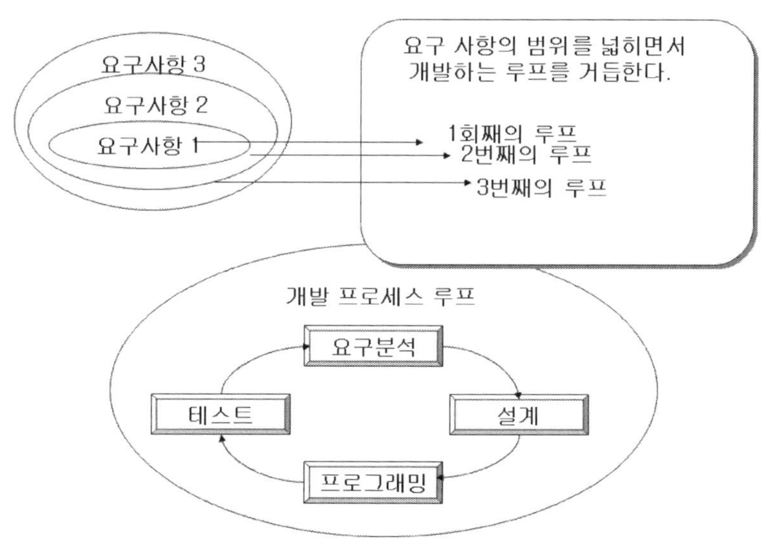

[그림 8.2.3] 성장 모델의 예

3) 나선형 모델

[표 8.2.3] 나선형 모델 설명

나선형 모델	소프트웨어 프로젝트 전체를 독립성의 높은 부분에 분할하고 각 부분마다 시스템을 개발하여 나가는 모델이다. 폭포수 프로세스를 몇 번이나 돌리면서, 평가를 반복하고 소프트웨어를 성장시키는 프로세스 모델이다. 성장 모델과 폭포수 모델을 조합한 프로세스모델로, 나선형(Spiral : 소용돌이)이라는 말대로, 폭포수의 프로세스를 거치면서 소프트웨어를 성장시킨다.
장 점	양 모델의 장점을 수용한 것으로, 대규모 소프트웨어 개발에도 적합하다.
단 점	관리면에서, 성장 모델과 같은 단점이 있다.

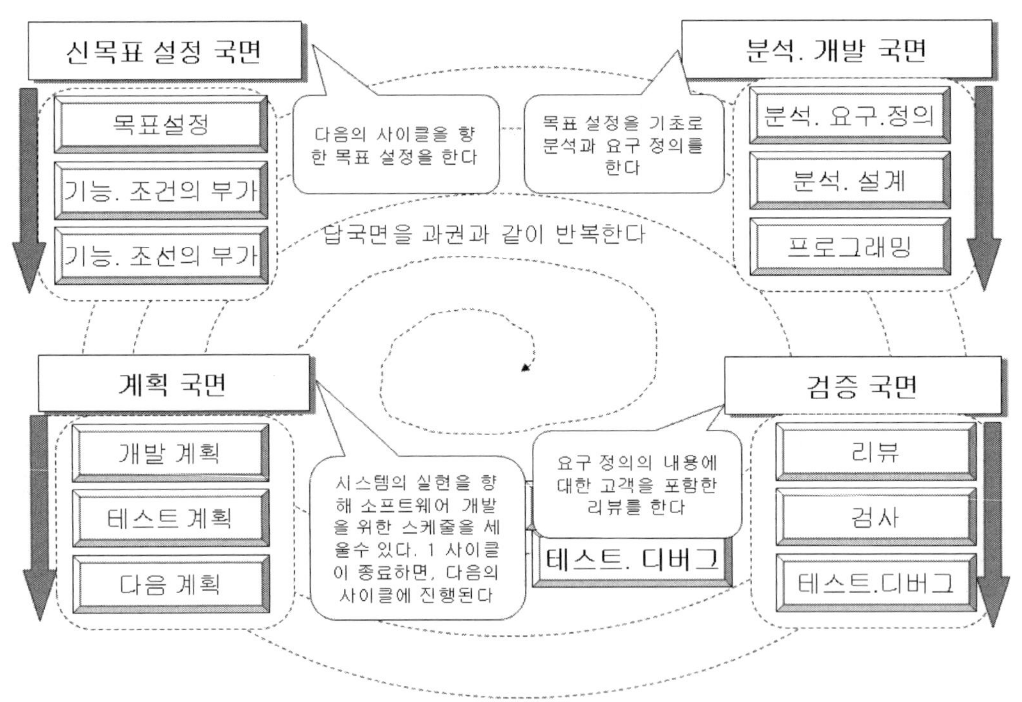

[그림 8.2.4] 나선형 모델의 예

4) 프로세스 모델의 선택

소프트웨어공학으로 정의되고 있는 개발프로세스 모델의 선택에 대해서 가장 중요한 것은 대상이 되는 소프트웨어 개발 프로젝트가 갖추고 있는 다양한 특성과의 궁합이다.

　적절한 선택을 하기 위해서는 예를 들면 소프트웨어의 규모나 성질과 대상 어플리케이션의 특징, 요구 사항의 안정도 부합여부(도중에의 변경이 필요한지), 시스템에 요구되는 신뢰성, 성장성, 소프트웨어의 부분적·단계적인 배포가 받아들여지는지, 프로젝트 멤버, 개발환경 등, 다양한 특성을 고려하는 것이 필요하다.

　일반적으로 개발프로세스에 있어서의 고려사항은 [표 8.2.4]에 나타내는 대로 된다. 각각의 프로세스 모델은 도중 수정에의 대응, 리스크 관리, 오버헤드, 진척 관리 등의 관점에서 장점이나 단점이 있다. 각각의 장점·단점을 소프트웨어 개발의 특성에 적용시켜, 소프트웨어의 개발을 계획하는 초기 단계에서, 가장 적절하다고 상정되는 모델을 선택할 필요가 있다.

[표 8.2.4] 프로세스 모델 선택 시 고려사항 일람

프로세스 모델 선택 시 고려사항
소프트웨어의 규모
프로젝트 멤버의 구성
프로젝트 멤버의 지식과 경험
요구의 명확성
대상 어플리케이션의 변화의 스피드와 양
개발기간과 비용
소프트웨어에 요구되는 신뢰성
개발의 지연에 의한 영향
시스템·아키텍처
사용하는 개발환경이나 소프트웨어 패키지

[표 8.2.5] 대표적인 모델링 수법

대표적인 모델링 기법	제창자
Booch 법	Grady Booch
OMT 법	James Rumbaugh
OOSE 법	Ivar Jacobson

8. 2. 2 임베디드에서의 개발프로세스

임베디드 소프트웨어가, 범용계 어플리케이션의 개발프로세스와 가장 다른 점은 하드웨어의 개발도 동시에 진행되고 있는 것이다[그림 8.2.5].

최초의 개발프로세스가 되는 시스템 설계 단계에서는 하드웨어, 소프트웨어 모두 같은 프로세스를 실행하게 된다. 시스템 설계 후의 개발프로세스는 시스템 설계 시에 작성되는 규격서를 기본으로, 하드웨어, 소프트웨어로 각각 개발이 진행된다. 각각의 개발프로세스가 종료하면, 시스템 검증을 하게 된다. 이 단계에서, 다시 하드웨어, 소프트웨어 같은 개발프로세스를 실행하게 된다. 임베디드 소프트웨어에서는 소프트웨어 개발프로세스도 큰 일이지만, 최초와 마지막 개발프로세스가 하드웨어에 의존하고 있으므로, 소프트웨어 개발 단독의 개발프로세스는 아니고, 하드웨어 개발이 동시에 진행되고 있는 것을 의식할 필요가 있다.

일반적으로 제품을 개발하는 프로세스는 [그림 8.2.6]에 나타내는 흐름이 된다. 제품 개발에서는 하드웨어와 소프트웨어의 개발프로세스에 대해서 동시에 실행하는 것이 필요한 경우가 있다. [그림 8.2.6]을 예를 들어, 하드웨어와 소프트웨어 개발프로세스가 어떻게 진행되는지를 설명한다.

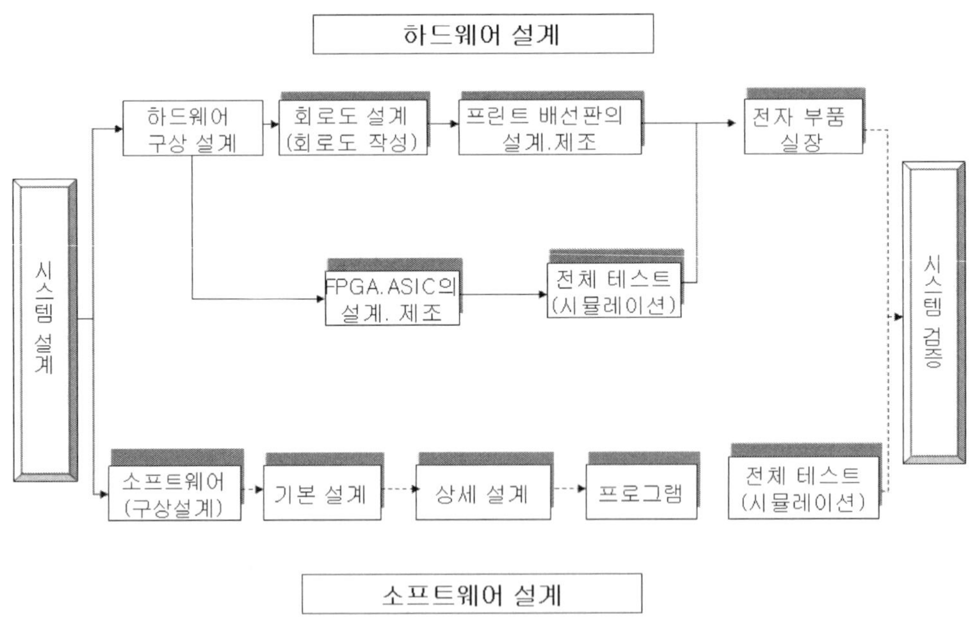

[그림 8.2.5]　하드웨어/소프트웨어의 개발프로세스

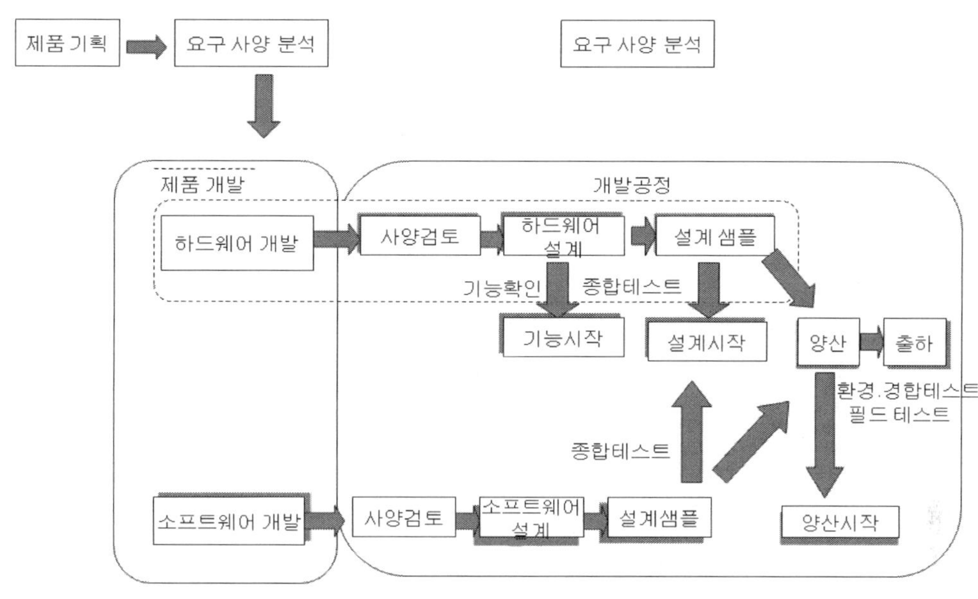

[그림 8.2.6] **제품의 개발프로세스**

1) 하드웨어 개발

하드웨어 개발에서는 이미 제품화된 것은 일부를 생략하는 경우나, 신규 개발의 항목이면 특수한 과정을 추가하는 경우도 있다. 반도체(LSI 등)의 개발이 필요하게 되는 경우에는 리드타임(Lead Time : 조달기간, 선행기간)이 걸리므로 개발프로세스상에서 고려가 필요하게 된다.

일반적인 하드웨어 개발에서는 3 단계의 시작공정(試作工程)이 수행되고 있다. 하드웨어는 시작(試作)을 실행하면서, 목적이 되는 제품을 개발하는 프로세스가 되고 있다[그림 8.2.6]. 시작은 기능시작/설계시작/양산시작이 있다. 특별한 경우를 제외해서는 각각 시작을 실행하고 제품을 양산화한다.

기능시작에서는 생각되고 있는 하드웨어 구성으로 문제없게 기능을 지원할 수 있는 것이나, 요구되고 있는 성능이 달성 되어 있는지를 확인한다. 또한, 신규개발 부품, 신규채용 부품의 성능, 기능 체크를 실행하고 기능이 만족 되어 있는지를 평가한다.

설계시작에서는 모든 기능이 들어간 제품의 시작이 된다. 만약, 일부에서도 부품이 변경되면, 몇 회인가의 설계시작으로 기능을 충분히 평가할 필요가 있다.

양산시작에서는 하드웨어가 양산에 견딜 수가 있는지와 동작온도나 동작전압 등 실제로 사용되는 환경에서의 동작 등을 확인한다. 양산에 의한 조립이라도 문제점이나, 부품 등의 로트(Lot)에 의한 차이를 확인하고, 제품을 개발하기 위한 최종 라인에서의 조립의 문제가 없는 것을 확인한다. 이 경우는 전체를 연속 동작시켜, 제품으로서 문제없는 것을 확인하는 히트런(Hit Run : 길들이기)을 실행하고 임의 검사가 실행된다.

2) 소프트웨어 개발

소프트웨어의 개발은 하드웨어 시작에 맞추어, 기능, 성능 체크를 실행하고 최종 검사를 위하여 진행되는 프로세스가 된다.

기능시작 단계에서는 특히 드라이버가 되는 부분의 개발은 이 단계에서 개시된다. 드라이버 부분의 개발은 전체의 개발프로세스에서 보면, 단기간이 되기 때문에 목적을 명확하게 하여 개발할 필요가 있다. 또한, 메모리의 속도, 사용량, MPU성능의 평가 등 소프트웨어와 밀접한 하드웨어의 평가가 필요하다. 평가를 실행한 결과, 성능 부족한 경우는 하드웨어 부품의 변경 요구나, 프로그램의 변경 등의 여부를 명확하게 하여 둘 필요가 있다.

설계시작 단계에서는 기능시작 단계에서 평가한 성능을 기본으로, 그 이후의 개발프로세스를 진행시켜 온 하드웨어와 소프트웨어가 제품에 가까운 형태로 결합하게 된다. 이 단계에서 시스템에 요구되고 있는 성능 평가나 기능 평가를 실행하고 실수는 없는 지확인하고, 만족 되어 있지 않은 부분의 수정을 실행하게 된다.

양산시작 단계에서는 대부분이 하드웨어의 성능 평가가 되지만, 출하시에 기능 테스트를 실행하는 테스트 프로그램의 평가나, 히트런 테스트시의 장애 대응을 실행하는 것이 필요하다.

이와 같이 임베디드 소프트웨어에서는 하드웨어 개발과 보조를 맞추는 것이 필요하다. 이 때문에 최초의 개발 계획이 중요하게 된다. 계획을 세우는 방법이 불충분하면, 잔손 작업이 많이 발생하게 되어, 개발 프로젝트의 정체가 발생하므로 주의가 필요하다.

또한, 소프트웨어 개발을 실행하려면, 제품 기획시에 소프트웨어 개발 항목, 개발공정 수, 메모리 사용량, 목표 성능의 명확화 등을 실행하고 최종 제품으로서 사용자 요구사항과 차이가 없는 것을 가능한 한 확인하여 둘 필요가 있다.

3) 기타 개발

이 밖에 케이스의 개발도 있다. 케이스를 만들기 위한 금형 공정은 [그림 8.2.7]에 나타내는 프로세스로 진행된다.

케이스 개발은 제품을 개발하는데 있어서 중요한 개발프로세스가 된다. 소프트웨어 개발과는 직접적 상관이 없는 것처럼 생각되지만, 디자인의 변경에 의하여 기능의 변경이나 케이스의 설계상에서의 제약(온도나 전원)에 의한 소프트웨어의 오동작 등도 생각할 수 있다.

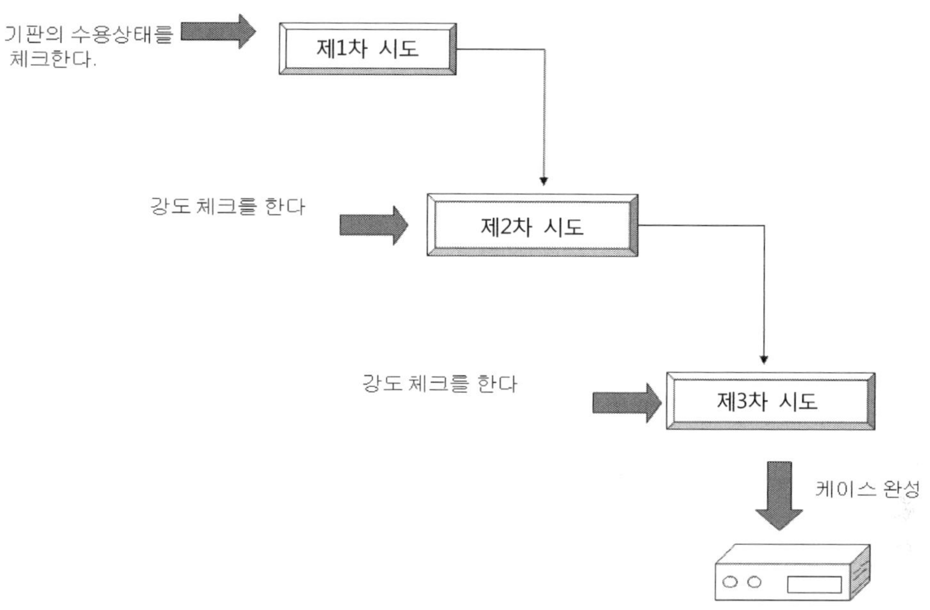

[그림 8.2.7]   케이스(금형) 개발의 프로세스

금형

케이스 개발은 금형이 필요한 경우가 대부분이다. 금형을 만드는데, 광조형(光造型) 기술을 사용하면, 2~3일에 제품의 모형을 만들 수가 있다. 이것은 3 차원 CAD에서 빛으로 단단하게 되는 물질을 사용하여 만드는 기술이지만, 매우 강도가 약하고 무르다. 최종제품의 형상, 기본적인 문제점 체크, 동작모구(Mock-up) 등에 사용된다. 간이금형은 고무로 형태를 만들어서, 3 개월 정도 걸려 완성한다. 최종 제품정도의 정밀도는 없지만, 강도 이외는 충분히 평가할 수 있다. 최대로 500개 정도의 양산을 할 수 있다. 원 금형은 최종 제품이 되기까지, 6 개월 정도 걸린다. 수만 개의 양산을 할 수 있다.

8.2.3 하드웨어/소프트웨어 협조 설계

개발프로세스는 시스템 설계에서 개시된다. 시스템 설계란, 시스템 요건에서 어느 부분을 소프트웨어와 하드웨어의 어디에서 실현되는지 검토하는 작업이 된다. 이 작업을 진행하기 위해서는 하드웨어 엔지니어라는 검토 작업이나, 하드웨어 기술의 이해가 필요하다. 이 절에서는 시스템 설계를 진행시켜 나가는데 필요한 스킬이나, 검토를 진행하기 위해서 소프트웨어 엔지니어가 이해하여야 할 일에 관하여서 소개한다.

1) 요구되는 스킬

스킬이라고 하면 능력을 가리키지만, 직인의 고도의 전문적 능력은 아니다. 여기에서는 임베디드 소프트웨어의 개발을 진행시키기 위해서 필요한 기술을 의미한다. 임베디드 소프트웨어를 개발하기 위해서는 범용계 소프트웨어에서는 의식하는 것이 적은 하드웨어를 이해할 필요가 있다. 범용계 프로그램에서는 Visual C^{++} 등의 개발 툴을 이용하여 main 에서 프로그램을 작성하면 프로그램이 동작한다. 범용계 소프트웨어는 하드웨어를 의식하는 일 없이 프로그램을 동작시킬 수가 있다[그림 8.2.8].

개발 툴에서의 컴파일

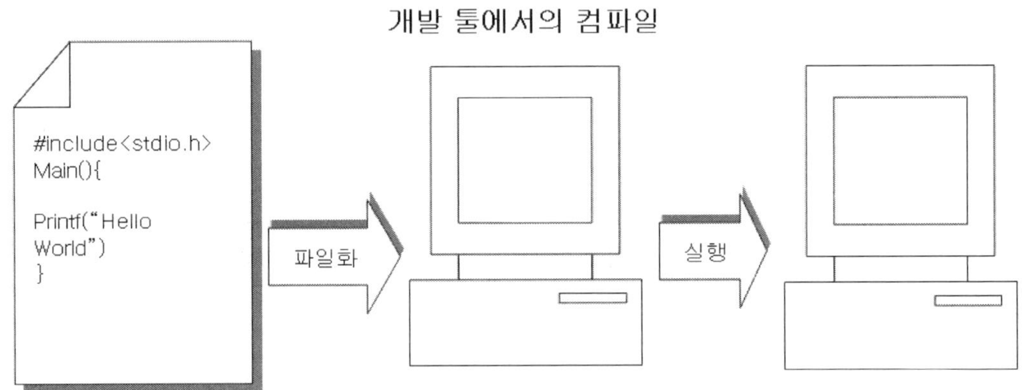

[그림 8.2.8] PC 에서의 프로그램 동작 이미지

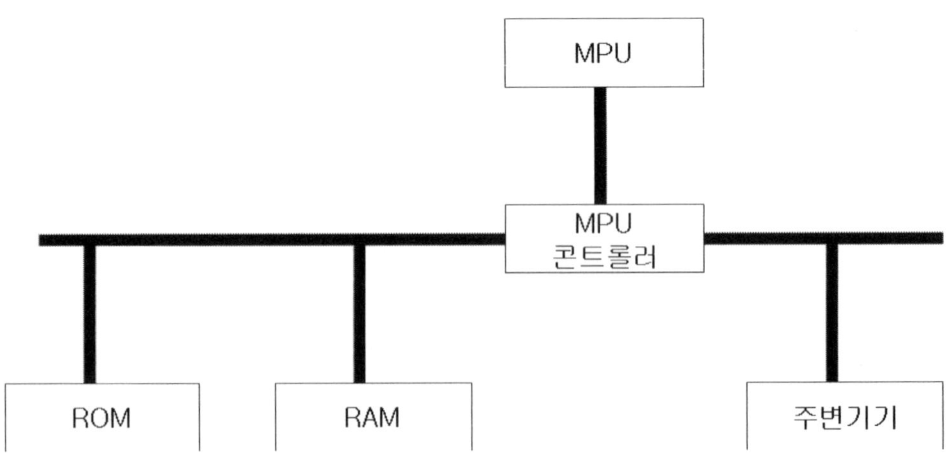

[그림 8.2.9] 임베디드 소프트웨어의 동작 구성

임베디드 소프트웨어에서는 프로그램을 동작시키는 것은 용이하지 않다. 프로그램을 동작시키기 위해서는 환경설정이 필요하게 된다. 범용계 소프트웨어에서도 환경설정은 필요하지만, 여기서 가리키고 있는 환경설정은 파일관리 환경은 없고, 하드웨어를 동작시키기 위한 설정을 가리키고 있다.

하드웨어를 동작시키기 위한 환경설정을 이해하기 위해서는 범용계 소프트웨어에서는 의식하지 않는 main( ) 함수부터 이전의 프로그램 동작을 이해하는 것이 필요하게 된다.

스타트업 루틴이라고 하는 프로그램이 있어, 이 루틴 내에서는 프로그램 동작의 요점이 되는 MPU의 설정을 실행하고 있다. PC 에서도 OS 가 동작하기 전에 BIOS 라고 하는 프로그램이 설정을 하고 있지만, 의식할 필요는 없다.

그 밖의 일로는 프로그램을 저장할 수 있는 매체가 있다. PC에서는 OS 등의 프로그램은 2차 기억장치(대개는 하드디스크)에 저장할 수 있다. 이에 비하여, 임베디드 소프트웨어는 메모리(ROM, RAM 등)라고 하는 매체에 저장하고 있다.

임베디드 소프트웨어가 동작하는 구성은 [그림 8.2.9]와 같이 된다. 프로그램을 실행하는 MPU, 프로그램이나 데이터를 저장하기 위한 메모리로서 ROM, RAM 이 있다. 그 외, 제품에 요구되는 요구에 따라 필요한 주변기기가 있다.

범용계의 소프트웨어와의 차이를 충분히 이해하는 것이, 임베디드 소프트웨어에서는 필요하여 진다. 임베디드 소프트웨어로 필요한 프로그램을 동작시키는 구성은 제3장에서 소개하고 있는 일을 충분히 이해하여 주었으면 한다.

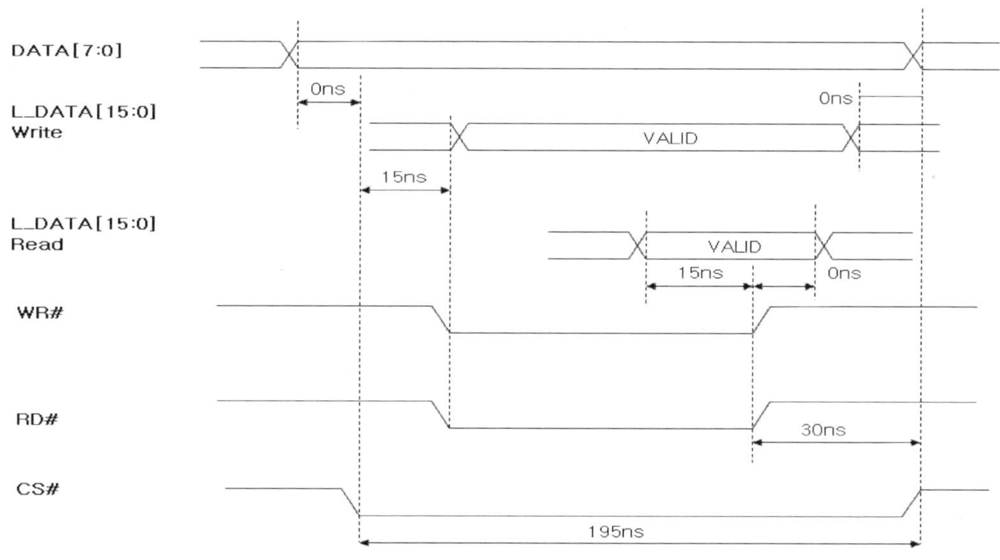

[그림 8.2.10] 타이밍 차트

2) 하드웨어 문서의 형식을 이해

하드웨어 엔지니어와의 시스템 설계에 대해서 일반적인 커뮤니케이션 기술도 필요하지만, 하드웨어 엔지니어가 취급하는 문서(Document)의 형식(Format)을 이해할 필요가 있다. 이것은 임베디드 소프트웨어 개발에서는 절대로 필요한 스킬이다. 반대로, 이 부분이 임베디드 소프트웨어의 특유 부분으로 취급된다. 하드웨어 엔지니어가 취급하는 문서의 대표적 예는 타이밍 차트(Timing Chart)[그림 8.2.10]라고 하는 문서가 있다.

타이밍 차트는 하드웨어의 제어 타이밍을 나타내서, 하드웨어 엔지니어가, 소프트웨어 엔지니어에 하드웨어 동작을 나타내기 위해서 사용되는 문서이다. 타이밍 차트 외에 하드웨어 엔지니어가 기능을 설명하는데 이용하는 문서로서 기능도가 있다[그림 8.2.11]. 기능도는 AND, OR 이나 셀렉터, 곱셈기 등의 원가요소로 기술되어 있다.

기능도는 하드웨어가 어떠한 기능으로 동작하는지를 나타내고 있다. 하드웨어의 기능을 파악하는데 필요한 지식이다. 이것은 정보처리기사 시험에서도 필요한 지식이므로, 충분히 이해하는 것이 바람직하다.

가장 이해가 필요한 하드웨어 문서로서는 하드웨어 규격서를 들 수 있다. 하드웨어 규격서는 소프트웨어 개발에 있어서의 요구 사양이나 되는 문서이다. 하드웨어 스펙이나 하드웨어 제어 순서 등의 기재가 있고, 기재되어 있는 내용을 충분히 이해하고 소프트웨어 개발을 실행하는 것이 바람직하다. 그 외, 필요한 하드웨어 기술이나, 용어의 이해에 관해서는 제2장에서 들고 있고 있는 일을 충분히 이해하여 두는 것이다.

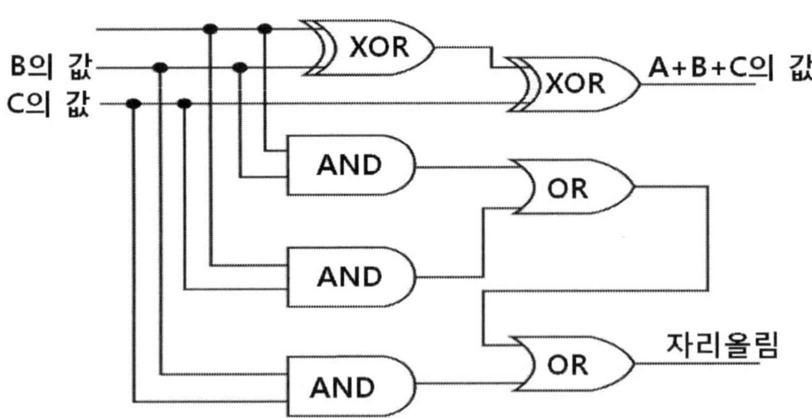

예 : 전가산기의 기능도

[그림 8.2.11]   기능도

3) 하드웨어/소프트웨어의 기능분담을 어떻게 결정할까?

하드웨어와 소프트웨어의 기능분담을 결정하려면, 소프트웨어와 하드웨어의 성질을 이해하여야 한다. 예를 들면, 개발면에서 생각했을 경우, 하드웨어에는 한 번 작성한 회로는 변경이 어렵다(최근에는 프로그래머블이 되어 있는 것도 있다)라고 하는 성질이 있다. 한편 소프트웨어는 프로그램 영역만 있으면 프로그램의 변경으로 유연에 대응할 수 있는 성질이 있다.

속도면에서 생각했을 경우, 하드웨어는 병렬처리가 생겨 처리를 병렬, 한편 빠르게 처리할 수가 있다. 한편, 소프트웨어의 프로그램 동작은 순차적(Sequential)이며, MPU 와 메모리 속도에 의존한다.

이러한 성질이 있는 것으로, [그림 8.2.12]와 같이 소프트웨어와 하드웨어로 실현될 수 있는 기능이나 레이어가 다른 점을 고려할 필요가 있다.

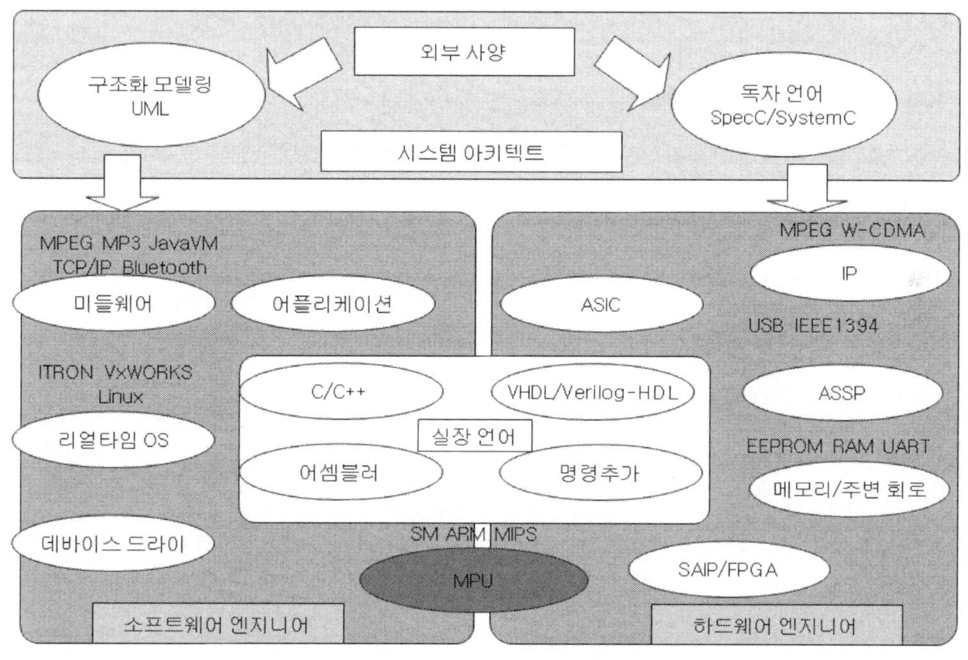

[그림 8.2.12] 하드웨어/소프트웨어의 기능분담 이미지

[그림 8.2.12]를 보면, 하드웨어와 소프트웨어의 사이는 MPU 로 연결된다. 임베디드 시스템은 MPU 와 전용 하드웨어에 소프트웨어가 조립되어져, 소프트웨어와 하드웨어가 일체가 되어 제품을 구성하고 있는 시스템이다. 소프트웨어/하드웨어로 실현될 수 있는 기능을 각각 나열하여, 소프트웨어의 유연성과 하드웨어의 속도성이라고 하는 특징을 파악하여 시

스템 사양과의 대비하여 기능분담에 대한 검토를 진행한다.

8.2.4 모델링

시스템 설계 시에 소프트웨어공학의 모델링 기법을 도입하는 것으로, 시스템 설계 시의 설계 내용을 그림으로 표현할 수가 있다. 도식표현을 이용하는 것으로, 시스템 설계 시의 실수 방지나, 하드웨어 엔지니어나 사용자와의 커뮤니케이션을 원활히 할 수가 있다.

모델링은 모델을 작성하는 것에서 시작된다. 모델이란 무엇인가의 성질을 나타내려고 할 때, 여기에 사용되는 하나하나의 요소에 해석을 하는 것으로 얻을 수 있는 구체적인 예를 리키고 있다.

모델링이란, 사물의 본질적인 요소에 주목하고 그 대상을 그림, 수식이나 문장으로 표현하는 작업으로, 모델이 그 성과물이 된다.

모델링은 [그림 8.2.13]에 나타내는 4개의 공정으로 나눌 수가 있다. 모델링은 커뮤니케이션 원활화의 유효한 수단이 되지만, 그것은 작성된 모델이 프로젝트 관계자의 이해할 수 있는 것인 경우로 한정한다. 제멋대로인 표현 방법으로 모델링 된 모델은 그 이해에 쓸데없는 노력을 필요로 한다. 이 때문에 소프트웨어공학의 세계에서는 모델의 표현방법의 표준화가 추진되고 있다.

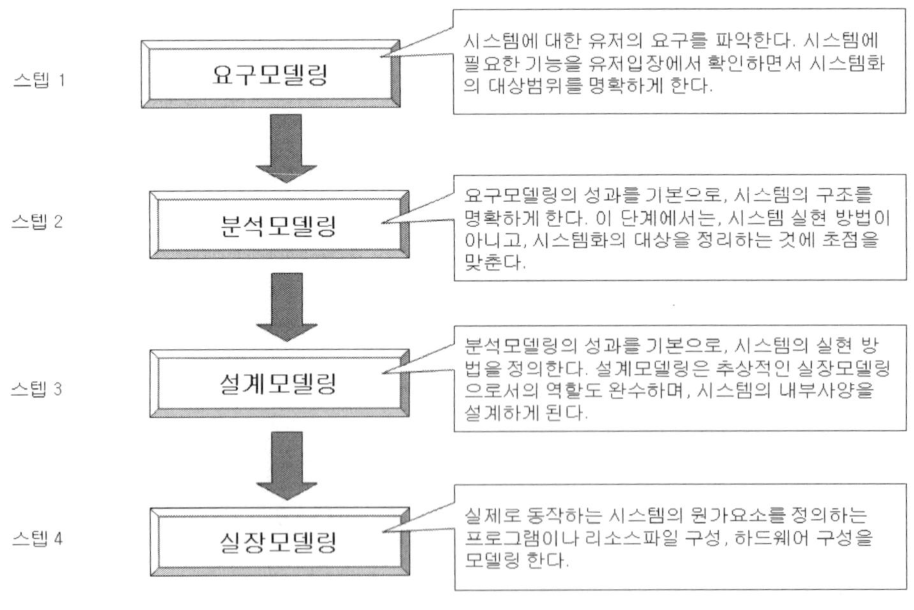

[그림 8.2.13] 모델링의 스텝

1) UML(Unified Modeling Language)

모델링 기법의 대표예로서 최근의 추세인 UML를 소개한다. 객체지향 기술이 보급되자, 개발자는 객체지향 기술을 기본으로 한 독자적인 모델링 기법이나, 모델 표기법을 마련하였다.

UML 등장 이전의 대표적인 모델링 기법은 [표 8.2.5]가 된다. 이러한 모델링 기법은 각각 다른 표기법을 사용하고 있었기 때문에 개발자는 각각의 기법을 사용할 때 마다 표기법의 차이를 습득할 필요가 있었다.

UML 은 시스템을 정의, 시각화, 문서화하기 위해서 이용되는 언어로, 분석에서 설계 단계까지를 커버하는 표현 방법을 제공하고 있다. 종래, 개별적으로 제안되고 있던 설계 기법을 통일한 것이지만, 언어라지만 일반적인 프로그램 언어는 아니고, 시스템의 표현법이 주로 정의되는 언어이다.

[표 8.2.5] 대표적인 모델링 기법

대표적인 모델링 기법	제창자
Booch 법	Grady Booch
OMT 법	James Rumbaugh
OOSE 법	Ivar Jacobson

2) UML 의 이점

UML 은 모델의 표기법만이 통일되고 있을 뿐이므로, 개발자는 모델의 표기법(도형과 그 의미)으로서 사용할 수가 있다. 또한, 모델링 기법도 자유롭게 선택하여 사용할 수가 있다. 다른 모델링 기법을 이용하여 개발된 모델에서도 UML 로 표현되고 있으면, 그 내용을 이해할 수가 있어 도식적이므로 개발자 만이 아닌 사용자에게도 쉽게 이해할 수가 있다. UML 로 정의되고 있는 다이어그램은 [표 8.2.6]과 같이 되어 있다.

[표 8.2.6] UML의 다이어그램

UML 다이어그램	개 요
유스케이스 다이어그램	시스템의 요구 사양을 하드웨어간의 통신으로서 모델화 한다
활동 다이어그램	시스템의 행동을 객체라고 하는 액션이 흘러 나오고 모델화 한다
객체 다이어그램	객체 간의 관계를 모델화한다. 클래스 다이어그램을 실체화 한다
협력 다이어그램	객체 간의 상호작용을 공간적인 측면에서 모델화 한다
상태 다이어그램	객체 상태를 상태전이로서 모델화 한다
클래스 다이어그램	클래스와 클래스의 관계를 모델화 한다
순차 다이어그램	객체 간의 상호작용을 시간적 측면에서 모델화 한다
컴포넌트 다이어그램	컴포넌트간의 구조나 의존관계(Dependencies)를 모델화 한다
배치 다이어그램	컴포넌트의 배치를 모델화 한다

3) 다양한 개발공정으로 사용 가능

UML 에서는 다양한 다이어그램이 정의되고 있다. 이 다이어그램은 [그림 8.2.14]와 같이, 각 개발공정에 맞추어 자유로운 임베디드로 사용할 수가 있다.

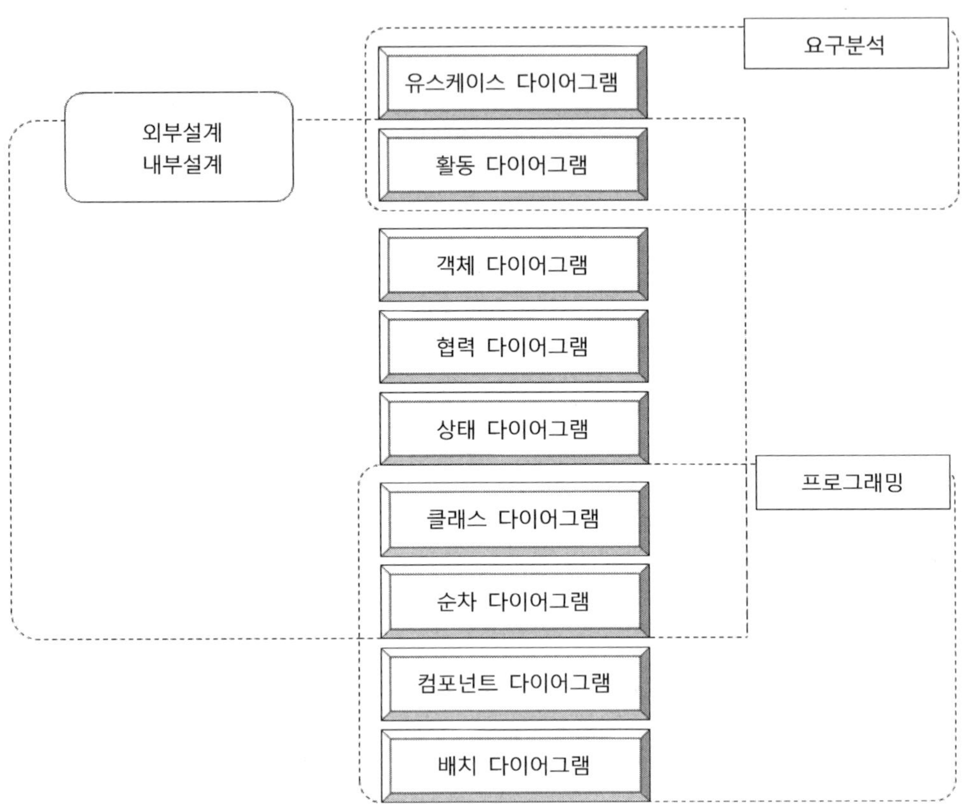

[그림 8.2.14] UML 의 다이어그램

예를 들면, 요구분석·외부설계·내부설계 공정에서는 활동 다이어그램, 클래스 다이어그램, 협력 다이어그램, 순차 다이어그램을 사용하고 프로그래밍 공정에서는 클래스 다이어그램, 순차 다이어그램, 컴퍼넌트 다이어그램, 배치 다이어그램을 사용한다. 또한, 다이어그램간의 내용은 명확히 대응 지을 수 있기 때문에 각 개발공정의 성과를 심리스(Seamless)로 후속 공정에 계승할 수가 있다. 덧붙여 같은 다이어그램에서도 내용의 상세(Detail)를 바꾸어 표현할 수도 있다.

예를 들면, 개발 초기의 분석모델과 소스 프로그램 수준의 모델에서는 같은 다이어그램에서도 그 상세함이 다른 것이 된다.

그 외, 상세한 일에 관해서는 UML 의 참고서를 참조하고 이해가 깊어져, 임베디드 개발

현장에서 도움이 되었으면 한다.

8.2.5 설계 기법

설계란, 분석과 검토의 반복이 된다. 이 분석과 검토를 진행시켜 나가는데, 소프트웨어공학으로 정의되고 있는 설계 기법과 설계 기법으로 작성되는 문서에 관하여서 소개를 한다.

소프트웨어 설계에 대해서 신규로 개발되는 것은 20% 정도라고 한다. 바꾸어 말하면, 80%의 소프트웨어는 유사한 것이며, 재이용을 통하여 개발의 생산성이 향상한다.

진정한 의미에서의 소프트웨어의 재이용은 재이용되기 위해서 설계·개발된 소프트웨어를 일체의 수정 없이, 그대로 사용하는(Black-Box Reuse) 것이 궁극의 목표이다. 소프트웨어 부품의 개발과 소프트웨어 부품을 이용한 개발이라는 양자 사이의 제휴를 생각할 필요가 있다. 프로덕트 아웃(개발자 지향)적인 개발은 아니고, 재이용하는 사용자의 요구에 알맞은 마켓 인(사용자 지향)의 발상으로 개발을 실행할 필요가 있다. 설계 기법의 대표적인 것으로 해서는 구조화 설계와 객체지향을 들 수 있다.

구조화 설계는 예전부터 이용된 기법이다. 구조화 설계는 타인이 쓴 프로그램을 알기 쉽게 하기 위한 기법이다. 구체적으로는 C 언어와 같은 고급언어로 설계하기 쉽게, 구조적인 설계를 할 수 있는 설계 기법이다.

객체지향은 구조화 설계가 바텀 업(Bottom Up)으로 설계하여 나가는데 비하여 전 공정을 통일적인 생각으로 진행시켜 나가는 설계 기법이다. 대상이 되는 것을 객체로서 파악하는 것으로, 재 이용성을 향상시킬 수가 있다. 구조화 설계와 객체지향의 어느 쪽의 설계 기법이 좋다고는 하지 않는다. 설계 장면이나, 그 시스템의 특징에 따라서 설계 기법의 선택이 적시 요구된다.

1) 구조화 설계 기법

구조화 설계 기법의 대표예로서 프로세스 지향과 데이터 지향이라고 하는 2개의 기법이 있고, 이것들은 객체지향이 등장하기 이전에 넓게 이용되고 있었다.

① 프로세스 지향

이 기법은 POA(Process Oriented Approach)로 불리며, 시스템의 프로세스(처리 순서)에 주목하고 그 구조화를 실행하는 기법이다. 프로세스 지향의 기법에 있어서의 대표적인 모델에 데이터플로우 모델이 있다. 입력, 처리구기능, 기억, 출력이라고 하는 관점에서 시스템의 기능을 분석한다. 표기법으로 데이터플로우 다이어그램(DFD : Data Flow Diagram)이 있다[그림 8.2.15].

② 데이터 지향

이 기법은 DOA(Data Oriented Approach)로 불리며, 시스템이 취급하는 데이터에 주목하고 정규화 되기 싶게 중복이나 부정합이라는 모순이 없도록 데이터에 주목하고 그 구조화를 실행하는 기법이다.

데이터 지향의 대표적인 모델로서 ER 모델(Entity Relation Model ： 실체 관련 모델)이 있다. 대상 세계를 추상화 하고 엔티티(Entity ： 실체)와 관계(Relationship)를 분석한다. 표기법에는 ER(Entity Relation)도가 있다. ER도[그림 8.2.16]를 사용하면, 각 데이터의 속성과 데이터간의 관계가 명확하게 된다.

구조화 설계 기법에는 단점이 있다. 그것은 프로세스와 데이터를 각각 따로 따로 파악하기 때문에 어느 쪽이든 한쪽으로 변경이 생기면, 한편에 큰 영향을 미칠 가능성이 있다.

예를 들면, 프로세스에서 변경이 생겼을 경우에는 프로세스에서 사용되고 있는 데이터도 아울러 변경되는지, 영향 범위를 모두 검토하고 필요에 따라서 수정하여야 한다.

사양변경이 거듭되는 시스템에서는 이러한 검토나 수정이 빈번하게 발생하면, 그 보수에다 수용할 수 없게 되어 수정 미스 등이 다발할 가능성이 있다.

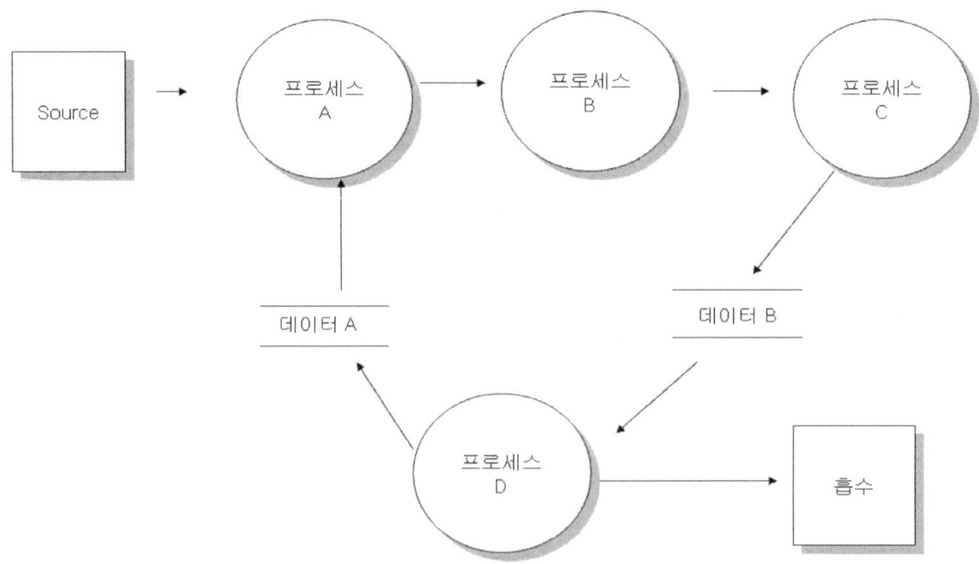

[그림 8.2.15]　DFD 의 이미지

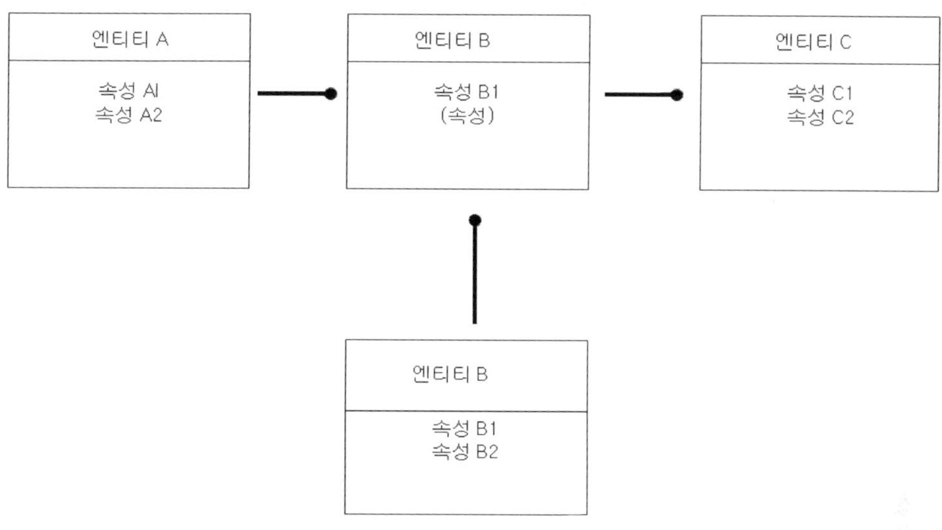

[그림 8.2.16] ER 도의 이미지

2) 객체지향

구조화 설계 기법의 단점을 해결하기 위하여 나타난 것이 객체지향이다. 객체지향에서는 세상에 있는 사물(事物)을 프로세스와 데이터의 양쪽 모두를 가지는 객체로서 파악한다.

객체(Object)는 직역하면 사물이라는 의미이다. 이 말은 형태가 있는 사물과 대상이 되는 사물이라고 하는 2개의 의미를 갖고 있다. 객체는 상태, 행동 그리고 식별성이라고 하는 3개의 성질을 갖고 있다.

자동차를 예로 생각하면, 자동차에는 정차 중, 주행 중이라는 상태가 있다. 또한, 출발하고 정지한다는 행동이 있다. 주차장에서 정지한 상태에서도 소유자는 어떤 것이 자신의 자동차(사물)인지를 식별할 수 있다.

객체지향은 이 객체의 성질을 파악하여 복수의 객체를 협동하여 동작시키는 시스템으로 형태로 만드는 개발을 진행시킨다. 객체지향 설계의 목적은 [표 8.2.7]에 나타내었다. 이 3개의 목적을 실현하는 것으로, 소프트웨어의 품질과 보수성 및 생산성의 향상을 꾀할 수가 있다.

객체지향을 이용한 개발의 장점으로는 [그림 8.2.17]과 [표 8.2.8]과 같이, 실세계의 사상이 가능, 품질과 유연성의 향상, 그룹개발의 가속화를 들 수 있다. 또한, 요구분석-설계-프로그래밍의 공정을 순환적으로 반복하면서 소프트웨어를 개발할 수가 있다. 이렇게 흘러가면서 작업을 진행시키는 것만으로써, 자연스러운 발상에 의한 개발, 사양에 대한 유연한 대응, 재이용성이 높은 소프트웨어 개발을 할 수 있다는 장점을 누리게 된다.

[표 8.2.7]　객체지향의 목적

객체지향의 목적	의　미
정보은폐	정보를 은폐하는 것으로, 관련 객체에 의존하지 않고 독립한 존재가 된다. 따라서 관련 객체가 변경되었다고 하여도 객체의 구조를 다시 보는 필요성이 최소로 할 수 있다.
계승에 의한 재이용	유사한 속성을 계승이라고 하는 개념으로 재이용할 수 있다. 재이용할 수 있는 것으로 유사한 설계 작업을 생략할 수가 있어 생산성의 향상으로 연결된다.
다형성 (Polymorphism)	복수의 객체가 다른 메소드를 단일 화 한다. 단일로 하는 것으로 객체간의 인터페이스를 단순하게 할 수 있다.

　임베디드 소프트웨어 개발 현장에서는 객체지향을 적용하는 경우에 프로그램 언어, 개발 툴의 습득이나, 개발하는 소프트웨어의 구조의 이해 등에 많은 시간을 소모하고 객체지향의 본래의 장점을 살리지 못하는 것이 현재의 실정이다. 「나무를 보고 숲을 보지 말라」가 되지 않게, 실장 언어에 의존하는 일 없이, 항상 객체지향이 본래 가지고 있는 분석 방법이나, 실장방법의 장점을 의식하고 임베디드 소프트웨어의 개발에 활용하는 것이 바람직하다.

3) 도표의 이용

　소프트웨어 개발에 대한 최종 성과물은 프로그램이 된다. 최종 성과물인 프로그램 개발을 실행하기까지, 시스템의 기능에 관하여서 많은 일을 검토한다. 이 기능검토 시에 언어를 이용하면, 애매모호하거나 누락될 가능성이 있다.

　이 문제를 해결하려면, 기능검토 시에 언어가 아니고 도표를 이용하는 것이 바람직하다. 도표를 이용하는 것으로써, 이용하여 검토한 결과로, 논리성의 확인이나 문제점의 인식, 기능의 확인 등을 실행하기 쉬워진다. 또한, 직감적으로 이해를 할 수 있다는 장점도 있다.

　도표의 이용에 관해서는 소프트웨어공학으로 정의되고 있는 다양한 도표의 이용이 생각된다. 여기에서는 직접 프로그램 개발에 도움이 된다고 생각되는 순차 다이어그램과 상태전이표를 소개한다.

[표 8.2.8] 객체지향의 장점

객체지향의 장점	의　미
실세계의 사상이 가능	실세계에서의 이미지 가능한 자연스러운 발상으로 생각할 수가 있다. 대상으로 하는 것을 객체로서 파악하는 것으로, 것이 가지는 구조, 데이터, 기능, 동작, 관계를 식별하여 표현할 수 있다.
품질과 유연성의 향상	정보의 은폐에 의하여 요건이나 사양의 변경에 대해서 유연하게 대응할 수 있다.
그룹개발의 가속화	개별로 되어 있는 각 객체 단위의 개발을 할 수 있다.

순차 다이어그램은 시간으로 순서를 나타내는 동적인 그림이 된다[그림 8.2.18]. 소프트웨어는 순차적으로 동작하기 위하여 시간적인 동작과 각 모듈/함수 간에 발생하는 순서를 그림으로 표현하는 것으로써, 소프트웨어를 표현하는 데에 바람직하다. 순차 다이어그램을 이용하는 것으로, 시간적인 동작과 인터페이스의 순서를 확인할 수 있으므로, 디자인 검토나, 프로젝트 내에서의 설명을 실행할 때에 유효한 문서가 된다.

상태전이표는 순차 다이어그램과 달리, 동적인 그림이 아니고, 어느 상태에서 이벤트가 발생했을 경우의 동작을 나타내는 그림 표현이다. 어느 상태에서, 어느 이벤트가 발생했을 경우의 동작을 확인하는 경우에 적절한 도식표현이다[그림 8.2.19].

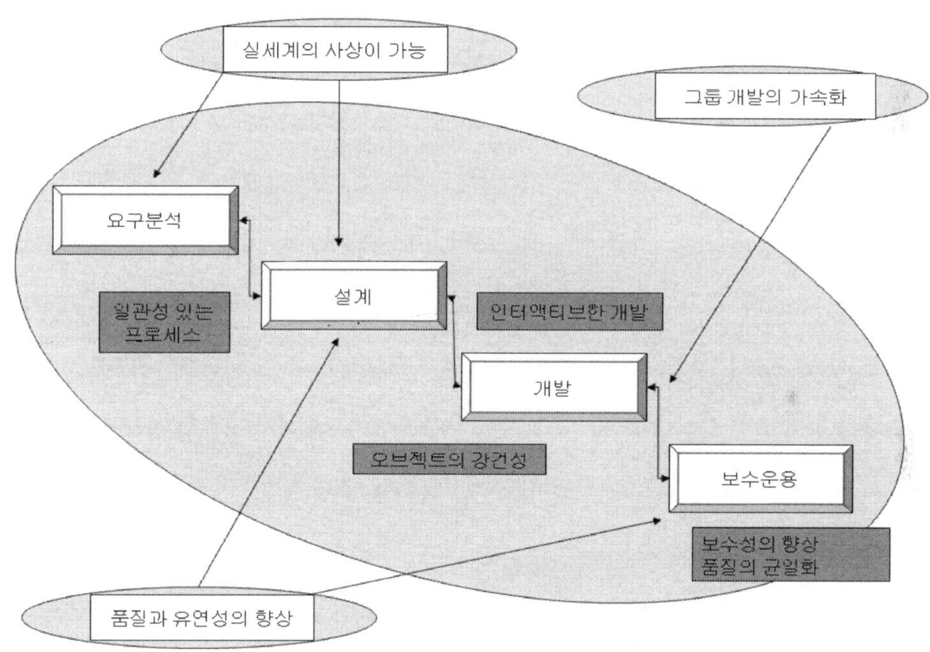

[그림 8.2.17] 객체지향 개발의 장점

순차 다이어그램과 같이 상태전이표는 상태 관리를 확인할 수 있으므로, 디자인 검토(Review)나 프로젝트 내에서의 설명을 실행할 때에 유효한 문서가 된다.

여기서 소개한 도식표현은 한 가지 예이다. 언어의 표현이 아니라, 도식표현을 가능한 많이 이용하여 검토 작업을 진행시키면, 기능의 누락 방지나 누락을 줄이는 것과, 프로젝트내의 개념통일을 꾀할 수가 있다. 도식표현 방법은 소프트웨어공학에서 여러 가지 정의되고 있으므로, 그 중에서 적합한 것을 선택하고 검토나 설계 시에 이용하였으면 한다.

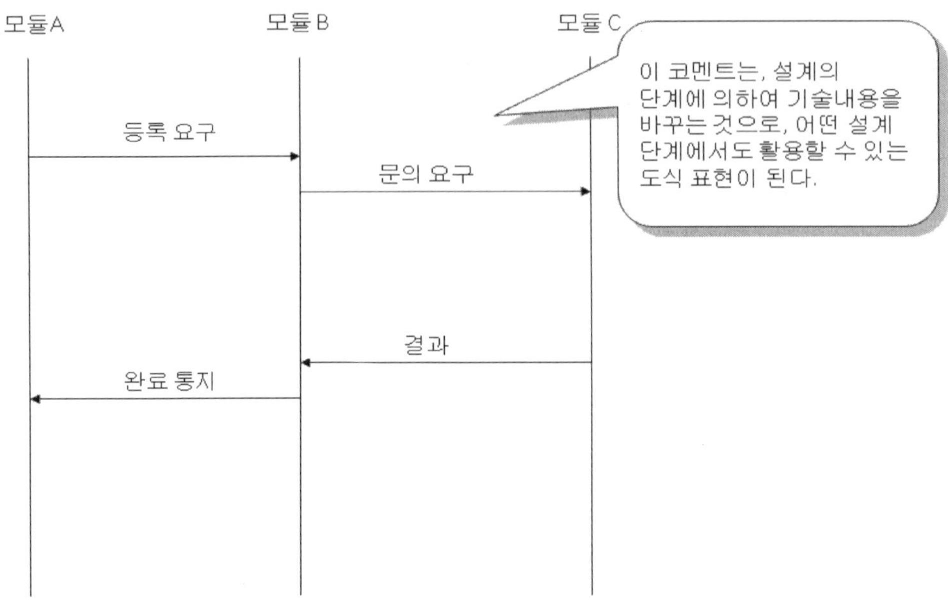

[그림 8.2.18]　순차 다이어그램의 예

상태 　　　이벤트	상태 1 운용 상태	상태 2 운용 상태	----------	상태 n 운용상태
폐쇄 이벤트	－ 1	폐쇄 통지 이벤트 →L2 1	----------	폐쇄 통지 이벤트 →L2 2
폐쇄 해제 이벤트	폐쇄 해제 이벤트 →L3 n	폐쇄 해제 이벤트 →L3 n	----------	－ n

운용 개시 이벤트	－ 1	운용 개시 이벤트 →L3 n	----------	－ n

[그림 8.2.19]　상태전이표

8.2.6 프로그래밍 기술

임베디드 소프트웨어 개발에 있어서의 최종 성과물은 프로그램이 된다. 최종 성과물이 되는 프로그램을 개발하기 위한 프로그래밍 능력은 매우 중요하다. C언어는 컴파일러/링커라고 하는 툴을 사용하고 실행가능한 바이너리 형식을 작성한다. 임베디드 소프트웨어에서는 MPU 마다 독자적인 컴파일러를 사용하므로, 컴파일러 사용에 주의가 필요하게 된다.

1) 고급언어 설계 시의 주의점

고급언어에는 여러 종류의 언어가 있다. 여기에서는 특히 C 언어를 예로 들어 주의할 점을 설명한다.

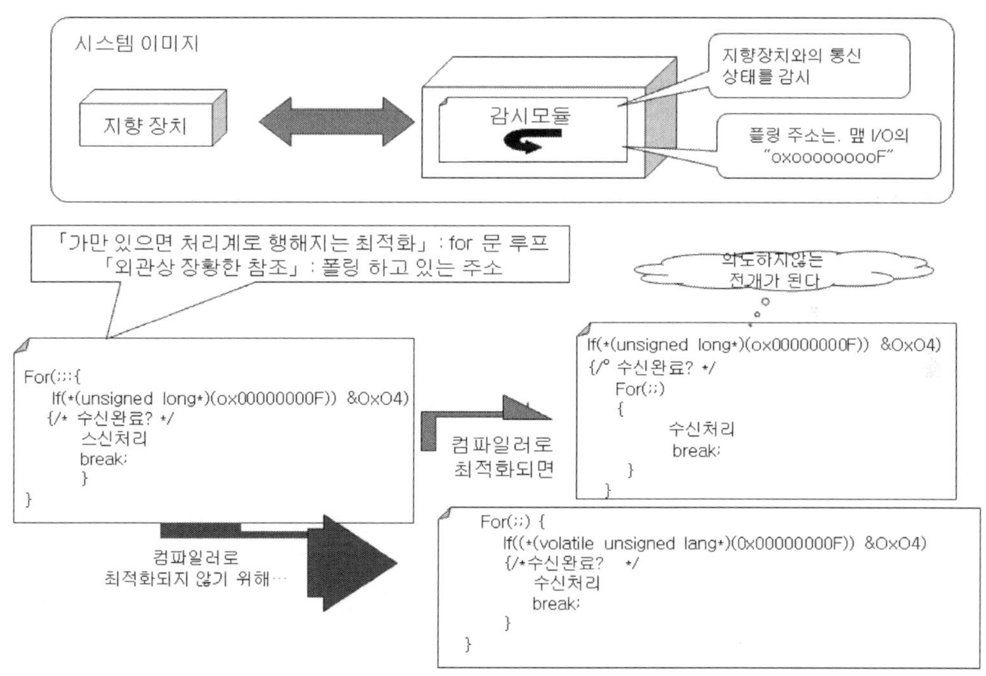

[그림 8.2.20]   Volatile 의 적용 이미지

「Volatile」이란, Kernighan & Ritchie 의 책 「프로그래밍 언어 C 」에서 인용하면 「가만 있으면 처리계로 행하여지는 최적화」 「외관상 장황한 참조」라고 하는 정의가 된다.

2) 데이터형

C 언어의 데이터형 속에서, int 형은 MPU 의 워드의(워드길이) 비트수에 의존하므로 주

의가 필요하게 된다. 사용하는 MPU 의 로드(Load) 비트수가 8 비트였을 경우에는 int 형으로 선언된 데이터형은 8 비트 폭이 된다. MPU 의 로드 비트수가 32 비트였을 경우에는 int 형으로 선언된 데이터형은 32 비트 폭이 된다. int 형은 MPU 의 로드 비트수에 의존하므로, int 형을 사용하는 경우에는 주의가 필요하다.

3) 고급언어 이외의 스킬

임베디드 소프트웨어에서는 다양한 MPU 를 사용한다. 플랫폼에 의하여 고급 지향의 MPU 에서 로우엔드(Low-end)의 MPU 와 다양한 것을 이용한다. 특히 로우엔드의 MPU 의 경우, 고급언어에서는 처리가 늦은 장면에 직면하는 일이 있다. 이러한 장면에서는 프로그램의 속도 향상을 위해서 고급언어는 아니고 어셈블러언어의 이용이 필요하게 된다[그림 8.2.21].

속도 향상에 어셈블러언어를 이용하는 것은 시대에 뒤 떨어진 생각 같이 느끼지만, 임베디드 소프트웨어 개발에서는 필요한 스킬이 된다.

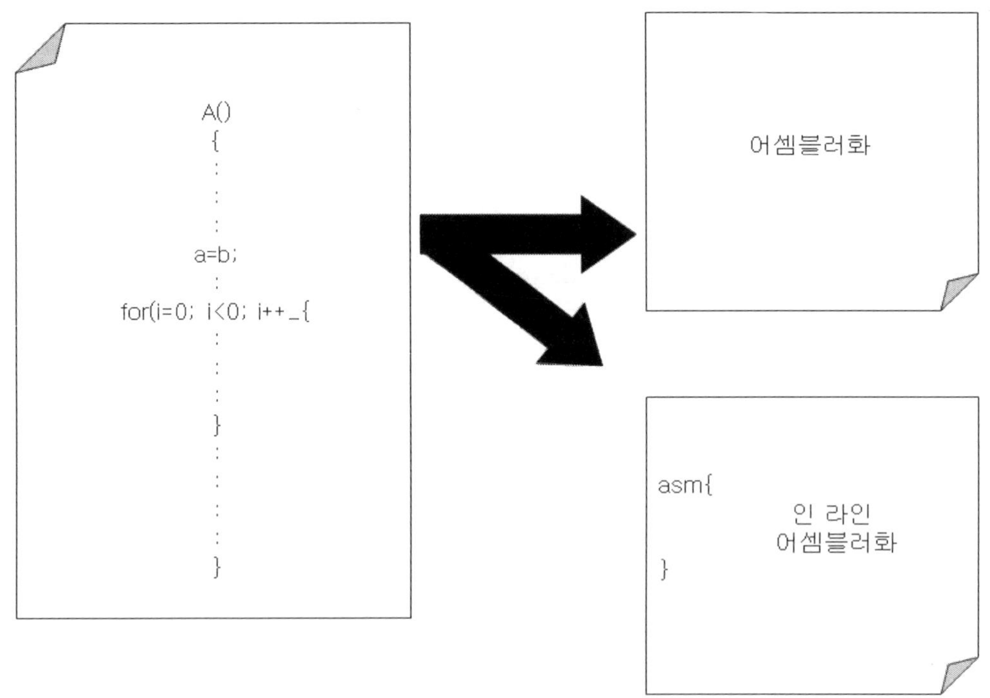

[그림 8.2.21] 어셈블러언어의 활용

고급언어 중에 어셈블러언어를 사용하는 경우에는 주의가 필요하다. 전후의 함수의 결과 값이나, 변수에 레지스터나 스택이 사용되기 때문에 어셈블러화를 실행했을 경우에는 전후의 관계에 주의하여 레지스터나 스택을 파괴하지 않는 연구나, 사용하는 레지스터를 배려할 필요가 있다. 어셈블러에 관한 스킬의 습득 방법은 여러 가지 있지만, 고급언어를 컴파일 한 뒤에 나오는 어셈블러 파일을 본받는 것을 추천한다.

작성한 프로그램이 어떻게 전개되고 있는지를 이해할 수도 있고, MPU 동작이나 MPU 의 지식을 향상시킬 수 있다는 장점도 있다. 어셈블러의 스킬이 있으면, 또 하나의 이점이 있다. 테스트 단계에서 프로그램이 의도하지 않는 동작을 하는 경우가 있다. 이것은 임베디드 소프트웨어로 이용하는 컴파일러가 MPU 에 의존한 것이기 때문에 고급언어를 어셈블러 전개했을 경우에 의도하지 않는 전개가 되는 일이 있다. 이러한 장면에서는 고급언어와 어셈블러의 대비를 할 수 있으면, 테스트시의 문제 해결을 빨리 할 수 있는 이점이 있다.

어셈블러의 스킬을 몸에 익히는 것으로, 다양한 장점이 있다. 어셈블러만이 아니지만, 고급언어 이외에 스킬을 몸에 익히는 것이 바람직하다.

○ 8.3   테스트와 디버그

개발하여 온 시스템을 검증하는 것이 테스트이며, 문제해석이 디버그이다. 8.2 절에서도 소개했지만, 이 작업은 개발프로세스로 다듬어 온 것을 반대로 다듬게 된다. 여기에서는 임베디드 소프트웨어에 있어서의 테스트와 디버그를 진행하기 위한 스킬이나, 테스트 시의 하드웨어와의 관계에 관하여서 소개한다.

8.3.1 테스트와 디버그와의 차이

테스트와 디버그는 작업 내용에 차이가 있다. 일반적으로, 디버그=테스트의 이미지가 강하지만, 테스트 자체는 버그를 찾아내기 위한 작업은 아니고, 사양이나 기능을 확인하는 작업을 가리킨다. 테스트에 의하여 버그를 찾아내는 것이 아니라, 테스트에 의하여 사양이나 기능의 확인을 실행하는 의식으로 작업을 진행시킨다. 한편, 테스트에 의하여 의도하지 않는 동작이 되었을 경우에 버그(원인)를 찾기 위한 작업으로서 디버그 작업이 필요하게 된다.

8.3.2 임베디드 소프트웨어 테스트

임베디드 소프트웨어 개발에 대해서 범용계의 소프트웨어 개발과의 차이가 테스트의 단계에서도 나타난다. 그것은 범용계 소프트웨어에서는 의식하는 것이 적은 하드웨어에 있다. 8. 2절에서도 말했지만, 임베디드 소프트웨어 개발은 하드웨어와 소프트웨어의 개발이 병행허여 진행되고 있다. 소프트웨어 개발이 완료하여도 소프트웨어의 테스트 단계로 나아갈 수가 없는 점이 다르다. 임베디드 소프트웨어는 하드웨어 상에서 동작하므로, 하드웨어 개발이 완료하지 않는 경우는 시스템으로서의 테스트가 완료되지 않게 된다.

하드웨어 개발을 지연시키는 것이 많이 있다[그림 8.3.1]. 그것은 하드웨어의 개발방법에서 문제가 있는 것이 아니라, 하드웨어 개발에는 물리적으로 시간이 걸리는 공정이 존재한다. 예를 들면, LSI 개발 시의 리드타임이나, 기판 제조, 부품 실장을 들 수 있다. 이 지연은 외부 업자에게 의존하는 경우가 많아, 개선이 어려운 경우가 많다. 이러한 계획 변경에 대해서, 소프트웨어 전체에서도 테스트할 수 있는 방법을 고려하여 둘 필요가 있다.

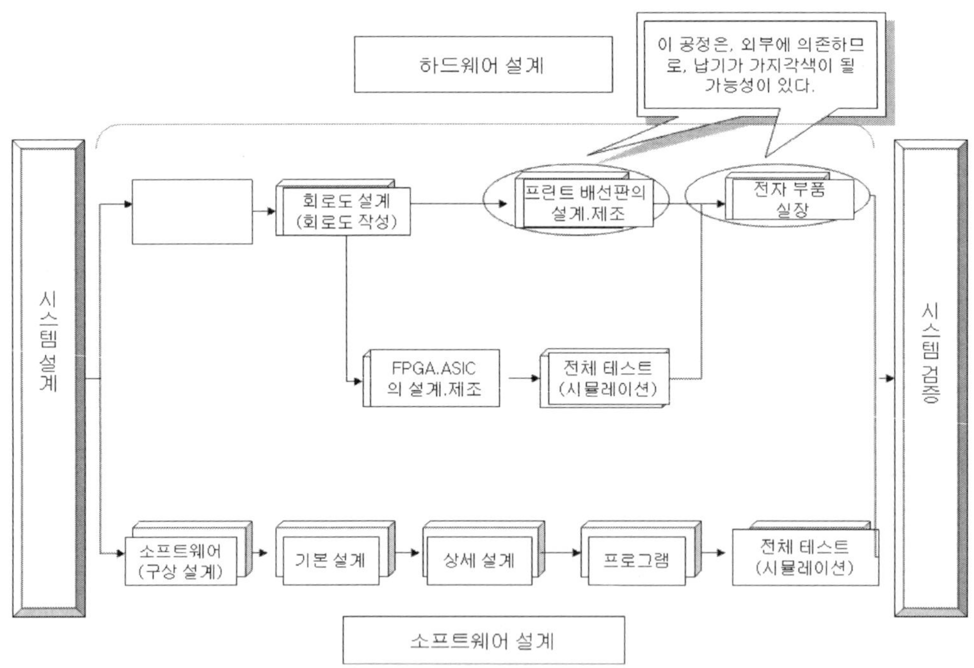

[그림 8.3.1] 하드웨어 개발의 지연가능 공정

소프트웨어를 단체(Unit)로 테스트하는 방법으로서 시뮬레이션(Simulation)이 있다[그림 8.3.2]. 에뮬레이터 환경이나 ICE 를 이용한 시뮬레이션이 있다. 하드웨어 개발이 지연되었을 경우에는 시뮬레이션 환경을 구축하고 소프트웨어 단체 테스트를 진행시키는 것이 필요하게 된다. 하드웨어 개발이 지연되고 있지 않는 경우에서도 프로그래밍 공정 완료 후의 단체 테스트(Unit Test)를 이용할 수가 있다. 단체 테스트로 시뮬레이션을 활용하면, 프로그램의 품질을 향상시키고, 단체 테스트의 뒤에 계속되는 테스트를 원활히 진행할 수가 있다는 장점이 있다.

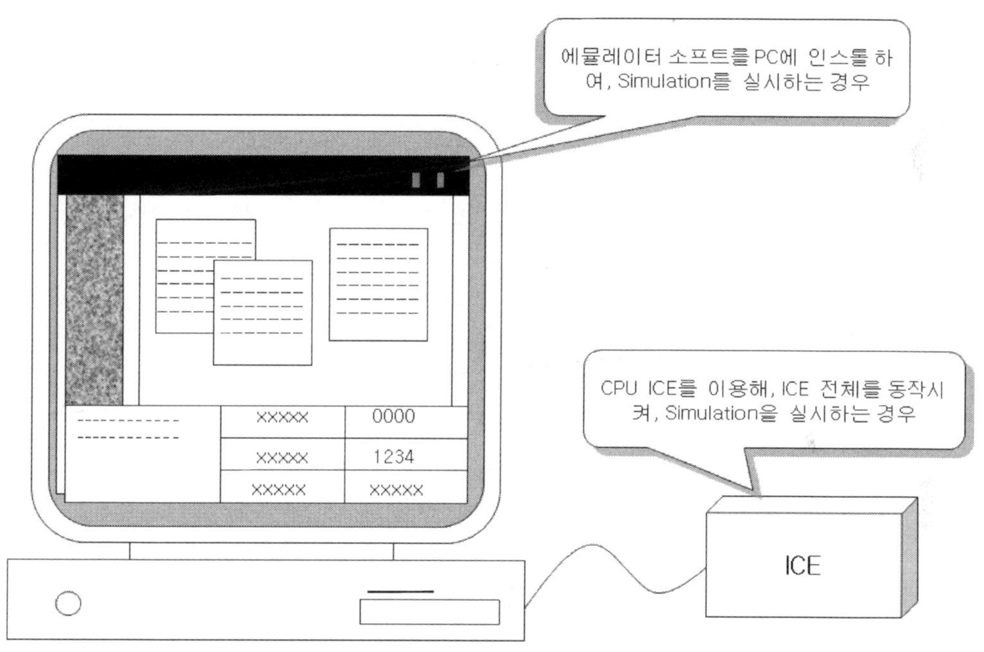

[그림 8.3.2] Simulation 이미지

시뮬레이션을 실행하는 경우에 소프트웨어공학으로 정의되고 있는 테스트 기법을 이용하는 것으로, 테스트하는 포인트를 명확하게 할 수 있다. 소프트웨어공학에서는 다양한 테스트 기법이 정의되고 있다. [표 8.3.1]에 대표적인 테스트 기법을 소개하였다.

시뮬레이션 이외로 소프트웨어의 테스트를 진행시키려면, 하드웨어의 개발공정으로, 시작으로서 개발하고 있는 브레드보드(Breadboard)[그림 8.3.3]를 이용하는 방법이 있다. 하드웨어가 LSI로서 개발되는 경우에는 LSI 제조 이전에 하드웨어 기능을 확인하기 위하여 브레드보드를 시작한다. 제품용 보드의 개발이 완료하여도 하드웨어 엔지니어가 당분간의 사이는 하드웨어의 회로동작확인, 전원 확인이나 파형 확인 등의 하드웨어 동작을 확인하기 위하여 소프트웨어 테스트에는 제품용 보드를 이용할 수 없는 것이 많이 있다. 이 경우, 브레드보드를 이용하는 것으로써, 제품용 보드에서의 테스트 전에 하드웨어와의 인터페이스 부분의 확인이나 프로그램 동작을 확인할 수가 있으므로, 테스트의 진척을 원활히 하는 것이 가능하다.

　개발하는 시스템에 따라서는 브레드보드의 시작(試作)이 없는 경우도 생각할 수 있다. 이러한 경우는 시스템 설계의 단계에서 하드웨어 엔지니어에 요구하고 효율적으로 원활히 테스트가 진행되도록, 시스템 설계 단계에서도 테스트를 의식한 설계를 실행하도록 하는 것이 요구된다.

[표 8.3.1]　시뮬레이션시의 대표적인 테스트 기법

테스트 기법	장　점	단　점
탑다운 테스트	• 인터페이스 에러 등이 중대한 결함을 조기에 검출할 수 있다. • 중요도가 높은 상위 모듈을 반복하여 테스트하게 되어, 전체의 신뢰성이 향상 된다. • 테스트 드라이버를 작성할 필요가 없다.	• 작업 분담이 어렵다. • Stab를 복수 만들 필요가 있다.
바텀업 태스크	• 분담한 병행 작업이 용이하고, 조기에 많은 모듈 테스트를 할 수 있다. • 결함의 영향이 큰 공통 모듈의 품질을 선행하고 높일 수가 있다. • Stab를 작성할 필요가 없다.	• 중요한 결함이 나중이 되어야 검출된다. • 테스트 드라이버를 작성할 필요가 있다.

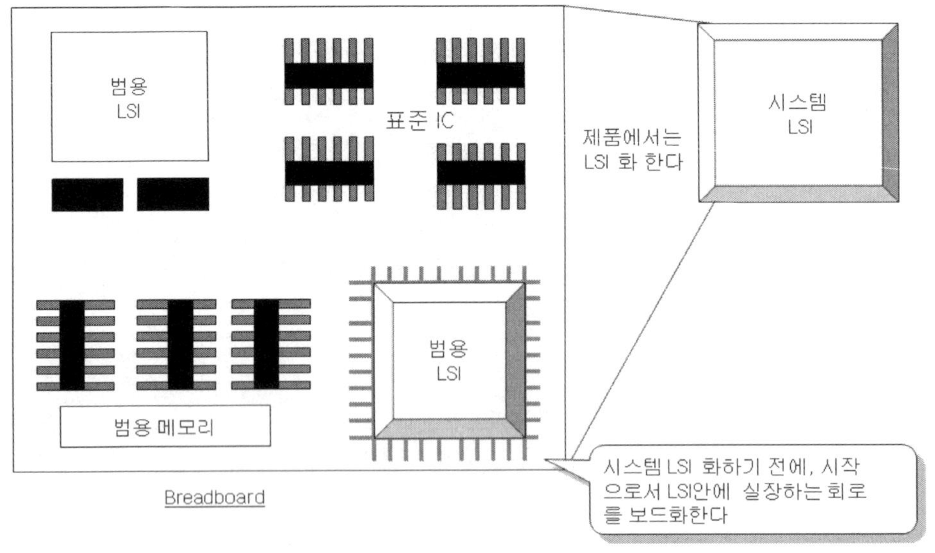

[그림 8.3.3]　브레드보드의 이미지

8.3.3 테스트의 진행방식

테스트의 최초의 작업은 테스트 항목을 작성하는 것이다. 8. 2절에서 설명한 V모델을 이용하면, 각 테스트 단계에서 작성하지 않으면 안 되는 테스트 항목의 내용이 일목요연하게 된다. 테스트 항목은 개발프로세스의 성과물로서 작성한 문서를 이용하고 각 프로세스에 맞는 테스트 항목을 작성한다. [표 8.3.2]에 나타내는 소프트웨어공학으로 정의되고 있는 테스트 기법에 따라 테스트 항목을 작성하고 적응하는 테스트 기법을 이용하여 테스트를 진행시킨다.

[표 8.3.2] 각 공정에서 이용할 수 있는 테스트 기법의 대표 예

테스트 종류	테스트 내용	테스트 기법	
단체 테스트	모듈을 단체로 동작시켜, 주로 내부 논리를 검증하기 위한 테스트	화이트박스 테스트	명령 전부
			분기 전부
			조건 전부
결합 테스트	모듈을 결합하여 동작시켜, 전체적으로 올바른 기능을 갖추고 있는지 검증하는 테스트	탑다운 테스트	
		바텀업 테스트	
		블랙박스 테스트	동치(同値) 분할
			한계치 분석
			원인 결과 그래프
시스템테스트	시스템 전체의 기능·성능을 검증하는 테스트	블랙박스 테스트	Throughput 확인
			응답시간 확인
			과부하 시험
운용 테스트	사용자가 실제로 운용하여 보는 테스트	명확한 기법은 없고, 사용자가 설정한 검수 테스트(Acceptance Test)가 된다.	

8. 3. 4 하드웨어와의 결합 테스트

하드웨어 개발이 완료하면, 하드웨어와의 결합 테스트를 실행하게 된다[그림 8.3.4].

이 테스트에서는 소프트웨어의 성과물인 프로그램을 제품용 보드로 동작시키게 된다.

이 단계에서, 최초로 확인하는 것은 하드웨어 동작의 정상성이다. 하드웨어의 전기적인 특성의 확인 후에 하드웨어와 소프트웨어의 인터페이스 부분의 테스트가 된다. 인터페이스 부분의 확인 방법은 소프트웨어 개발자가 작성한 테스트 프로그램에서의 확인이나 ICE를 조작하고 인터페이스 부분이 되는 I/O를 테스트한다. 이 인터페이스 부분의 테스트는 임베디드 시스템 특유의 테스트이다.

하드웨어와의 인터페이스 부분을 확인 완료한 후에 소프트웨어와 결합한 테스트를 한다. 제품용의 보드에서의 동작은 시뮬레이션, 브레드보드를 이용한 테스트와 결과가 다른 경우가 있다. 하드웨어의 차이에 의하여 동작 타이밍의 차이나 동작 불안정이라는 현상에 조우하기 때문이다. 제품용의 보드에서는 하드웨어 자체의 동작이 안정되지 않은 경우나, 「브레드보드」에서 처리 속도가 차이가 나는 경우가 있기 때문에 소프트웨어의 수정이 필요하다. 또한, 이 단계에서 발견된 하드웨어의 버그는 소프트웨어로 대처하는 것이 필요하게 되는 경우도 많다. 이것은 「임베디드 시스템」특유인 부분이며, 변경이 곤란한 하드웨어에 맞추는 것이 필요하다.

소프트웨어를 재설계하는 경우에는 변경하는 범위를 최소화하고 비교적 간단한 수정 방법으로 재설계하는 것이 필요하다. 재설계가 종료하면, 그 수정된 내용을 확인하는 테스트는 물론, 수정한 부분 이외에의 영향의 유무를 테스트할 필요가 있다. 이것은 품질 향상을 위한 것만이 아니고, 지금까지 만들어 온 제품의 품질을 유지하는 의미에서도 필수적인 테스트이다.

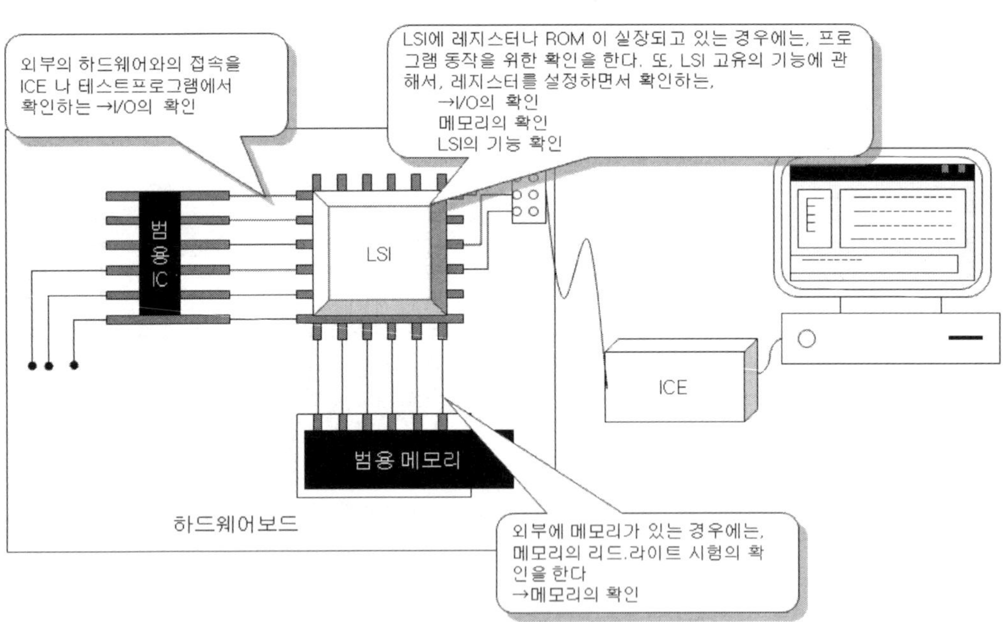

[그림 8.3.4] 하드웨어의 결합테스트 이미지

8.3.5 사양과의 차이를 줄이기 위한 기술

테스트나 디버그를 실행하여도 사양에 맞지 않는 부분이 생기는 일이 있다. 많은 경우는 시간이라는 키워드로서 응답시간, 기동시간, TAT 등이 대부분이다.

시스템 규격서에 기재되어 있는 시간에 맞지 않는 경우, 프로그램의 실행 속도를 올리는 것이 필요하게 된다. 요구를 만족시키기 위해서는 튜닝이라는 프로그램을 수정하는 기술이 필요하게 된다. 튜닝은 프로그램의 알고리즘을 수정하거나, 프로그램 구조의 수정을 실행하거나, 사용하는 언어를 어셈블러 언어로 하는 등, 프로그래밍 기술력이 요구된다. 프로그램을 수정하려면 수정하는 범위의 판단이나 미치는 영향 범위의 검토가 필요하다. 또한, 시스템 전체의 기능을 파악하고 영향 범위를 살펴보는 관점도 필요하게 된다.

속도 향상시키기 위하여 하드웨어가 FPGA 등의 프로그래머블(Programmable) 하드웨어이면, 무리하게 소프트웨어의 변경을 하지 않고 속도가 느린 곳에 하드웨어를 이용하여 해결하는 것도 하나의 방법이다.

정 리

이 장에서는 다음 사항을 설명하였다.

1) 품질의 중요성

① 임베디드 시스템에 요구되는 품질은 범용 소프트웨어와는 달라, 엄격한 조건이 요구되고 있어 제품 마다 다른 품질이 요구된다.

② 일반적으로 정의되는 품질특성을 이용하고 품질목표의 설정이나 시스템에 요구되고 있는 품질이 적절한가를 확인하는 것이 중요하다.

③ 품질을 확보하기 위해서, 시스템에 요구되는 사항의 이해나 유사 시스템의 버그 정보를 이용하여 사전에 그 추세를 잡아, 대응책을 검토하는 것이 중요하다.

④ 개발프로세스 관리를 위해서 소프트웨어공학으로 정의되는 대표적인 프로세스 관리 기법을 이용한다.

⑤ 임베디드 소프트웨어의 관리는 일반의 관리 기술로는 일일이 대응을 다 할 수 없기 때문에 임베디드 소프트웨어에 맞는 관리체계의 확립이 필요하다.

2) 개발프로세스

① 소프트웨어공학으로 정의되고 있는 다양한 개발프로세스를 이용하고 개발프로세스를 진행시켜 나가는 것이 필요하다. 또한, 개발프로세스를 선택하는데 고려하는 포인트가 있다.

② 임베디드 소프트웨어는 하드웨어와 협력하면서 개발프로세스를 진행시키므로, 특유의 스킬이 필요하게 된다.

③ 하드웨어와의 협동 설계상, 하드웨어로 다루어지는 문서를 이해하기 위해서 특유의 스킬이 필요하게 된다.

④ 하드웨어와 소프트웨어의 기능분담을 결정할 때에 고려하는 사항이 있다.

⑤ 소프트웨어공학으로 정의되고 있는 설계기법을 이용하면, 품질확보나 재이용성이 향상한다.

⑥ 도식표현을 이용하는 것으로, 리뷰를 포함한 커뮤니케이션이 충실하면, 설계 시 누락을 줄일 수 있다.

⑦ 임베디드 소프트웨어 개발 시에 취급하는 다양한 프로그램 언어에 유의할 필요가 있다.

3) 테스트와 디버그

① 테스트와 디버그는 작업의 내용이나 목적에서 차이가 있다.

② 하드웨어 개발이 완료되어 있지 않는 경우에 소프트웨어 단독의 테스트나, 시작 하드웨어를 이용한 테스트가 가능하다.

③ 테스트 항목을 작성하며 공정을 정의한다. 또한, 테스트의 진행방식은 소프트웨어공학 상에서 정의되고 있는 테스트 기법을 이용한다.

④ 하드웨어 개발 완료 후의 테스트를 실행할 때의 유의점이 있다.

⑤ 「튜닝」이라는 특유의 스킬이 요구된다.

-完-

저자약력

- 서울대학교 공과대학 응용수학과(학사)
- 서울대학교대학원 계산통계학과(석사)
- 서울대학교대학원 전산과학과(박사)
- 미국 메릴랜드 주립 타우슨대학교 교환교수
- 미국 록히드항공서비스사 연구원
- 삼성전자 컴퓨터부 과장
- 미국 JVP사 수석 콘설턴트
- 상명대학교 공과대학 컴퓨터소프트웨어공학과 교수

임베디드 시스템 개발을 위한 임베디드 소프트웨어

개정초판 1쇄 발행 2013년 08월 01일
개정초판 3쇄 발행 2020년 09월 01일
저   자 김수홍
발 행 인 이범만
발 행 처 **21세기사** (제406-00015호)
     경기도 파주시 산남로 72-16 (10882)
     Tel. 031-942-7861   Fax. 031-942-7864
     E-mail : 21cbook@naver.com
     ISBN 978-89-8468-499-7

정가 25,000원